不整合结构特征及控藏作用

吴孔友　查　明　李彦颖　刘太勋　著

中国石油大学出版社
CHINA UNIVERSITY OF PETROLEUM PRESS
山东・青岛

图书在版编目(CIP)数据

不整合结构特征及控藏作用/吴孔友等著. --青岛：中国石油大学出版社，2023.1

ISBN 978-7-5636-7789-4

Ⅰ. ①不… Ⅱ. ①吴… Ⅲ. ①地层油气藏—油气勘探—研究 Ⅳ. ①P618.130.8

中国国家版本馆 CIP 数据核字(2023)第 034373 号

书　　名： 不整合结构特征及控藏作用
BUZHENGHE JIEGOU TEZHENG JI KONGCANG ZUOYONG

著　　者： 吴孔友　查　明　李彦颖　刘太勋

责任编辑： 袁超红　张晓帆(电话　0532-86981532)

封面设计： 悟本设计

出 版 者： 中国石油大学出版社
(地址：山东省青岛市黄岛区长江西路 66 号　邮编：266580)

网　　址： http://cbs.upc.edu.cn

电子邮箱： shiyoujiaoyu@126.com

排 版 者： 青岛友一广告传媒有限公司

印 刷 者： 山东临沂新华印刷物流集团有限责任公司

发 行 者： 中国石油大学出版社(电话　0532-86983437)

开　　本： 787 mm×1 092 mm　1/16

印　　张： 14.5

字　　数： 380 千字

版 印 次： 2023 年 1 月第 1 版　2023 年 1 月第 1 次印刷

书　　号： ISBN 978-7-5636-7789-4

定　　价： 120.00 元

前　言

不整合是相接触岩层的构造关系，以沉积间断、风化作用特别是新岩层沉积前的陆上或水下侵蚀作用为特点，常常表现为地层间的非平行接触关系，剖面上表现为多种类型(Bates and Jackson，1980；Paul et al.，2009)。当代地质学的全球化和系统化使得不整合的应用范围扩大和研究程度加深(程日辉等，1998)。不整合常用来研究盆地抬升和埋藏曲线，解释海(湖)平面变化，进行层序划分(Shanmugam，1988；Nicholas，1991；Roman and Aurell，1992；Gresse and Germs，1993；Daniel et al.，1996；Silvain and Eric，2002；Strand，2012)，分析盆地的形成、演化及叠加改造等(陈发景，2004)。

然而，不整合不仅是构造运动或海(湖)平面变动事件的记录者，而且还代表后期地质作用对前期沉积岩(物)不同程度的改造(刘波等，1997)，这种改造程度的不均一性以及后期海(湖)平面上升发生水进形成的上覆岩石使得不整合具有空间层次结构(吴孔友等，2002；2003)。因此，不整合不仅仅是一个"面"，更是一个"体"，其本身具有较独特的微观组构，即具有"空间结构"属性(吴孔友等，2012)。不整合的"空间结构"属性被称为不整合结构体，分为结构体上层(底砾岩或水进砂体)、结构体中层(风化黏土层)、结构体下层(风化淋滤带)三层结构(吴孔友等，2012)。这种分层结构决定着不整合不仅可以作为油气输导的良好通道，而且能形成与之相关的地层油气藏(何登发，1995；吴亚军等，1998；Ziegler and Longstaffe，2000；吴孔友等，2002，2003b；王艳忠等，2006)。

在多期叠合的含油气盆地中，不整合是油气长距离侧向输导的重要通道，同时也是油气聚集的有利地带(李朝阳等，2004)。据统计，世界已发现油气的20%～30%与不整合有关，几乎包括了全部地层油气藏和20%以上的岩性油气藏。截至2000年底，中国隐蔽油气藏中蕴藏的石油量占剩余资源总量的58%，天然气占剩余资源总量的52%(贾承造等，2007)，展示出较大的勘探潜力。因此，自20世纪80年代以来，寻找隐蔽油气藏逐步成为我国各个含油气盆地的勘探主攻方向(朱夏，1984；袁选俊等，2003；邹才能等，2004；庞雄奇等，2007)。然而，目前对隐蔽油气藏的研究主要侧重于岩性油气藏方面，而对地层油气藏的研究涉及相对较少。实际上，作为隐蔽油气藏主体之一的地层油气藏同样占有重要的地位和巨大的勘探潜力(Levorson，1934；张厚福等，1999)，如济阳坳陷东营凹陷已探明地层油气藏储量占隐蔽油气藏总储量的33%(李丕龙等，2004)；冀中坳陷潜山探明石油地质储量占总储量的55%，探明天然气地质储量占总储量的59%(杜金虎等，2002)。显然，地层油气藏亦应是隐蔽油气藏今后勘探的重要类型。

近年来出现了把地层油气藏从岩性地层油气藏中分离出来的趋势。事实上，在第八届世界石油会议上，就有人提议把岩性地层圈闭进一步细分为岩性圈闭和地层圈闭两类(沈守文等，2000)。岩性圈闭专指岩石渗透性在横向上的变化所形成的圈闭；地层圈闭则专指地层间断所形成的圈闭，又称不整合圈闭。相对于岩性油气藏而言，地层油气藏的勘探程度和研究程度均较低。随着勘探的进程，地层油气藏在勘探中的地位不断提升。地层油气藏的形成和分布不完全受构造区带控制，而是在沉积体系、地层超覆、地层削截等因素控制下形成相对独立的油气聚集区带。世界油气勘探的经验表明，地层圈闭往往易于形成大型和超大型油气田，如著名的西西伯利亚沙依姆地层超覆油气聚集带。

地层油气藏的形成往往与不整合紧密相关。由于不整合分布具有区域性、稳定性的特点，它能够横向连接相互独立的砂体，构成有效的运聚通道，时间上存在相对稳定性，因此它是油气长距离侧向输导的重要通道(付广等，2001；陈中红，2003；刘华等，2003)，如 Bethke 等(1992)研究得出北美 Ilinois 盆地中、西部储层中的石油是沿不整合来源于 100 km 外盆地的最南端。同时，在不整合之上能够形成超覆不整合油气藏，在不整合之下形成削截、潜山油气藏(吕修祥，1997)。随着含油气盆地勘探的不断深入，发现的与不整合有关的地层油气藏数量也越来越多，已成为我国陆上最现实、最有潜力的油气勘探领域。目前，国外已发现了大量地层油气田，如美国的 Cutbank 油田、东得克萨斯油气田，澳大利亚的 Gippsland 油田，加拿大的阿萨巴斯卡油气田等均与大型地层不整合相关。我国陆相盆地构造运动频繁，广泛发育地层不整合带，是形成大型地层油气藏的有利区带，目前已发现了塔里木盆地轮南、塔河油气田，准噶尔盆地玛北、五区南和夏子街等油田，鄂尔多斯盆地靖边气田，冀中坳陷任丘油田，济阳坳陷金家油田，辽河坳陷兴隆台潜山油藏等。我国地层油气藏勘探已由东部盆底潜山型油气藏勘探为主，进入中西部盆底和盆内受大型不整合面或层序界面控制的大规模地层油气藏勘探阶段(邹才能等，2009b)。

然而，不整合对油气的输导或聚集作用取决于不整合结构，不整合纵向结构的复杂多变导致不整合的控藏机理复杂。目前地层油气藏勘探还面临一系列的理论和技术问题。不整合分层结构的提出为研究地层油气藏的成藏机理及预测地层油气藏的分布规律提供了新的思路。因此，加强不整合结构对地层油气藏形成控制作用研究，有利于明确地层油气藏的分布规律，确定地层油气藏的勘探方向和目标，对我国油气资源挖潜具有重要的理论与实践意义。

本项研究提出了不整合类型的划分方案和不整合结构体的概念，并形成了特定的地震、测井识别技术；首次定量评价了风化黏土层的封盖强度及油气沿不整合结构体输导的距离与速率，精细研究了三大类岩石风化淋滤带次生孔隙发育规律，建立了碳酸盐岩岩溶模式，为地层油气藏勘探奠定了理论基础；明确了地层油气藏的概念，建立了地层油气藏类型的划分方案，揭示了不同类型盆地地层油气藏的分布规律，并提出“两线一体”控制地层油气藏的形成与分布这一创新性认识，为地层油气藏勘探指明了方向；自主研发了成藏机理物理模拟实验装置，形成了特色的地层油气藏成藏过程模拟技术，揭示了不整合结构控藏机理，指明了最有利于形成地层油气藏的部位，为地层油气藏勘探明确了目标。

目　录

第1章　不整合剖面类型及其形成演化

不整合(unconformity)是地层中保留下来的地层缺失所呈现出的一种不协调的接触关系,代表着区域性的沉积间断和剥蚀事件,是构造运动和海平面升降的产物(Adams,1954;Oriol,1976;程日辉等,1998)。早在1788年,Hutton在苏格兰Siccar Point观察位于陡斜志留纪地层之上的红色砂岩时,首先认识到这种不协调的地层接触关系,他从宗教用语中得到启发,将这种不协调的地层关系称为不整合。不整合是地面露头和地震剖面上常见的地质现象(陈发景等,2004),然而对不整合的研究仅是在20世纪30年代以来因其与成矿作用有关才受到广泛关注(刘波等,1997)。AAPG曾出版多期专刊研究不整合与油气成藏的关系(Levorsen,1934)。Bates和Jackson(1987)在总结前人研究成果的基础上认为不整合是相接触岩层的构造关系,以沉积间断、风化作用特别是新岩层沉积前的陆上或水下侵蚀作用为特点,常常表现为地层间的非平行接触关系。该定义强调了不整合的构造成因机制并指出两套间断地层之间多为非平行接触关系。当代地层学(包括层序地层学、旋回地层学、构造地层学等)和现代油气成藏理论有力地推动了不整合的研究与应用(Einsele et al.,1991),对不整合的识别与分类也不断深化。

1.1　不整合剖面类型及其特征

1.1.1　不整合类型的研究历史

不整合的分类方法有多种,1957年以前以Billings的分类方案为代表,他将不整合分为角度不整合、假整合、局部不整合和非整合4种类型。Brown和Fisher于1979年从层序地层学的观点,根据反射终止与不整合面的关系,将不整合划分为侵蚀型和沉积型两类。Visher(1984)从描述的角度曾将不整合分为间断、假整合、侵蚀不整合、准整合、角度不整合、非整合和超覆不整合7种类型。1981年,Bally在研究被动大陆边缘的地质特征时,提出破裂不整合(break-up unconformity)的概念。1984年,Seilacher将地震扰动层与上覆的滑来震积层之间的规模不等的接触面称为震积不整合。Anadon等于1986年研究了西班牙东北部Ebro盆地边缘古近纪的构造和沉积作用,提出在冲积扇砾岩层内发育一种层内复合的递进型同构造不整合。Schager(1991)将水体突然变深导致沉积物供应不上所产生的间断称为淹没不整合。

国内对不整合的研究相对较晚。梁定益等(1991,1994)、王根厚等(2000)在研究扬子地台西缘及藏南地区海西期以来的伸展作用时提出伸展不整合的概念。邓自强等(1994)在前人研究的基础上提出古岩溶不整合的概念,它特指碳酸盐岩地区发育的一种不整合。艾华国等(1996)根据地震反射波的终止方式及剖面特征,将塔里木盆地前石炭系顶面不整合面划分为褶皱不整合、断褶不整合、超覆不整合和平行不整合4种类型。在此基础上,吴亚军等(1998)将塔里木盆地不整合分为构造不整合、沉积不整合和复合不整合三大类,6种基本类型。葛孟春等(1999)将水平引张作用下形成的不整合接触关系统称为变异不整合,它包括裂开不整合、毗连不整合、震积不整合、伸展不整合、裂陷不整合和裂谷不整合等。吴孔友等(2003a)在研究准噶尔盆地不整合结构特征时,将角度不整合总结为褶皱不整合、断褶不整合、超覆不整合和削截不整合 4 种类型。

1.1.2 不整合类型的新划分

国内外众多学者先后对不整合类型进行了广泛的研究和探讨,但大多只强调了不整合的某一特征,或仅局限于一定区域,难以形成统一认识。不整合是地壳表层普遍存在的一种地质现象,是地壳内、外动力地质作用的综合结果,对其类型的划分应从形成机制出发,揭示其本质特征。其中,构造作用是不整合形成的主控因素,沉积和剥蚀作用是其形成的必要条件。在总结前人的成果基础上,以成因机制为主导因素将不整合划分为三大类:构造不整合、沉积不整合和复合不整合。构造不整合形成的主控因素为早期的构造运动,沉积不整合形成的主控因素为后期的沉积作用,而复合不整合形成的主控因素中构造运动与沉积作用的贡献大致均等。不整合代表着上、下地层的接触关系,中间存在沉积间断,遭受风化剥蚀作用,基岩顶面存在古剥蚀面(有时发育风化黏土层),后期发生水进沉积新的地层后,剥蚀面上、下地层产状会不一致,因此再根据剖面形态及上、下地层与剥蚀面之间的关系进一步将不整合划分为 14 个亚类(表 1-1)。兼顾古剥蚀面上、下地层产状关系的不整合新分类更精细地体现了地层结构,为进一步揭示不整合在油气成藏中的作用打下了坚实基础。在 14 个亚类中,底辟不整合、震积不整合、破裂不整合、淹没不整合、充填不整合、渐进不整合和异岩不整合等属于特殊意义的不整

表 1-1 不整合剖面类型划分

类	亚类	特征	样式
构造不整合	平行-褶皱不整合	不整合上覆地层平行于剥蚀面,下伏地层为遭受剥蚀的褶皱	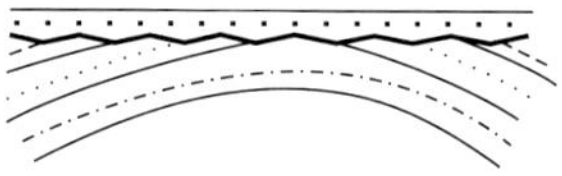
	平行-断褶不整合	不整合上覆地层平行于剥蚀面,下伏地层为受断层控制的、遭受剥蚀的褶皱	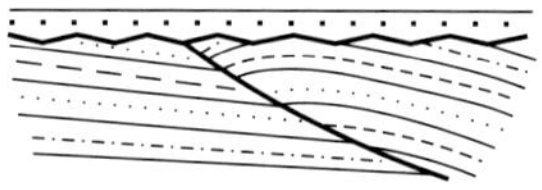
	平行-(多期)削截不整合	不整合上覆地层平行于剥蚀面,下伏地层为构造掀斜作用的单斜地层,与剥蚀面呈角度相交	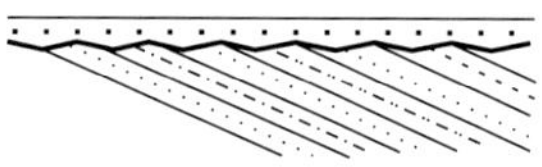
	底辟不整合	深部塑性层向上侵入到浅部地层之中,构成底辟核与围岩间的突然接触关系,地层时代间断	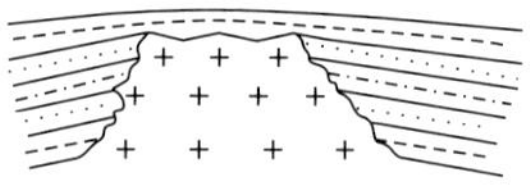
	震积不整合	处于地震扰动层与上覆滑来震积层之间,形成于水下,未遭受剥蚀,但地层时代有间断	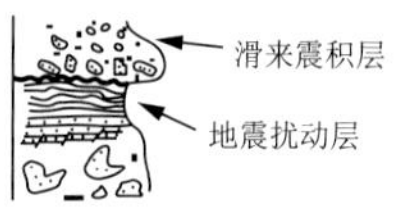
	破裂不整合	处于裂陷期沉积与后裂陷期沉积之间,属于大地构造范畴,指示板块的裂解	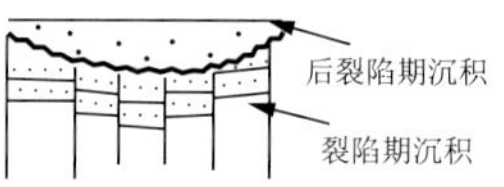

续表

类	亚　类	特　征	样　式
沉积不整合	超覆-平行不整合	新地层沿斜坡向上超覆沉积而形成的地层接触关系，不整合下伏地层与剥蚀面近于平行	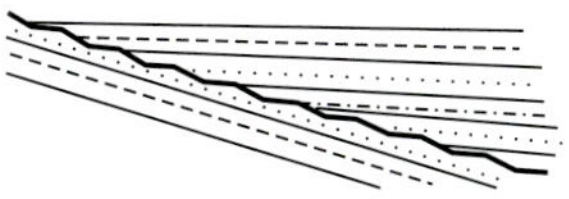
	淹没不整合	凝缩段直接覆盖在层序界面之上，发育于碳酸盐沉积区，形成于水下，未遭受剥蚀	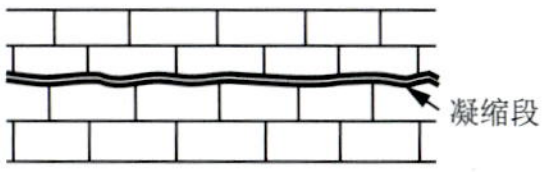
	充填不整合	晚期地层充填于不整合之上的凹槽中，呈角度相交，暴露地表遭受剥蚀，或发生水下侵蚀作用	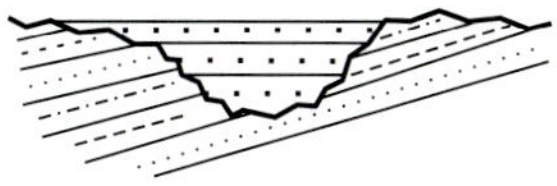
	渐进不整合	常发育于各种扇体内部，一般形成于水下，未遭受剥蚀	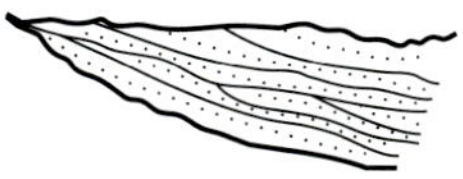
	平行不整合	上、下地层产状一致，但缺失地层，曾暴露地表遭受剥蚀	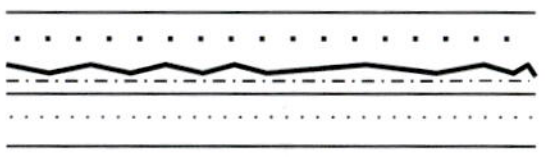
	异岩不整合	形成于不同类岩石之间，上覆岩石常为沉积岩，下伏岩石为变质岩或火成岩，曾暴露地表而遭受剥蚀	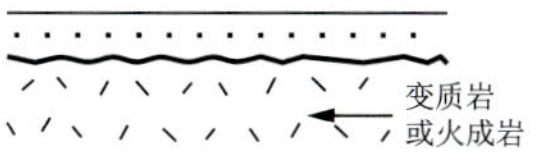
复合不整合	断层-超覆不整合	断层面暴露地表而遭受剥蚀，上部或全部转换成不整合，后期地层向上超覆而成	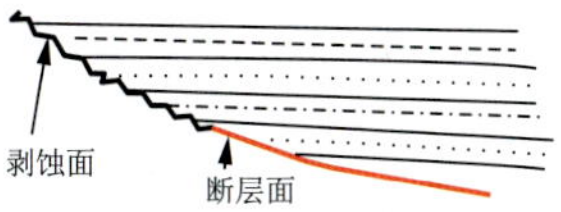
	超覆-削截不整合	不整合剥蚀面之下为削截，之上为超覆，与剥蚀面均呈角度相交，是沉积作用和构造运动共同作用的结果	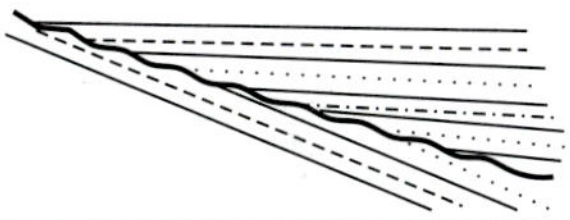

合，其分布受地质事件或环境突变的限制。在油气田勘探中，通过野外露头勘测、地震资料解释等方法识别，常见的与油气成藏关系紧密的不整合主要为 7 类：平行-褶皱不整合、平行-断褶不整合、平行-(多期)削截不整合、超覆-平行不整合、平行不整合、断层-超覆不整合、超覆-削截不整合。

1.1.3　主要不整合类型特征

1.1.3.1　平行-褶皱不整合

该不整合上覆地层与古剥蚀面近于平行，而下伏地层为受剥蚀的褶皱构造，属于角度不整合的一种。这类不整合在造山带前缘的露头区常见，不整合之下以剥蚀的背斜为主，两侧地层重复分布(图 1-1a)。其地震反射特征为：不整合剥蚀面反射较强，反射波连续性较好；地震剖面上显现出较完整的背斜形态；下伏地层具明显削截，而上覆地层具明显披覆特征；下伏两侧地层同相轴具对称削截(图 1-1b)。

1.1.3.2　平行-断褶不整合

该不整合上覆地层平行于古剥蚀面，下伏地层为受断层控制的、遭受剥蚀的断层相关褶

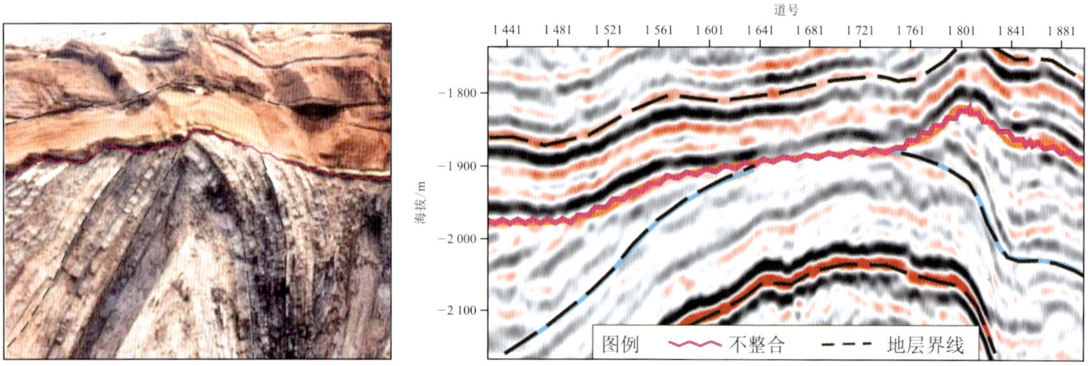

（a）野外露头　　（b）地震剖面

图 1-1　平行-褶皱不整合野外露头及地震反射特征

皱，属于角度不整合的一种。这类不整合在野外露头也较为常见（图 1-2a）。其地震反射特征为：不整合古剥蚀面起伏不平，界面反射能量较强但不连续，有时受断裂面影响往往发育众多绕射波；剥蚀面下覆地层具明显削截，而上覆地层具披覆特征（图 1-2b）。若发育在西部挤压性盆地，地震剖面上，断裂上盘同相轴的数量显著减少，而且反射特征不如下盘地层清晰，往往上盘地层厚度远小于下盘。该类不整合若发育在东部伸展盆地大断裂上盘形成的逆牵引背斜构造，则褶皱不具对称性，在弯曲高部位发生局部削截，下盘上升，地层普遍遭受剥蚀，且往往下盘地层厚度远小于上盘。

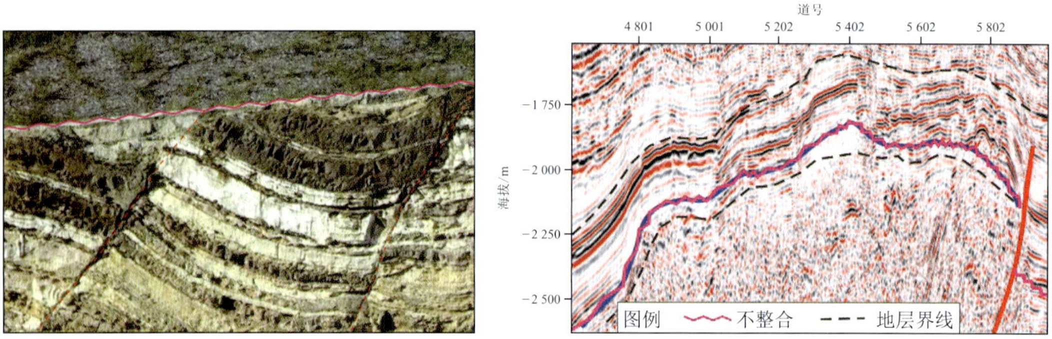

（a）野外露头　　（b）地震剖面

图 1-2　平行-断褶不整合野外露头及地震反射特征

1.1.3.3　平行-（多期）削截不整合

该不整合上覆地层平行于古剥蚀面，下伏地层为构造掀斜作用的单斜地层，与古剥蚀面呈角度相交。平行-削截不整合是传统的典型角度不整合的代表，也是地质露头上最为常见的一类不整合（图 1-3a）。经过多期掀斜、抬升、剥蚀，再接受沉积的平行-削截不整合称平行-多期削截不整合。其地震反射特征为：不整合剥蚀界面反射清楚、连续，且与上覆地层同相轴反射近于平行，与下伏地层同相轴反射呈明显的角度相交（图 1-3b）。

1.1.3.4　超覆-平行不整合

该不整合下伏地层近于平行古剥蚀面，上覆地层呈角度与古剥蚀面相交。超覆-平行不整合也属于角度不整合的一种，是因海（湖）平面上升，后期地层沿古地貌斜坡上超沉积而形成的一类不整合。在盆地的古边界斜坡区，沟谷下蚀，基底与盖层均出露，在剖面上常显示这种地层接触关系（图 1-4a）。其地震反射特征为：不整合剥蚀界面反射波与下伏地层反射同相轴近于平行，上覆地层反射同相轴沿斜坡向上超覆尖灭（图 1-4b）。受后期剥蚀作用改造，目前在地震剖面上表现不十分明显。该类不整合与其他类型的不整合不同，并非单指某两个组之间的接触关系，而是一种渐进式的地层缺失现象。

（a）野外露头

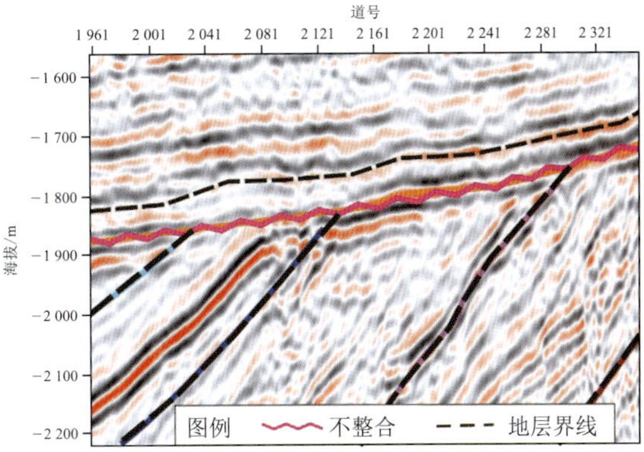

（b）地震剖面

图 1-3　平行-削截不整合野外露头及地震反射特征

（a）野外露头

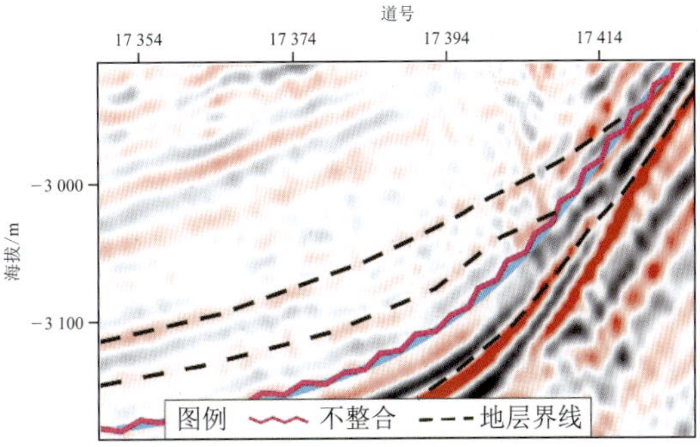

（b）地震剖面

图 1-4　超覆-平行不整合野外露头及地震反射特征

超覆-平行不整合可以进一步分为：① 底部超覆：指在层序底界面上的超覆，其中沿着原始倾斜面向上的超覆叫上超（图 1-5A），顺着原始水平面或原始倾斜面向下的超覆叫下超（图 1-5B）。② 顶部超覆：指在层序上界面处的超覆尖灭现象，原来倾斜的地层向着层序顶面突然消失（图 1-5C）。

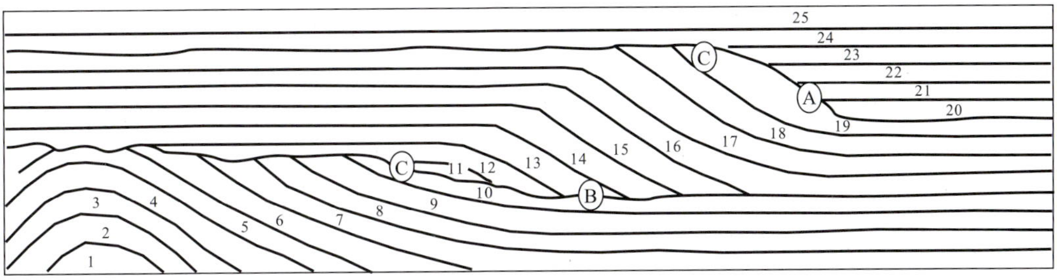

图 1-5　沉积层序的地层剖面（据 Vail et al., 1977）

1.1.3.5　平行不整合

平行不整合也称假整合，是含油气盆地凹陷区或构造平缓区发育较广的一类不整合，存在时间间断，缺失地层，不整合剥蚀面上、下地层近于平行，产状相似，但由于差异风化剥蚀，上、下地层接触面有时不平整（图 1-6a）。其地震反射特征为：不整合剥蚀界面反射能量较弱，上、下反射波与界面反射波平行（图 1-6b）。

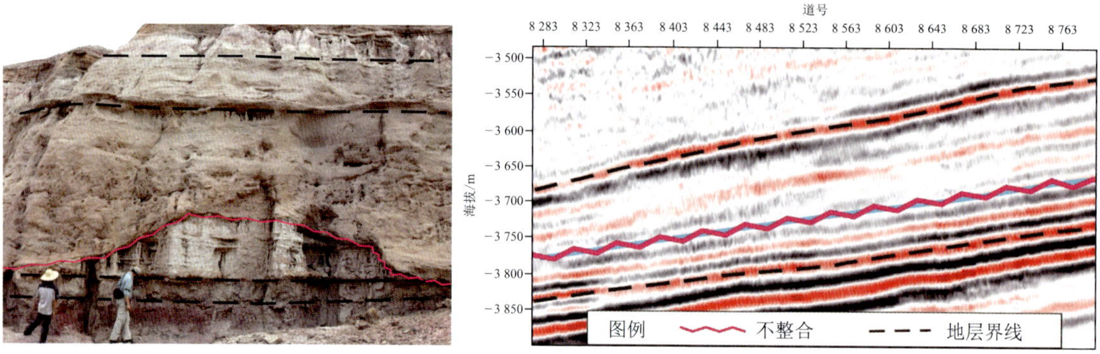

（a）野外露头　　（b）地震剖面

图 1-6　平行不整合野外露头及地震反射特征

1.1.3.6　断层-超覆不整合

断层-超覆不整合是由早期暴露的断裂面遭受风化剥蚀演化而来，是角度不整合的一种，属于复合不整合类型。该类不整合上、下地层与接触带均呈角度相交，主要发育于伸展盆地边界大断层附近，出露较少。其地震反射特征为：接触带反射特征清楚，与下伏地层反射同相轴相交，上覆地层反射同相轴沿斜坡向上超覆尖灭（图 1-7）。受后期剥蚀作用改造，在地震剖面上表现十分明显。该类不整合与其他类型不整合不同，并非单指某两个组间的接触关系，而是一种渐进式的地层缺失现象，且与削截等不整合类型相伴出现。

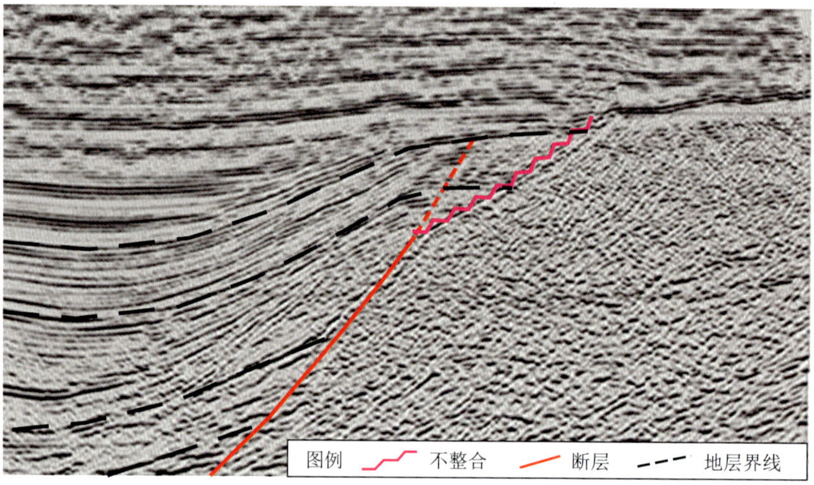

图 1-7　断层-超覆不整合地震反射特征

1.1.3.7　超覆-削截不整合

超覆-削截不整合是由于基岩地层发生翘倾，岩性差异造成其剥蚀程度不一，后期由于海（湖）平面上升而接受超覆沉积形成的一类不整合，是角度不整合的一种，属于复合不整合类型。该不整合是沉积和构造共同作用的结果，具削截和超覆特征，上、下地层与接触带均呈角度相交，出露于盆地边缘古斜坡(图 1-8a)。其地震反射特征为：不整合反射波与上覆地层和下伏地层反射同相轴均呈一定角度相交，并且上覆地层反射同相轴沿斜坡向上超覆尖灭(图 1-8b)。

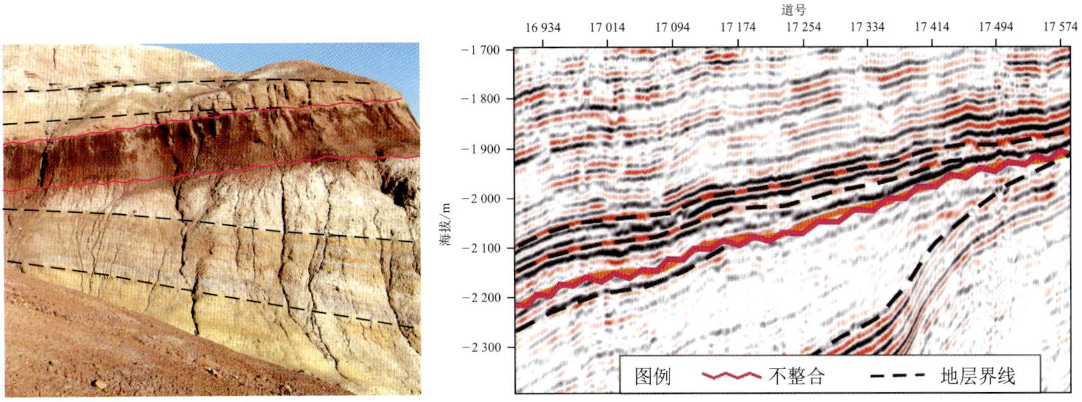

(a) 野外露头　　(b) 地震剖面

图 1-8　超覆-削截不整合野外露头及地震反射特征

1.2　不整合剖面类型分布规律

不整合类型的空间展布特征与上覆地层沉积之前的盆地基底形态密切相关，不同类型不整合具有不同的油气运聚特征。因此，详细研究不整合可以了解油气藏的形成演化历史，更可以发现地层油气藏和隐蔽油气藏。不整合类型的平面分布样式是构造运动作用方式的痕迹，体现了构造运动的活动特点。每种样式的不整合受地层发育过程以及后期构造变动等因素的影响，一般都有其特定的空间分布位置。本书通过对我国伸展盆地、挤压盆地不整合类型的研究，揭示其分布规律。

1.2.1　伸展盆地不整合类型分布规律

1.2.1.1　渤海湾盆地东营凹陷北部陡坡带

东营凹陷是渤海湾盆地济阳坳陷中一个次级构造单元，具有北断南超的特点。其内部除发育利津、民丰、博兴和牛庄 4 个洼陷带外，还包括南部缓坡带、中央背斜带和北部陡坡带等二级构造单元。北部陡坡带位于东营凹陷的北部(图 1-9)。

根据东营凹陷北部陡坡带不整合的形成特点、地震同相轴反射终止于界面的样式、剖面形态、不整合发育的部位、地层尖灭线以及不整合和其他构造现象的配置关系等特征，将馆陶组底部不整合分为：断层-超覆不整合(A)、超覆-削截不整合(B)、平行不整合(C)、平行-削截不整合(D)、平行-褶皱不整合(E)、超覆-平行不整合(F)和平行-断褶不整合(G)等 7 种类型。其中超覆-削截不整合主要分布于陈家庄凸起和滨县凸起南坡上；断层-超覆不整合紧邻陈南断层下降盘；平行-断褶不整合分布于胜北断层和利津断裂带以北；平行-削截不整合位于民丰洼陷和永北断裂带以北以及利津断裂带以西；平行不整合分布于凹陷区(图 1-10、图 1-11)。

沙三段(Es_3)底部不整合类型较少(图 1-12)，主要发育断层-超覆不整合(A)、超覆-削截不整合(B)和平行不整合(C)等 3 种类型。超覆-削截不整合主要分布于研究区北部陈家庄凸起

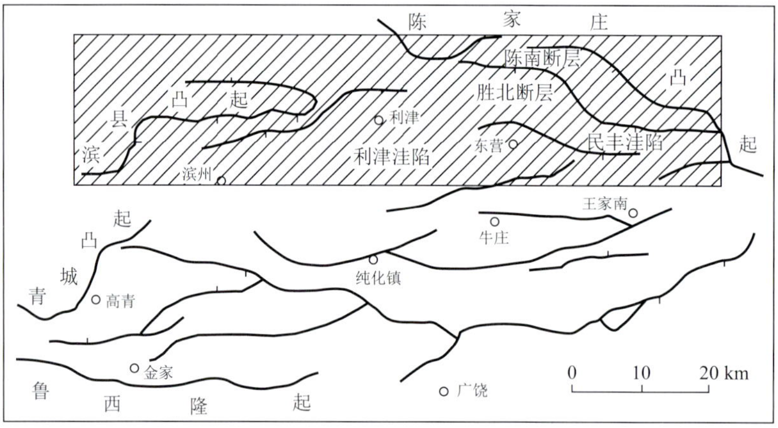

图 1-9　东营凹陷北部陡坡带位置图

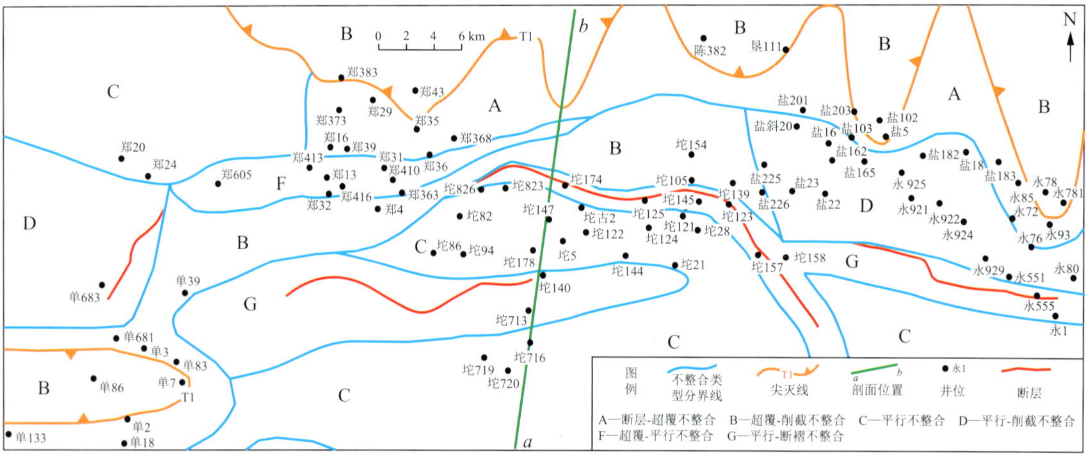

图 1-10　东营凹陷北部陡坡带馆陶组底部不整合类型平面分布图

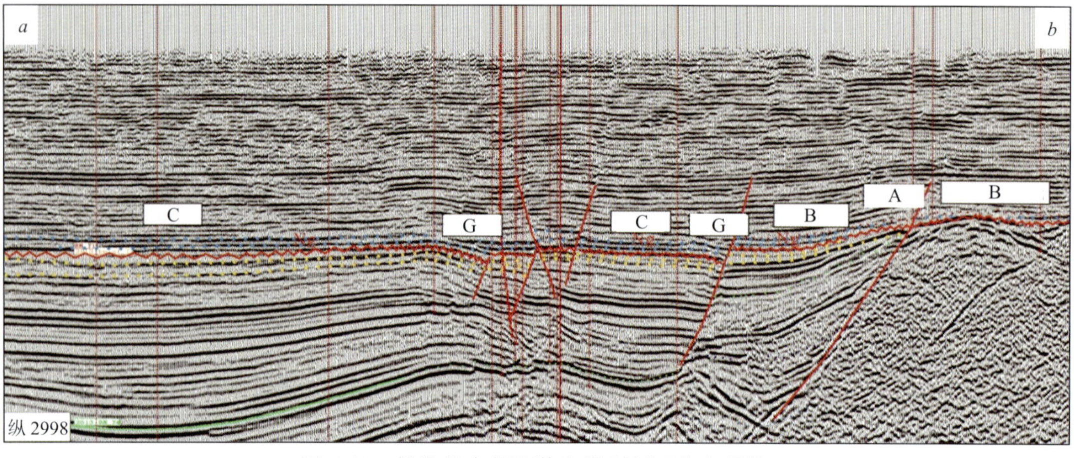

图 1-11　馆陶组底部不整合类型剖面分布规律

和滨县凸起上；断层-超覆不整合紧邻研究区北部陈家庄凸起，其主要受陈南断层控制；平行不整合分布于研究区中部和南部的凹陷区（图 1-13），不整合类型纵向上分布具有继承性。

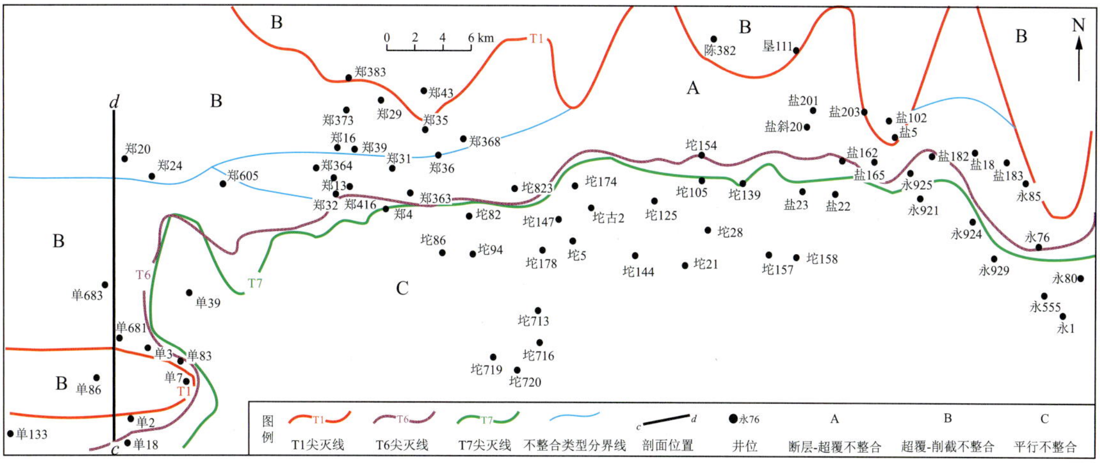

图 1-12　东营凹陷北部陡坡带沙三段底部不整合类型平面分布图

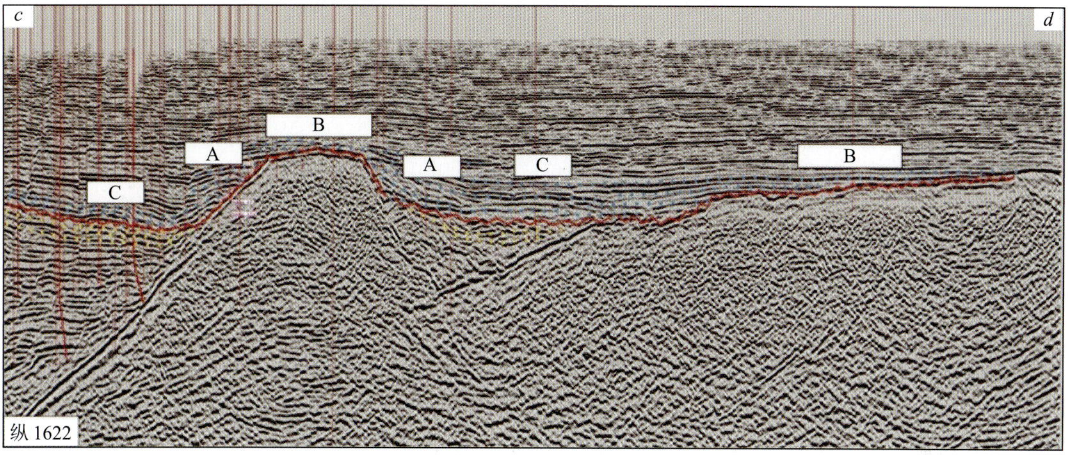

图 1-13　沙三段底部不整合类型剖面分布规律

1.2.1.2　渤海湾盆地东营凹陷南部缓坡带

东营凹陷南部缓坡带位于东营凹陷南部，是一个长期继承性古斜坡。根据地震同相轴反射样式、剖面形态、不整合发育的部位、地层尖灭线以及不整合和其他构造现象的配置关系等特征，将东营凹陷南部缓坡带馆陶组底部不整合分为 4 种类型：超覆-削截不整合(B)、平行不整合(C)、平行-削截不整合(D)、平行-断褶不整合(G)，其中发育最多的是：超覆-削截不整合和平行-削截不整合。东营凹陷南部缓坡带地质结构复杂，馆陶组底部不整合几乎全区发育，不整合类型多样。从南部鲁西隆起及广饶凸起到北部博兴洼陷，主要是从平行-削截不整合到超覆-削截不整合，再到平行不整合的过渡，即在南部凸起区上层为平行不整合，下层为削截及多期削截不整合；在斜坡的坡折带区，上层多为超覆不整合，下层为削截不整合；在博兴洼陷区多发育平行不整合。在研究区东南部，馆陶组底部不整合与新生界底部不整合重合，类型为平行-削截不整合(图 1-14)。草桥区域的古潜山在研究区东部发育，在馆陶组底部形成超覆-削截不整合，在断层附近多发育平行-断褶不整合(图 1-15)。

新生界底部不整合广泛发育，不整合结构体角度变化较大，类型多样，主要有断层-超覆不整合(A)、超覆-削截不整合(B)、平行不整合(C)、平行-削截不整合(D)、平行-断褶不整合(G)、

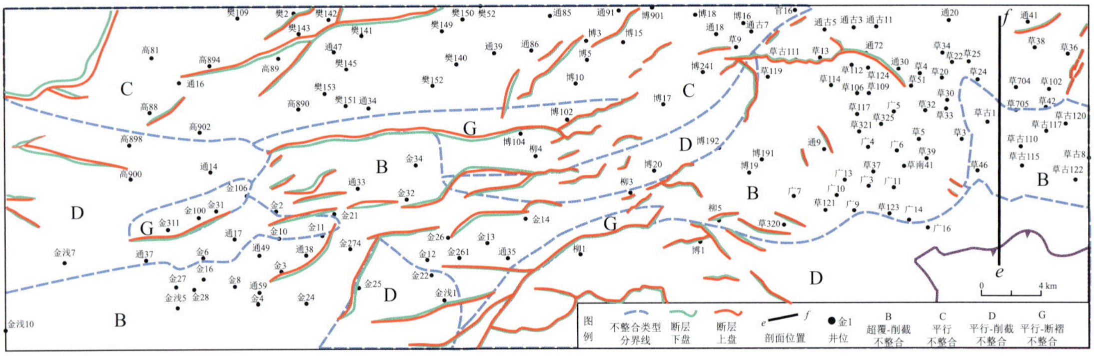

图 1-14 东营凹陷南部缓坡带馆陶组底部不整合类型平面分布图

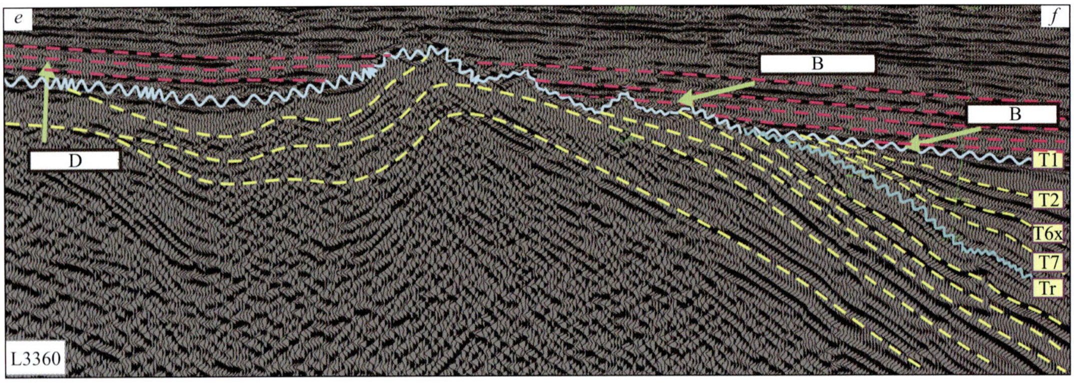

图 1-15 馆陶组底部不整合类型剖面分布规律

超覆-断褶不整合(F)。南部凸起区上层为平行不整合,下层为削截及多期削截不整合;在斜坡的坡折带区,上层多为超覆不整合,下层为削截不整合;在博兴洼陷区多发育平行不整合。石村断层在深部构造强烈,断距大,形成了特殊的断层-超覆不整合,即早先的断面被后期剥蚀形成不整合(图 1-16)。

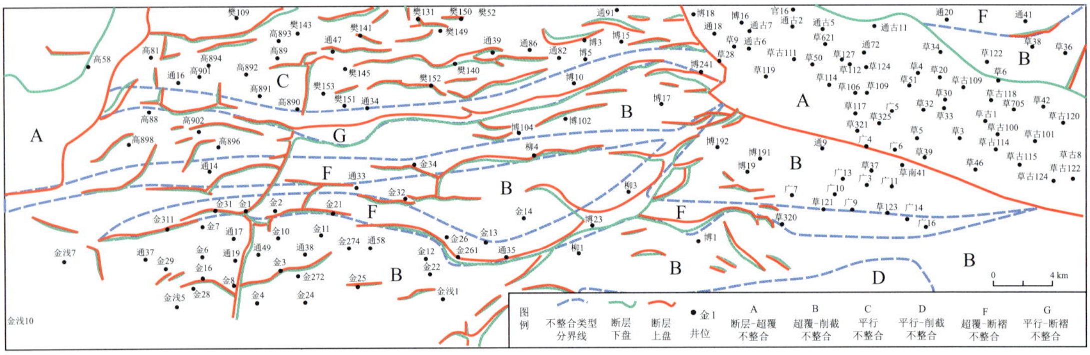

图 1-16 新生界底部不整合类型平面分布图

1.2.1.3 渤海湾盆地冀中坳陷

冀中坳陷位于渤海湾盆地西部,勘探面积为 $3.2\times10^4\ km^2$,为中—新生代叠合型裂谷盆地,潜山油气藏是其主要的成藏类型,不整合在其成藏过程中起关键作用。

基岩顶面(前古近系顶面)不整合是潜山形成的基础,也是潜山油气藏勘探的关键。通过全区地震资料的精细解释，将冀中坳陷基岩顶面划分为：断层-超覆不整合、超覆-削截不整合、平行不整合、平行-削截不整合和平行-断褶不整合等 5 种类型（表 1-2）。其中前两者主要为构造成因，后两者是构造和沉积共同作用的结果。

表 1-2　冀中坳陷不整合剖面类型

成因机制	基本类型	基本样式	典型地区
构造不整合	平行-褶皱不整合	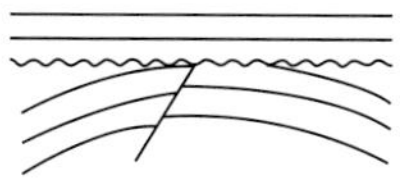	凤河营
	平行-削截不整合	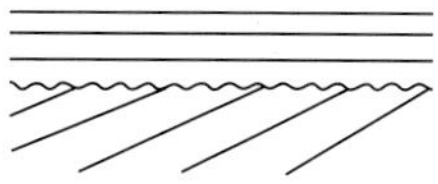	南马庄
沉积不整合	平行不整合	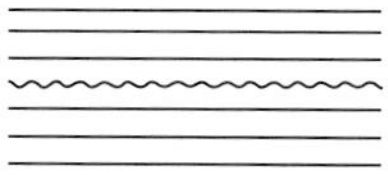	霸县洼槽
复合不整合	断层-超覆不整合	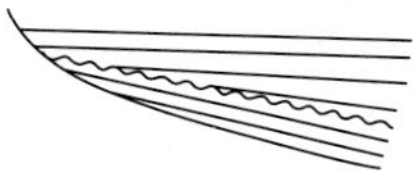	固安斜坡
	超覆-削截不整合	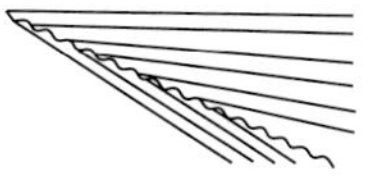	束鹿斜坡

不整合类型的空间展布特征与上覆地层沉积之前盆地基底形态密切相关，不同类型不整合具有不同的油气运聚特征。不整合类型的平面分布样式是构造运动作用方式的痕迹，体现了构造运动的活动特点。每种样式的不整合受地层发育过程以及后期构造变动的影响，一般都有特定的空间分布位置。冀中坳陷基岩顶面不整合在平面上具有下列分布特征（图 1-17）。

（1）断层-超覆不整合：主要分布于东部边界大断裂或盆地内一级断裂的下降盘，如西部凹陷带与太行山隆起的过渡部位以及宁晋凸起的过渡部位都是该类不整合的发育区。

（2）超覆-削截不整合：主要分布于盆地斜坡等缓坡带，开始于地震同相轴发生削截处，终止于边界大断裂，如文安—杨村斜坡、蠡县斜坡、束鹿西斜坡、牛北斜坡、任北斜坡等斜坡。

（3）平行不整合：分布于盆地腹部广大地区，平行不整合通常发育于构造较平缓的凹陷带，是沉积物大量沉积及生油岩富集的有利区带，如廊固、霸县和饶阳等凹陷的生烃区。

（4）平行-削截不整合：分布于凸起或低凸起之上，位置较高，由于构造运动的反复作用，使得地层遭受多期的侵蚀破坏，如牛驼镇低凸起、宁晋凸起、深泽低凸起和大兴凸起主要发育该类不整合。

（5）平行-断褶不整合：由于基底断层作用，先期形成的褶皱不整合地层常被切割错断形成断褶不整合。该类不整合在本区分布比较局限，主要分布在凤河营和雁翎-鄚州地区，位于构造调节带上，其早期都为古隆起。

伸展盆地不整合类型取决于地势的高低与剥蚀量的大小。对某一特定时期，地势起伏与剥蚀量大小在空间有一定的变化规律，因而造成不整合的横向分布也有一定的规律：缓坡带常发育超覆-削截不整合，古隆起或中央背斜带常发育平行-褶皱不整合，凹陷区或生烃区常发育

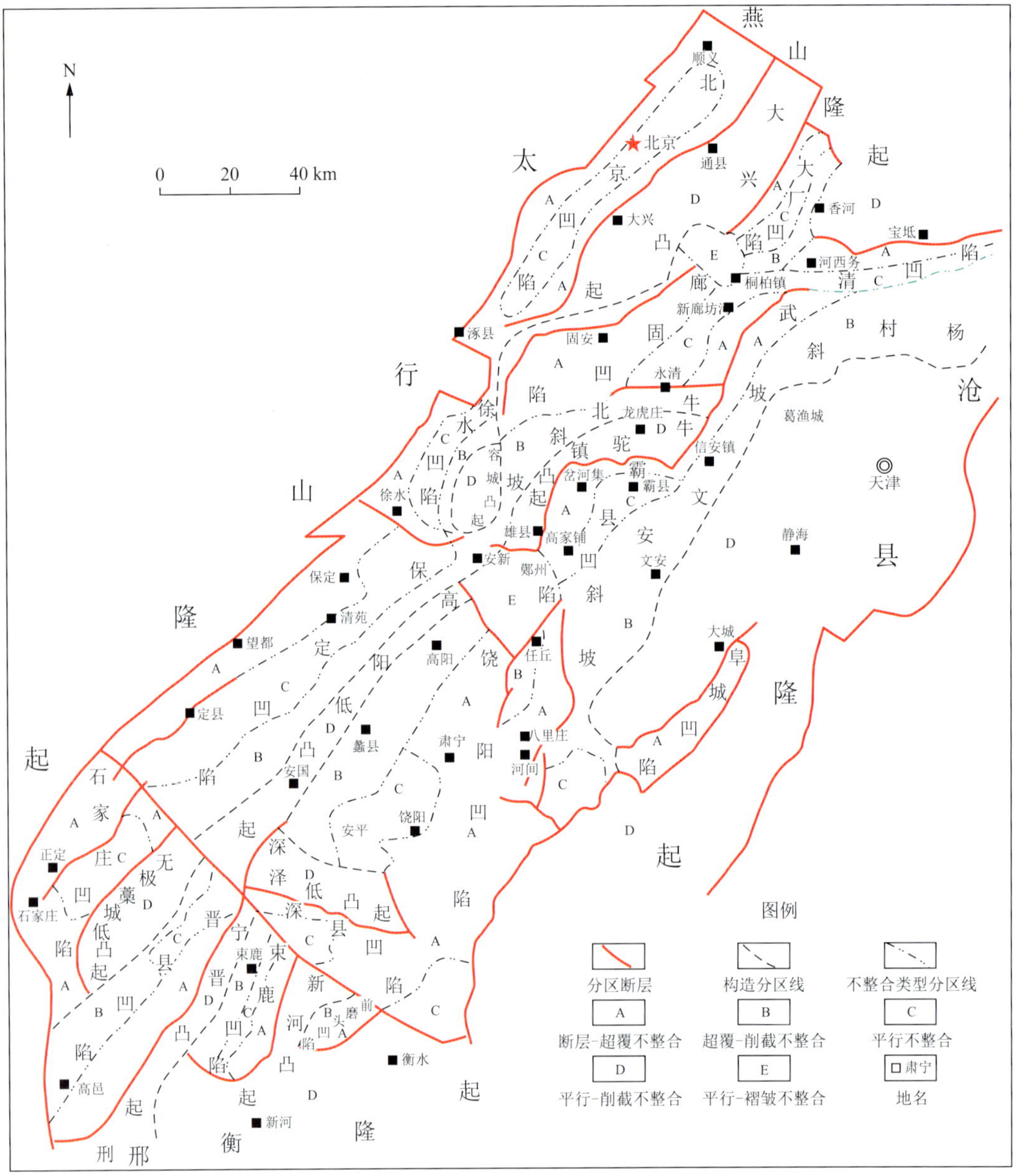

图 1-17　冀中坳陷不整合类型平面分布图

平行不整合，陡坡带或盆地边界大断裂附近常发育断层-超覆不整合，而盆地边界凸起区常发育平行-削截不整合(图 1-18)。

在高势区(主要包括凸起、低凸起或中央隆起)，由于剥蚀量大，层序顶界常具有削截特征。如果这种高势区在上覆岩层沉积前仍属于古地形高地，则上覆岩层向高势区超覆，在剖面上可见上超特征，在这种情况下，高势区可以形成褶皱不整合或超覆-削截不整合；如果高势区在沉积之前已被夷为平地，则上覆岩层只会平行覆盖其上，从而具整一特征，在这种情况下，不整合类型属于削截型。在高势区向低势区变化的缓坡区，下伏岩层剥蚀量小或未遭受剥蚀，因而层序顶界主要为超覆型，上覆岩层对着该斜坡超覆，具上超特征，其不整合类型属于削截-超覆型。在陡坡区，地层变化高差大，常常发育倾角较大的大断层。后期地层的沉积受断层影响，下伏岩层遭受剥蚀较强，层序主要为超覆型，后期地层对断层超覆，其不整合类型为断层-超覆

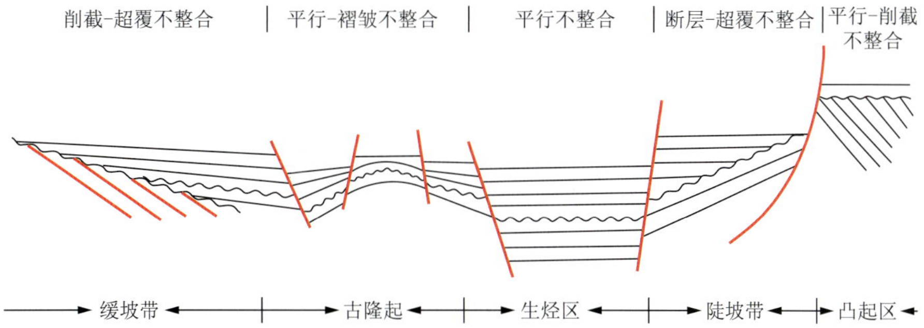

图 1-18　冀中坳陷不整合横向分布模式

型。在低势区(洼槽区),地形平缓,下伏岩层在层序顶界表现为整一特征。后期沉积的上覆岩层平行覆盖其上,在层序底界处同样具整一特征,这样低势区不整合类型属于平行不整合型。

1.2.2　挤压盆地不整合类型分布规律

我国挤压性盆地主要位于西部,例如准噶尔盆地、塔里木盆地、柴达木盆地等,这些盆地均为多期叠合盆地,不整合发育。本书以准噶尔盆地东部地区(简称准东地区)为研究对象,开展挤压性盆地不整合发育特征研究。

1.2.2.1　不整合剖面分布规律

准东地区夹持于博格达山与克拉美丽山之间,自古生代以来经历多期大规模构造运动改造(陈业全和王伟锋,2004;赵白,1992;张恺,1989),具有南北分带、东西分块的构造格局,同时形成 10 余个区域不整合(吴孔友等,2005)。由于各期构造运动的规模、作用时间及方式、作用对象,以及其古气候、古环境的不同,导致不同期次的构造运动在该区形成不同类型的不整合。重点对准东地区二叠系底部不整合、三叠系底部不整合、侏罗系底部不整合、白垩系底部不整合和古近系底部不整合展开研究。

根据不整合在油气运聚中的作用,在充分了解区域构造发展演化史的基础上,以不整合的成因机制、不整合上下界面地震反射终止方式、不整合的发育部位及剖面形态和地层的尖灭线等特征为标准,在准东地区识别出以下类型不整合:平行-平行不整合、平行-削截不整合、平行-褶皱不整合、平行-断褶不整合、超覆-平行不整合和超覆-削截不整合。这些不整合类型在纵向上具有继承性,比如准东地区纵向发育的 5 个不整合(石炭系与二叠系之间、二叠系与三叠系之间、三叠系与侏罗系之间、侏罗系与白垩系之间、白垩系与古近系之间)在凹陷区主要发育平行不整合,在斜坡区主要发育超覆-削截不整合,在被断层控制的凸起区常发育平行-断褶不整合或平行-褶皱不整合等(图 1-19)。

1.2.2.2　不同层系不整合类型发育特征

不整合既是一种地层现象,又是一种构造现象,其指示了地壳运动发生的时间、次数、强度及范围。不整合类型的平面分布样式是构造运动作用方式的痕迹,体现了构造运动的活动特点。

1）二叠系底部不整合

该期不整合主要发育平行-平行不整合及平行-削截不整合;局部发育平行-褶皱不整合、平行-断褶不整合、超覆-平行不整合及超覆-削截不整合(图 1-20)。晚石炭世构造运动强烈,在凸起区发育平行-褶皱不整合,斜坡区发育平行-削截不整合及超覆-削截不整合,在断层活动的地区则发育平行-断褶不整合,特别是博格达山前地区。

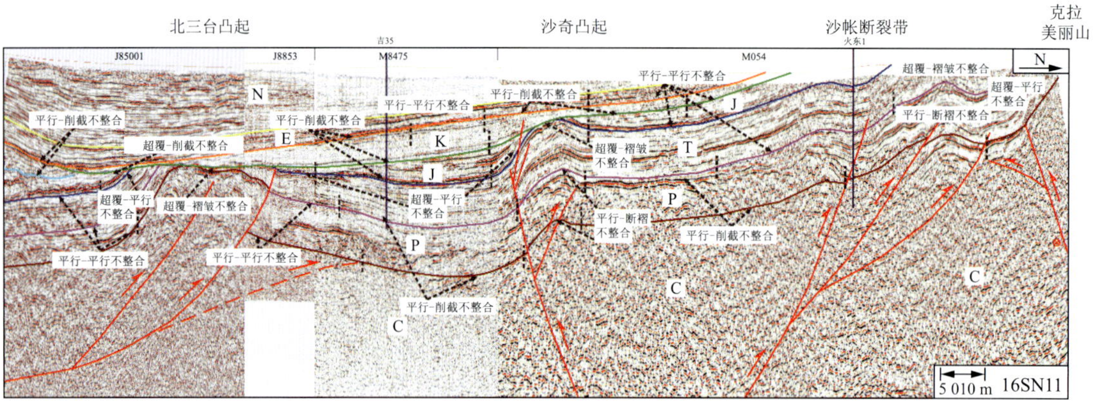

图 1-19　不整合剖面展布特征图(16SN11 剖面)

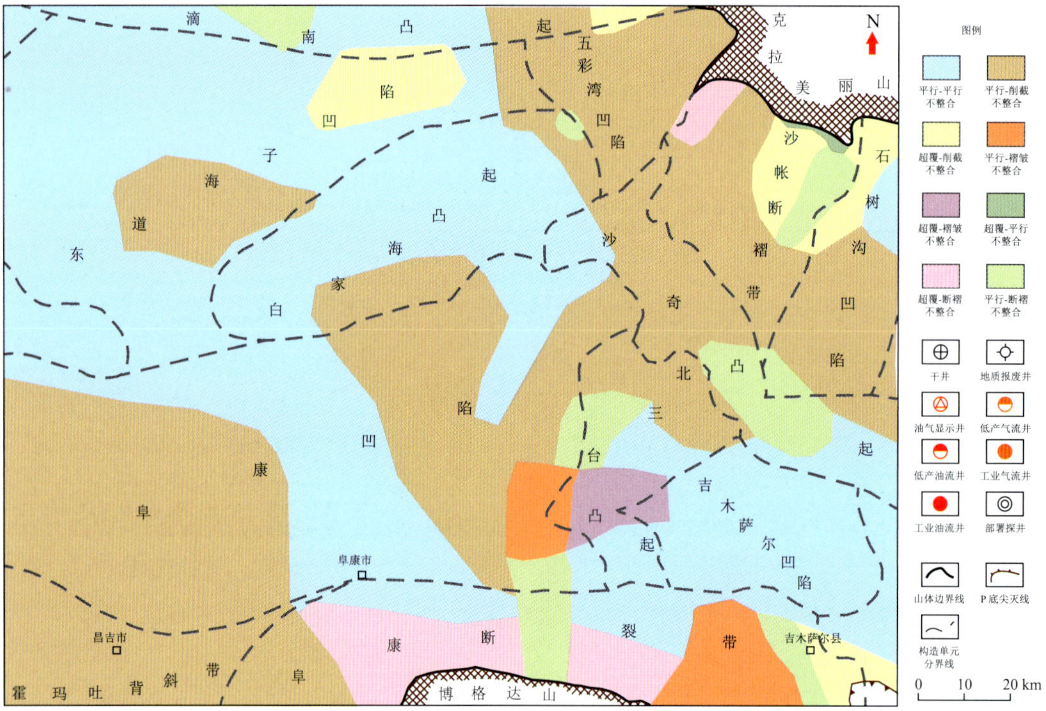

图 1-20　二叠系底部不整合类型平面分布图

2）三叠系底部不整合

该期不整合主要发育平行-平行不整合及平行-削截不整合，局部发育平行-褶皱不整合、平行-断褶不整合、超覆-平行不整合及超覆-削截不整合(图 1-21)。在晚海西期运动的影响下，准东地区形成凹凸相间的构造格局，三叠纪初，盆地整体抬升遭受剥蚀，随后进入了整体沉积-抬升的震荡发展阶段(吴孔友等，2005)。这一时期在局部地区形成超覆-平行不整合，平行-平行不整合与平行-削截不整合在研究区呈现相间排布的特征，在构造高部位形成了褶皱不整合，在断层活动区形成了平行-断褶不整合。

3）侏罗系底部不整合

该期不整合主要发育平行-平行不整合及平行-削截不整合，局部发育平行-褶皱不整合、平行-断褶不整合、超覆-平行不整合及超覆-削截不整合(图 1-22)。三叠纪末的印支运动在准东

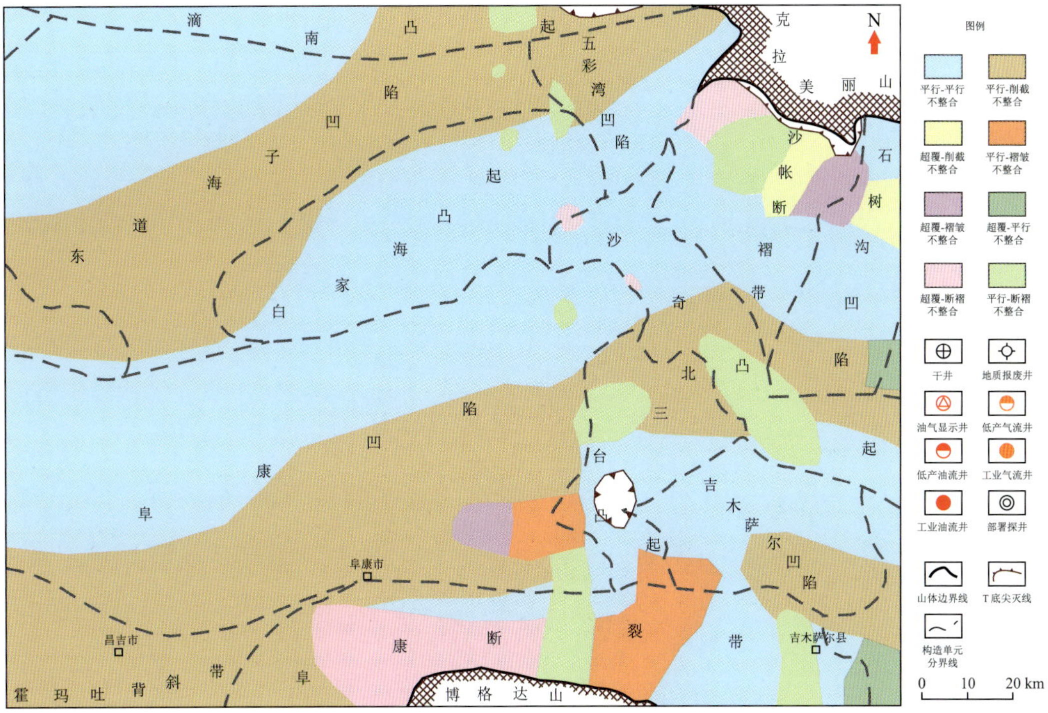

图 1-21　三叠系底部不整合类型平面分布图

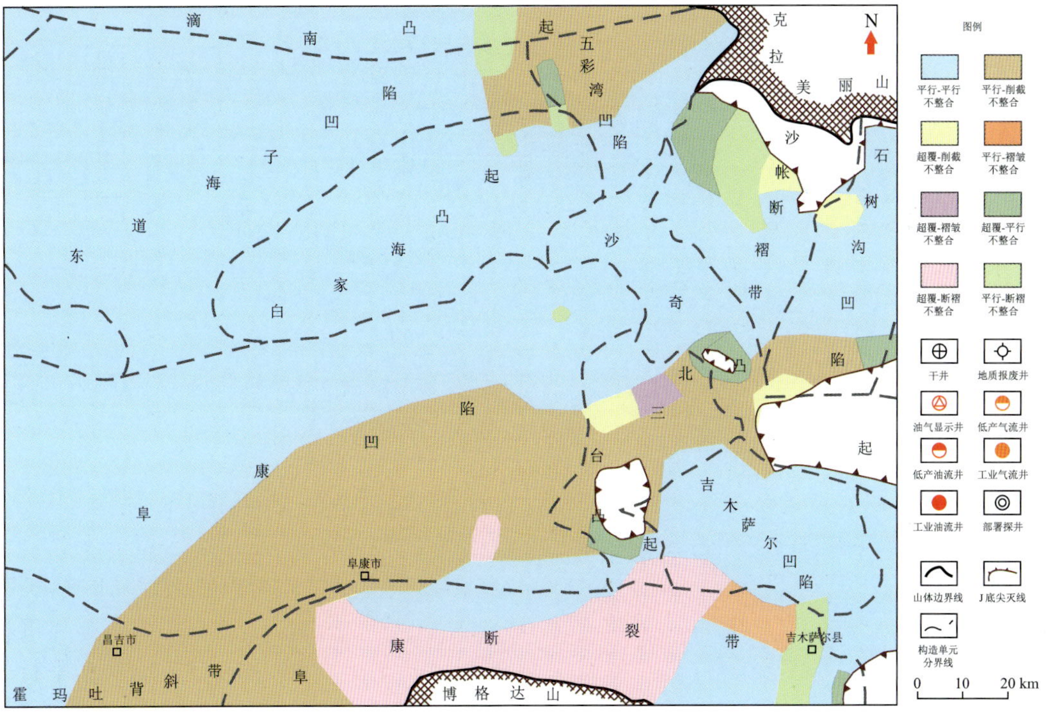

图 1-22　侏罗系底部不整合类型平面分布图

地区表现强烈，研究区东部凸起隆升，在构造高部位遭受削截，形成平行-削截不整合，局部发育平行-褶皱不整合。在凸起的斜坡地带，则发育超覆-平行不整合，同时由于阜康断裂带的活动，在断裂带区域形成了平行-断褶不整合。

4）白垩系底部不整合

该期不整合在地震剖面上反射清晰，不整合类型相对简单，主要发育平行-平行不整合及平行-削截不整合，局部发育平行-褶皱不整合及超覆-削截不整合（图 1-23）。燕山晚期，本区南部和东部抬升，地势由北高南低变成北低南高，白垩系由北向南、由西向东超覆在侏罗系之上，形成超覆-平行不整合；该期运动强度巨大，平行-削截不整合范围最广，强度也最大，有些不仅剥蚀了燕山Ⅰ幕后沉积的地层，还削截了早期的不整合及更老的地层，在局部地区形成平行-削截不整合。

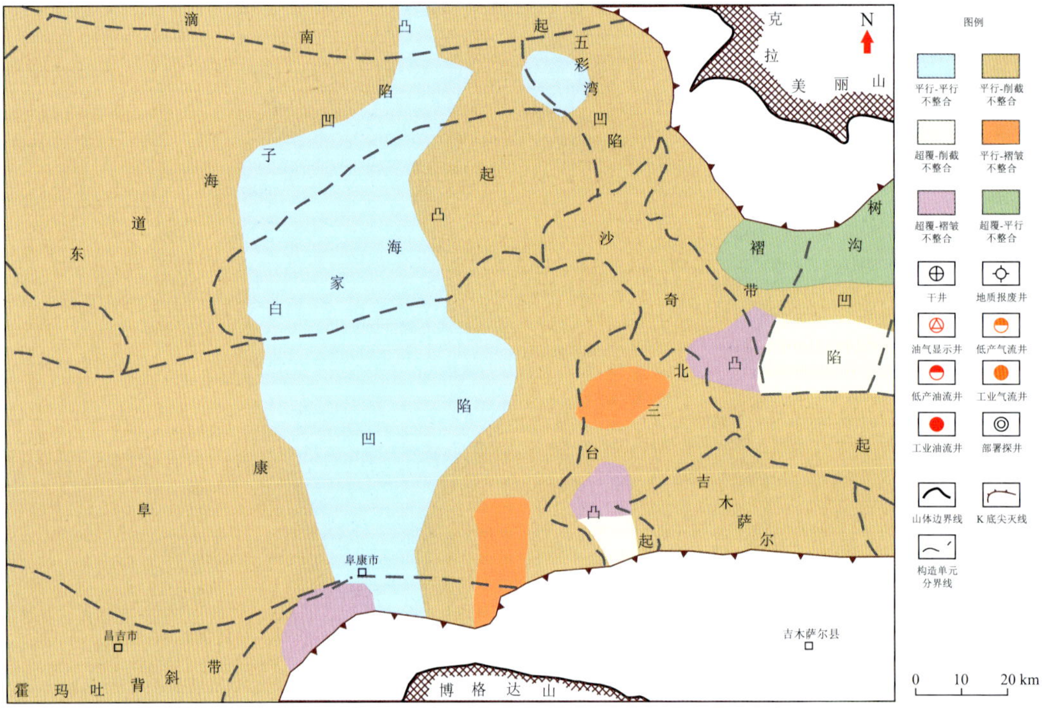

图 1-23　白垩系底部不整合类型平面分布图

5）古近系底部不整合

该期不整合主要发育平行-平行不整合及平行-削截不整合，局部发育平行-多期削截不整合、平行-褶皱不整合及超覆-削截不整合（图 1-24）。白垩系准东地区主要处于抬升剥蚀阶段，到古近纪准东地区整体处于缓慢下沉阶段（吴孔友等，2005），构造活动并不强烈。在构造高部位与低部位的交界处广泛发育平行-削截不整合，而在其他地区则主要以平行-平行不整合为主。

1.2.2.3　不整合类型平面分布规律

不整合类型的分布体现了构造运动的特点，构造运动的特点也决定了不整合类型的平面分布规律。通过对准东地区多种不整合类型的分析，可总结出以下挤压性盆地不整合类型平面分布规律：

1）分布上的差异性及有序性

不同构造部位发育不同类型的不整合。在凹陷区多发育平行-平行不整合，在凸起的斜坡带发育超覆-平行不整合及超覆-削截不整合，在凸起边缘与凹陷交界处多发育平行-削截不整合，在凸起区多发育多期削截不整合、褶皱或断褶不整合。其分布规律为垂直不整合走向，从

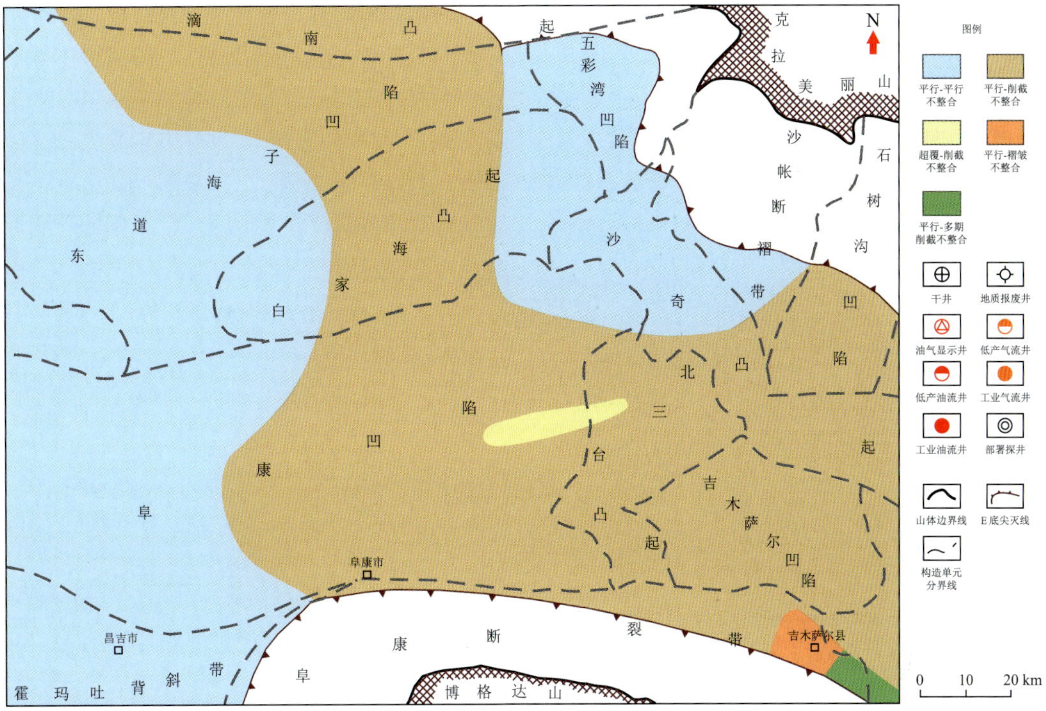

图 1-24　古近系底部不整合类型平面分布图

凹陷到凸起地带，不整合类型依次从平行-平行不整合、削截不整合、超覆不整合到褶皱不整合。不整合类型的这种平面分布规律反映了构造运动的作用方式及强度变化。凸起的继承性发展导致凸起及其周缘持续沉积间断或多期剥蚀，斜坡地带的削截作用是由构造运动的作用方式决定的，凹陷内的平行-平行不整合是由于构造运动的影响在该部位变弱造成的。

2）纵向上的叠合性和迁移性

不整合的叠合性是指不同时期的不整合叠合在一起，早期构造运动持续时间较长，一直到后期构造运动开始，后期构造运动在前期不整合的基础上进一步剥蚀地层，从而与前期不整合无法分开，形成一个统一的叠合不整合面。在北三台凸起上就发育有古近系、白垩系底部不整合与头屯河组底部及侏罗系底部不整合的叠合。不整合类型的迁移性是指不同时期的不整合类型在地理位置上有成因联系的变化，它是多期构造运动或同期构造运动多次活动的结果（吴亚军等，1998）。例如北三台地区削截不整合由老到新不断向周围扩展，到燕山Ⅲ幕时达到最大，这是由于北三台凸起不断向外扩展隆升的结果。

1.2.2.4　不整合类型分布与坡折带耦合关系

坡折带按成因机制可被划分为构造坡折带、沉积坡折带和侵蚀坡折带（王英民等，2002）。其中与不整合相关的坡折带为侵蚀坡折带，而在侵蚀坡折带发育的地区可能形成地层超覆圈闭和不整合遮挡圈闭，因此研究不整合类型分布与坡折带的耦合关系具有重要的意义。

基于古近系、白垩系、侏罗系、三叠系、二叠系 5 个层系顶面古地貌图确定坡折带，并将不整合平面类型与其进行耦合，得到不整合类型平面分布与古地貌坡折带耦合图。

据前文所述，在凸起的斜坡带发育超覆-平行不整合及超覆-削截不整合，在凸起边缘与凹陷交界处多发育平行-削截不整合，因此这几类不整合与坡折带之间存在一定的对应关系。这种关系在不整合类型分布与坡折带耦合图中可以得到较为清晰的展现，这几类不整合与坡折带对应的区域很有可能成为地层超覆圈闭和不整合遮挡圈闭发育的有利区。

1）二叠系底部不整合类型与坡折带耦合关系

二叠纪古地貌整体呈现西部低，中、东部高的地势，坡折带主要分布于西部凹陷区与中部凸起区的交界处以及东部的局部凹陷区周缘（图 1-25）。两处坡折带均有部分区域与超覆-削截不整合及平行-削截不整合发育区重叠，可成为地层超覆圈闭及不整合遮挡圈闭的有利发育区。

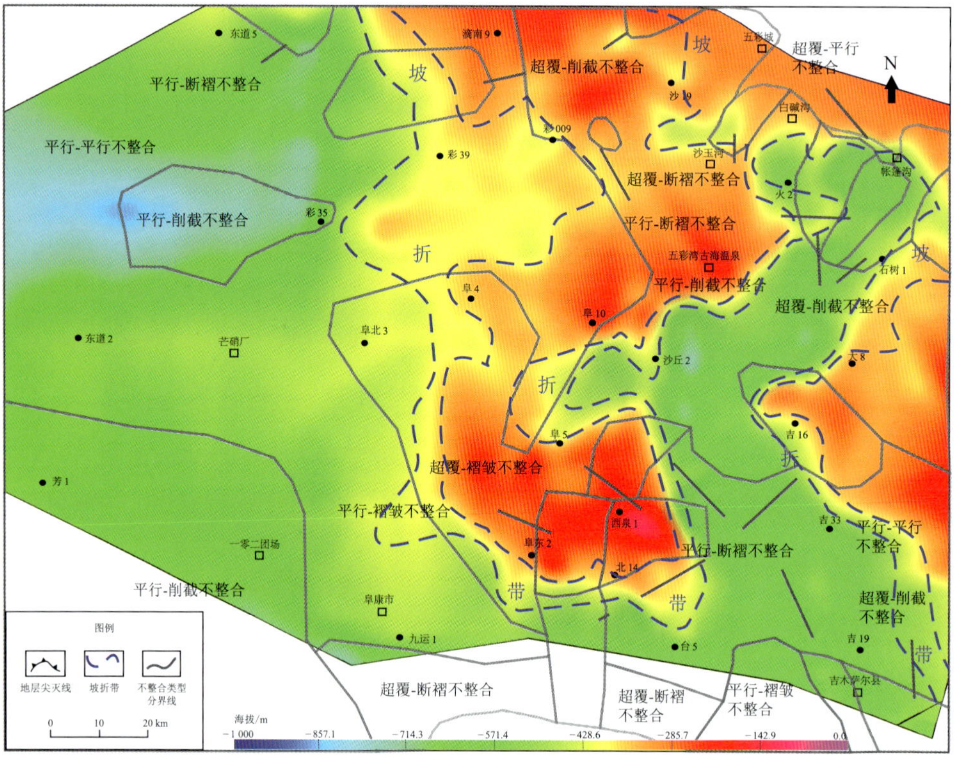

图 1-25　二叠系底部不整合类型平面分布与坡折带耦合图

2）三叠系底部不整合类型与坡折带耦合关系

三叠纪古地貌整体表现为西低东高的特征，坡折带主要分布于凸起周缘（图 1-26）。其中，位于滴南凸起周缘白家海凸起周缘及北三台凸起周缘的坡折带部分位于平行-削截不整合分布区内部，有利于形成不整合遮挡圈闭；位于沙奇凸起周缘及沙帐断褶带周缘的坡折带部分位于超覆-削截不整合及超覆-平行不整合分布区内部，有利于形成地层超覆圈闭。

3）侏罗系底部不整合类型与坡折带耦合关系

侏罗纪古地貌整体表现为西低东高的地势，坡折带主要分布于东部三个凸起区周缘（图 1-27）。其中，位于滴南凸起和北三台凸起周缘的坡折带与平行-削截不整合分布区部分重叠，有利于形成不整合遮挡圈闭；而沙帐断褶带及沙奇凸起周缘发育的坡折带则与超覆-削截不整合及超覆-平行不整合分布区部分重叠，有利于地层超覆圈闭的发育。

4）白垩系底部不整合类型与坡折带耦合关系

白垩纪古地貌同样表现为东高西低，坡折带位于研究区中部偏东，呈南北走向的条带状展布（图 1-28），整体位于平行-削截不整合分布区内，属于侵蚀坡折带，有利于不整合遮挡圈闭的发育。

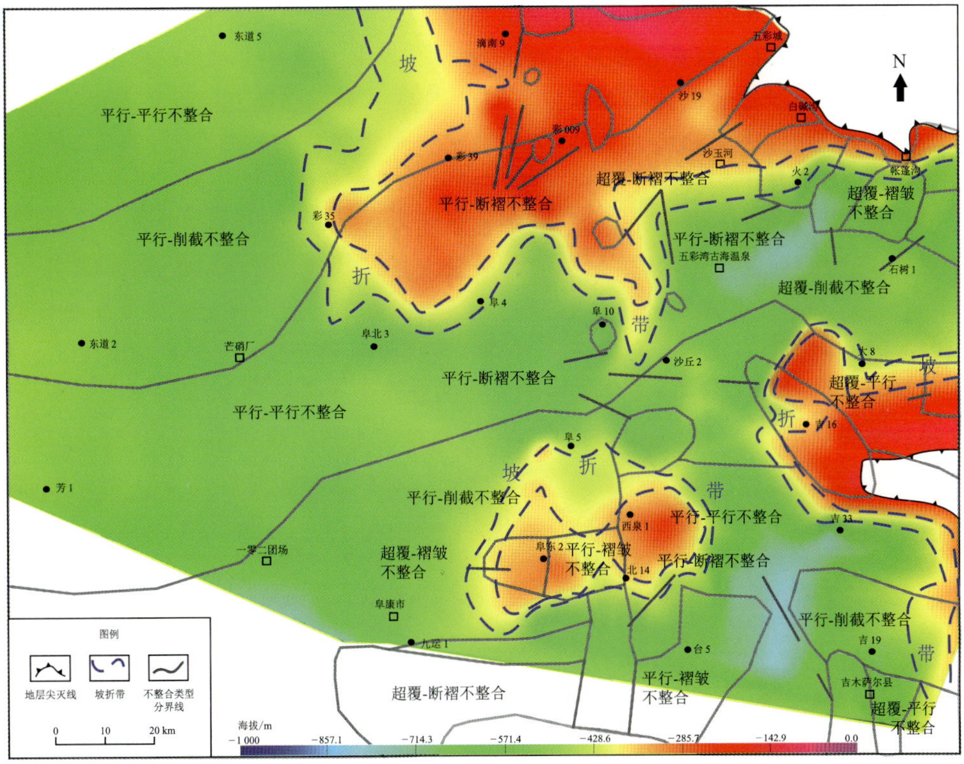

图 1-26　三叠系底部不整合类型平面分布与坡折带耦合图

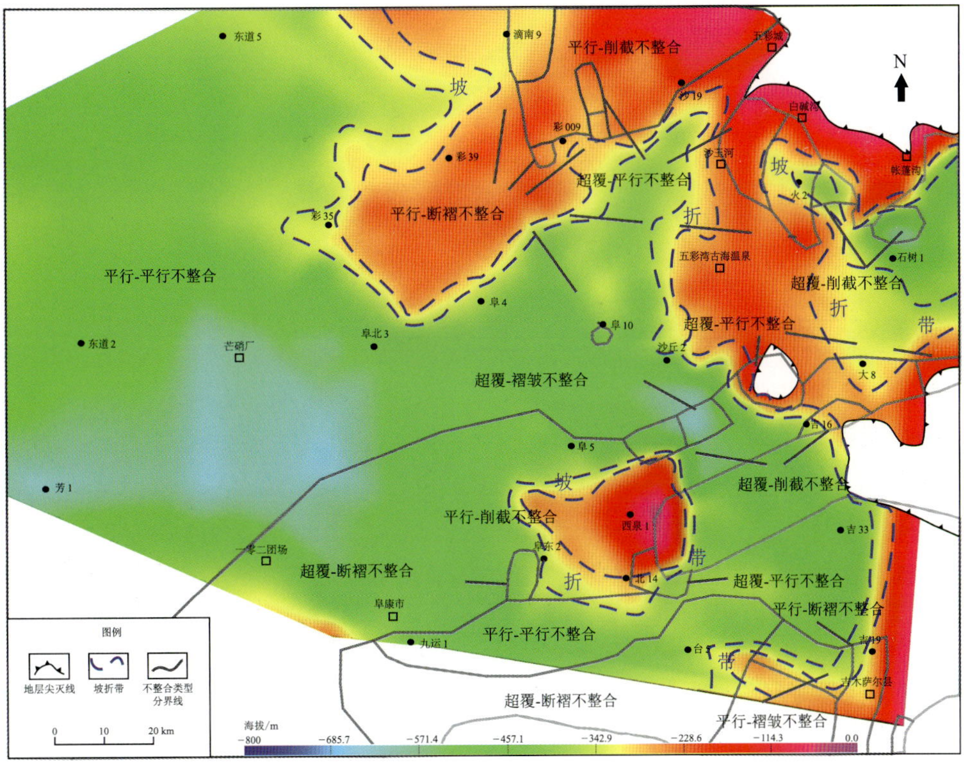

图 1-27　侏罗系底部不整合类型平面分布与坡折带耦合图

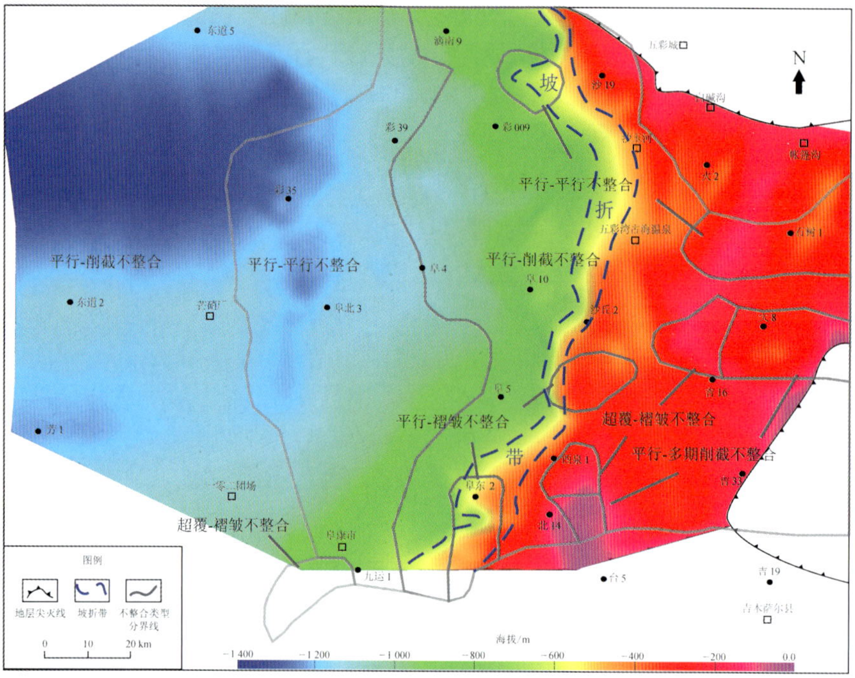

图 1-28　白垩系底部不整合类型平面分布与坡折带耦合图

5）古近系底部不整合类型与坡折带耦合关系

古近纪古地貌整体表现为东高西低的地势，坡折带位于研究区中部，呈南北走向的条带状展布（图 1-29），且整体处于平行-削截不整合区域内，在成因上属于侵蚀坡折带，具备不整合遮挡圈闭的发育条件。

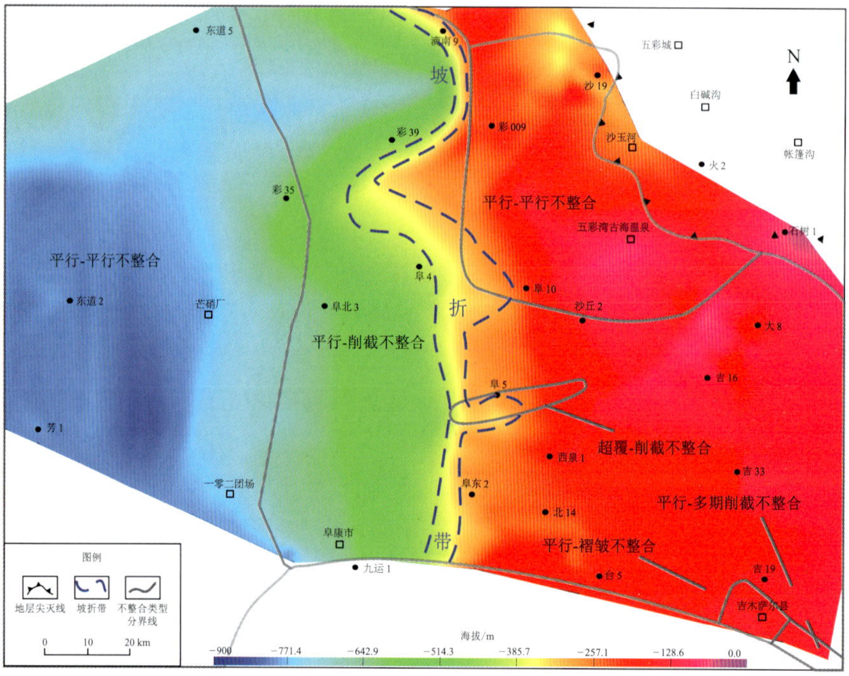

图 1-29　古近系底部不整合类型平面分布与坡折带耦合图

1.3　不整合剖面类型演化

不整合的形成是内外动力地质作用综合的结果，其间经历了构造隆升、风化剥蚀与沉降沉积等作用，由于过程与强度的差异性，使得多类型不整合的形成机制存在差异。下面对常见的几种不整合类型的形成演化进行分析。

1）平行-褶皱不整合

该类不整合是在相对稳定沉降的地区，接受了巨厚的地层沉积，后期由于构造应力场转换的影响，受到挤压隆升，地层发生褶皱弯曲，暴露地表并遭受风化作用，褶皱的顶部或大部遭受剥蚀，再受应力场转换影响，发生沉降，再次接受沉积而形成的一类不整合。该类不整合在我国西部地区主要形成于构造挤压抬升，地层弯曲褶皱。在东部地区，若发育在基底，则与西部形成的力学背景相似；若发育在盖层之中，则可能与断裂活动形成补偿性背斜有关。其形成演化可分为三个阶段：稳定沉降沉积阶段（图 1-30a）、挤压抬升剥蚀阶段（图 1-30b）及再次沉降沉积阶段（图 1-30c）。

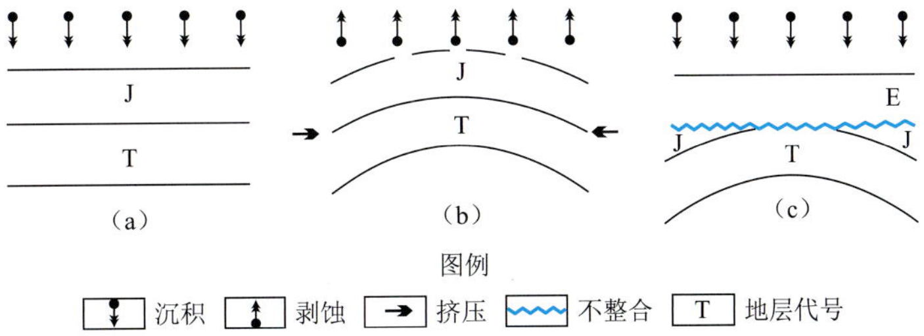

图 1-30　平行-褶皱不整合形成演化

2）平行-断褶不整合

该类不整合是在相对稳定沉降的地区，接受了巨厚的地层沉积，后期由于受构造运动作用，地层发生断裂，其上盘地层在发生错动过程，形成弯曲褶皱，抬升暴露地表并遭受风化作用，褶皱的顶部或大部遭受剥蚀，再受应力场转换影响，发生沉降，再次接受沉积而形成的一类不整合。该类不整合在我国西部地区主要形成于逆断层上盘冲断，产生牵引构造，导致地层弯曲。在东部地区，断褶不整合形成于正断层上盘下降，产生逆牵引构造，导致地层弯曲。断褶不整合和褶皱不整合往往相伴而生，发育褶皱不整合的地方常常发育断褶不整合，它们反映出构造活动强弱的一种变化。当断层与不整合规模具有可比性，且断层基本控制地层变形和剥蚀程度时，就将褶皱不整合划归到断褶不整合的范畴。其形成演化可分为三个阶段：稳定沉降沉积阶段（图 1-31a）、错断隆升剥蚀阶段（图 1-31b）及再次沉降沉积阶段（图 1-31c）。

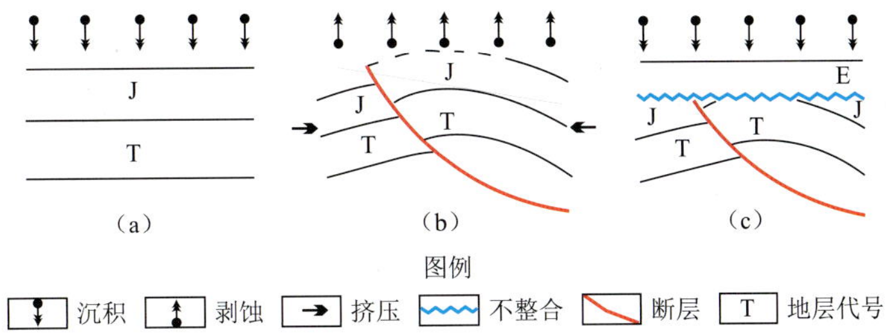

图 1-31　平行-断褶不整合形成演化

3）平行-削截不整合

该类不整合是在相对稳定沉降的地区，接受了巨厚的地层沉积，后期由于构造应力场转换的影响，地层经历不均匀抬升，发生掀斜作用，其翘起端遭受较为强烈的风化剥蚀作用，形成较为平坦的古地貌，再受应力场转换影响，发生沉降，再次接受沉积而形成的一类不整合。该类不整合与上覆地层近于平行，与下伏地层角度相交，其形成演化可分为三个阶段：稳定沉降沉积阶段（图 1-32a）、掀斜抬升剥蚀阶段（图 1-32b）及再次沉降沉积阶段（图 1-32c）。

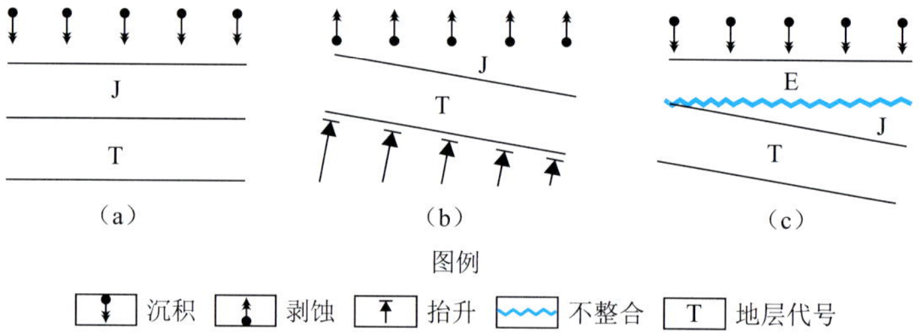

图 1-32　平行-削截不整合形成演化

4）超覆-平行不整合

该类不整合是在相对稳定沉降的地区，接受了巨厚的地层沉积，后期由于构造应力场转换的影响，地层经历不均匀抬升，发生掀斜作用，并遭受较为强烈的风化剥蚀作用，由于差异风化，古地貌形成一斜坡，再受应力场转换影响，发生沉降，水体上侵，再次接受沉积，新地层沿着古斜坡向上依次超覆沉积而形成的一类不整合。该类不整合与下伏地层近于平行，与上覆地层呈角度相交，其形成演化可分为三个阶段：稳定沉降沉积阶段（图 1-33a）、差异抬升剥蚀阶段（图 1-33b）及再次沉降沉积阶段（图 1-33c）。

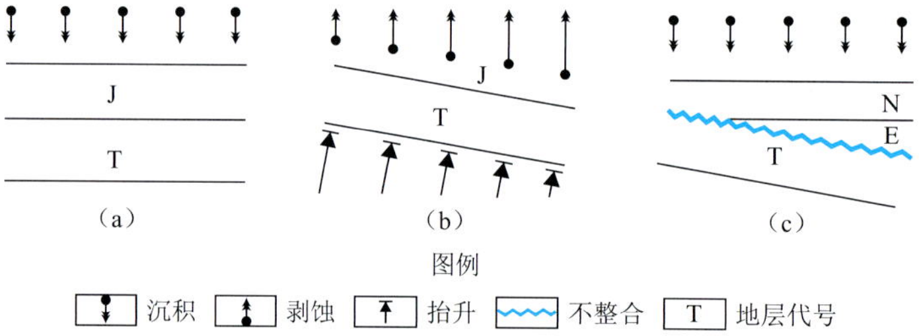

图 1-33　平行-超覆不整合形成演化

5）平行不整合

该类不整合是在相对稳定沉降的地区，接受了巨厚的地层沉积，后期由于构造应力场转换的影响，发生整体抬升，在抬升过程中地层没有发生变形，产状稳定，暴露地表后地层遭受较为均一的风化剥蚀作用，古地貌平缓，再受应力场转换影响，发生整体沉降，再次接受沉积而形成的一类不整合。该类不整合与上覆地层和下伏地层均近于平行，其形成演化可分为三个阶段：稳定沉降沉积阶段（图 1-34a）、整体抬升剥蚀阶段（图 1-34b）及再次沉降沉积阶段（图 1-34c）。

6）断层-超覆不整合

该类不整合是在相对稳定沉降的地区，接受了巨厚的地层沉积，后期由于受较强烈的伸展构造运动影响，地层发生断裂，形成较大规模的正断层，其上盘下降，断距较大，同时其下盘抬升暴露，导致较陡的断层面遭受较强烈风化剥蚀作用，改造成较缓的不整合面，再受应力场转换影响，发生规模沉降，新地层沿剥蚀面依次上超而形成的一类不整合。该类不整合与下伏地层和上覆地层均呈角度相交，其形成演化可分为三个阶段：稳定沉降沉积阶段（图 1-35a）、局部抬升剥蚀阶段（图 1-35b）及再次沉降沉积阶段（图 1-35c）。

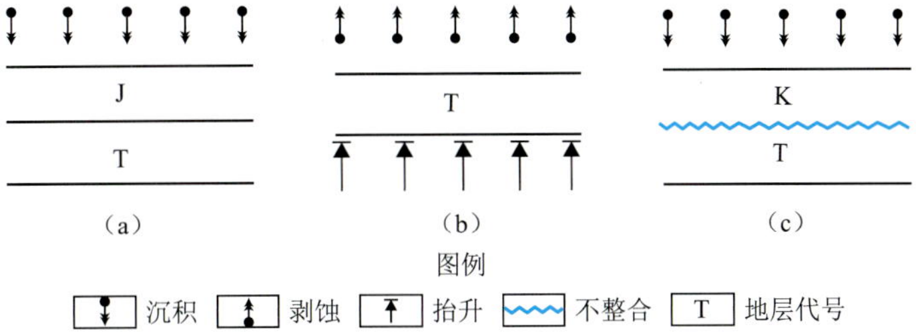

图 1-34　平行不整合形成演化

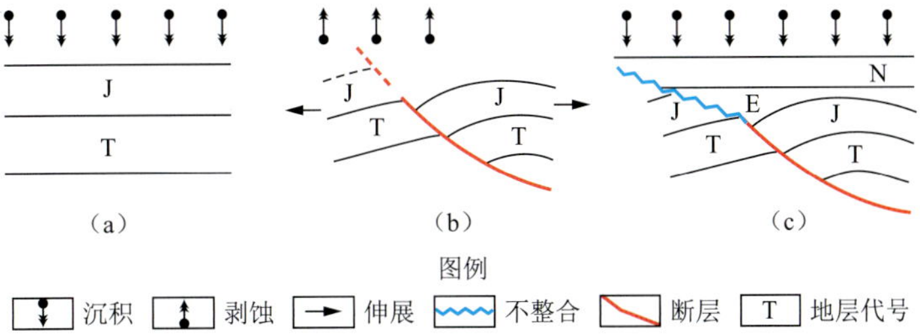

图 1-35　断层-超覆不整合形成演化

7）超覆-削截不整合

该类不整合是在相对稳定沉降的地区，接受了巨厚的地层沉积，后期由于构造应力场转换的影响，地层经历抬升，遭受较为强烈的差异风化剥蚀作用，古地貌形成一斜坡，再受应力场转换影响，发生沉降，水体上侵，再次接受沉积，新地层沿着古斜坡向上依次超覆沉积而形成的一类不整合。该类不整合与下伏地层和上覆地层均呈角度相交，其形成演化可分为三个阶段：稳定沉降沉积阶段（图 1-36a）、差异抬升剥蚀阶段（图 1-36b）及再次沉降沉积阶段（图 1-36c）。

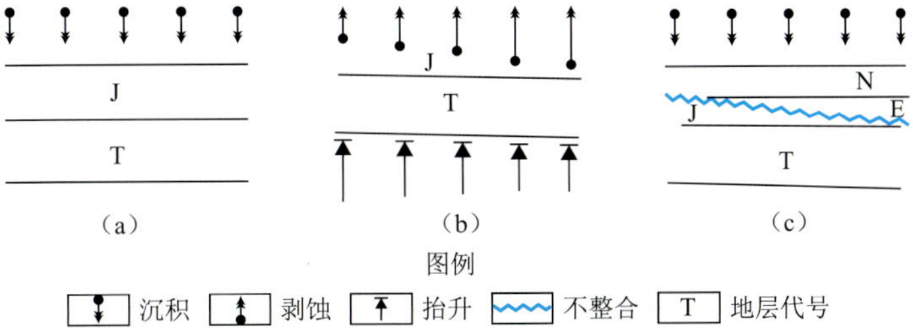

图 1-36　超覆-削截不整合形成演化

第2章　不整合纵向结构及发育模式

不整合可作为成矿流体输导的重要通道已得到广泛共识(Levorsen et al.,1934;潘钟祥,1983;何登发,1995;吴亚军等,1998;Ziegler and Longstaffe,2000),但有关不整合纵向结构的研究尚处于简单、笼统、宏观的描述阶段,而且对不整合纵向结构与油气输导、聚集的关系研究不够深入和全面。由于受构造、古地形、气候、间断时间、剥蚀量等多种因素的影响,不整合纵向结构相当复杂,而不整合纵向结构与油气成藏有着十分密切的关系,因此,有必要对不整合纵向结构特征、发育模式及其主控因素进行研究。

2.1　不整合纵向结构划分

不整合不仅是构造运动或海(湖)平面变动事件的记录者,而且代表了后期地质作用对前期沉积岩(物)不同程度的改造,这种改造程度的不均一性以及后期海(湖)平面上升发生水进形成的上覆岩石使得不整合具有了空间层次结构。因此,不整合不仅仅是一个"面",更是一个"体",其本身具有较独特的微观组构,即具有"空间结构"属性。张克银等(1996)在研究塔北隆起碳酸盐岩顶部不整合时,首次提出了不整合的三层结构模型,即不整合面之上发育残积层,不整合面之下为渗流层,渗流层之下为潜流层,并且讨论了不整合结构层的控油意义。其实,不论是渗流层还是潜流层,均属于基岩半风化的产物。基岩遭受长期风化剥蚀以及地下水的淋滤作用,在其表层常出现一个风化孔隙带,使其孔隙性和渗透性大大增强。这种风化孔隙带的厚度取决于岩性、气候、地形、构造、生物和地下水的深度等因素。一般气候温暖潮湿、生物繁盛、地形突起、表面裂隙多的地带,其厚度可达几十米,甚至几百米。何发歧(2002)根据岩溶水动力特征,自上而下将基岩风化壳分为地表岩溶带、垂直渗流岩溶带及水平潜流岩溶带。地表岩溶带位于地下水渗流带上部,形成一些溶洞、溶缝,常被地表残余物和洞壁塌陷物等充填;垂直渗流岩溶带是地下水沿裂缝向下渗流,发生淋滤溶蚀而形成的垂直或近于垂直的溶蚀缝或串珠状的小型溶洞;水平潜流岩溶带位于地下水潜流带上部,溶蚀作用强烈,可形成众多规模较大的水平溶洞。以上对不整合结构的研究主要强调了基岩风化的不均一性及纵向分层性。实际上,长期的风化作用,尤其是生物风化作用能在基岩之上形成一层黏土层,即古土壤层,同时当后期水进或水侵时在不整合之上常形成水进砂体或底砾岩。

2.1.1　野外露头观察

大量野外剖面观察表明,不整合露头表现出多重的结构特征。在准噶尔盆地西北缘哈拉阿拉特山周缘,观察到了侏罗系八道湾组(J_1b)与石炭系巴塔玛依内山组(C_2b)之间的角度不整合(图2-1),八道湾组底部发育厚达30 m的底砾岩层,巴塔玛依内山组风化严重,两者之间发育近0.5 m的风化黏土层。在准噶尔盆地西北缘扎伊尔山周缘,观察到了白垩系吐谷鲁群

(K_1tg)与侏罗系三工河组(J_1s)之间的角度不整合(图 2-2)，白垩系底部发育近 20 m 厚的底砾岩层，侏罗系风化严重，两者之间夹厚达 8～10 m 的风化黏土层。山东新泰地区太古界泰山群与下古生界寒武系之间呈不整合接触，寒武系长清群底部发育厚约 1 m 的紫红色水进砂层，风化黏土层较薄，厚度 0.5 m 左右，泰山群风化强烈(图 2-3)。另外，天津市蓟州区中、上元古界出露较好，在野外踏勘过程中发现了青白口系下马岭组(Qnx)与长龙山组(Qnc)之间(图 2-4)呈不整合接触，不整合结构明显，其中上元古界下马岭组底部发育底砾岩层，风化黏土层均较薄，厚度小于 0.5 m。

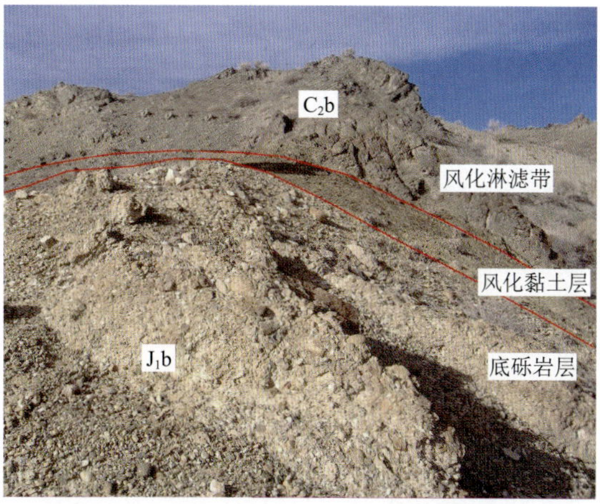

图 2-1　准噶尔盆地侏罗系与石炭系不整合

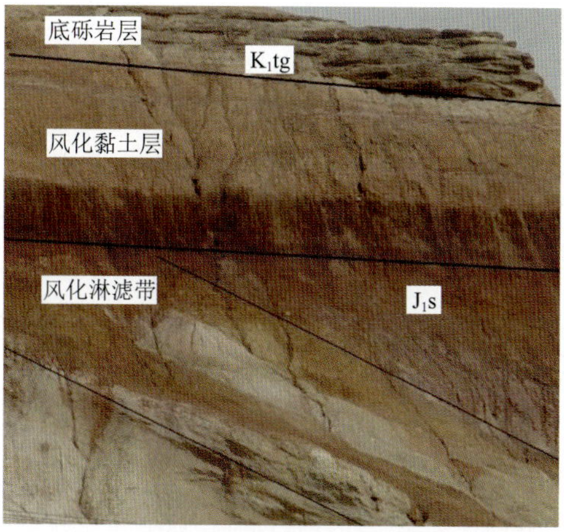

图 2-2　准噶尔盆地白垩系与侏罗系不整合

图 2-3　山东新泰太古界与下古生界不整合

图 2-4　天津市蓟州区下马岭组与长龙山组不整合

2.1.2　钻井岩芯观察

岩芯是研究地下信息最直观的资料，但由于取芯的不连续性，很难取全不整合的整体面貌，因而其研究往往受到制约。通过多年的科学研究积累，以及对众多含油气盆地取芯井的观察，在准噶尔盆地西北缘地区，发现了 3 口不整合结构取芯较全的井：重 18 井、重 29 井、排

614 井。这 3 口井均是含油井，埋深较浅，取芯较全。通过钻井分层数据确定，重 18 井在井深 304 m 处上侏罗统齐古组(J_3q)与下侏罗统八道湾组(J_1b)呈不整合接触，岩芯观察时，分别在井深 302 m，310 m 和 323 m 处观察到了水进砂层（含稠油）、风化黏土层和风化淋滤带（图 2-5a）；重 29 井在井深 132.5 m 处白垩系吐谷鲁群(K_1tg)与侏罗系齐古组(J_3q)呈不整合接触，岩芯观察时，分别在井深 132.5 m，134 m 和 138 m 处观察到了底砾岩层、风化黏土层和风化淋滤带（含稠油）（图 2-5b）；排 614 井在井深 507.3 m 处白垩系吐谷鲁群(K_1tg)与石炭系呈不整合接触，岩芯观察时，分别在井深 507.3 m，507.5 m 和 508.5 m 处观察到了底砾岩层、风化黏土层和风化淋滤带（图 2-5c），风化黏土层呈灰白色，石炭系发育明显的风化裂缝。

(a) (b) (c)

图 2-5　室内岩芯观察的不整合纵向结构现象

2.1.3　不整合结构体的概念及特征

在不整合成因分析的基础上，借鉴前人研究成果，并结合野外露头及岩芯观察等资料，提出了不整合结构体的概念。不整合结构体是指与表生期风化淋滤和水进期超覆沉积相关联的，在间断面附近形成的地质体（图 2-6）。不整合结构体在纵向上分为三层结构：结构体上层

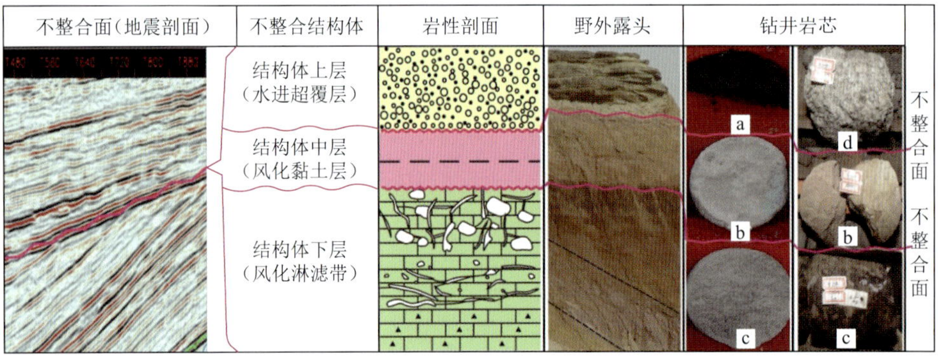

图 2-6　不整合结构体的构成

(主要为水进砂体或底砾岩)、结构体中层(风化黏土层,也称风化泥岩层)及结构体下层(半风化岩石,也称风化淋滤带),每层结构发育着不同的岩石类型及各自特征。

不整合结构体上层岩石是指紧邻不整合之上,位于上覆岩层底部的那套岩石。岩石类型主要有底砾岩和水进砂体,有时也发育煤层或泥岩。底砾岩是风化带粗碎屑残积物在发生水进时接近原地沉积的产物(汤良杰等,2002)。以复成分砾岩为主,颗粒较粗,砾石分选、磨圆较差,分布连续,厚度适中,孔渗性好,为"畅通型"残积层(艾华国等,1996),是流体输导的良好通道。水进砂体是发生海(湖)侵时经过短距离搬运(沉积物来自盆内早期沉积的砂体)或原地(物源来自盆地内凸起)的砂级风化碎屑物质,包括矿物碎屑和岩石碎屑发生沉积的产物。该砂体分选、磨圆中等,连续性较差,多呈透镜状,分布于不整合之上或盆地斜坡平缓处,煤层或泥岩分布很少,推测其发育于当时的岩溶洼地。

不整合结构体中层的风化黏土层是物理风化细粒残积物再经生物、化学风化作用堆积的结果,又称古土壤,往往内含有机质,导致该层经上覆地层压实成岩后,致密而有韧性(查明等,2008)。在平面分布上,除局部构造高点较薄或缺失外,该层在盆地斜坡区往往分布稳定,厚度适中,且向盆地内部有增厚趋势,最厚可达 30 m(吴孔友等,2002)。因此,风化黏土层可作为油气的良好盖层,能阻止油气串层输导并封盖其下部油气。但该层地震剖面、正常的层序或沉积相分析均较难识别,主要根据岩芯观察和测井曲线组合对比来确定(陈钢花等,2010)。风化黏土层的油气封盖作用的发现对油气勘探具有重要意义,它可以使对早期油气勘探认为缺乏有效封盖条件的地区进行重新评价,拓宽勘探领域。

不整合结构体下层岩性多样,当其被抬升出露地表时,由于不同类型岩石的力学性质不同,裂缝的发育程度也不一样,抗风化能力存在较大差异。早期油气勘探中,人们只注意碳酸盐岩的风化淋滤作用,在覆盖区主要寻找风化淋滤带为石灰岩的不整合。实际上,不论是碳酸盐岩、碎屑岩、火山岩或是变质岩,当其暴露地表后均能形成风化淋滤带,只是厚薄不一(图 2-7)。

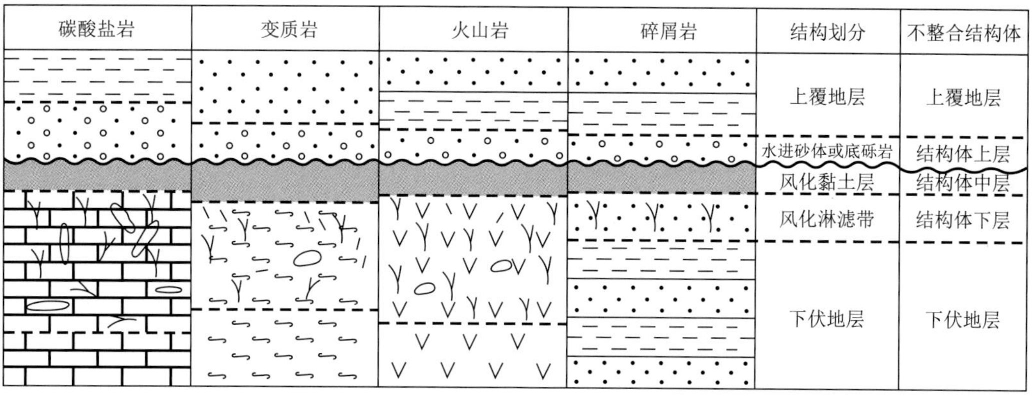

图 2-7 不整合结构体纵向划分示意图

2.2 不整合纵向结构判别技术

2.2.1 风化指标判别技术

全岩分析表明,风化黏土层和风化淋滤带都是经过一定风化剥蚀改造原岩形成的,Ca,Na

等易流失的元素缺乏，Al，Fe，Ti 等稳定元素富集，以黏土矿物为主。为验证这一现象，通过野外和岩芯观察，进行不整合结构体分层取样，测试岩石成分。结果显示：不整合结构体中层（风化黏土层）中抗风化能力强的 Al，Fe，Ti 元素富集，Ca 元素流失明显，与不整合结构体下层（风化淋滤带）有明显的元素含量差异。依据主量元素分布特征，通过散点图形式，建立不整合结构体三层结构的识别特征图（图 2-8）。该图显示，通过主量元素含量，可以明显区分不整合结构体中层与下层，但上层区分不明显。

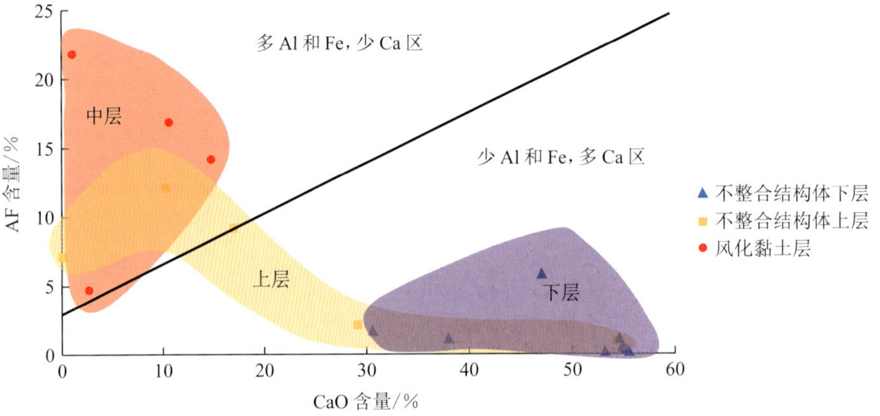

图 2-8　不整合结构体主量元素分布特征图

（AF 代表 Al_2O_3 与 Fe_2O_3）

化学风化指标就是基于风化岩石中元素淋失、迁移特性，利用不同元素的氧化物含量计算得出的用以衡量风化程度的指标（表 2-1）。

表 2-1　化学风化指标计算公式

风化指标	计算公式	未风化	完全风化
I_{WP}	$100\times(2Na_2O/0.35+MgO/0.9+2K_2O/0.25+CaO/0.7)$	>100	0
I_V	$(Al_2O_3+K_2O)/(MgO+Na_2O+CaO)$	<1	无限大
I_{CA}	$100\times[Al_2O_3/(Al_2O_3+CaO+Na_2O+K_2O)]$	<50	100
I_{CW}	$100\times[Al_2O_3/(Al_2O_3+CaO+Na_2O)]$	<50	100
I_{PA}	$100\times[(Al_2O_3-K_2O)/(Al_2O_3+CaO+Na_2O-K_2O)]$	<50	100

注：表中公式涉及的氧化物均为摩尔分数。

利用帕克风化指数 I_{WP}（Parker，1970）、威格特残余指数 I_V（Roaldset，1972）、化学蚀变指数 I_{CA}（Nesbitt and Young，1982）、化学风化指数 I_{CW}（Harnois and Moore，1988）和斜长石蚀变指数 I_{PA}（Fedo et al.，1995）5 个风化指标划分不整合纵向结构。通常不整合结构体上层岩石 I_{CA} 值、I_{CW} 值、I_{PA} 值均小于 50，I_V 值小于 1，I_{WP} 值大于 100，说明岩石未遭受风化作用；不整合结构体下层岩石 I_{CA} 值、I_{CW} 值、I_{PA} 值、I_{WP} 值均大于 50、小于 100，I_V 值大于 1，说明岩石遭受了较强的风化作用；不整合结构体中层岩石 I_{CA} 值、I_{CW} 值、I_{PA} 值约等于 100，I_V 值无限大，I_{WP} 值约等于 0，说明岩石完全被风化。

对渤海湾盆地东营凹陷南坡多个井位的岩芯取样做全岩分析后得到表 2-2 所示的分析结果，其中高 58 井取深度为 865.0 m 的砂质泥岩，草古 111 井取深度为 1 047.0 m 的砂质泥岩，草古 118 井取深度为 850.1 m 的黏土岩，金浅 10 井取深度为 613.0 m 的辉绿岩，金浅 5 井取深度为 642.2 m 的风化泥岩，草 122 井取深度为 969.7 m 的紫红色泥岩。由表 2-2 可知，各岩样均不同程度含黏土矿物，最高达 77%，样品均不含方解石，具备初步的风化特征。对上述岩样进行风化指标计算，结果见表 2-3。由表 2-3 可知，对上述数据经风化指标的公式计算结果并不完全符合公式给出的风化指标范围。分析公式与全岩分析结果，认定本区内铝质氧化物含量较低，铁质氧化物含量较高，在公式中加入氧化铁成分，结果完全符合风化指标给出的风化岩石的数据范围。

表 2-2　风化黏土层矿物成分检测结果

井　号	深度/m	矿物含量/%											
		石　英	钾长石	斜长石	方解石	白云石	铁白云石	菱铁矿	重晶石	辉　石	针铁矿	锐钛矿	黏土矿物
高 58	865.0	17	0	6	0	0	0	0	0	0	0	0	77
草古 111	1 047.0	22	2	0	0	0	50	0	0	0	0	0	26
草古 118	850.1	24	0	10	0	0	0	0	0	0	4	2	60
金浅 10	613.0	7	14	56	0	0	0	0	0	12	0	0	11
金浅 5	642.2	21	4	8	0	0	0	0	0	0	0	0	67
草 122	969.7	45	9	0	0	0	1	0	0	0	0	0	45

表 2-3　风化指标计算结果

井　号	样品号	I_{WP}	I_V	I_{CA}	I_{CW}	I_{PA}
高 58	Q002	8.57	1.67	52.00	53.20	53.62
草古 111	Q008	21.16	无限大	96.30	100.00	100.00
草古 118	Q014	14.29	2.47	64.29	64.29	64.29
金浅 10	Q016	98.48	1.46	51.06	53.40	50.00
金浅 5	Q017	33.42	2.00	52.10	57.14	56.00
草 122	Q018	8.57	1.67	56.01	54.75	54.75

对准噶尔盆地车排子凸起西翼排 614 井 507.55 m，507.65 m，507.70 m 取得的三个岩石样品做全岩分析，得到表 2-4，将氧化物含量带入风化指标计算公式，得到表 2-5 中的计算结果，得出的风化指标计算结果符合表 2-1 所示公式中给出的风化指标范围，证实观察到的现象是不整合，且发育分层结构。

测试结果也证实，不整合结构中的风化黏土层、风化淋滤带以及未风化岩石在化学风化指

表 2-4　排 614 井不整合结构岩石样品中氧化物含量检测结果

样　号	井　号	井深/m	氧化物含量/%										
			SiO_2	TiO_2	Al_2O_3	Fe_2O_3	MnO	MgO	CaO	Na_2O	K_2O	P_2O_5	*LoI*/%
1	排 614	507.55	60.75	0.55	12.32	4.88	0.09	0.95	6.44	1.88	2.41	0.07	8.15
2	排 614	507.65	47.79	0.80	14.81	7.51	0.18	1.24	8.63	2.94	3.67	0.47	8.96
3	排 614	507.70	48.24	0.66	12.67	5.89	0.16	1.17	11.53	2.47	3.55	0.27	9.88

表 2-5 风化指标计算结果

井 号	I_{WP}	I_V	I_{CA}	I_{CW}	I_{PA}
排 614-9-10/11	40.28	1.59	53.45	59.69	54.36
排 614-9-10/12	59.87	1.44	49.28	56.14	49.05
排 614-9-10/13	60.29	1.07	41.93	47.51	39.45

标值上具有明显的差别，一般风化程度的趋势为风化黏土层＞风化淋滤带＞未风化岩石，相应的化学风化指标为风化黏土层＞风化淋滤带＞未风化岩石。

2.2.2 测井曲线判别技术

不整合结构体整体较薄，覆盖区识别难度较大，目前很难通过地震方法确定，而测井资料分辨率较高，可以利用不整合结构体不同结构层岩石的物理化学性质差异在特定测井曲线上的响应特征进行识别、划分。

由于不整合结构体不同结构层岩性差异、孔渗性差异及物质组成差异，在测井曲线上会有所响应。通常不整合结构体上层声波时差一般较低，密度较高，中子孔隙度较大，微电极为高阻，侵洗带电阻率与过渡带电阻率相差较大；不整合结构体中层声波时差高，自然伽马低于普通泥岩，中子孔隙度很小，侵洗带电阻率与过渡带电阻率基本相同；不整合结构体下层声波时差出现明显的周波跳跃，中子孔隙度不均一，侵洗带电阻率与过渡带电阻率相差较大。

以上测井曲线在油田属常规资料，通过对这些资料进行再处理，使得不整合结构附近的测井曲线异常值放大，进而判别不整合纵向结构层，识别结构体。

第一步：曲线变化幅度差及归一化计算。

(1) 选取对不整合孔隙敏感的补偿中子 CNL、密度 DEN、电阻率 R 和自然伽马 GR 进行曲线变化幅度差计算，计算公式为：

$$\Delta Y_i = (|Y_{i-1} - Y_i| + |Y_{i+1} - Y_i|)/Y_i$$

式中，ΔY_i 为 ΔCNL，ΔDEN，ΔR 或 ΔGR；Y_{i-1} 和 Y_{i+1} 为当前深度点邻近的两点的测井曲线值；Y_i 为当前深度点的测井曲线值。

(2) 对各个参数进行归一化计算。

各曲线量纲不同，数值相差较大，因此，对补偿中子 CNL、电阻率 R、自然伽马 GR 的变化幅度差采用如下公式归一化：

$$Z_i = (\Delta Y_i - \Delta Y_{\min})/(\Delta Y_{\max} - \Delta Y_{\min})$$

式中，Z_i 表示当前深度点上述变化幅度差曲线归一化后的数值，可分别用 Z_N，Z_R，Z_G 表示；ΔY_i 表示当前深度点该种测井曲线的实际变化幅度差；$\Delta Y_{\max}$ 表示该种测井曲线的最大变化幅度差；$\Delta Y_{\min}$ 表示该种测井曲线的最小变化幅度差。

密度 DEN 变化幅度差则采用如下公式进行归一化处理：

$$Z_D = 1 - (\Delta Y' - \Delta Y'_{\min})/(\Delta Y'_{\max} - \Delta Y'_{\min})$$

式中，Z_D 表示当前深度点密度测井变化幅度差归一化后的数值，$\Delta Y'$ 表示当前深度点密度测井曲线变化幅度差，$\Delta Y'_{\max}$ 表示密度测井曲线的最大变化幅度差，$\Delta Y'_{\min}$ 表示密度测井曲线的最小变化幅度差。

第二步：构建孔隙综合判别参数 U。

利用归一化计算后的变化幅度差 Z_N，Z_D，Z_R 及 Z_G 构建不整合孔隙综合判别参数 U：

$$U=[P(Z_{\mathrm{N}})+P(Z_{\mathrm{D}})+P(Z_{\mathrm{R}})+P(Z_{\mathrm{G}})]/4$$

式中，P 为相对各种曲线的函数，满足以下条件：

$$P(x)=\begin{cases}0, & x<a\\ P(x), & a\leqslant x\leqslant b\\ 0, & x>b\end{cases}$$

式中，a，b 为异常临界值，且有 $a<b$。

第三步：构建总孔隙度变化幅度差比 φ_{c}。

岩石骨架物质不同，补偿中子及密度测井计算的总孔隙度存在明显差异，结合二者数值关系构建一个经验指数，定义为总孔隙度变化幅度差比 φ_{c}，可作岩性判别曲线。

密度测井计算总孔隙度 φ_{D} 的公式为：

$$\varphi_{\mathrm{D}}=\frac{\rho_{\mathrm{ma}}-\rho_{\mathrm{b}}}{\rho_{\mathrm{ma}}-\rho_{\mathrm{f}}}$$

式中，ρ_{b} 为密度测井曲线读出的测量值，ρ_{f} 为孔隙中流体密度值，ρ_{ma} 为岩石骨架密度值。

补偿中子测井计算总孔隙度 φ_{N} 的公式为：

$$\varphi_{\mathrm{N}}=\frac{\varphi_{\mathrm{b}}-\varphi_{\mathrm{Nma}}}{\varphi_{\mathrm{Nf}}-\varphi_{\mathrm{Nma}}}$$

式中，φ_{b} 为补偿中子曲线上读出的测量值，φ_{Nma} 为岩石骨架中子值，φ_{Nf} 为孔隙中流体中子值。

构建总孔隙度变化幅度差比：

$$\varphi_{\mathrm{c}}=\frac{|\varphi_{\mathrm{N}}-\varphi_{\mathrm{D}}|}{\varphi_{\mathrm{N}}}$$

第四步：泥质含量计算。

泥质含量的变化会引起自然伽马曲线幅度的变化，可用于区分不整合三层结构，并可借此对比风化泥岩与正常泥岩，泥质含量指数 I_{GR} 计算公式为：

$$I_{GR}=\frac{GR_{\mathrm{log}}-GR_{\mathrm{min}}}{GR_{\mathrm{max}}-GR_{\mathrm{min}}}$$

式中，GR_{log} 为实际测量值，GR_{max} 为该测井曲线的最大测量值，GR_{min} 为该测井曲线的最小测量值。

泥质含量 V_{sh} 计算公式为：

$$V_{\mathrm{sh}}=\frac{2^{GCUR\cdot I_{GR}}-1}{2^{GCUR}-1}$$

式中，$GCUR$ 为希尔奇指数，可根据实验室取芯分析资料确定，一般古近系及以上地层取 3.7，古近系以下地层取 2。

第五步：不整合纵向结构识别。

根据不整合内部结构的特点，通过不整合孔隙综合判别参数 U、总孔隙度变化幅度差比 φ_{c}、泥质含量 V_{sh} 三者的结合，完成不整合内部结构的定量划分（图 2-9）。

利用该项技术对渤海湾盆地东营凹陷南坡草 122 井进行结构识别（图 2-10）。该井深度 960～990 m 处为馆陶组与沙三段直接接触，发育不整合，其中深度 970 m 以上为馆陶组，深度 970 m 以下为沙三段。不整合结构体上层为大套底砾岩，厚度超过 10 m；结构体中层深度 970～971 m，岩性为灰色泥岩；结构体下层岩性为泥岩。

不整合结构体上层与中层都为泥岩，但从上层到中层有明显的测井曲线的突变，井径突然扩大，从 50 cm 升到 70 cm，自然伽马值突然减小，从 75 API 降至 55 API，故风化黏土层在草 122 井处显示出井径大于正常泥岩的，自然伽马值小于正常泥岩的。在声波时差变化率曲线上可以看出不整合结构体上层及下层的变化率变化强烈，而结构体中层变化率趋于 0，显示不整合结构体中层致密，孔隙度低，而结构体上、下层均呈现出高孔隙度。通过裂缝概率综合指标 *CWP* 可以看出不整合结构体上层与中层有明显的突变现象，接触面呈高值，而不整合结构体中层呈低值，可以作为识别不整合结构的标志。

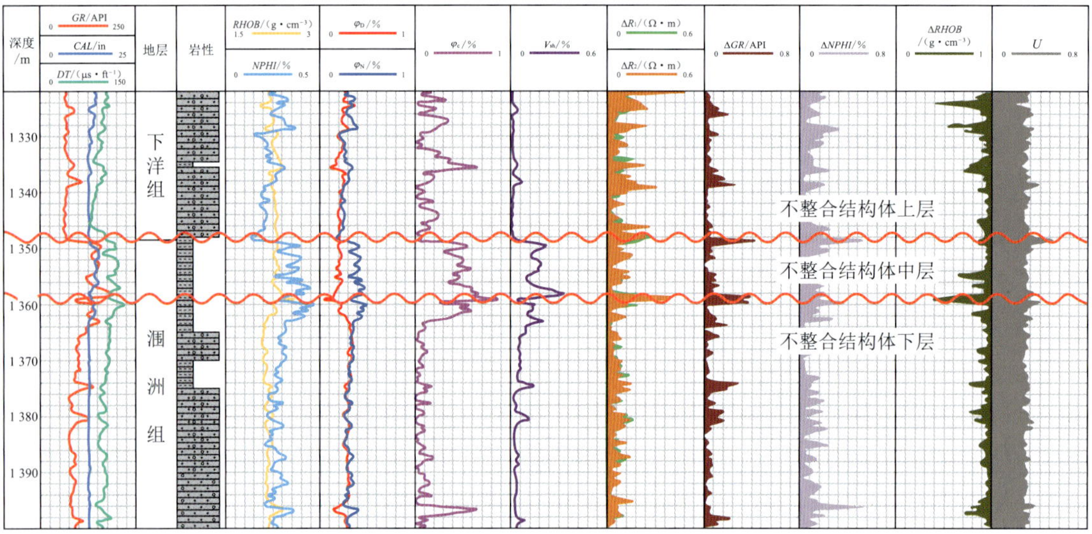

图 2-9　不整合纵向结构测井综合识别

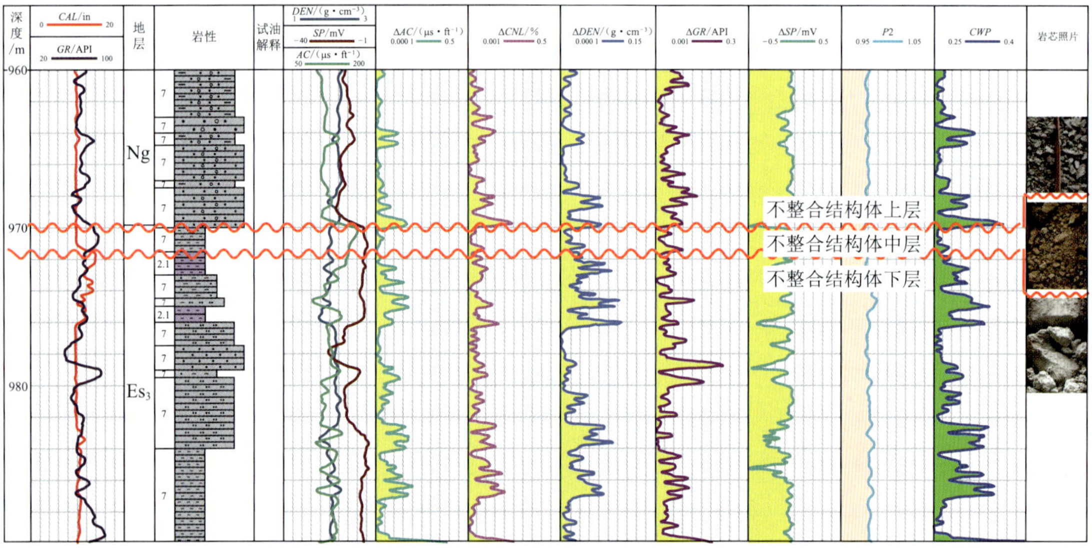

图 2-10　草 122 井不整合结构测井综合识别

通过该井段岩芯观察，发现风化黏土层无层理和古生物化石，呈黄褐色。对取样进行化学分析，草 122 井的风化黏土层显示出含有较多黏土矿物，含丰富的高价氧化铁，不含方解石。

渤海湾盆地东营凹陷南坡金浅 5 井 630～660 m 井段新近系馆陶组与古近系沙四段直接接触，期间发育不整合。其中 640 m 以上为馆陶组，640 m 以下为沙四组，640 m 为不整合分界线，不整合结构体上层为水进砂体，厚度约 1.4 m，含泥质较多，呈银灰色；640 m 以下 2 m 为不整合结构体中层，风化黏土层厚度约 2 m，以灰白色的高岭土为主，杂色含灰绿色、灰色等，均显示风化的现象；不整合结构体下层为风化淋滤带，土黄色泥岩与风化黏土层直接接触，厚度约 1 m，下部以玄武岩为主。通过岩芯观察，发现结构体下层玄武岩形成气孔状，后充填方解石，又经过风化剥蚀，有些气孔里的方解石也被溶蚀，颜色主要为灰黄色、土黄色，说明风化强度由上层向下层逐渐减弱。

此外，声波时差变化率曲线显示在不整合结构体上层与下层变化率极大，呈不规则锯齿状，而不整合结构体中层处声波时差曲线变化率极小，是由于不整合结构体中层的风化黏土层非常致密，孔隙度低，使得变化率很小。此外，自然电位曲线等均表现出突变，这种异于正常沉积的突变可以用来识别不整合结构（图 2-11）。

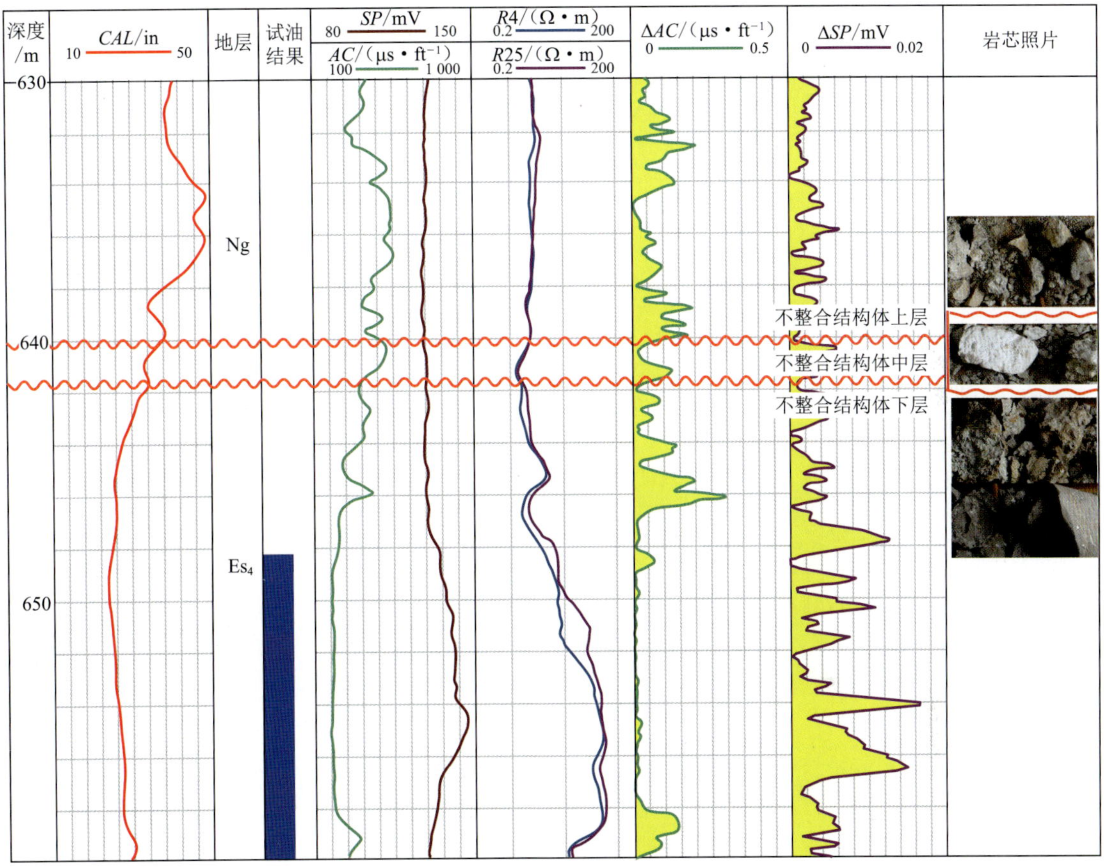

图 2-11　金浅 5 井不整合结构测井综合识别

准噶尔盆地东部沙帐断褶带沙 116 井 2 360～2 430 m 井段钻遇二叠系上统与中统不整合，2 387 m 以上为二叠系上乌尔禾组（P_3w），2 387 m 以下为二叠系平地泉组（P_2p）。不整合结构体上层为灰色砾岩（底砾岩）；中层识别为 2 387～2 391.3 m，岩性为灰白色黏土岩（风化黏土层），厚度为 4.3 m；下层岩性则以灰色细砂岩、泥岩为主（风化淋滤带），尽管岩性为细粒，但因曾暴露地表，遭受风化淋滤，其次生孔隙发育，测井曲线上异常特征明显（图 2-12）。

不整合结构从上层的砾岩到中层的风化黏土有明显的测井曲线突变，例如，井径由 8.1 cm 扩大到 8.7 cm，自然伽马值由 53.2 API 增至 67.3 API，补偿中子也出现明显扩大。再从中层风化黏土到下层的泥岩，自然伽马、密度及补偿中子曲线等也均有明显的突变。从电阻、自然伽马等变化幅度差曲线上来看，中层与上、下层之间同样具有显著差异。在上层、下层与中层的接触处往往出现台阶式高值，中层的 ΔGR，ΔR，ΔCNL 等曲线值均较低，而上下层波动则比较强烈，从孔隙综合判别参数 U 上来看，也同样呈现中层为内凹的低值区态势。此外，泥质含量 V_{sh} 曲线在沙 116 井的上乌尔禾组底部不整合三层结构中，也有很好的指示，在结构层的接

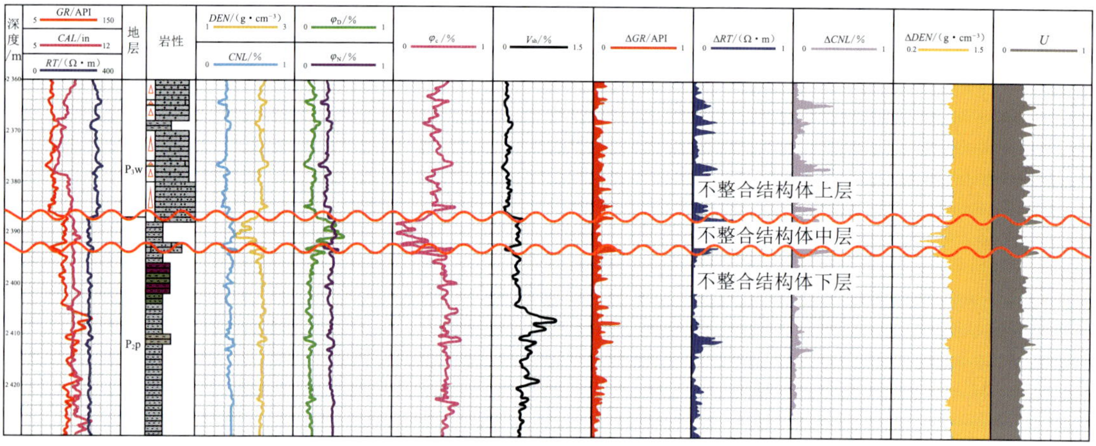

图 2-12　沙 116 井不整合结构测井综合识别

触面处，中层的 V_{sh} 的均值明显高于上、下层岩石的 V_{sh} 值，上层 V_{sh} 值接近于 0.2，下层 V_{sh} 值在接触面处同样约为 0.2，而中层 V_{sh} 的均值为 0.4。同样，在综合录井图中也可看出，构建的总孔隙度变化幅度差比 φ_c 在不整合三层结构中也起到了很好的区分作用。

2.2.3　不整合结构层发育规律

通过对不同地区不整合各结构层厚度的统计发现，一般而言，结构体上层发育的地区风化黏土层较薄而风化淋滤带较厚，风化黏土层厚的地区由于其对下伏岩石的保护作用，风化淋滤带较薄，即不整合各结构层的厚度在纵向上具有互补性。

渤海湾盆地惠民凹陷南坡馆陶组底部不整合底砾岩或水进砂体在全区分布广泛，但厚薄不一（图 2-13）。总的趋势为：越靠近隆起区分布的砂砾岩越厚，越靠近凹陷对应的砂砾岩越薄。这是因为基岩遭受风化剥蚀后，形成大量的颗粒，由于其粒度较大，不容易被流水等介质

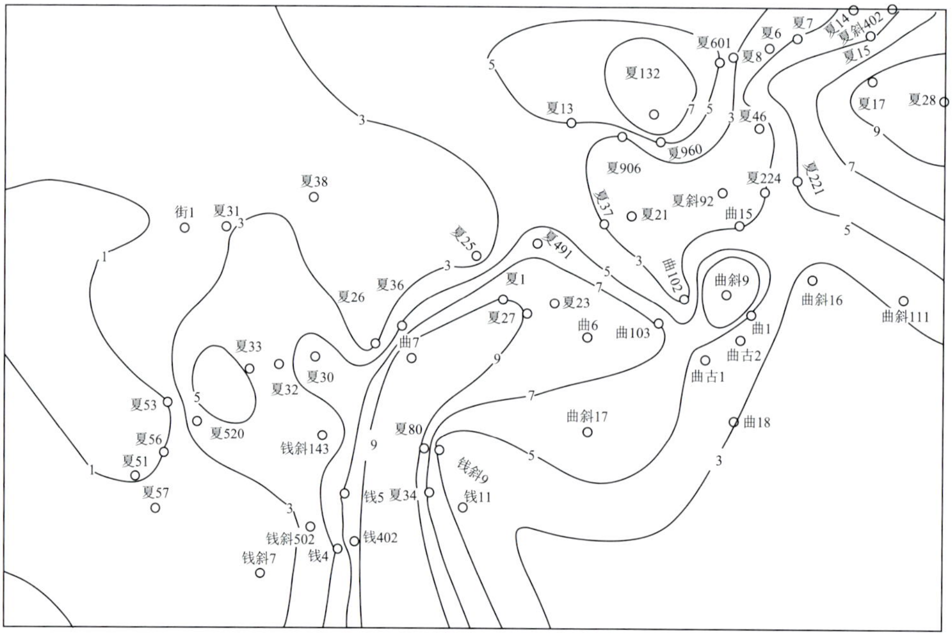

图 2-13　惠民凹陷南坡馆陶组底部不整合之上砂砾岩等厚图

带走，而在靠近物源的地方沉积下来。结合该区馆陶组沉积时期的沉积相图，可以得出该时期的砂砾岩的分布趋势大体上从南往北依次变薄，也就是从靠近鲁西隆起到靠近临南洼陷的地区，砂砾岩的分布呈逐渐变薄的趋势。其中，在钱官屯地区以及曲堤东地区砂砾岩最为发育，最厚能达到 10 m 以上；曲堤地区的砂砾岩发育一般，厚度为 5 m 左右；在夏口断层的下降盘靠近临南洼陷的地区砂砾岩发育较差。风化黏土层的分布在研究区相对较广（图 2-14），分布的厚度不均。总的趋势为：越靠近隆起区的地方越薄，越靠近地势低洼处越厚。这是因为岩石形成后，经过长时期的风化剥蚀作用形成大量细小的黏土颗粒，由于其自身的重量较小，在流水、风等介质的作用下便被从地势较高的地区带到地势较低的凹陷处，后逐渐沉积下来，故呈现从隆起区到凹陷区黏土层逐渐变厚的趋势。在夏口断层的下降盘靠近临南洼陷的地区黏土层厚度达到 15 m 左右，而在靠近鲁西隆起的地区厚度仅为 1～3 m。另外，由于构造运动的影响，在馆陶组沉积时期曲 18 井附近地势较低，故分布的风化黏土层也较厚，厚度能达到 9 m 左右。

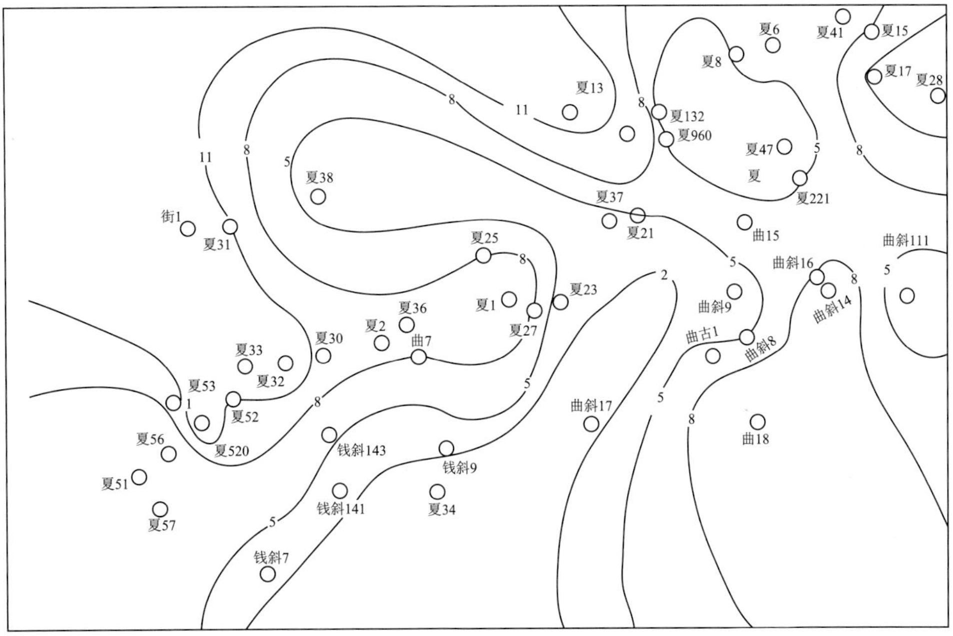

图 2-14　惠民凹陷南坡馆陶组底部不整合风化黏土层等厚图

渤海湾盆地东营凹陷南部缓坡馆陶组底部不整合纵向分层结构较明显，上覆底砾岩或水进砂体在全区分布广泛，但厚薄不一（图 2-15）。总的趋势为：越靠近隆起区分布的砂砾岩越厚，越靠近凹陷对应的砂砾岩越薄。这是因为基岩遭受风化剥蚀后，形成大量的颗粒，由于其粒度较大，不容易被流水等介质带走，而在靠近物源的地方沉积下来。在研究区内由于地形及构造控制，底砾岩及水进砂体在物源区较厚，向洼陷逐渐减薄，即金家地区在鲁西隆起过渡带较厚，向博兴洼陷逐渐变薄，草桥地区在广饶凸起过渡带较厚，向博兴洼陷逐渐减薄，整体呈现出从南部及东南向西北方向变薄的趋势。金家地区底砾岩及水进砂体的厚度在 0～20 m 之间，在金 11 井附近达到最厚。草桥地区底砾岩及水进砂体厚度在 0～31.5 m 之间，在通 72 井附近达到最厚，整体上草桥地区的底砾岩及水进砂体厚度大于金家地区。

东营凹陷南坡馆陶组底部不整合结构体中层厚度（图 2-16）显示，由于地形及构造控制，风化黏土层很难在构造高部位保留，即风化黏土层在物源区较薄，向洼陷逐渐变厚，与上层底砾岩及水进砂体呈大体相反的趋势。金家地区在鲁西隆起过渡带较薄，向博兴洼陷逐渐变厚，草桥地区在广饶凸起过渡带较薄，向博兴洼陷逐渐变厚，整体呈现出从南部及东南向西北方向变厚的趋势。金家地区风化黏土层厚度在 0～18 m 之间，在研究区南部紧靠鲁西隆起的区域，风化黏土层几乎全部缺失，不整合结构体上层岩石与下层风化淋滤带直接接触。草桥地区风化黏土层厚度在 0～9 m 之间，广 9 井附近靠近广饶凸起的区域及草古 115 井附近古潜山区域不整合风化黏土层缺失，形成“空窗”，不利于封堵油气。

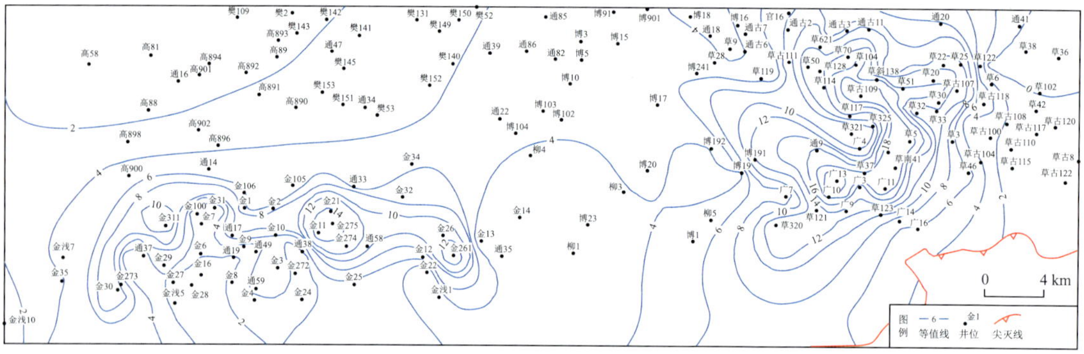

图 2-15　东营凹陷南坡馆陶组底部不整合结构体上层等厚图

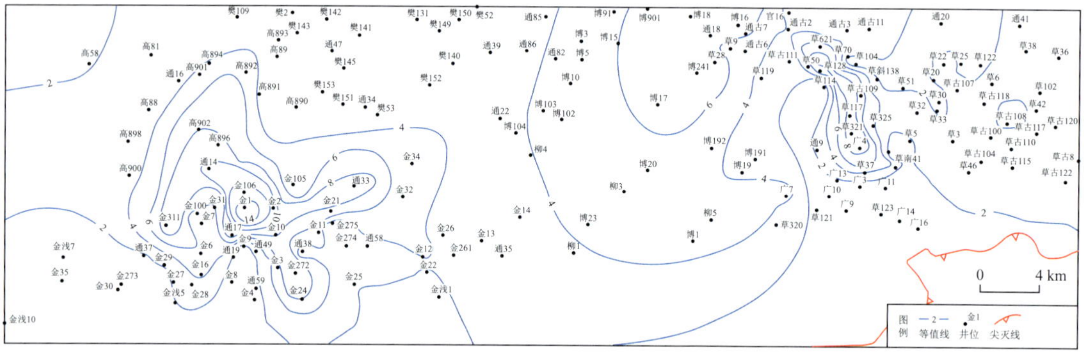

图 2-16　东营凹陷南坡馆陶组底部不整合结构体中层等厚图

在含有风化黏土层且达到一定厚度的区域，不整合结构体可以起封堵作用。在上层底砾岩及水进砂体成藏时风化黏土层起底板作用，防止油气从下部溢出；在下层风化淋滤带中成藏时风化黏土层起顶板作用，防止油气在上部漏出。在风化黏土层缺失或厚度不足以达到顶底板作用的区域，不整合可作为良好的输导体系，起输导作用。

准噶尔盆地腹部白垩系底部不整合结构体上层分布广泛，但是厚度差异大，最大厚度为 68 m，最小厚度仅 3～4 m，具有北厚南薄的特征（图 2-17）；风化黏土层在腹部地区广泛分布，受古地形的影响，车—莫古隆起的轴部地区较厚，向两侧变薄，厚度为 1.2～5.85 m；董 3 井是另一个厚度中心，厚度为 4.5 m，向东西变薄；风化淋滤带的厚度为 10～45.86 m，车—莫古隆起轴部地区较薄，向两侧变厚，永进地区风化淋滤带最厚，可达到 45.86 m（永 6 井）。准噶尔盆地西北缘白垩系底部不整合，底砾岩层厚度呈现从隆起区到凹陷区逐渐变薄的趋势，砂砾岩在靠近山前最厚能达到 40 多米，在玛湖凹陷分布较薄，厚度一般在 5 m 左右；而风化黏土层则呈现从隆起区到凹陷区逐渐变厚的趋势，黏土层在靠近山前最薄，厚度一般小于 5 m，在玛湖凹陷较厚，厚度能达到 20 m。

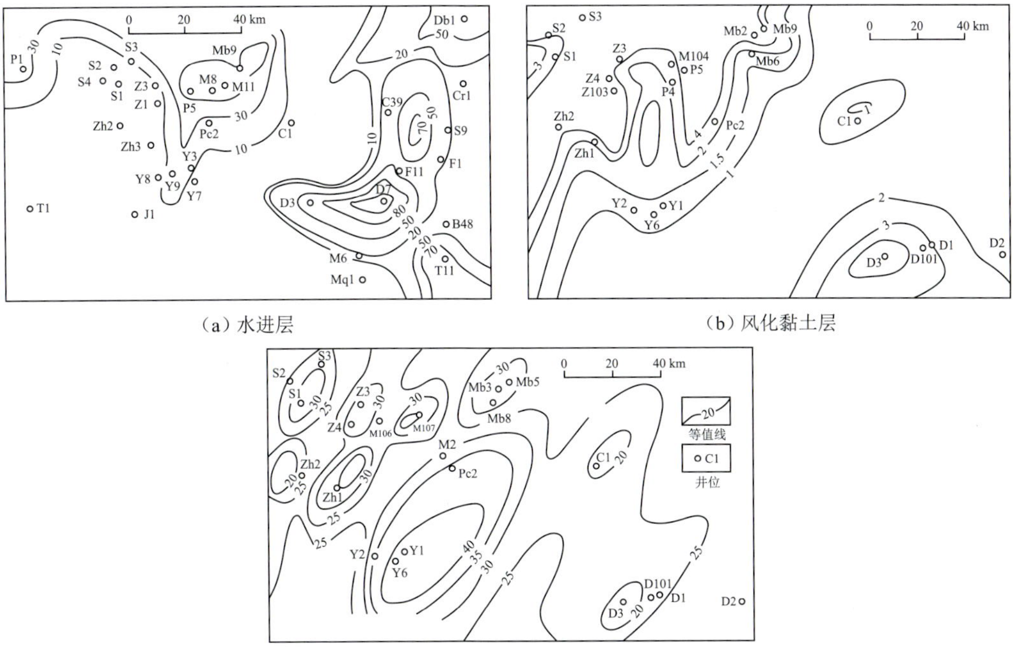

(a) 水进层　　(b) 风化黏土层

(c) 风化淋滤带

图 2-17　准噶尔盆地腹部白垩系底部不整合体各结构层等厚图

准噶尔盆地三叠系底部不整合结构体上层厚度分布在 3～26 m 之间，其中以 7～9 m 之间的井数量相对较多，其次是 5～7 m 和 9～13 m 之间。该层厚度最大值出现在滴西 24 井，水进砂体厚度可达 26 m，而玛湖 1 井附近最薄，厚度仅有几米(图 2-18)。将准噶尔盆地各个

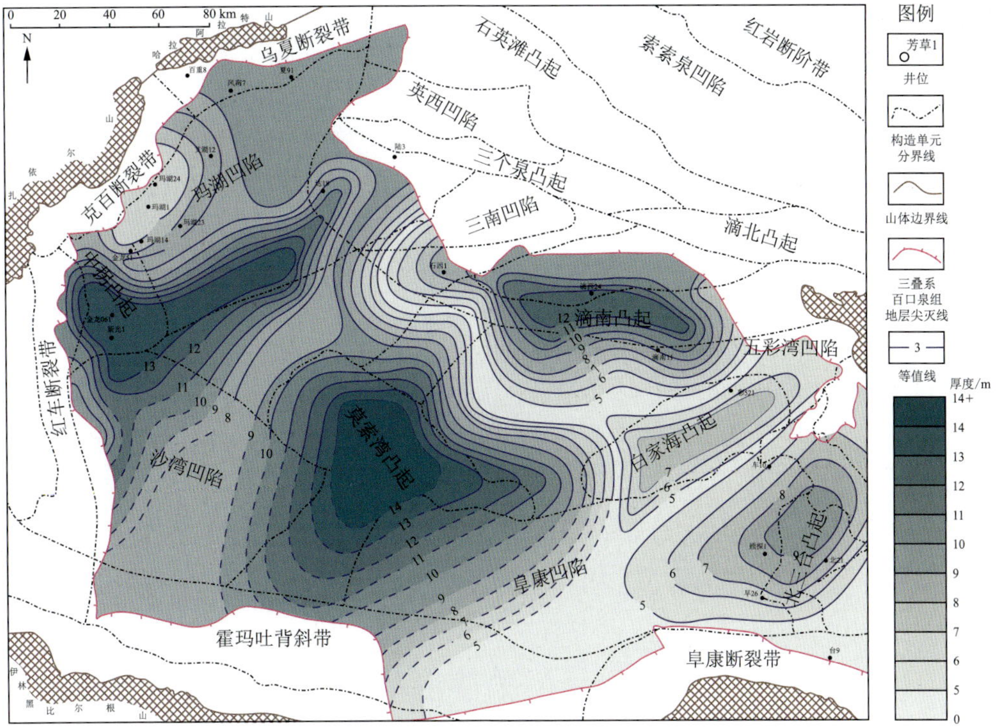

图 2-18　准噶尔盆地三叠系底部不整合结构体上层等厚图

构造单元上层厚度进行对比，结果(图 2-19)显示，整体呈现出凹陷区上层厚度值低，凸起区上层厚度值较大的趋势，其中阜康凹陷、沙湾凹陷的上层厚度值最低，中拐凸起、滴南凸起的上层厚度值则较大，与各单元剥蚀厚度做对比可以发现，上层厚度变化规律与剥蚀厚度变化之间大体呈现正相关的关系。

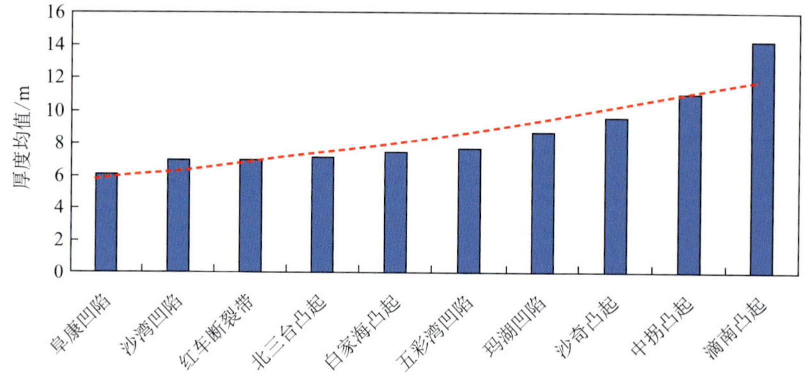

图 2-19 准噶尔盆地各构造单元三叠系底部不整合结构体上层厚度均值对比图

三叠系底部不整合结构体中层厚度分布在 0～7 m 之间，主要分布在 6 m 以下，其中以 4.5～5.5 m 之间的居多，占到全体单井厚度的 50%以上，仅少数井中层厚度较大，还有部分井风化黏土层缺失，如中拐凸起金 218 井等(表 2-6)。由于受岩性、气候、暴露时间等因素影响，不同构造部位风化黏土层的发育程度不等(图 2-20)，总体规律是由盆地边缘向盆地内斜坡增厚，凸起向凹陷增厚，但在局部地区也有缺失现象，如隆起或凸起的顶部。需要指出的是，在多期剥蚀区，黏土层并不是最薄的，原因是虽然其风化作用强，但其形成黏土的速度要比剥蚀、搬运速度快，从而能遗留下一定厚度的黏土层。

表 2-6 准噶尔盆地三叠系底部不整合结构层厚度统计表

井 号	上层/m	中层/m	下层/m	井 号	上层/m	中层/m	下层/m
白 25	17.3	5.3	24.7	金龙 43	8.0	5.0	23.8
北 15	6.1	4.0	38.9	金龙 51	7.4	4.6	23.9
北 81	5.2	5.0	34.9	金龙 8	5.0	5.1	25.8
彩 521	5.0	5.3	25.0	克 204	12.0	5.0	23.1
滴南 11	9.0	4.2	42.0	玛湖 016	6.0	5.8	23.8
滴南 13	8.9	5.9	44.3	玛湖 027	18.3	2.0	24.2
滴南 14	6.1	5.6	45.2	玛湖 032	10.6	4.8	21.8
滴南 15	6.5	5.8	45.0	玛湖 1	3.0	5.0	22.9
滴西 10	12.6	3.0	46.4	玛湖 11	6.0	5.7	22.2
滴西 11	7.6	4.7	47.2	玛湖 14	6.4	5.3	26.8
滴西 12	11.0	3.8	44.3	玛湖 18	9.8	5.9	22.5
滴西 24	26.0	5.1	42.0	玛湖 23	8.5	5.7	22.5
拐 15	16.9	3.1	28.3	玛湖 24	8.0	5.6	22.5

续表

井　号	上层/m	中层/m	下层/m	井　号	上层/m	中层/m	下层/m
金 201	12.1	3.5	26.0	玛湖 4	7.8	4.8	23.3
金 213	5.6	6.0	28.3	玛湖 40	8.0	5.7	23.6
金 218	9.3	0	33.8	玛湖 7	10.3	4.4	25.9
金龙 042	8.8	4.5	33.5	玛湖 8	18.0	4.5	32.3
金龙 061	15.6	3.0	34.0	玛中 12	7.8	6.2	29.6
金龙 103	13.4	3.8	16.3	玛中 9	8.0	5.5	27.1
金龙 17	17.7	4.1	25.8	莫深 1	15.0	3.3	31.4
金龙 2	11.3	4.2	28.7	沙 105	7.0	4.9	38.2
金龙 31	9.9	4.7	26.3	沙 121	12.0	4.5	39.9
金龙 35	8.0	2.0	28.0	沙 122	7.0	4.6	41.7
金龙 42	7.7	2.2	29.2	沙探 1	14.0	3.6	24.7
沙探 2	8.0	5.3	30.4	西泉 15	6.4	4.8	28.8
西泉 1	8.4	5.4	33.7	西泉 3	7.0	4.5	36.6
中佳 3	9.8	3.6	32.8	—	—	—	—

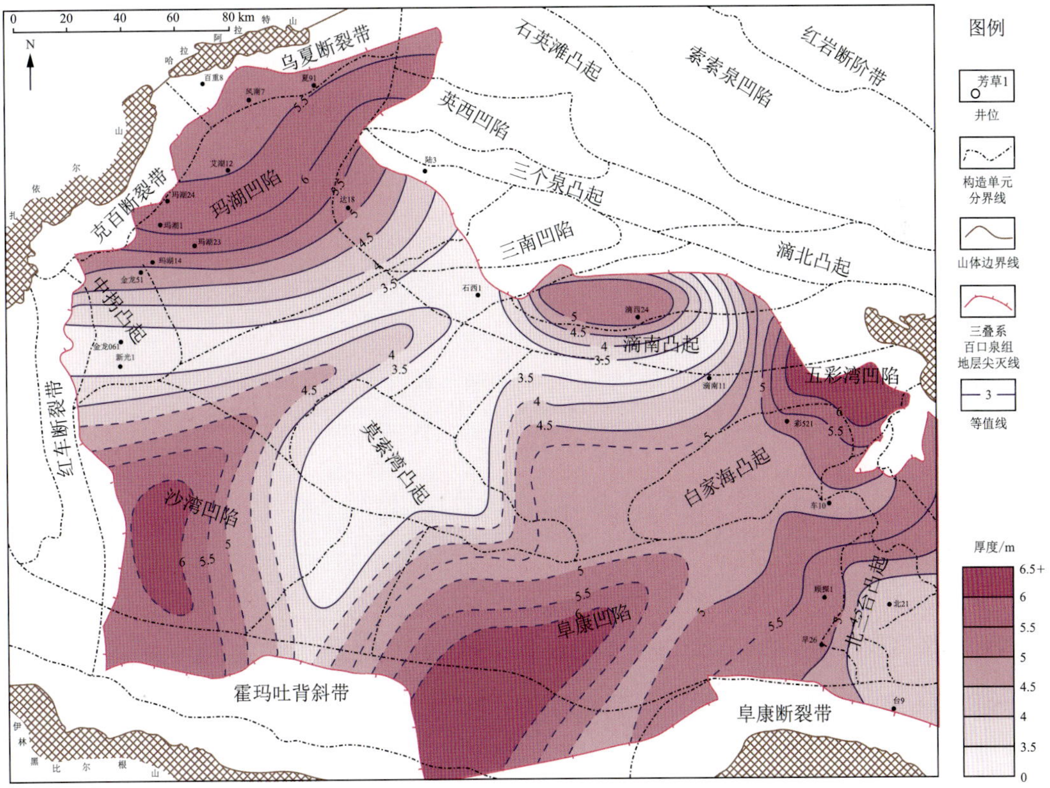

图 2-20　准噶尔盆地三叠系底部不整合结构体中层等厚图

三叠系底部不整合结构体下层风化淋滤带主要发育泥岩、砂岩等碎屑岩类，厚度在 15～

50 m 间不等(表 2-6),砂质岩类孔渗性较好,风化淋滤带厚度值较大,而泥质岩类岩性致密,孔渗性较低,连通性差,风化淋滤带厚度往往较小。该层厚度主要集中在 20～30 m 之间,仅有少数井淋滤带厚度可以达到 40 m 以上(图 2-21)。该层厚度整体呈现了从周缘向南缘减薄的变化趋势,其中在中拐凸起、滴南凸起出现厚度高值的集中区,北三台凸起厚度也较高,而盆地的沙湾凹陷、莫南凸起、阜康凹陷厚度则多分布在 26 m 及以下的区间。对比中层厚度与下层厚度可以发现,下层的半风化岩层厚度与风化黏土层厚度有较好的负相关性,这是因为厚的黏土层可以减缓对下部岩层的淋滤作用,所以从高部位向凹陷方向,半风化岩层厚度逐渐变小。

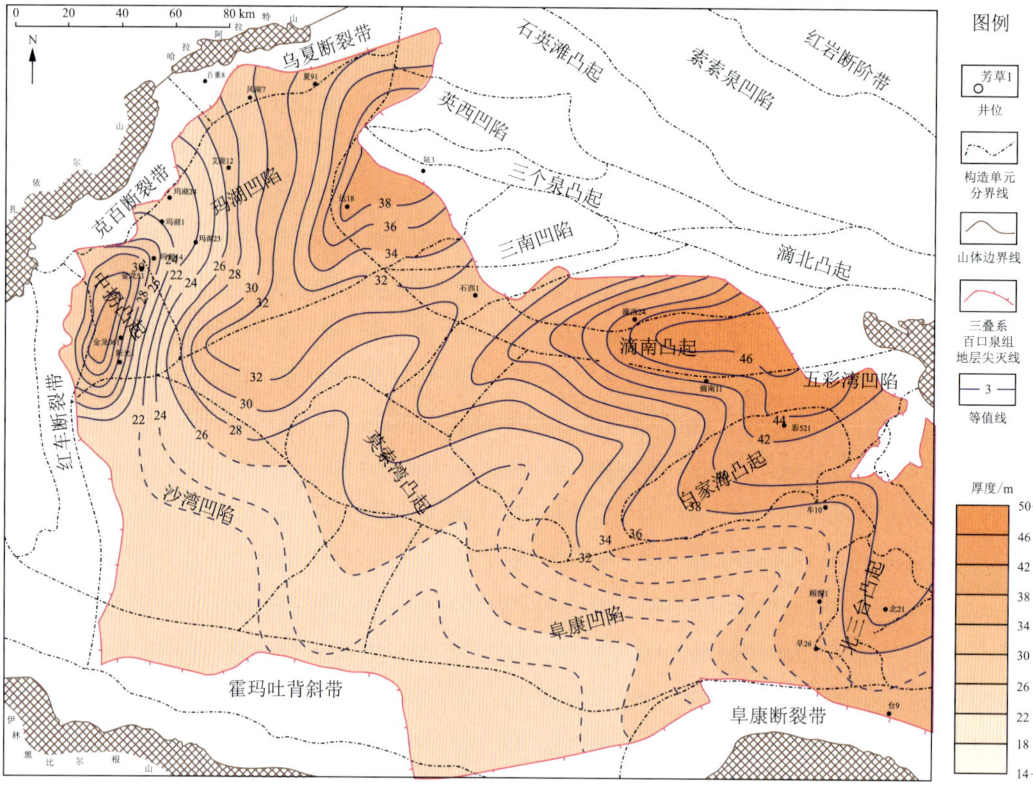

图 2-21　准噶尔盆地三叠系底部不整合结构体下层等厚图

2.3　不整合纵向结构发育模式

2.3.1　结构体上层发育模式

通过大量岩芯、岩屑观察和测井响应识别以及钻井显示,结构体上层岩石类型主要为底砾岩和水进砂体,其次为泥岩,局部发育煤层。

1) 底砾岩

底砾岩是结构体上层常见也是主要发育的岩石类型。该套砾岩的发育与形成不整合时的构造运动强度、应力作用方式、古气候、古地形及暴露时间有关。构造作用强烈,以挤压褶皱变形为主,古地形高差大,气候较干旱,暴露时间适中,在地形斜坡区往往易形成较明显的底砾岩

(图 2-22a)。

2) 水进砂体

水进砂体中颗粒分选、磨圆中等,石英含量 60%左右,长石和岩屑含量之和一般大于 30%,连续性较差,多呈透镜状。处于稳定大地构造背景下的湖面下降及相对低水位时期,气候潮湿,古地形平缓,暴露时间短的不整合或者形成于全球性构造活动阶段,以长期潮湿气候条件下的风化剥蚀为特点,古地形准平原化的不整合往往发育水进砂体(图 2-22b)。水进砂体孔渗性较底砾岩差。

3) 泥岩

泥岩多发育在凹陷内,反映了一种弱的构造运动,形成于构造稳定背景下的湖侵时期,气候潮湿,粗碎屑物质被洪水冲走后于古地形低洼处或坳陷地区形成河流-湖泊相薄层泥质沉积(图 2-22c)。

4) 煤层

岩溶洼地在构造与侵蚀作用下地势较低,成为汇水区,岩溶高地(古凸起)或岩溶斜坡的风化产物在流水或风的作用下充填其中,逐渐沼泽化形成煤层,含较高的黏土矿物杂质(图 2-22d)。

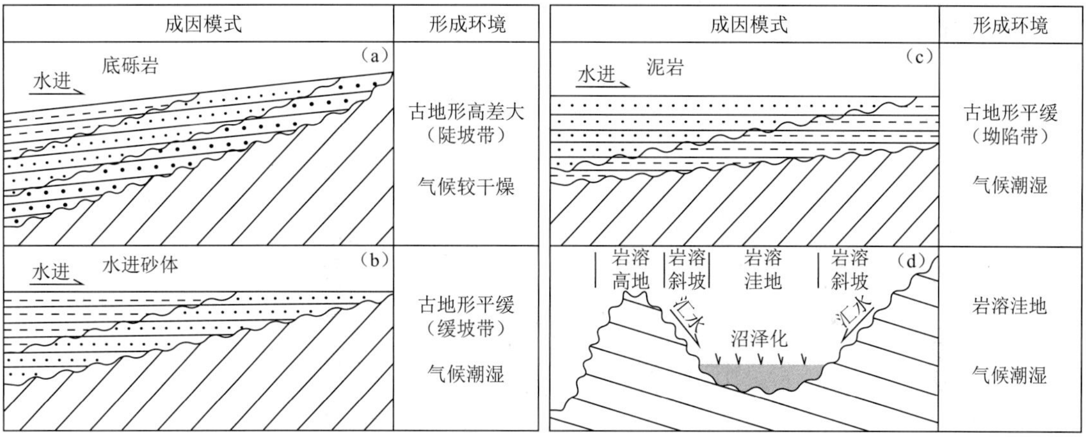

图 2-22　不整合结构体上层主要岩石类型成因模式图

2.3.2　结构体中层发育模式

结构体中层(风化黏土层)是岩石经历强烈风化后的最终产物,形成于水上环境,以黏土矿物为主,富含稳定元素。该层在野外或岩芯上常表现为银灰色、灰白色或紫红色,具有穿越层位、缺乏沉积构造等特征,元素分析可知几乎不含钙,铝、铁元素含量高(图 2-23),是识别不整合的重要标志。其一般发育在斜坡或盆地边缘,由于受岩性、气候、沉积间断或暴露时间等多因素的影响,不同构造部位风化黏土层的发育程度不等,总体上由盆地边缘向盆地内斜坡增厚,厚度为数米至十余米,在局部地区因后期的再剥蚀可能缺失,如隆起或凸起的顶部(Wu et al.,2013)。风化黏土层的发育通常经历基岩经构造抬升遭受风化、构造平静期的剥蚀与短距离搬运堆积、构造沉降期的埋藏与保存(图 2-24),在上覆沉积物压实作用下岩性较致密,是一套良好的封盖层,当然,局部因河道冲刷,可能会缺失。

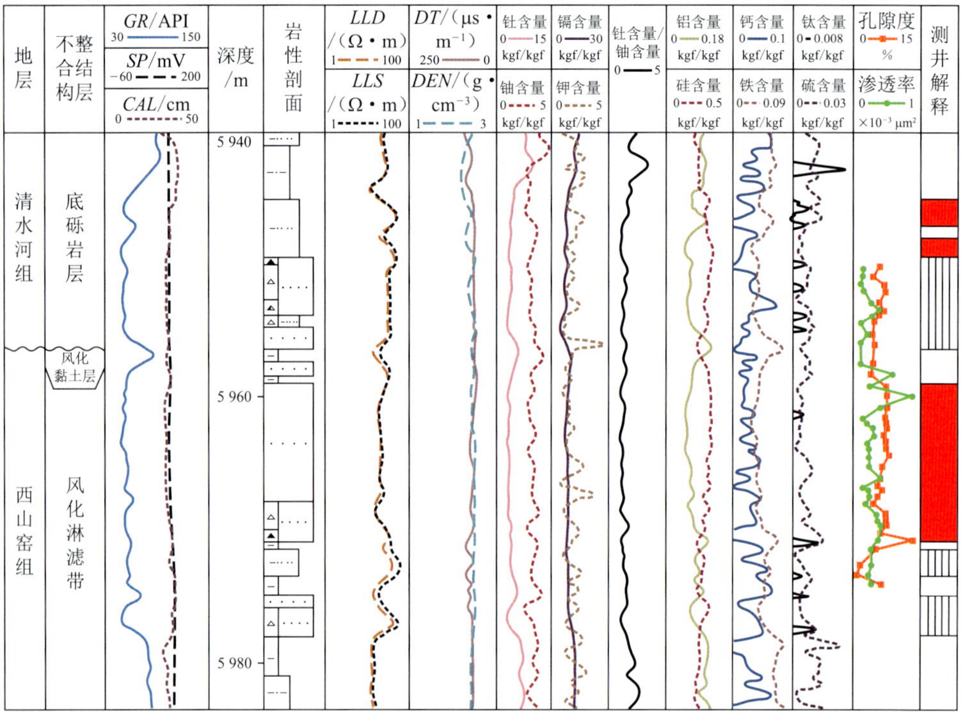

图 2-23 准噶尔盆地腹部永进地区永 2 井白垩系底部不整合结构特征图

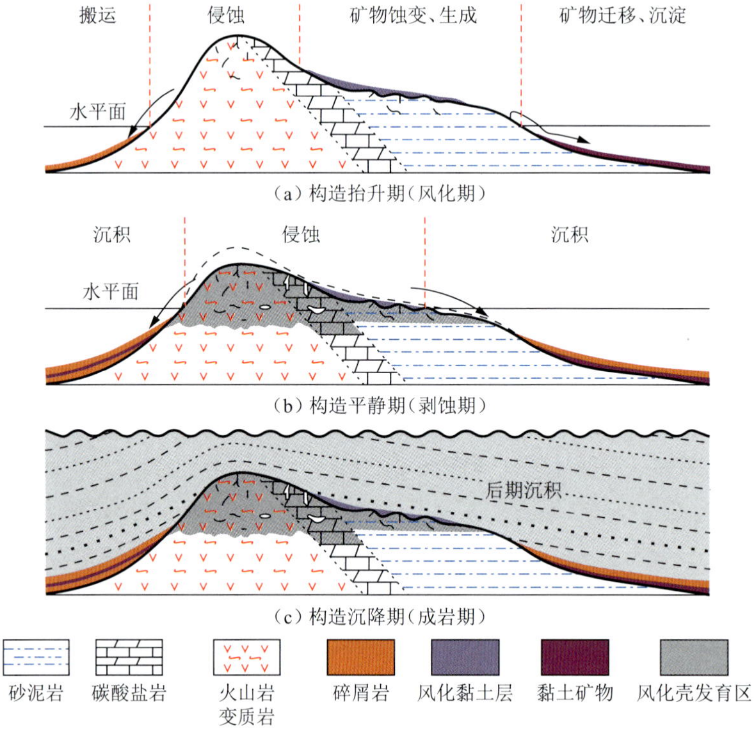

图 2-24 不整合结构体中层发育模式

2.3.3 结构体下层发育模式

暴露于地表的岩石，在表生环境下，由浅入深将逐渐遭受风化淋滤作用，发生次生变化，距离地表越近，蚀变越强，向深处逐渐减弱，通常若间断时间足够长，这种变化将一直达到古潜水面附近(侯连华等，2012)。风化淋滤带是不整合结构体中最重要的组成部分，其厚度一般从数米至上百米不等，且由盆地边缘或凸起处向盆内斜坡减薄。这主要是由其岩性决定的，不同的岩石类型抗风化、剥蚀、淋滤的程度不同，一般碳酸盐岩最低，其次为火山岩和变质岩，而碎屑岩最高。

1）碎屑岩类

碎屑岩类能够产生明显风化淋滤带的主要为砂质岩类，该类岩石成分主要为石英、长石、岩屑及杂基等。尽管我国不同含油气盆地砂岩成分会有所差异(通常杂基的含量低于 5%，岩屑的含量在 20%以内)，但这类岩石本身粒间孔隙发育，质硬，性脆，含有不稳定成分，当其被抬升暴露地表时易形成微裂缝，在长期风化淋滤作用下可形成大量溶孔和溶缝。镜下观察发现，不整合结构体下层岩石溶蚀强烈，以溶孔发育为特征，可见长石颗粒部分被溶蚀(图 2-25)，形成溶洞，有的长石颗粒被溶蚀成碎片，火山质岩屑被溶蚀成蜂巢状，微裂缝被溶蚀改造，边缘呈锯齿状弯曲。样品物性测试显示，经历风化淋滤的砂岩孔隙度平均可达 21.67%，最高可达 38.14%，渗透率平均可达 $5.702\times10^{-3}\ \mu m^2$。因碎屑岩类非均质较强，地表水下渗深度受限，砂质岩类形成的风化淋滤带厚度一般小于 100 m。

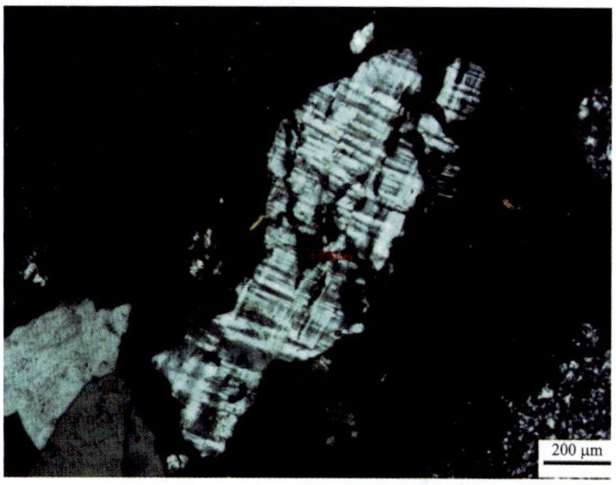

图 2-25　不整合结构体下层长石颗粒溶蚀现象

2）火山岩类

地表露头上火山岩类分布较为广泛，覆盖含油气盆地内部，在我国东、西部含油气盆地均有发育，且发现了多个规模较大的风化壳火山岩油气藏，如准噶尔盆地石西地区石炭系火山岩油气藏、松辽盆地徐家围子断陷安达—升平凸起白垩系火山岩油气藏等。火山岩类一旦暴露地表，遭受风化淋滤，由于其自身的易碎易裂性，地表淡水沿裂缝下渗，溶蚀强烈，产生大量次生溶蚀孔缝。扫描电镜观察发现，岩石溶蚀强烈，形成各类溶孔、溶缝，几乎没有充填，后期的埋藏成岩作用对其影响较小。准噶尔盆地多口井钻遇火山岩风化壳时发生钻井液漏失现象。例如，北三台地区北 12 井在井深 2 365.34 m 处漏失钻井液 26 m^3，在 2 365.74～2 370.04 m 处漏失钻井液 14.9 m^3，在 2 590.66～2 621.83 m 处漏失钻井液 22.1 m^3；北 16 井钻至井深 2 487 m 处发生井漏，漏失钻井液 40 m^3(吴孔友等，2009)。

淋滤溶蚀作用对改善火山岩的孔隙结构、提高渗透性、增大储集空间具重要意义。火山岩原始孔隙度较小，且因缺乏连通大都为无效孔隙，在后期次生溶蚀改造作用下，其孔隙度能提高到 10%～16%，最高可达 37.2%。经钻井取芯测试统计，火山岩储层物性在不整合附近明显增大，且这种变化可持续到距离古剥蚀面 300 m 左右(图 2-26)。

3）碳酸盐岩类

海平面的相对下降及区域构造运动的抬升造成下伏碳酸盐岩地层隆升暴露，遭受风化剥蚀和淋滤岩溶作用，发育大量溶蚀孔、洞、缝，形成古风化壳岩溶储层。我国与不整合有关的碳酸盐岩古风化壳、古岩溶储层普遍发育，并占有十分重要的地位。目前，已在鄂尔多斯盆地、塔里木盆地、渤海湾盆地、四川盆地等相继发现了大量古风化壳碳酸盐岩岩溶型储层，并找到了塔河、轮南、任丘等许多大型油气田。特别是岩溶储层作为冀中坳陷古潜山油气成藏的主要储

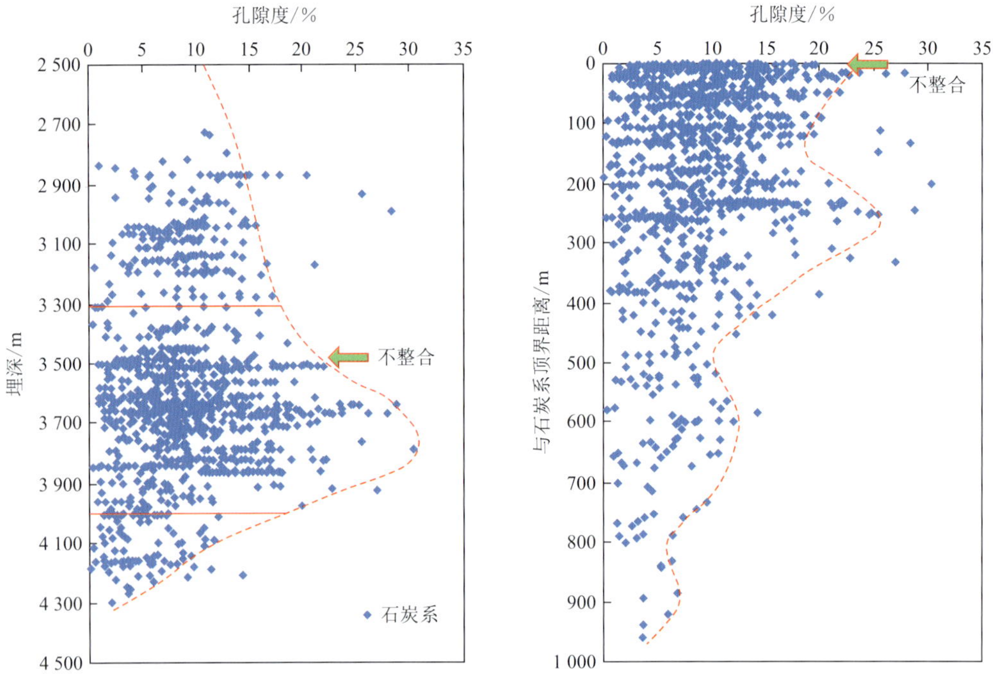

图 2-26　火山岩不整合附近物性变化特征

集空间，为华北油田增储上产发挥了极为重要的作用，故下面以冀中坳陷为例，阐述碳酸盐岩岩溶特征。

（1）岩溶发育特征。

大气淡水和地下水对碳酸盐矿物淋滤，造成了易溶矿物的溶解，形成了特别的岩溶型储集空间，在野外露头和钻井岩芯中，一般表现为岩溶漏斗、溶洞、溶孔以及溶蚀扩大了的构造裂缝（图 2-27a）。扫描电镜显示，岩石中溶蚀孔缝常被后期成岩作用改造，胶结作用强烈的地区储集层孔隙度明显减小。其中，亮晶方解石是最常见的一种胶结物，也可见石英次生加大、白云石、含铁白云石等自生矿物（图 2-27b）。宏观上，岩溶洞穴及大溶缝表现为放空（钻井过程中钻具突然掉落）、漏失（钻井循环液大量漏失）和测井中的扩径现象（韩宝平等，1998）。对渤海湾盆地冀中坳陷 400 多口潜山井进行统计可知，钻井液漏失井 165 口，共 275 个层段，单层漏

（a）溶孔岩芯照片

（b）溶孔镜下照片

图 2-27　岩芯及镜下观察岩溶孔洞特征

失量多不超过 100 m^3，钻井液漏失 1～50 m^3 的层段贡献率达 70%（图 2-28）；放空井 27 口，共 72 层段，表明地下缝洞普遍发育。漏失、放空深度大致分布在距古地表 0～300 m 范围内，部分地区溶蚀作用突破奥陶系风化壳的限制，甚至出现距古地表 600～1 200 m 的漏失和放空。

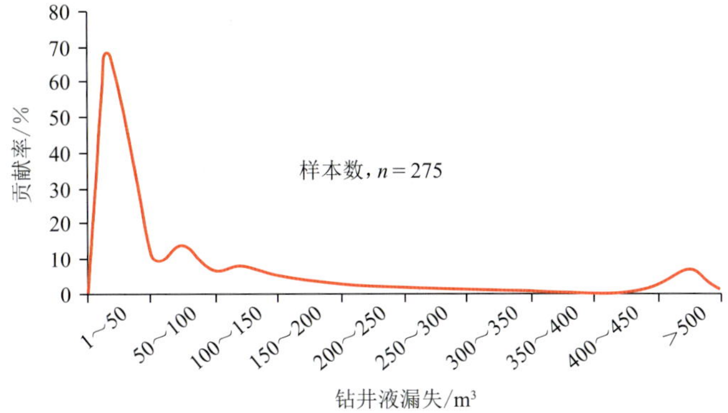

图 2-28　冀中坳陷钻井液漏失统计图

平面上，冀中坳陷岩溶的总体展布特征表现为水平岩溶带距古地表的深度由凹陷向凸起变大（图 2-29）。在表生环境下，碳酸盐岩暴露地表，由浅入深将逐渐遭受风化淋滤作用，发生次生变化，且距离古地表越近，蚀变越强。从全区范围看，各凹陷碳酸盐岩的岩溶从距古地表深度 100 m 开始普遍发育，霸县凹陷北部、饶阳凹陷中北部、束鹿西斜坡等地势低部位保存条件差，岩溶不甚发育，最大深度仅几十米。在廊固凹陷、晋县凹陷区水平岩溶带距古地表深度等值线呈渐变趋势，变化不明显，说明岩溶在这些地区发育比较均匀。向蠡县斜坡、牛驼镇凸起等地区距古地表深度逐渐增大，到坳陷两侧的高阳低凸起、文安斜坡和牛北斜坡，岩溶最深可达 1 600 m 左右。研究区各二级构造单元内岩溶深度变化趋势与全区一致，其中饶阳和霸县两个凹陷的特征尤其显著。饶阳凹陷的水平岩溶带整体发育较浅，尤其是凹陷西部和蠡县斜坡等地区，地下水浅部运动活跃，岩溶深度不超过 800 m。霸县凹陷水平岩溶带大面积较浅特征明显，最大深度小于 600 m，其中牛驼镇凸起的南部最浅（不到 100 m），至牛北斜坡、文安斜坡岩溶深度距前古近系顶部达到 1 500 m 以上。

但是，区内水平岩溶带的厚度变化规律恰恰相反，总体呈现由凹陷向凸起减小的趋势（图 2-30）。全区水平岩溶带厚度大都在 20～80 m 之间，古地形高点多不超过 40 m，但岩溶洼地最厚可达 240 多米。由于古地形的起伏，研究区由凹陷向斜坡再到高地，各部位水平岩溶带发育厚度明显不等，呈有规律的变化。古地形高的地方容易暴露于地表而接受大气淡水的溶蚀，而且隆起区表生溶蚀以垂向淋滤为主，导致垂直渗流带厚，而水平潜流带薄；相反，凹陷区一般垂直渗流带薄，而水平潜流带厚。廊固凹陷、饶阳凹陷以及深县—束鹿凹陷是冀中坳陷内水平岩溶带最为发育的区域。其中，饶阳凹陷厚度最大值大于 240 m，一般厚度均大于 30 m，是冀中坳陷水平岩溶带厚度最大的分布区。地质报告中记录的雾迷山组井漏放空现象多出现在该凹陷中西部的低地势区。廊固凹陷、深县—束鹿凹陷水平岩溶带相对较薄，但是厚度由凹陷向凸起减小的特征仍明显可见。这些凹陷内大部分地区水平岩溶带厚度在 10～50 m 之间，但在廊坊附近和深县凹陷的西北部等地厚度较大，最厚处达 120 m 以上。

受区内地貌形态、岩溶带深度及水平岩溶带厚度变化规律的影响，冀中坳陷岩溶储层发育的区域性特征差异较大。例如，西北部的廊固凹陷是典型的岩溶高地所在地区，以淡水淋滤溶

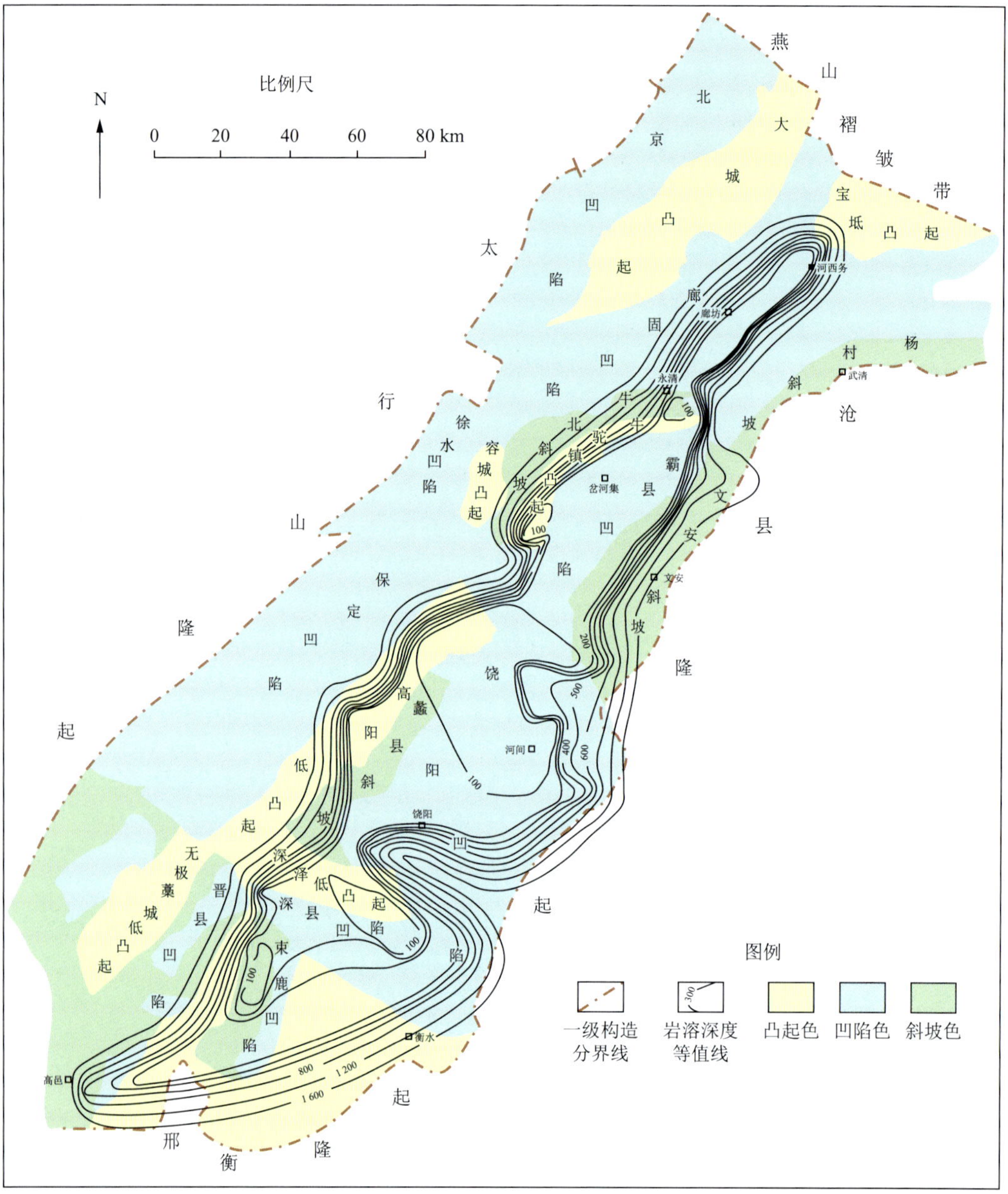

图 2-29　冀中坳陷水平岩溶带距古地表深度等值线图

蚀作用为主,奥陶系灰岩储层孔缝发育。而饶阳凹陷地势低,地下水水平层流溶蚀强,储集空间以雾迷山组的顺层大型溶洞和晶间溶孔为特征,钻进过程中钻具放空和钻井液漏失现象普遍。

(2) 岩溶发育模式。

碳酸盐岩暴露地表,在盆地演化过程中受构造运动的控制,常具多期岩溶改造历史,发育多类型岩溶模式,可总结为以下 3 种:同生期层间岩溶、暴露期不整合岩溶、暴露期断裂岩溶(吴孔友等,2015)。

① 同生期层间岩溶。

沉积过程中由于海进、海退频繁,碳酸盐岩等可溶性地层短暂出露水面,刚刚固结或尚处于半固结状态下的碳酸盐类、硫酸盐类等沉积物接受大气降水淋滤,产生选择性溶蚀作用,发

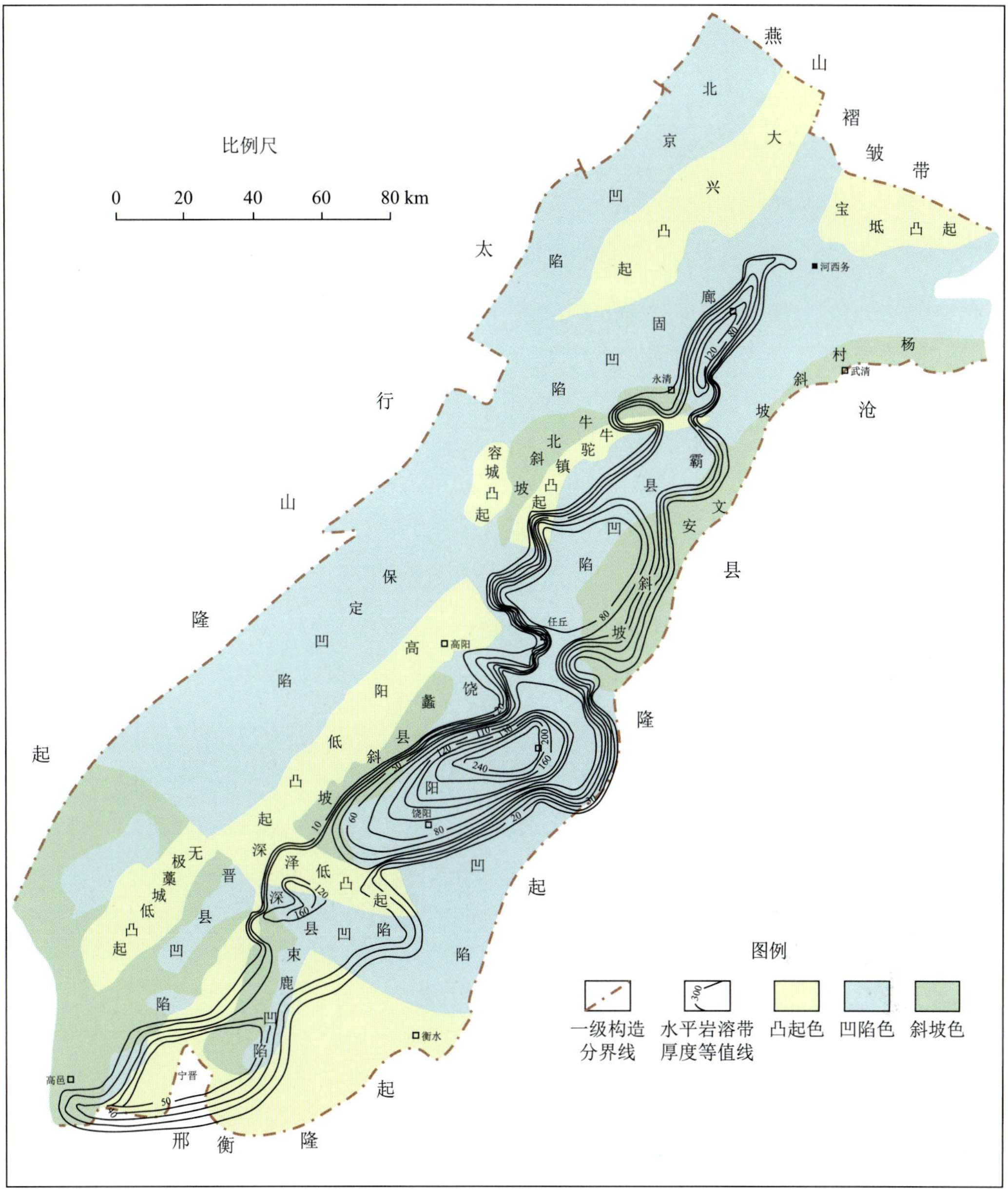

图 2-30　冀中坳陷水平岩溶带厚度等值线图

育层间岩溶(刘家铎等,1999)(图 2-31a)。在天津蓟县剖面杨庄组野外露头,紫红色泥质白云岩层间岩溶带发育明显,新开出的剖面上溶蚀孔洞大小不均,彼此连通性差,未充填或部分充填(图 2-31b)。同生期层间岩溶溶蚀作用的发育具局限性,通常位于沉积旋回层的顶部,溶蚀突变面是沉积间断暴露于大气水环境下的溶蚀面。

② 暴露期不整合岩溶。

不整合发育过程中,碳酸盐岩等可溶性地层长期出露地表遭受剥蚀,同时受大气淡水淋滤及潜水作用而发育的岩溶,称为暴露期不整合岩溶,其是古潜山岩溶储层形成的主要方式。暴露期不整合岩溶平面上可根据地形分为岩溶高地、岩溶斜坡和岩溶低地,剖面上根据潜水面可分为垂直渗流带、水平潜流带和深部滞流带(图 2-32)。

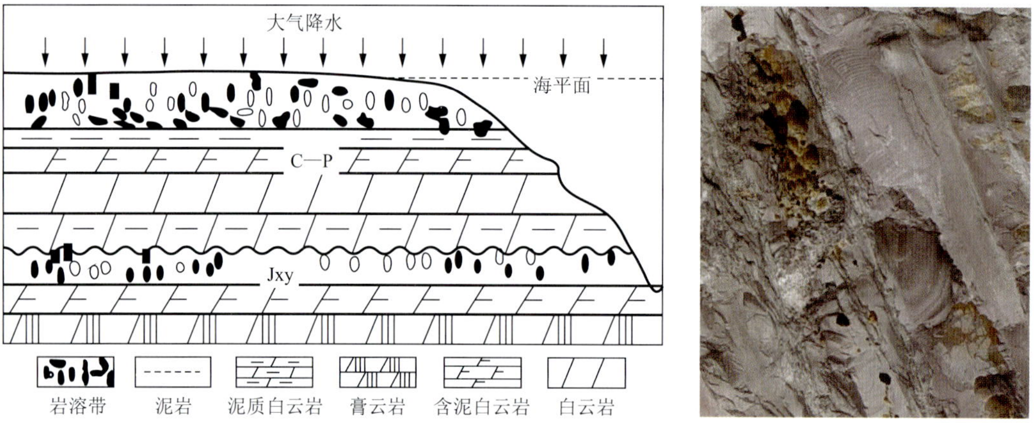

(a) 层间岩溶发育模式示意图　　(b) 杨庄组层间岩溶露头

图 2-31　同生期层间岩溶发育模式

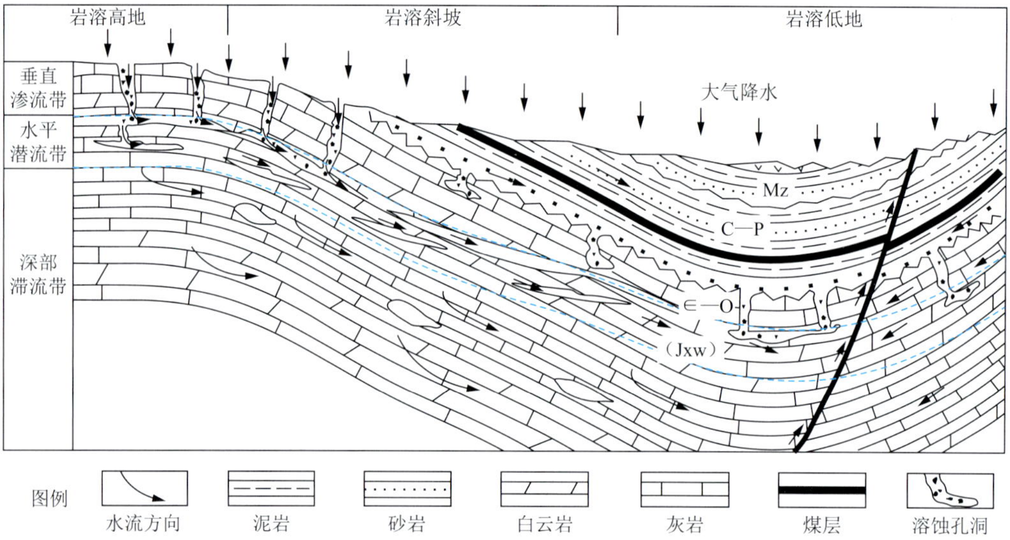

图 2-32　暴露期不整合岩溶发育模式

不整合附近是岩溶作用进行的主要场所(马振芳等,1999)。在长期、多阶段的暴露过程中,表生岩溶始终处于开放水体循环作用环境,形成了数百米厚的风化淋滤带,储集性发育较好的层段在垂向上明显分为 3 个岩溶作用带(图 2-32)。沉积物暴露后,含 CO_2 的大气淡水不仅对地表碳酸盐岩地层进行溶解、侵蚀,同时沿岩石裂缝及原生孔隙向下渗透形成垂直渗流带,以垂向形态的溶孔、溶隙、溶洞为特征。当大气水渗流到潜水面以下后,地下潜水受压力梯度控制做水平方向流动,形成水平溶洞,在钻井过程中,常发生严重的井漏、放空等现象。潜流带是不整合岩溶主要的孔隙发育带,并为后期成岩水的溶蚀作用提供了最早期的作用空间(吴孔友等,2000)。

现代岩溶调查表明,海平面上升和下降过程中均可发生大规模的岩溶作用(吴欣松等,2009)。多幕式构造运动造成了潜水面多次下降,早期和晚期的岩溶在垂向上叠置交替发育,是潜山岩溶储层形成的关键期。每次构造抬升,使潜水面下降到一定位置稳定后,以水平层流为主,溶蚀作用强烈,发育大型水平溶蚀孔洞,在钻井过程中常发生严重井漏、放空等现象。可以根据现今钻井液漏失情况,推断古岩溶发育的旋回。通过对冀中坳陷钻遇雾迷山组井钻井液漏失情况统计可知，部分井有 3 个层段发生明显的钻井液漏失现象，推断残留有 3 个水平岩溶带，以此最多可识别出 3 个次级岩溶旋回(图 2-33)。

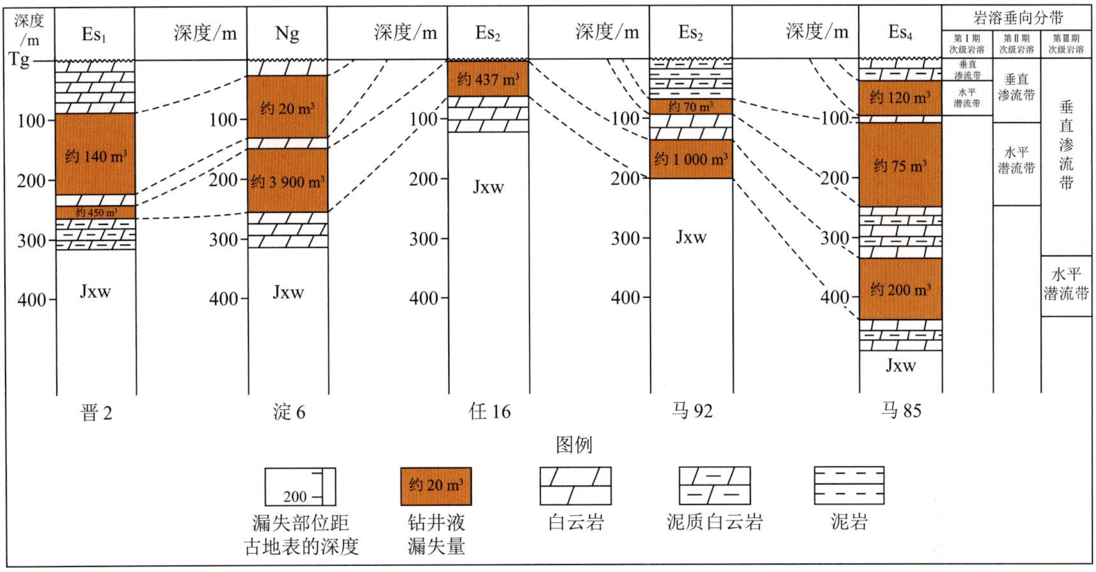

图 2-33　冀中坳陷雾迷山组岩溶旋回发育示意图

③ 暴露期断裂岩溶。

发育于我国东部伸展盆地的边界大断裂，由于上盘强烈下降，导致下盘本该被覆盖的古生界碳酸盐岩(寒武系—奥陶系)通过断面暴露地表，遭受风化淋滤作用，形成断裂岩溶(图 2-34)。

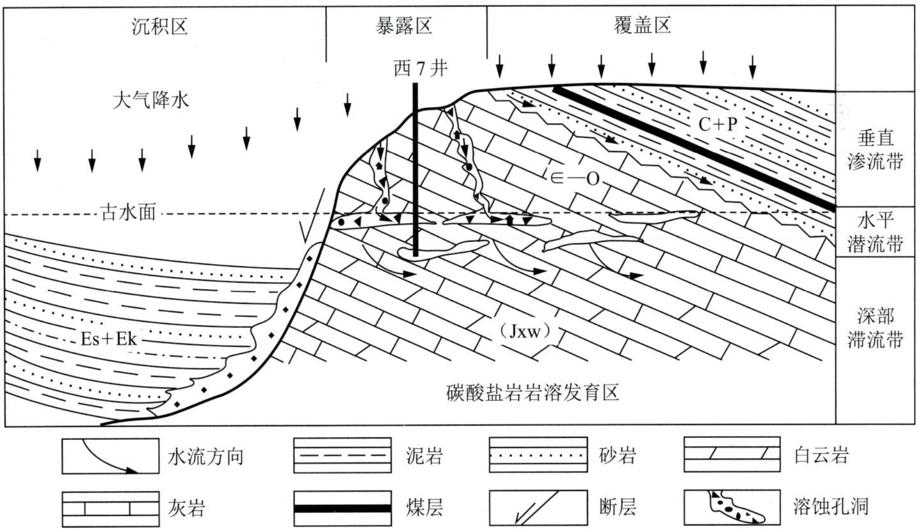

图 2-34　冀中坳陷暴露期断裂岩溶发育模式

据统计，任丘潜山岩溶带受任西断层控制，岩溶带的展布方向与任西断层平行，距主断层 3 km 以内岩溶特别发育，离得越远，岩溶越少。可见，断裂岩溶的发育与碳酸盐岩上覆地层剥蚀量的多少无关，而是靠断层伸展作用所产生的构造暴露来实现大气淡水与碳酸盐岩的接触(漆立新等，2010)。断裂构造增加了地表水和地下水与碳酸盐岩的接触面积和溶蚀范围，使早期充填的缝、洞重新遭受溶蚀，同时断裂岩溶可与后期埋藏溶蚀构成复合岩溶，在断裂带附近形成溶洞裂缝型、微缝孔隙型、缝洞孔复合型三类古岩溶缝洞系统。

(3) 岩溶发育规律。

一般碳酸盐岩暴露地表形成的风化淋滤作用可深达 500 m(吴孔友等，2010)，且结构完整，可分为垂直渗流带、水平潜流带和深部滞流带三层结构。火成岩，尤其是酸性火成岩，性较脆，其被抬升过程中容易产生裂缝，地表降水沿裂缝下渗，形成的次生孔隙发育带的厚度可达 250 m(张越迁等，2000)，有时也能产生明显的结构，通常垂直渗流带较厚，水平潜流带发育较弱。碎屑岩非均质较强，产生的风化淋滤带较薄，分层结构不明显，不发育水平潜流带(图 2-35)。不整合结构体下层发育的次生孔隙是潜山型油气藏形成的前提。因此，不整合纵向分层结构为地层油气藏的形成打下了良好基础。

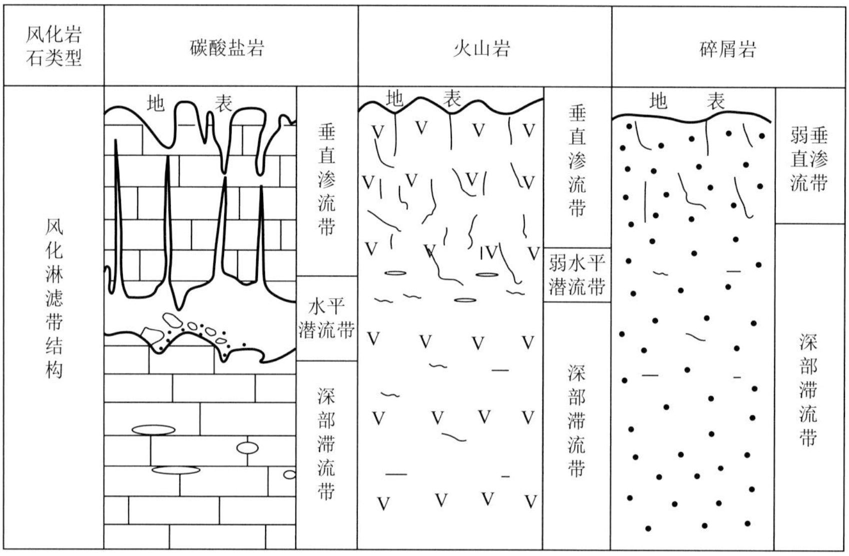

图 2-35 不整合结构体下层岩溶发育规律

2.3.4 不整合结构体发育模式

碎屑岩由于其组分相对稳定，不整合附近风化作用以及表生成岩作用对储层储集空间发育规律的影响一直未引起足够的重视。实际上，尽管碎屑岩的抗风化能力强于碳酸盐岩的，可溶组分也较少，但其非均质较强，加之裂缝的发育，地表水仍可下渗对不整合结构体下层的碎屑岩储层进行改造，只不过影响深度有所受限，产生的不整合结构体下层较薄，其垂向上能够发育垂直渗流带和深部滞流带(图 2-36)。垂直渗流带上部基岩表面近于裸露，受风化作用影响可形成一些微裂缝，导致储层物性改善。由于此带最靠近不整合，随着地表水沿砂岩中的孔缝系统往下渗流，黏土矿物也随之往下迁移并很快在风化裂缝系统的末端沉积下来(岩芯及镜下研究表明，不整合面附近的黏土矿物在很大程度上是表生下渗的结果)，造成风化面附近较高的黏土矿物含量，此时渗流水的溶解、溶蚀作用则相对微弱得多，因而该带储层孔渗性显著降低。垂直渗流带下部渗流水中携带的黏土矿物已经很少，此时水是活动性的，不饱和渗流水在下渗过程中对埋藏期形成的碳酸盐胶结物以及岩石中长石等不稳定矿物产生溶蚀和溶解改造，可以形成较多的次生孔隙，将导致孔隙度逐渐升高，成为良好的储集层。深部滞流带水体趋于停滞，其交换能力非常有限，水的性质变得与正常地层水一致，因此在这里表生作用已变得相当微弱，储层物性在很大程度上受沉积及埋藏成岩作用因素的控制。同时，暴露期间，碎屑岩遭受风化形成风化黏土层，在后期水侵形成上覆地层（底砾岩或水进砂体），在空间上构成碎屑岩区不整合结构特有的模式（图 2-36）。

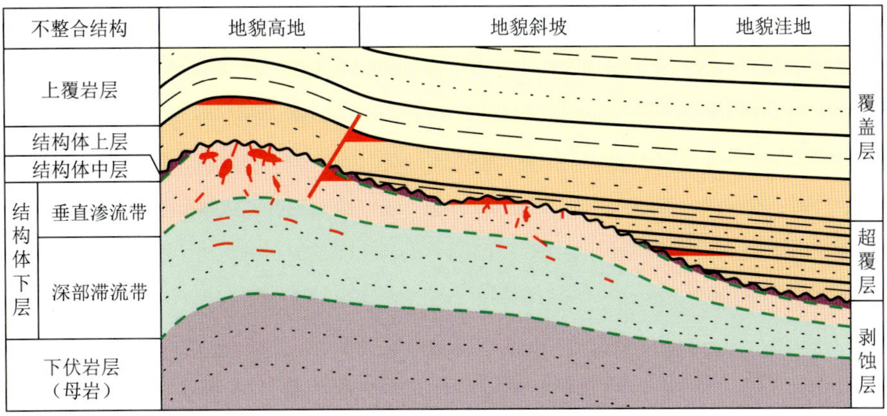

图 2-36　碎屑岩区不整合结构模式

我国含油气盆地中普遍发育火山岩，且分布范围较广、岩层较厚，其储集层岩石类型主要有玄武岩、安山岩、流纹岩、凝灰岩、火山角砾岩等。受火山作用、成岩作用及构造作用等因素影响和控制，这些火山岩储集层发育了原生孔隙（气孔、粒间孔、晶间孔等）、次生孔隙（溶孔、溶洞等）和裂缝（冷凝收缩缝、构造裂缝、风化裂缝等）三大类储集空间。由于火山岩是盆地早期充填的重要组成部分，多具有暴露时间长、遭受风化淋滤期次多的特点，加之火山岩自身的易碎易裂性（特别是酸性火成岩类），在抬升过程中易形成微裂缝，即使火山岩被上覆地层覆盖，大量水或有机酸溶液也会沿断层或裂缝下渗到火山岩体中，发生深部溶蚀作用，形成溶蚀孔洞和裂缝，且这种次生孔隙不会因压实作用而消失。

正是由于表生风化淋滤作用，火山岩不整合结构体下层能产生较为明显的分层结构。火山岩区不整合结构体下层自上而下可分为垂直渗流带和深部滞流带（图 2-37）。垂直渗流带中气孔杏仁构造和裂缝发育，风化淋滤、构造碎裂和热液蚀变作用强，储集层物性最好，是油气勘探的主要目的层；深部滞流带则以火山岩碎块为主，块体较大，见少量气孔，微裂缝较发育，裂缝和气孔被充填或半充填，可形成有效储层。自地貌高地至地貌洼地，由于淋滤作用和溶解作用的逐渐减弱，垂直渗流带和深部滞流带的厚度亦随之逐渐减小。火山岩经风化也能形成风化黏土层，这种风化黏土层主要分布在斜坡区，古地貌高部位缺失或较薄，在后期水侵形成上覆岩石的背景下，空间上构成火山岩区不整合结构模式（图 2-37）。

碳酸盐岩因岩性较均一、性脆，且含有大量可溶性物质，抬升过程中形成大量裂缝，暴露地表最容易遭受大气淡水淋滤，形成溶蚀孔、洞、缝发育带，极大地改善了碳酸盐岩本身相对较差的储集系统。完整的岩溶序列从不整合向下一般由垂直渗流带、水平潜流带和深部滞流带 3 个岩溶带构成（图 2-38）。垂直渗流带是位于侵蚀面之下到潜水面之上的地下水渗流带。岩溶水主要沿着岩层中的垂直裂隙向下渗流，以垂向岩溶为主，形成溶缝、溶扩缝、垂直拉伸状的溶洞等。与这种岩溶作用有关的储层孔隙类型主要为半充填的高角度溶缝以及中小型溶蚀孔洞。水平潜流带为位于垂直渗流带与深部滞流带之间的地下水潜流带，该带岩溶水受压力梯度控制并沿水平方向流动，溶蚀能力较强，最显著的岩溶特征是出现大型的水平溶洞层、缝洞发育带、地下暗河以及洞穴塌积物等，有关的储层孔隙类型主要包括半充填的中小型溶蚀孔洞、

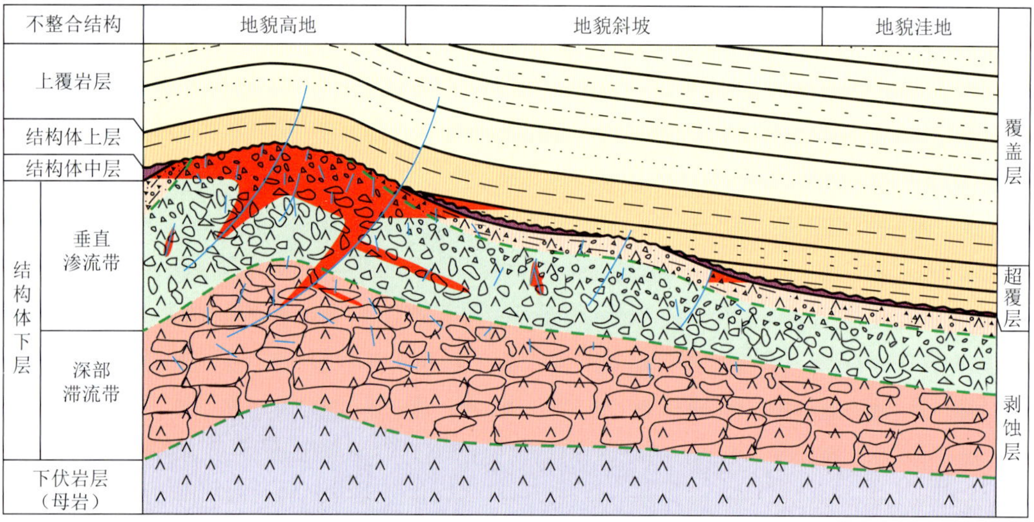

图 2-37 火山岩区不整合结构模式

溶缝、洞顶破裂缝以及粒间溶孔和晶间溶孔等。深部滞流带位于水平潜流带之下，最大底界深度是岩溶作用的下限，最深可达上千米。该带地下水的运动和交替极为缓慢，因此岩溶作用较弱，主要以溶孔和溶缝的零散发育为特征，但多为粒状方解石、泥、砂充填或半充填。多期岩溶的叠加以及地层抬升剥蚀往往会造成古岩溶的垂向分带不完整或不同期次岩溶带的叠加。岩溶带的发育程度随地区、岩性、构造部位、古地貌位置、古水文条件以及暴露时间长短等因素的差异而有较大的变化。通常自岩溶高地至岩溶洼地，岩溶带的发育程度逐渐减弱，厚度逐渐减小，岩溶序列发育不完整。碳酸盐岩古岩溶储层的有利发育区垂向上主要分布于垂直渗流带和水平潜流带，横向上主要分布于岩溶高地边缘、岩溶斜坡区、岩溶谷地上游区、岩溶残丘等古地貌单元。碳酸盐岩经风化也能形成风化黏土层，这种风化黏土层主要分布在平缓区，古地貌高部位缺失或较薄，在后期水侵形成上覆岩石的背景下，空间上构成碳酸盐岩区不整合结构模式（图 2-38）。

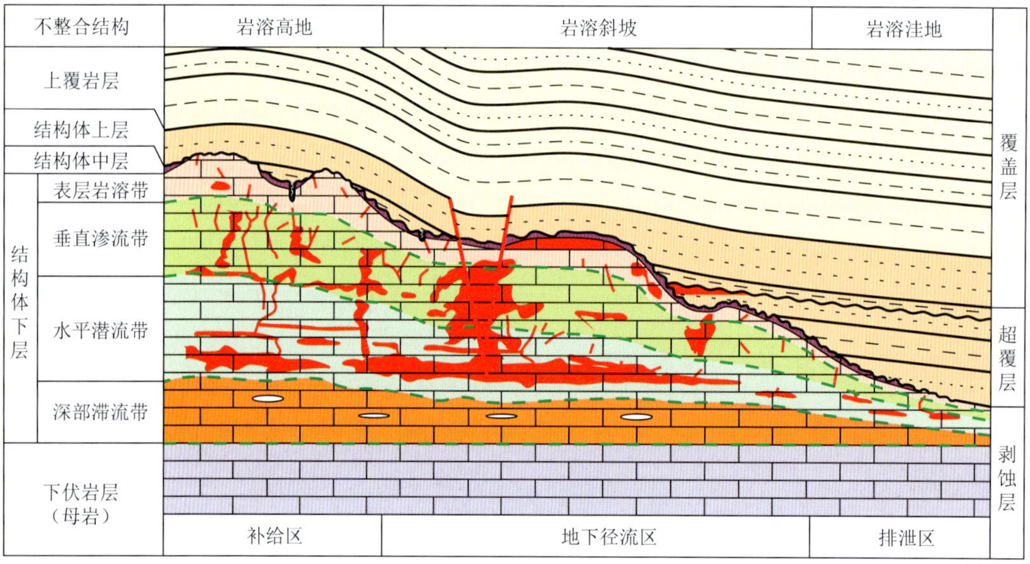

图 2-38 碳酸盐岩区不整合结构模式

2.3.5　不整合结构类型及岩性配置关系

完整的不整合结构体包括上层、中层及下层。然而，由于形成不整合的构造运动强度、应力作用方式、古气候、古地形及暴露时间等因素的差异，并不是所有不整合或同一不整合的所有地区的纵向结构都是一致的，而是存在多样性。同时，又因不同结构层岩性存在多样性，造成不整合结构类型多样，而且不同盆地存在明显差异。不整合在油气成藏中的作用很大程度上取决于结构类型及岩性配置关系。不同的结构与岩性配置不仅决定了不整合输导流体能力的大小，而且决定着其能否形成圈闭，形成什么样的圈闭。下面通过对我国西部的准噶尔盆地和东部的渤海湾盆地发育的不整合结构类型剖析，对比分析挤压区和伸展区不整合岩性配置类型及空间分布的差异性。

2.3.5.1　挤压区不整合结构类型及岩性配置关系

1）准噶尔盆地西北缘

准噶尔盆地发育多个区域性不整合，包括侏罗系和三叠系之间、中侏罗统头屯河组与西山窑组之间、白垩系与侏罗系之间以及古近系与白垩系之间均发育。

通过对准噶尔盆地西北缘 234 口钻井统计发现，白垩系底部、侏罗系底部和三叠系底部不整合结构体上层存在砾岩、砂岩、粉砂岩、泥岩、煤层 5 种岩性，不整合结构体下层风化淋滤带存在砾岩、砂岩、粉砂岩、泥岩、变质岩、火成岩、白云岩 7 种岩性(图 2-39)。由于形成不整合的构造运动强度、应力作用方式、古气候、古物源、古地形以及暴露时间等因素的差异，处于同一地区的不同不整合，或处于不同地区的同一不整合的结构类型或岩性配置存在多样性，且具有各自的发育特征。

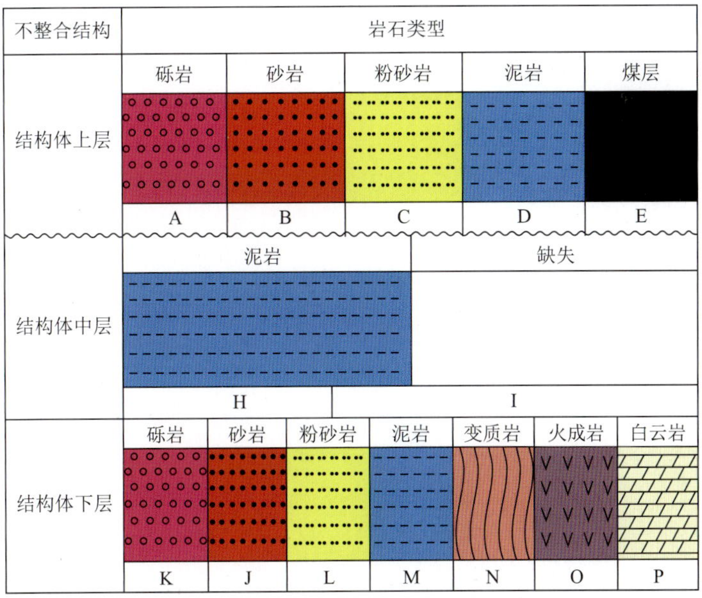

图 2-39　准噶尔盆地西北缘不整合结构类型与岩性配置图

白垩系底部不整合结构体上层存在砾岩、砂岩、粉砂岩、泥岩 4 种岩性，结构体中层风化黏土层局部缺失，结构体下层风化淋滤带存在砾岩、砂岩、粉砂岩、泥岩 4 种岩性，共发育 16 种岩性配置类型(图 2-40)。其中，最主要的岩性配置类型为 AIJ(砾岩-缺失-砂岩)型和 AHJ(砾岩-泥岩-砂岩)型，占 45%以上，在全区大面积分布；其次是 BIJ(砂岩-缺失-砂岩)型、AIK(砾岩-缺失-砾岩)型和 BHJ(砂岩-泥岩-砂岩)型，共占 30%，分布范围明显小于 AIJ 型和 AHJ 型，且不连片；其他 11 种类型所占比例均小于 5%，且分布范围有限，如 DIJ(泥岩-缺失-砂岩)型仅在玛 3 井区有所分布(图 2-41、图 2-42)。

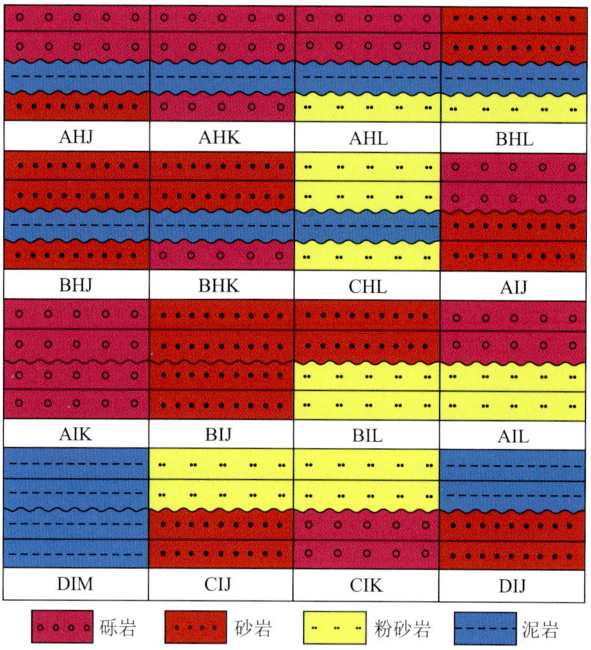

图 2-40　准噶尔盆地西北缘白垩系底部不整合结构类型与岩性配置图

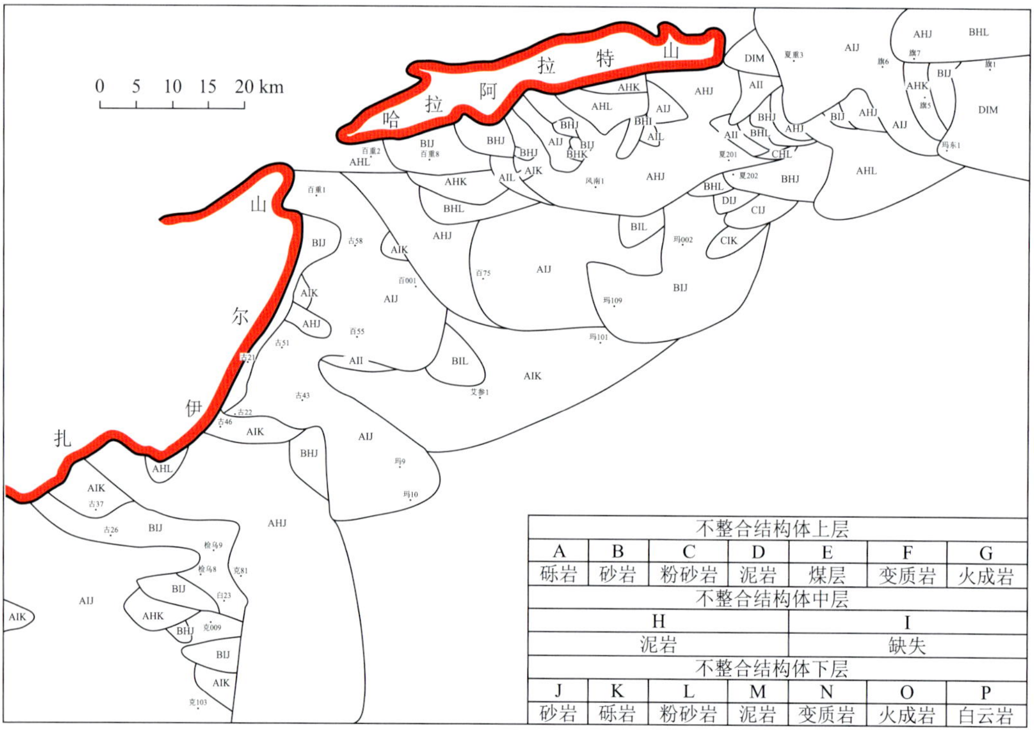

图 2-41　准噶尔盆地西北缘白垩系底部不整合结构类型与岩性配置分布图

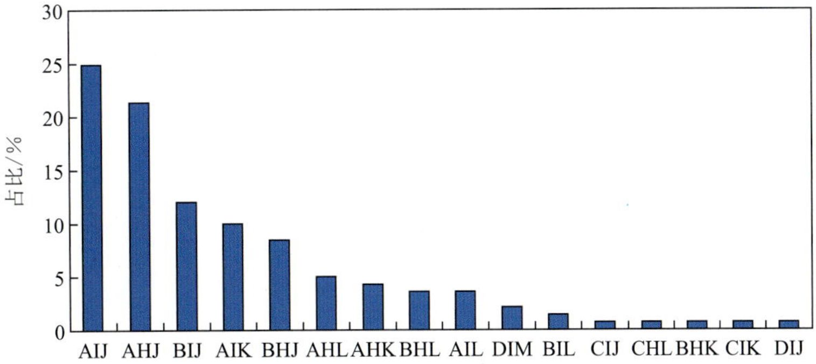

图 2-42　准噶尔盆地西北缘白垩系底部不整合结构类型与占比

侏罗系底部不整合结构体上层存在砾岩、砂岩、粉砂岩、煤层 4 种岩性，结构体中层风化黏土层局部缺失，结构体下层风化淋滤带存在砾岩、砂岩、粉砂岩、泥岩、火成岩、变质岩 6 种岩性，共发育 22 种岩性配置类型(图 2-43)。其中，最主要的岩性配置类型为 AHJ(砾岩-泥岩-砂岩)型，约占 23%，主要分布在乌夏断裂带以南地区；其次是 AIJ(砾岩-缺失-砂岩)型、AHK(砾岩-泥岩-砾岩)型、BHJ(砂岩-泥岩-砂岩)型、AIK(砾岩-缺失-砾岩)型和 AHL(砾岩-泥岩-粉砂岩)型，共占 30%，各类型分布范围较小，且不连片，主要分布于 AHJ 型两侧；其他 16 种类型

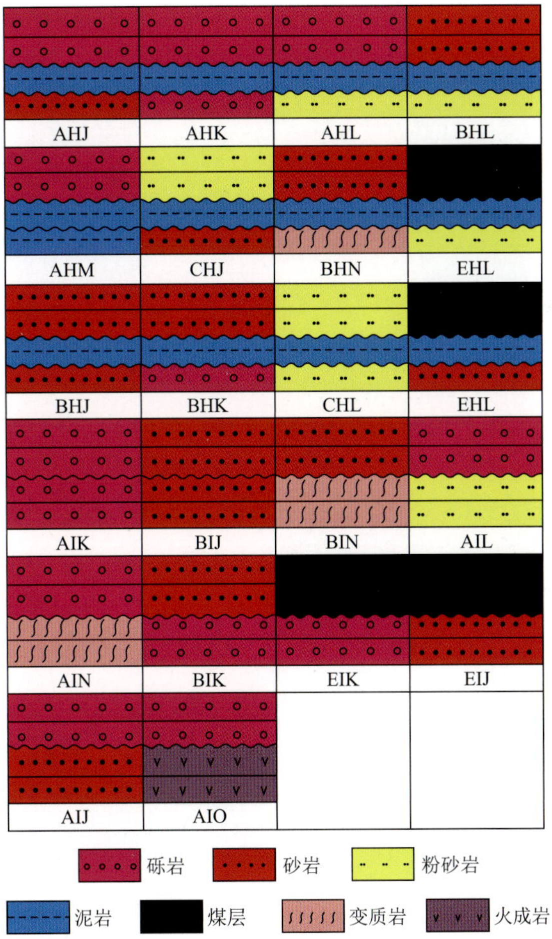

图 2-43　准噶尔盆地西北缘侏罗系底部不整合结构类型与岩性配置图

所占比例均小于 5%，分布范围有限，如 EHL(煤层-泥岩-粉砂岩)型仅分布于玛北斜坡玛 11 井区(图2-44、图 2-45)。

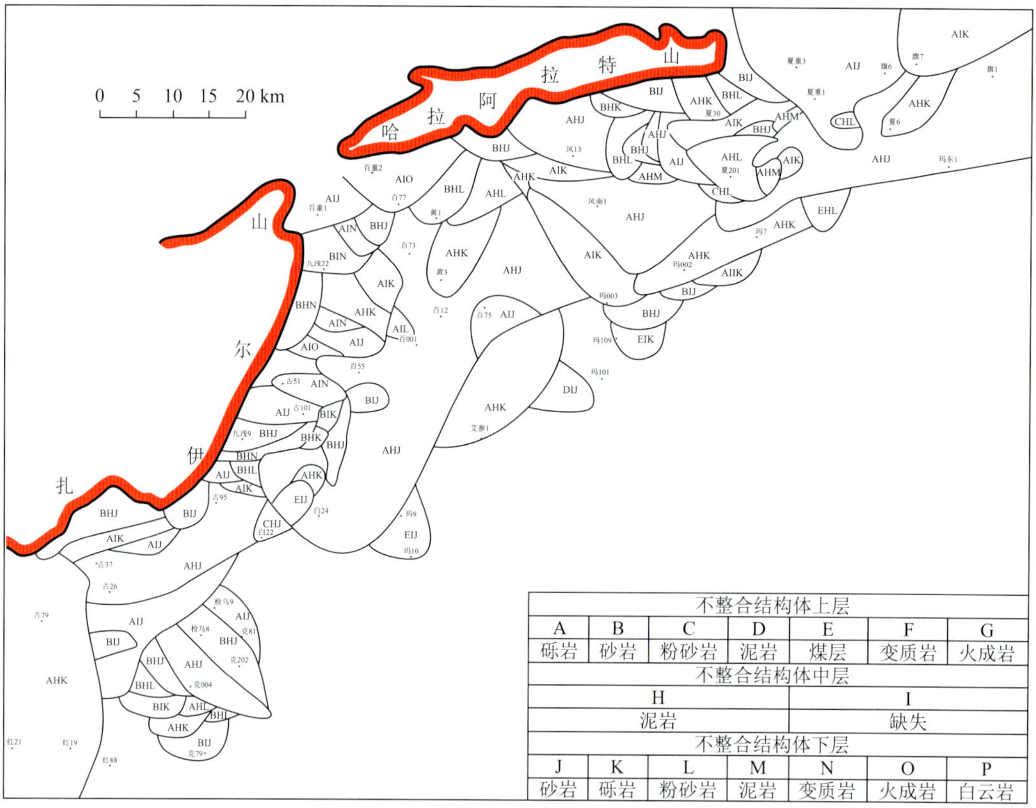

图 2-44 准噶尔盆地西北缘侏罗系底部不整合结构类型与岩性配置分布图

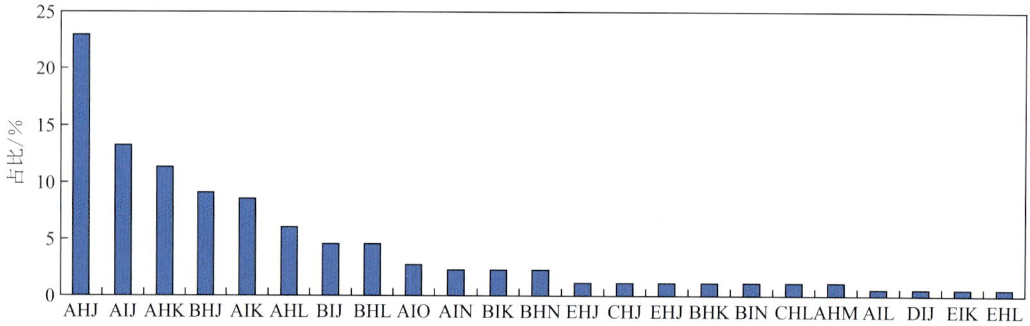

图 2-45 准噶尔盆地西北缘侏罗系底部不整合结构类型与占比

三叠系底部不整合结构体上层存在砾岩、砂岩、粉砂岩、泥岩 4 种岩性，结构体中层风化黏土层局部缺失，结构体下层风化淋滤带存在砾岩、砂岩、粉砂岩、泥岩、火成岩、变质岩、白云岩 7 种岩性，共发育 28 种岩性配置类型(图 2-46)。其中，最主要的岩性配置类型为 AHK(砾岩-泥岩-砾岩)型，占 24%，主要在玛湖凹陷和乌夏断裂带大面积连片分布；其次是 AHJ(砾岩-泥岩-砂岩)型、AIK(砾岩-缺失-砾岩)型、BHJ(砂岩-泥岩-砂岩)型、BHO(砂岩-泥岩-火成岩)型和 AIN(砾岩-缺失-变质岩)型，共占 40%，主要在克百断裂带、车排子凸起、红车断裂带小范围分布；其他 22 种类型所占比例均小于 5%，且分布范围局限，如 BHN(砂岩-泥岩-变质岩)型仅

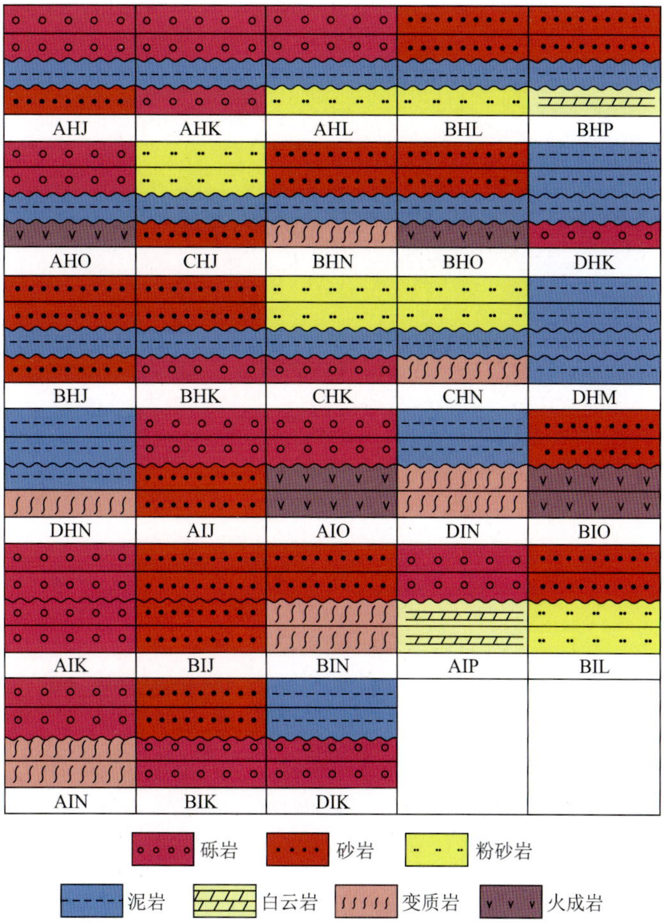

图 2-46　准噶尔盆地西北缘三叠系底部不整合结构类型与岩性配置图

在古 127 井区有所分布(图 2-47、图 2-48)。

不整合不同的岩性配置类型会对油气产生不同的运聚及圈闭作用,造成油气局部分布的差异性。准噶尔盆地西北缘白垩系底部不整合油气藏主要对应 3 种岩性配置类型:AHJ(砾岩-泥岩-砾岩)、AIJ(砾岩-缺失-砾岩)和 AIK(砾岩-缺失-砂岩);侏罗系底部不整合油气藏主要对应 6 种岩性配置类型:AHK(砾岩-泥岩-砾岩)、AIK(砾岩-缺失-砂岩)、AIJ(砾岩-缺失-砂岩)、AHJ(砾岩-泥岩-砂岩)、AIL(砾岩-缺失-粉砂岩)和 BHN(砂岩-泥岩-变质岩);三叠系底部不整合油气藏主要对应 9 种岩性配置类型:AHK(砾岩-泥岩-砾岩)、AIK(砾岩-缺失-砾岩)、AIJ(砾岩-缺失-砂岩)、AHJ(砾岩-泥岩-砂岩)、BHJ(砂岩-泥岩-砂岩)、BHK(砂岩-泥岩-砾岩)、BHO(砂岩-泥岩-火成岩)、BIK(砂岩-缺失-砾岩)和 FIN(变质岩-缺失-变质岩)。

2) 准噶尔盆地腹部

准噶尔盆地腹部陆西地区侏罗系西山窑组顶界(J_2t/J_2x)不整合为区域性不整合,代表着燕山构造运动 Ⅰ 幕。经统计分析,该不整合结构体的岩性配置存在 7 种类型:砂砾岩-黏土层-砂岩(Ⅰ型)、砂砾岩-缺失-砂砾岩(Ⅱ型)、砂岩-缺失-砂砾岩(Ⅲ型)、泥岩-缺失-砂岩(Ⅳ型)、砂岩-黏土层-砂岩(Ⅴ型)、砂岩-黏土层-泥岩(Ⅵ型)和泥岩-黏土层-泥岩(Ⅶ型)。各岩性配置平面分布见图 2-49。不同的不整合岩性配置区的含油气性差异明显。

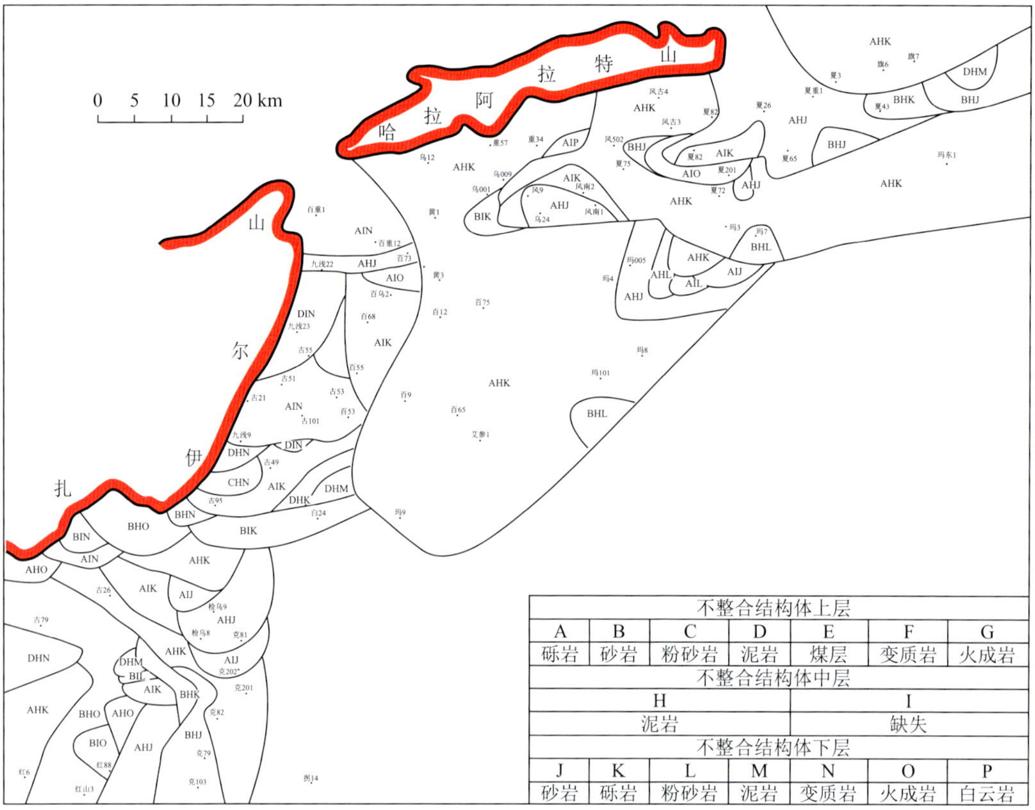

图 2-47　准噶尔盆地西北缘三叠系底部不整合结构类型与岩性配置分布图

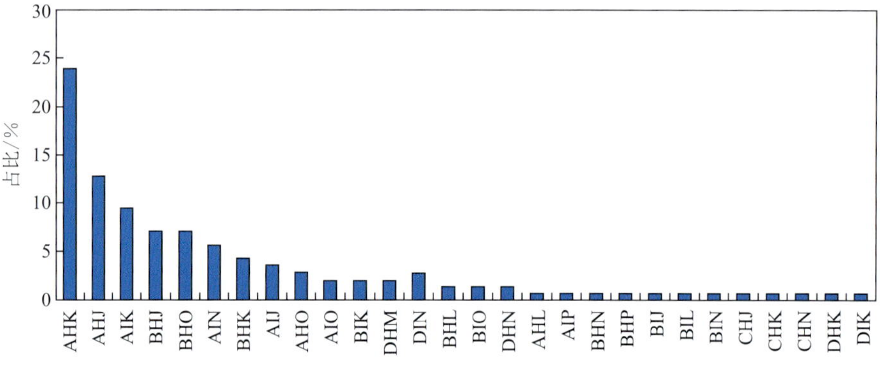

图 2-48　准噶尔盆地西北缘三叠系底部不整合结构类型与占比

第Ⅰ种和第Ⅴ种不整合岩性配置类型：不整合结构体上层的岩性为砾岩（第Ⅰ种）或砂岩（第Ⅴ种），不整合结构体中层的风化黏土层是一套较好的封盖层，可阻止油气串层输导。结构体下层的风化淋滤带是一套砂岩，具较大孔隙度和渗透率，既是油气输导的有利通道，也是良好的储集体。因此，这两种岩性配置是油气双重输导通道，在断裂的配合下组成区域性的三维输导通道网络，如果有圈闭，很容易成藏。例如陆 15、陆 22 井油气藏就是这种不整合油气藏的实例，油气受风化黏土层遮挡聚集在西山窑组的风化淋滤带中（图 2-50）。

第Ⅱ和Ⅲ种不整合岩性配置类型：不整合结构体上层的岩性为砾岩（第Ⅱ种）或砂岩（第Ⅲ种），下层风化淋滤带的岩性为砾岩，中层缺失风化黏土层，它们常组成一个统一的油气输导通道。如果存在圈闭，则可能聚集成藏。例如陆 11、陆 117 井油气藏就是这种不整合岩性配置

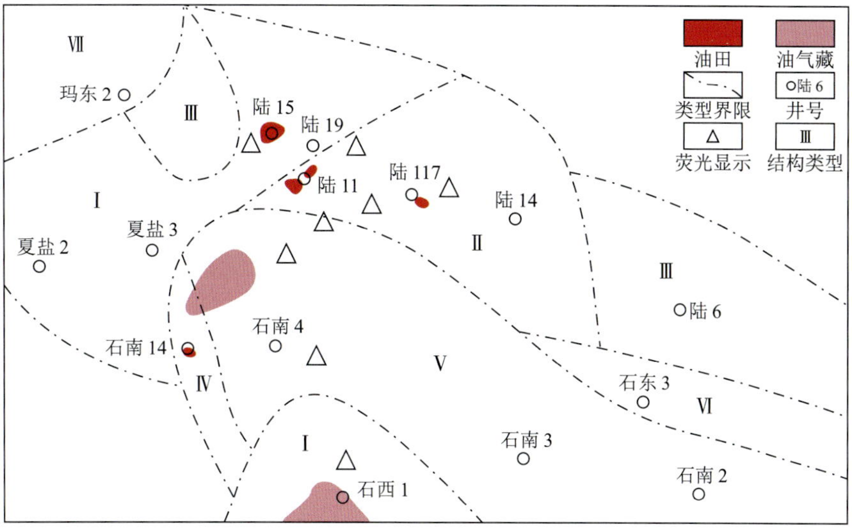

图 2-49　陆西地区侏罗系西山窑组顶界不整合结构类型平面分布

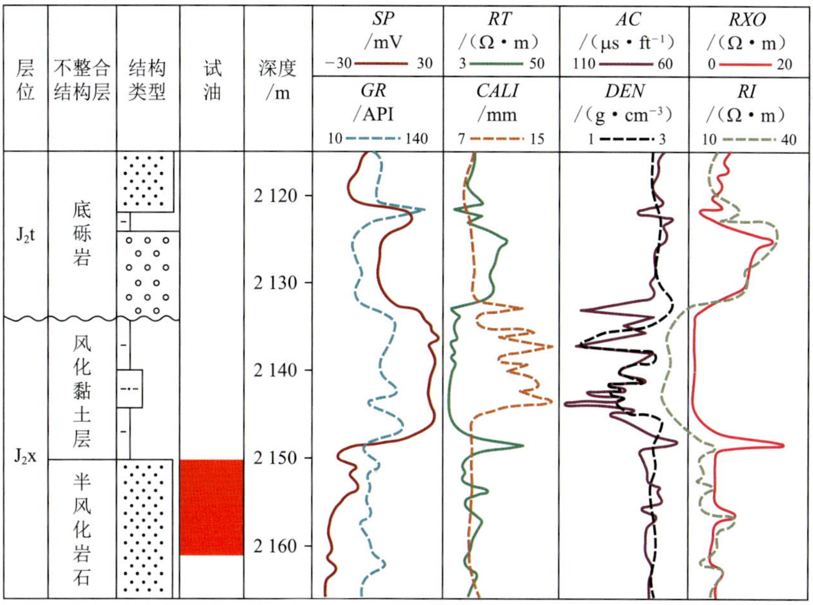

图 2-50　陆 22 井不整合结构类型控藏作用

油气藏的一个典型实例，油气聚集时，将白垩系的底砾岩和侏罗系西山窑组的风化淋滤带连成一个油气藏(图 2-51)。

第Ⅳ种不整合岩性配置类型：不整合结构体上层的岩性为泥岩，缺失风化黏土层，下层风化淋滤带的岩性为砂岩。结构体上层的泥岩可以作为油气封闭的盖层，下层的风化淋滤带的砂岩可以作为油气输导的通道。若有圈闭，就可以成藏。例如石南 14 井，油气聚集在不整合面之下西山窑组的淋滤带中(图 2-52)。

2.3.5.2　伸展区不整合结构类型及岩性配置关系

1）渤海湾盆地济阳坳陷惠民凹陷

惠民凹陷南坡馆陶组底部不整合上、下岩性配置模式分为 7 类(图 2-53)。

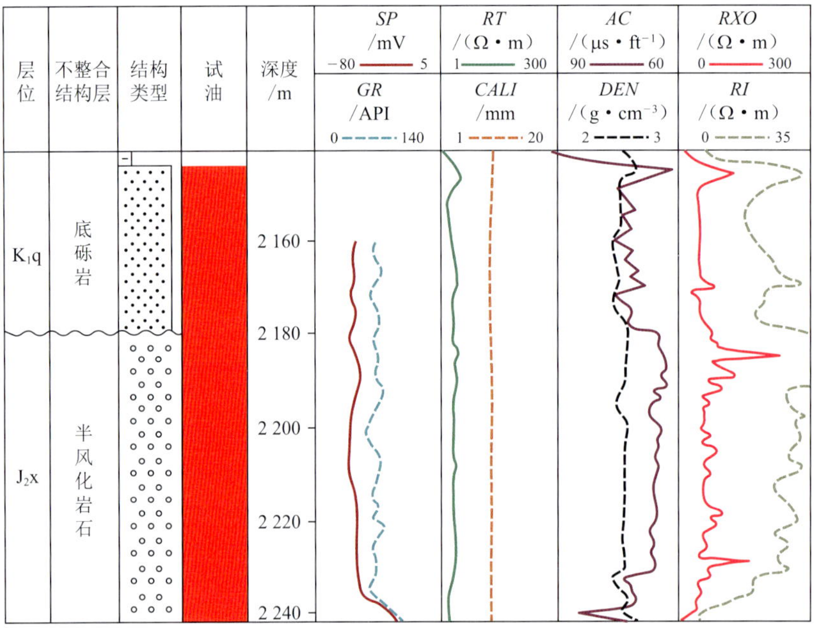

图 2-51 陆 117 井不整合结构类型控藏作用

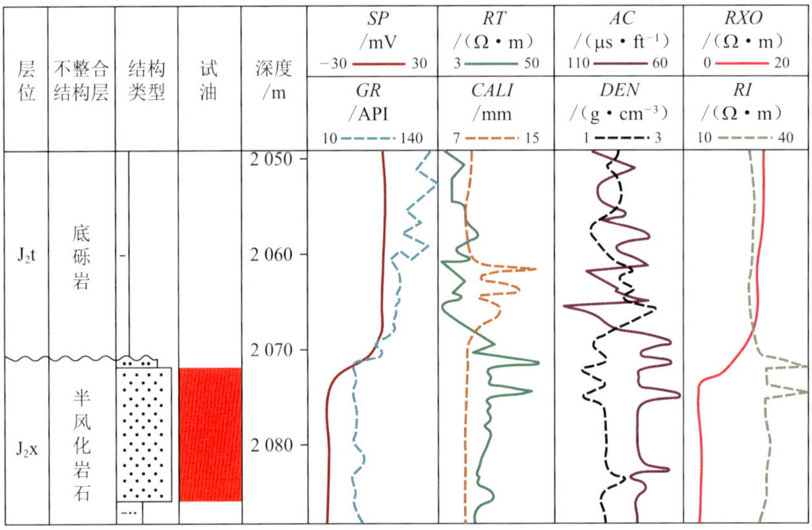

图 2-52 石南 14 井不整合结构类型控藏作用

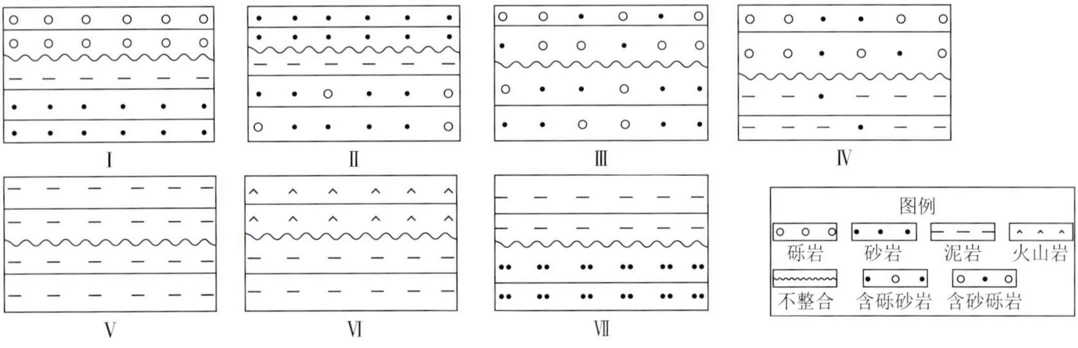

图 2-53 惠民凹陷南坡馆陶组底部不整合结构类型与岩性配置图

Ⅰ型、Ⅱ型组合为标准型三层结构，不整合之上为底砾岩或水进砂体，中间有风化黏土层，不整合面之下有半风化岩石。

Ⅰ型、Ⅱ型岩性组合模式在整个研究区内分布很广。例如，夏 1 井、夏 37 井、夏 23 井、夏 32 井、曲斜 17 井、曲 15 井等。该类型岩性组合模式对油气运聚成藏十分有利，不整合之下的砂岩遭受风化淋滤，是油气横向输导的良好通道，其下的泥岩和黏土层是良好的遮挡层，油气在具有淋滤带的圈闭中可形成油气藏。

Ⅲ型岩性组合模式以砂、砾岩为主，但总体来看不整合上、下岩性从砂砾岩至砂岩具有过渡特征，说明该区剥蚀作用较强，形成的黏土层厚度较小，不整合之下的砂岩暴露地表，在风化淋滤作用下形成较高孔隙度。Ⅲ型组合形成较厚的输导层，是油气输导的重要通道。

Ⅳ型岩性组合模式中，黏土层和淋滤带特征趋同，或淋滤带基本不发育。造成这种组合模式的原因是该区剥蚀作用较弱，东营组泥岩含量高，黏土层较厚，阻碍大气水的渗透，使得淋滤作用不明显。其中厚层泥岩可作为良好的盖层，但同时阻塞了油气沿砾岩进行二次输导。这种类型的不整合大多发育在研究区夏口断层的上升盘。

Ⅴ型岩性组合模式以泥质为主，反映了一种弱的构造运动。该种组合类型主要发育在盆地中心和低洼的湖盆。

Ⅵ型岩性组合模式是由于喷发玄武岩中断剥蚀作用而形成的，它主要发育于馆陶组与东营组二段的接触面上，这对该区确定火山岩喷发期次有一定的指导意义。该类不整合主要发育在玉皇庙断层附近。

Ⅶ型岩性组合模式与典型的不整合三层结构相差较大，不整合之上覆盖一层泥岩，其下是砂岩或砂泥岩互层。该类岩性组合在惠民南坡并不多见，但在钱 15 井中可以看到，可能是由该区多次剥蚀所引起的。该类不整合由于其上部发育泥岩，可以作为良好的盖层，而下部又发育砂砾岩，是良好的储集层，往往能形成油气藏。

总之，以上 7 种类型中，除了后两种不常见外，其他的较为普遍。它们都对油气的输导和聚集起到一定的作用。

为了更好地研究不整合结构类型对油气输导的影响，结合该区的录井资料、岩芯等做出了馆陶组底部不整合结构类型与岩性配置平面分布图(图 2-54)。

整个惠民凹陷南坡以Ⅰ型、Ⅱ型岩性组合模式为主，也就是说该区馆陶组底部的不整合纵向上绝大部分为标准的三层结构。该类不整合容易形成与之有关的油气藏，在不整合之上由于发育砂砾岩，既能为油气输导提供通道，又能形成超覆不整合油气藏。另外，由于风化黏土层发育，可以作为良好的盖层，使不整合之下可以形成多种类型的油气藏，应主要为削截不整合油气藏。如果不整合之下的半风化岩石为砂砾岩，也可为油气输导提供通道。因此，馆陶组底部的不整合对该区的油气运聚都能起到一定的作用。Ⅲ型主要分布在钱官屯地区的中部，也就是钱斜 502 井、钱斜 5 井、钱 4 井等附近。该类岩性组合主要为油气的输导提供通道，在条件允许的情况下也可形成油气藏。Ⅳ型分布范围更小，主要在夏 23 井附近，该类岩性组合上部为砂砾岩，下部为泥岩或泥质砂岩，在不整合之上容易形成油气藏，也可为油气输导提供通道。Ⅴ型岩性组合主要发育在地势较低的地方，它对油气只起到封盖作用。Ⅵ型岩性组合分布比较有限，主要分布在玉皇庙断层的下降盘，它主要是由玄武岩的喷发造成的，该类岩性组合和Ⅴ型差不多，都只是对油气起一定的封盖作用。Ⅶ型岩性组合主要分布在钱官屯地区的最南部，即钱 15 井附近，该类岩性组合容易在不整合之下形成油气藏。总之，馆陶组底部的不整合对于该区的油气运聚都能起到一定的作用，尤其是曲堤地区，发现了几个与不整合有关的油气藏。另外，在钱官屯地区以及曲堤东地区不整合对油气的运聚也能起到一定的作用。

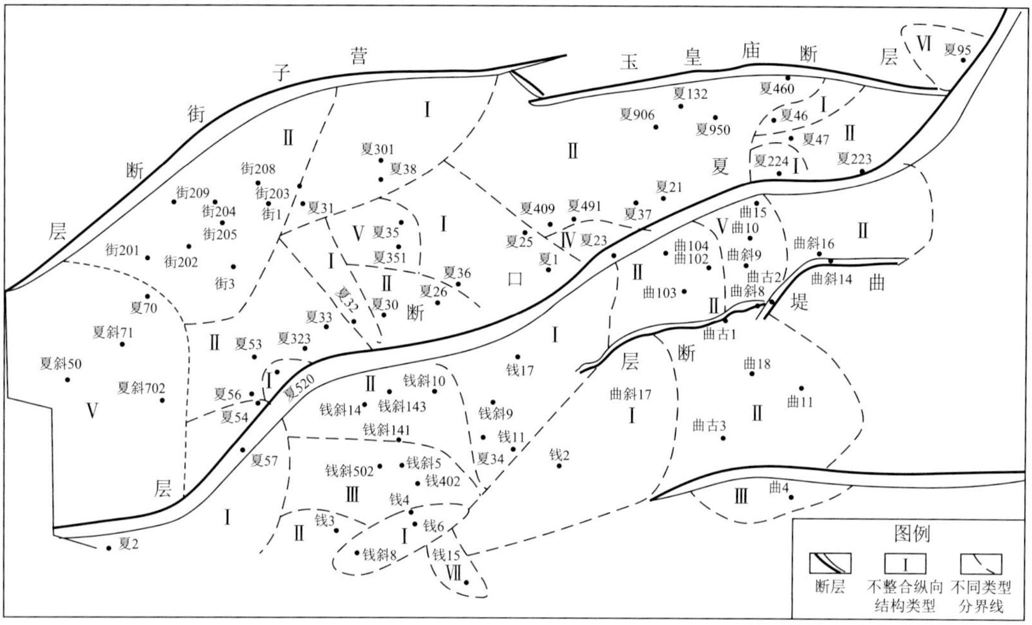

图 2-54 馆陶组底部不整合结构类型与岩性配置平面分布图

2）渤海湾盆地济阳坳陷东营凹陷

（1）东营凹陷南坡馆陶组底部不整合。

东营凹陷南坡馆陶组底部不整合结构体上层发育有水进砂体、泥岩，以及少量的火成岩，结构体下层有砂砾岩、泥岩，加之不整合结构体中层在局部地区不发育，导致不整合上、下岩性配置存在多样性。对 40 余口探井和评价井的综合录井图进行观察，结合岩芯观察结果，确定了不整合上、下岩性配置关系类型，可以把馆陶组底部不整合上、下岩性配置关系分为六大类（图 2-55），并将单井类型投影到了平面上，绘制了平面分布图（图 2-56）。

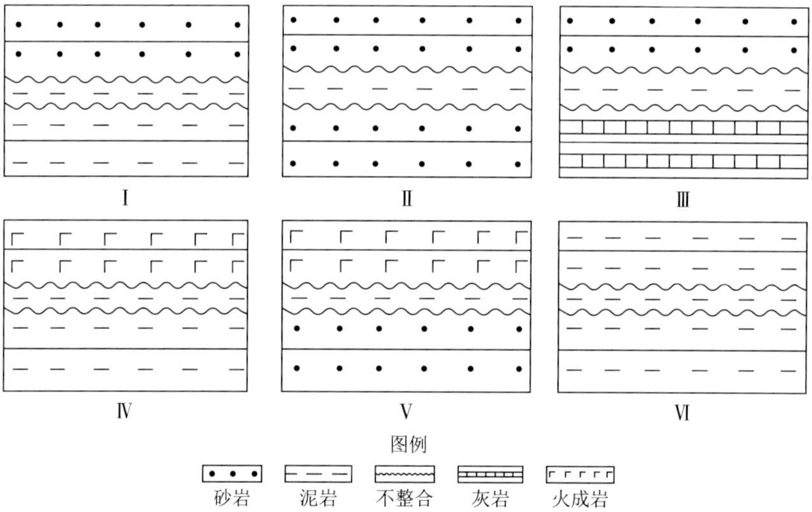

图 2-55 馆陶组底部不整合上、下岩性配置模式图

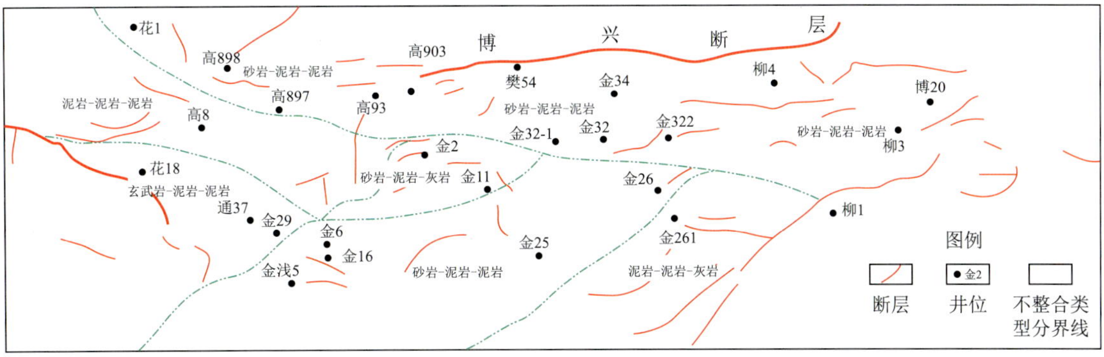

图 2-56　馆陶组底部不整合岩性配置关系平面分布图

Ⅰ型、Ⅲ型不整合之上发育水进砂体，之下多为泥岩，这种配置的不整合之上常作为油气输导的通道，也可以形成超覆不整合油气藏；Ⅱ型不整合上、下都发育砂岩，这类不整合上、下既能够构成油气输导的双重输导通道，也能在不整合之上形成超覆油气藏，之下形成削截不整合油气藏；Ⅳ型、Ⅵ型不整合对油气往往起封堵作用；Ⅴ型不整合之下既能构成油气输导的通道，也能形成不整合油气藏。

Ⅰ型不整合在研究区最为发育，主要分布在博兴洼陷深凹区，此类不整合易在不整合之上形成油气藏；Ⅱ型主要分布在金家鼻状构造带，是最有利成藏的配置类型；Ⅳ型、Ⅵ型主要分布在最西边靠近高青—平南断层的平南段；Ⅲ型分布很有限，主要分布在金 2 井和金 11 井附近。

（2）东营凹陷南坡陈官庄地区沙四下顶部不整合。

陈官庄地区沙四下顶部不整合结构体上层有灰岩、粉砂岩、砂质泥岩、钙质粉砂岩，其中粉砂岩和砂质泥岩发育较多；不整合结构体下层有砂岩、粉砂岩、砂质泥岩、钙质粉砂岩，其中砂质泥岩、粉砂岩发育较多；不整合结构体中层岩性包括泥岩和砂质泥岩。这就致使不整合结构体在上、下岩性配置上存在多种对接关系（图 2-57）。

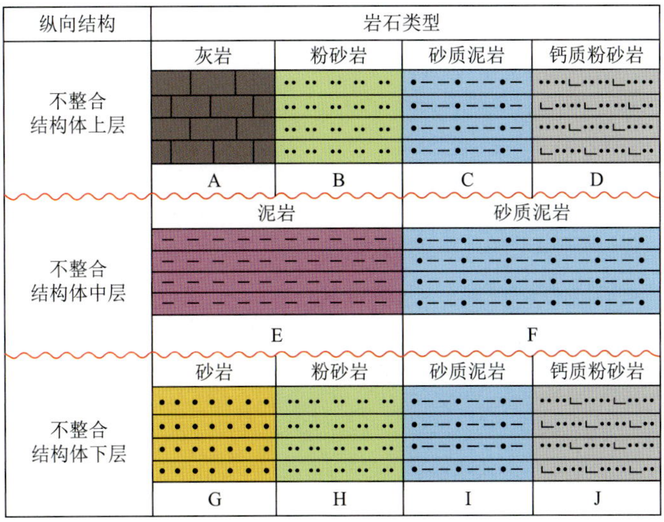

图 2-57　东营凹陷南坡沙四下顶部不整合纵向结构岩性配置模式图

东营凹陷南坡沙四下顶部不整合有 12 种对接关系（图 2-58），用字母代替岩性表示，区内发育：AEH（灰岩-泥岩-粉砂岩）、AEJ（灰岩-泥岩-钙质粉砂岩）、BEG（粉砂岩-泥岩-砂岩）、

BEH(粉砂岩-泥岩-粉砂岩)、BEI(粉砂岩-泥岩-砂质泥岩)、BFH(粉砂岩-砂质泥岩-粉砂岩)、BFI(粉砂岩-砂质泥岩-砂质泥岩)、CEG(砂质泥岩-泥岩-砂岩)、CEH(砂质泥岩-泥岩-粉砂岩)、CEI(砂质泥岩-泥岩-砂质泥岩)、DEI(钙质粉砂岩-泥岩-砂质泥岩)、DEJ(钙质粉砂岩-泥岩-钙质粉砂岩)。

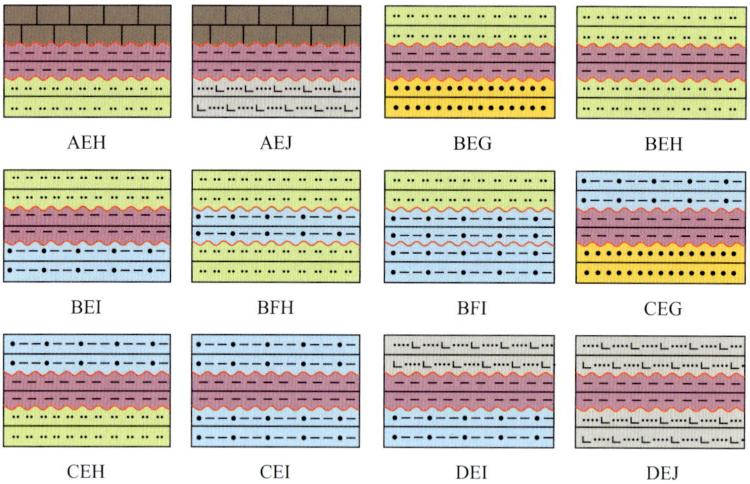

图 2-58 东营凹陷南坡沙四下顶部不整合纵向结构岩性对接关系图

不整合结构体上层多发育底砾岩及水进砂体,之下多为泥岩,这种配置的不整合常作为油气输导的通道,也可以形成超覆不整合油气藏;当不整合结构体上、下层都发育砂岩时,这类不整合结构上、下既能够构成油气输导的双重输导通道,也能在不整合结构体上层形成超覆油气藏,之下形成削截不整合油气藏;不整合结构的风化黏土层厚度达到一定值时,就可以对油气起到封堵的作用;当不整合结构体下层发育砂岩或被风化改造的灰岩时,不整合结构体既能构成油气输导的通道,也能形成地层油气藏。

将不整合结构的岩性配置按照下层岩性进行划分(图 2-59)可知,在 12 种岩性对接关系中,以 CEI(砂质泥岩-泥岩-砂质泥岩)、DEJ(钙质粉砂岩-泥岩-钙质粉砂岩)等类型发育最为广泛。下层是风化淋滤带,以砂质泥岩、粉砂岩、钙质粉砂岩等岩性发育较多,砂岩最少,其中下

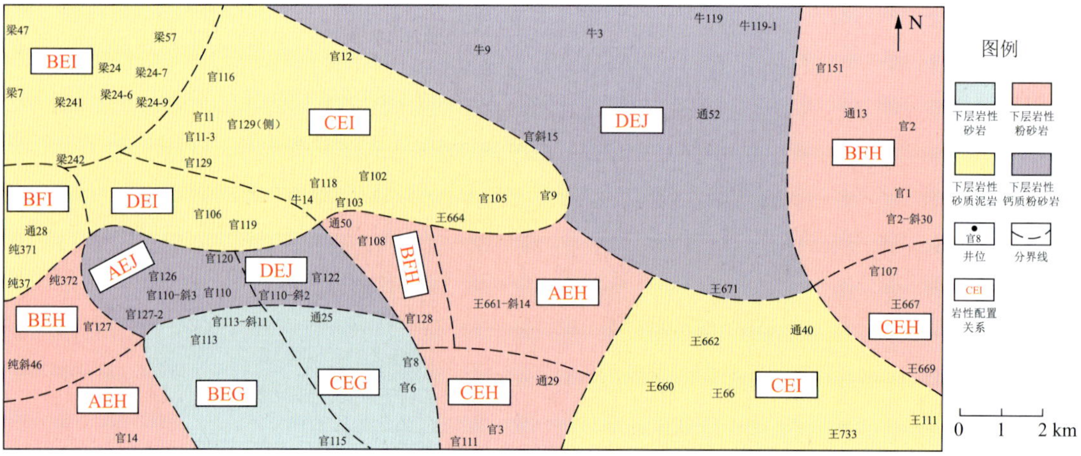

图 2-59 东营凹陷南坡沙四下顶部不整合结构岩性配置平面分布图

层为砂岩仅在研究区南部官 113 井、官 8 井附近区域可见；下层为砂质泥岩则主要集中在研究区东南、西北两部；下层为钙质粉砂岩则分布在研究区北部、中西部；下层为粉砂岩分布广泛，在全区范围内都有发育。风化淋滤带因受不整合的影响被半风化淋滤，使得岩石的孔渗性变好，可作为储层。

不整合结构体上层的水进砂体在区内最为发育，即上层岩性为粉砂岩最多。同样，砂质泥岩在区内也广泛发育，灰岩在官 127 井及官 121 井附近局部性构成结构体上层，钙质粉砂岩则分布在灰岩的附近井位，与其相邻，如官 122 井、王 671 井附近。

不整合结构体中层的风化黏土层一般起封堵作用。但在高地势地区，剥蚀作用强烈，使得风化黏土层发育较薄，此时上层底砾岩及水进砂体与下层风化淋滤带直接接触，在这些区域不整合的封堵性一般较差，起通道作用。

(3) 东营凹陷南坡陈官庄地区孔店组顶部不整合。

通过对东营凹陷南坡陈官庄地区孔店组顶部不整合的研究及东营凹陷南坡近 30 口井的综合录井分析，明确了东营凹陷南坡孔店组顶部不整合结构体上、中、下层岩性配置模式图(图 2-60)及对接关系图(图 2-61)。

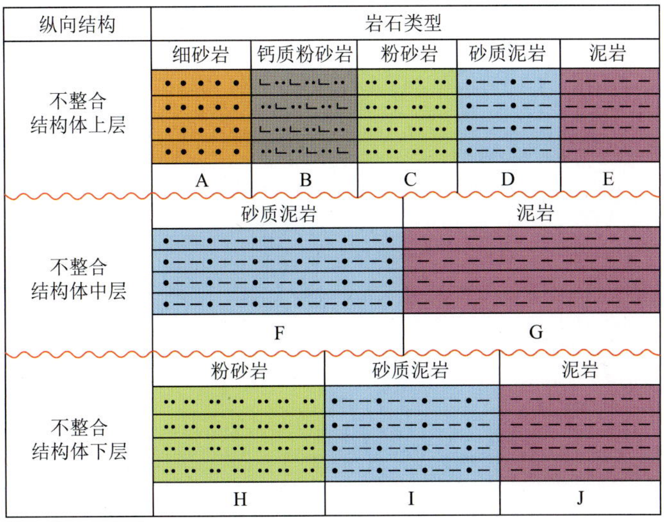

图 2-60　东营凹陷南坡孔店组顶部不整合纵向结构岩性配置模式图

东营凹陷南坡孔店组顶部不整合结构体上层有 5 种岩性，包括细砂岩、钙质粉砂岩、粉砂岩、砂质泥岩、泥岩，其中粉砂岩和砂质泥岩发育较多；不整合结构体下层有 3 种岩性，分别是粉砂岩、砂质泥岩、泥岩，其中砂质泥岩发育较多；不整合结构体中层岩性包括泥岩和砂质泥岩。这就致使不整合结构体在上、下岩性配置上存在多种对接关系。

由东营凹陷南坡的地震剖面图和井位综合录井图分析得到，东营凹陷南坡孔店组顶部不整合有 14 种对接关系(图 2-61)，用字母代替岩性表示，区内发育：AGJ(细砂岩-泥岩-泥岩)、BGH(钙质粉砂岩-泥岩-粉砂岩)、BGI(钙质粉砂岩-泥岩-砂质泥岩)、CFH(粉砂岩-砂质泥岩-粉砂岩)、CFI(粉砂岩-砂质泥岩-砂质泥岩)、CFJ(粉砂岩-砂质泥岩-泥岩)、CGH(粉砂岩-泥岩-粉砂岩)、CGI(粉砂岩-泥岩-砂质泥岩)、CGJ(粉砂岩-泥岩-泥岩)、DGH(砂质泥岩-泥岩-粉砂岩)、DGI(砂质泥岩-泥岩-砂质泥岩)、DGJ(砂质泥岩-泥岩-泥岩)、EGH(泥岩-泥岩-粉砂岩)、EGI(泥岩-泥岩-砂质泥岩)。

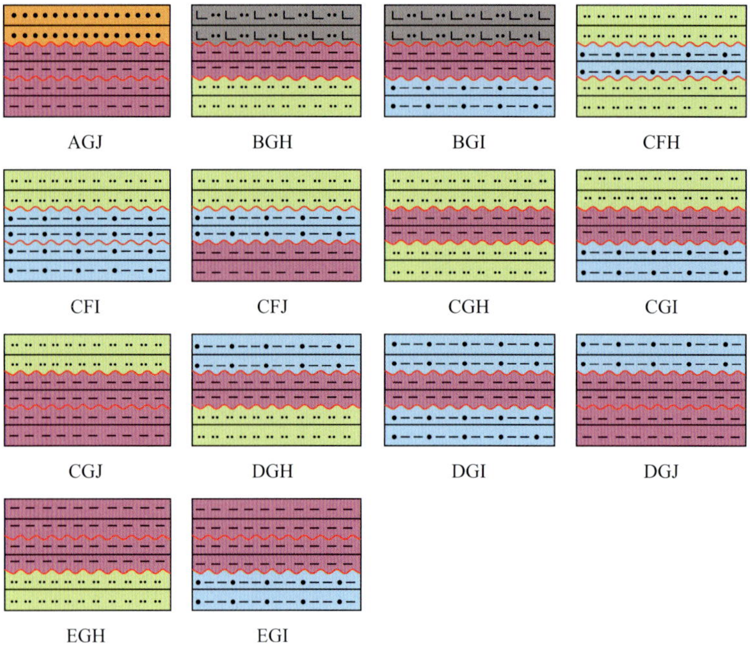

图 2-61　东营凹陷南坡孔店组顶部不整合纵向结构岩性对接关系图

同样，将不整合结构的岩性配置按照下层岩性进行划分(图 2-62)可知，在 14 种岩性对接关系中，以 CFH(粉砂岩-砂质泥岩-粉砂岩)、CGJ(粉砂岩-泥岩-泥岩)、CGH(粉砂岩-泥岩-粉砂岩)等类型发育最为广泛。

下层是风化淋滤带，以粉砂岩发育较多，砂质泥岩和泥岩次之，其中下层为粉砂岩多分布在研究区东部及中西部地区，下层为泥岩集中在研究区南、北两部，下层为砂质泥岩分布范围比较分散。风化淋滤带因受不整合的影响被半风化淋滤，使得岩石的孔渗性变好，可作为储层。从统计资料来看，该期不整合风化黏土层普遍发育，不整合结构体上层的水进砂体在区内最为发育，即上层岩性为粉砂岩最多。同样，砂质泥岩在区内也分布较广，细砂岩在区内分布面积最小，仅在官 111 井附近发育，钙质粉砂岩在官 122 井及王 664 井附近局部性构成结构体上层，泥岩主要集中在研究区的北部区域，分布在官 9 井、官 129 井的周围井区。

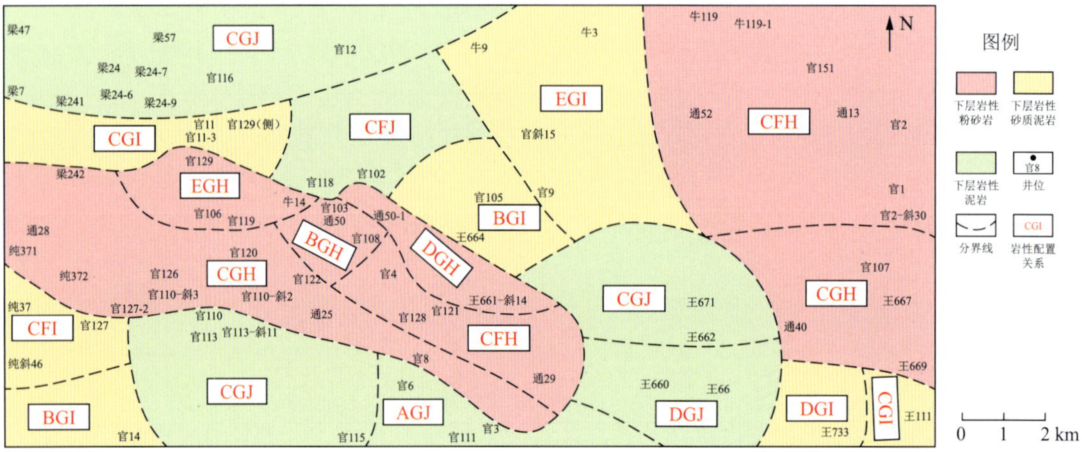

图 2-62　东营凹陷南坡孔店组顶部不整合结构岩性配置平面分布图

3）渤海湾盆地冀中坳陷

渤海湾盆地冀中坳陷前古近系顶部不整合发育 12 种结构模式，当风化黏土层发育时，常见的结构模式为 ADF，ADI，BDI 和 BDG 型，其次为 BDJ 和 BDK 型（仅见于晋 24 井和赵古 1 井附近）；当风化黏土层不发育时，可形成 AEI，AEK，BEI，CEI，CEF 和 BDH 型，常见的有 AEI，BEI，CEI 和 CEF 4 种类型（图 2-63）。其中，ADI 型主要分布在牛北斜坡、杨村斜坡、束鹿西斜坡、雁翎等地区；ADF 型主要分布在大城凸起和大厂凸起上；BDI 型主要分布在文安斜坡内带和饶阳凹陷河间、肃宁一带；BDG 型主要分布在任丘、河西务以及杨村斜坡外带；CEF 型主要分布在大厂凹陷和武清凹陷等洼槽；CEI 型较 CEF 型分布广，主要分布在饶阳、霸县、深县等凹陷的洼槽区；AEI 型主要分布在坳陷的凸起或低凸起上，如深泽低凸起、宁晋凸起；AEK 型仅在皇甫村的皇 2 井有发现；BEI 型主要分布在容城凸起上，局部在任 65 和泽 46 井附近也有分布（图 2-64）。

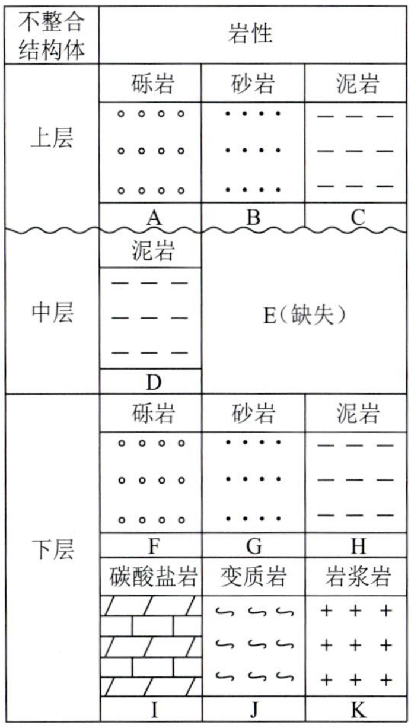

图 2-63　冀中坳陷不整合纵向结构模式图

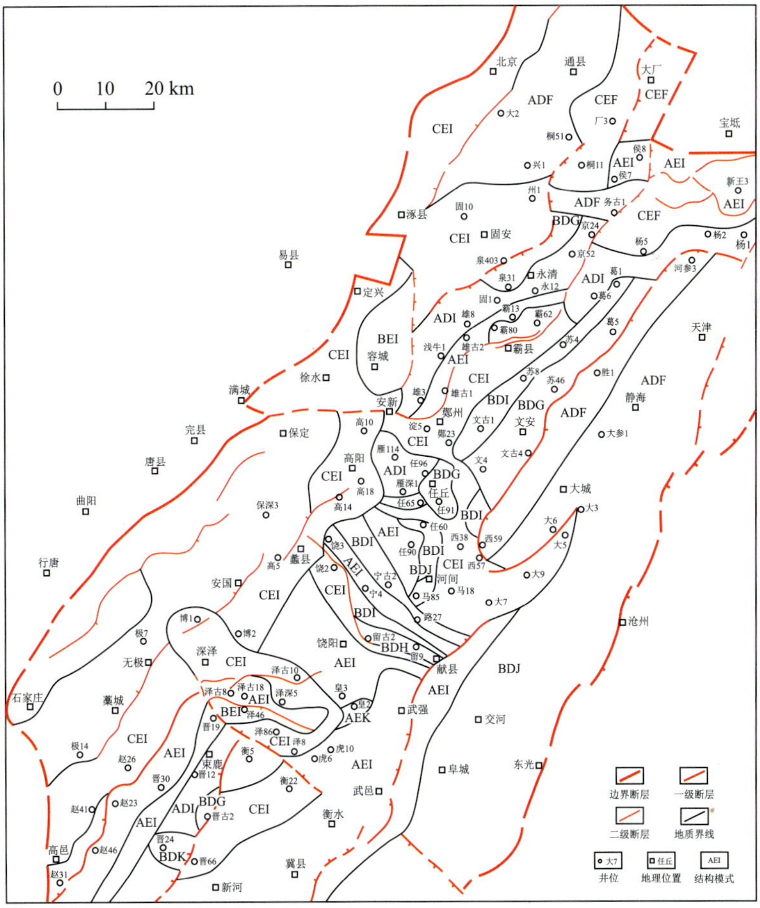

图 2-64　冀中坳陷不整合体结构模式平面分布图

2.4 不整合结构发育的主控因素

不整合结构体是不同时期、不同沉积环境和不同成岩作用等形成的岩层组合,因此其纵向结构的形成与原岩岩性、间断时间、古地形、古气候、上覆岩层沉积环境等因素密切相关。这些因素共同作用,控制了风化黏土层的发育状况,进而影响着风化淋滤带的改造程度,并最终决定了不整合结构的空间发育。

2.4.1 原岩岩性

岩性是不整合(风化壳)形成的物质基础。岩性不同,不整合结构会有较大差异。从目前的研究来看,裂缝的产生与岩性密切相关,发育数量多少的顺序是碳酸盐岩、火成岩、碎屑岩。其中,碳酸盐岩具有易溶蚀、性脆等特点。其暴露至地表时,会在浅层形成风化裂缝,为后期大气降水对岩层的溶蚀提供了有利条件。随着大气降水的淋滤作用,易溶的碳酸盐矿物不断流失,形成大量溶蚀孔、洞、缝。由于酸不溶物含量极低,形成 1 m 厚的风化黏土层需要消耗原岩十几米甚至几十米。溶蚀后留下的残余物质体积远小于原岩体积,而近地表被溶蚀作用拓宽的裂隙可以不断吸纳地表的风化碎屑物,导致表层"土壤丢失"。碎屑岩与之相比却有较大不同。由于碎屑岩在风化过程中易溶蚀成分少,残余组分含量很高,一般风化壳的形成过程为等体积变化甚至有体积膨胀的趋势。碎屑岩暴露至地表时,尽管也会在浅层形成许多风化裂缝,但规模远不如碳酸盐岩。由于裂隙很小,形成的风化黏土层很难发生向下漏失。而变质岩和火成岩致密且多不易溶蚀,其风化裂缝、溶孔(洞)的总体发育程度要弱于碳酸盐岩而强于碎屑岩,因此风化黏土层的形成与保存也基本上介于两者之间。例如,济阳坳陷基底顶部不整合,已发现的风化黏土层主要发育于石炭系—二叠系、中生界的碎屑岩中,不整合以形成三层结构为主(图 2-65);寒武系—奥陶系碳酸盐岩不整合中风化黏土层少见,但风化淋滤带厚度较

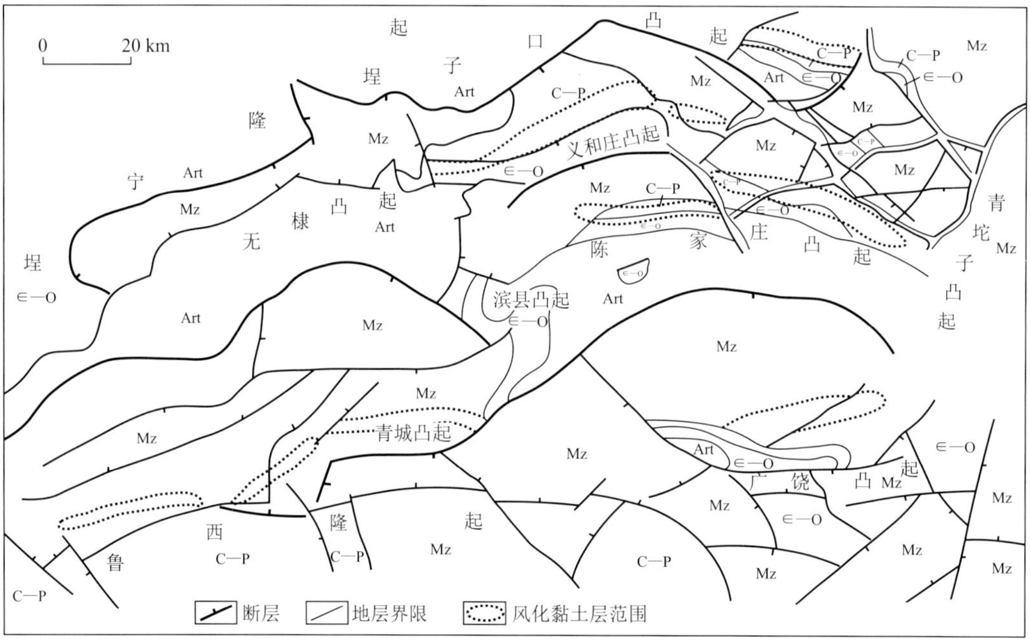

图 2-65 济阳坳陷基底地质图

大，并且在一定范围内风化淋滤带顶部经常被风化细碎屑物充填而形成致密“硬壳”，不整合以形成二层结构为主；而火成岩、变质岩风化壳中风化黏土层均不发育，风化淋滤带厚度相对于碳酸盐岩也小得多，不整合以形成二层结构为主。

2.4.2　间断时间

从某种意义上说，只要岩石发生风化，就会伴随风化淋滤带的形成，且间断时间越长，风化淋滤带厚度往往就会越大。但风化黏土层是否发育却需要一定的时间。一般认为，具有风化黏土层的不整合形成需要数十万年以上的漫长过程。当然，在特定物质(细粒松散层)、特定气候(潮湿)等条件下，风化黏土层形成的时间会变短。例如，赵景波等(2001)通过对中国黄土中风化壳的研究发现，黄土中古土壤发育过程仅 50～100 ka 左右就已转变成为厚 3～6 m 的风化壳。按照地层发育状况，济阳坳陷在沉积古近系之前，至少间断了十几个百万年。就时间而言，形成风化黏土层应该并不成问题，只是时间长短可能会对风化黏土层特征有一定影响。例如，该区发现的风化黏土层中，杂色泥岩多位于中生界风化壳顶部，而铝土质泥岩则主要发育于石炭系—二叠系风化壳顶部，反映出风化时间长短对风化成土阶段的影响。初步推测一个重要原因可能是中生界靠近洼陷，暴露时间相对较短，尚未进入风化成土最终阶段，就已沉积了古近系，阻止了风化作用的继续；而石炭系—二叠系靠近凸起高部位，暴露时间较长，风化作用相对更彻底。

2.4.3　古气候

对于同一种岩石而言，潮湿气候相对于干旱气候条件，风化黏土层更有利于发育。例如，济阳坳陷古近纪—新近纪期间，总体经历了干旱—潮湿—干旱气候变化。从各洼陷至斜坡再到凸起，古近系对前古近系层层超覆，意味着不同构造部位前古近系风化所经历的气候条件会有较大差异。洼陷部位前古近系暴露期间主要为干旱气候，风化壳中的风化黏土层不太发育，风化淋滤带厚度不大；斜坡部位前古近系暴露早期主要为干旱气候，晚期则主要为潮湿气候，这种气候条件总体上有利于风化黏土层的发育，但由于风化黏土层的存在在一定程度上抑制了下伏地层的风化淋滤作用，风化淋滤带厚度并不大；凸起部位前古近系暴露期间经历了相对比较完整的干旱—潮湿—干旱气候变化，该气候条件下形成的风化黏土层往往经历较为复杂的变化，由于所处构造部位较高，后期随着气候趋向干旱，植被大幅度减少，颗粒粒度很细的风化黏土层容易遭受侵蚀而变薄甚至缺失，而风化淋滤带受淋滤作用明显，厚度较大。

2.4.4　古地形

古地形对不整合发育的影响主要来自三方面。首先，是古地形的高低。地形高，地下水位则相对低，物理风化作用明显，同时侵蚀作用相对强烈。因此，风化作用形成的一些细碎屑较难保留在原地，风化黏土层难以形成。其次，是古地形的陡缓。一般来说，较陡的地形由于水流较强，植被较少，其风化作用偏向物理风化，风化下来的碎屑物质很难保存；而较缓的地形土壤容易保存，植被发育，化学风化作用、生物风化作用较强，风化形成的一些细碎屑物质容易残留在原地。因此，在地形较缓的部位更易形成风化黏土层，而地形较陡的部位一般只发育风化淋滤带。第三，是古地形的起伏。在地形起伏较大的地区易形成沟谷，而山区沟谷中水流一般下切侵蚀强烈。因此，在沟谷存在的部位，基本不发育风化黏土层；或即使曾经有，也多被侵蚀，只留下厚度不大的风化淋滤带。例如，渤海湾盆地济阳坳陷义和庄凸起北坡义古 34 井存在一近南北向、宽约 3 km、深约 50 m 的古冲沟，其周围存在风化黏土层，而古冲沟处却不发育（图 2-66）。

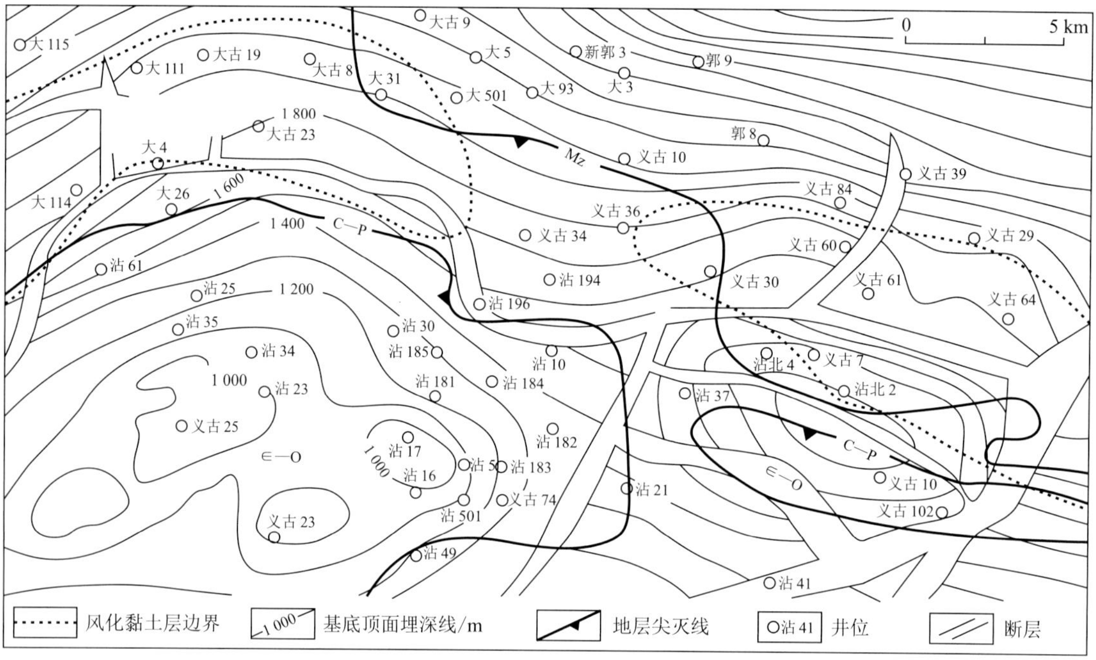

图 2-66　济阳坳陷义和庄凸起基底顶部不整合风化黏土层分布

2.4.5　上覆岩层沉积环境

上覆岩层不同沉积环境反映了不同的水动力条件，而水动力的强弱直接关系到下伏岩层风化壳的最终发育状态。当上覆岩层沉积环境为河道或其他水动力较强的环境时，其下伏岩层风化壳往往会遭受明显的侵蚀；而当上覆岩层沉积环境水动力较弱时，其下伏岩层风化壳侵蚀程度则不明显。就水动力强弱对下伏岩层侵蚀程度而言，各种主要岩相顺序依次为：冲积相砂砾岩＞湖相砂岩、生物灰岩＞冲积相泥岩＞湖相泥岩。因此，分析一个地区风化壳发育状况时，在充分考虑风化壳形成机制的基础上，还要注意研究上覆岩层沉积相。例如，对于济阳坳陷王庄地区郑 362、郑 363、郑 606 等 3 口井中的基底风化壳，其中均缺少风化黏土层，不整合面上下地层、原岩岩性、不整合结构等基本一致，但由于上覆岩层岩相差别较大，反映出上覆岩层沉积时水动力强弱对下伏岩层的侵蚀程度不同，使得风化淋滤带特点差异明显（表 2-7）。

表 2-7　济阳坳陷王庄地区部分井基底风化壳特点

井　号	不整合面上下地层	上覆岩层岩相	原岩岩性	半风化岩石层特点	风化壳被剥蚀程度
郑 362	Es_1/Anz	滨浅湖泥岩	片麻岩	疏　松	弱
郑 606	Es_1/Anz	滨浅湖砂岩	片麻岩	较疏松	中　等
郑 363	Es_1/Anz	冲积相细砾岩	片麻岩	致　密	强　烈

不整合纵向结构的最终发育状况实质上是上述多种主控因素共同作用的结果，如济阳坳陷前古近系顶部不整合结构空间发育模式（图 2-67）。在凸起部位，前古近系主要为太古宇的片麻岩、寒武系—奥陶系的碳酸盐岩，上覆岩层多为新近系的河流相砂、砾岩。在这样的条件

下，风化黏土层很难发育，但风化淋滤带厚度却往往较大，不整合以形成二层结构为主。在斜坡中上部，前古近系主要为石炭系—二叠系的碎屑岩，局部有寒武系—奥陶系的碳酸盐岩，上覆岩层多为古近纪中晚期地层的滨浅湖沉积。在古地形比较平缓且无古冲沟的地区，非常有利于风化黏土层的发育，不整合以形成三层结构为主。但是，由于风化黏土层的存在往往会一定程度上抑制其下伏岩层的风化作用强度，因而风化淋滤带厚度较凸起部位要小得多。在斜坡下部和洼陷部位，前古近系主要为石炭系—二叠系的碎屑岩、中生界的碎屑岩及少量火成岩，上覆岩层主要为古近纪早期地层。由于风化时间较短，气候偏干旱，前古近系岩石风化程度较弱，此区风化黏土层不太发育，同时风化淋滤带厚度不大，不整合以形成二层结构为主。

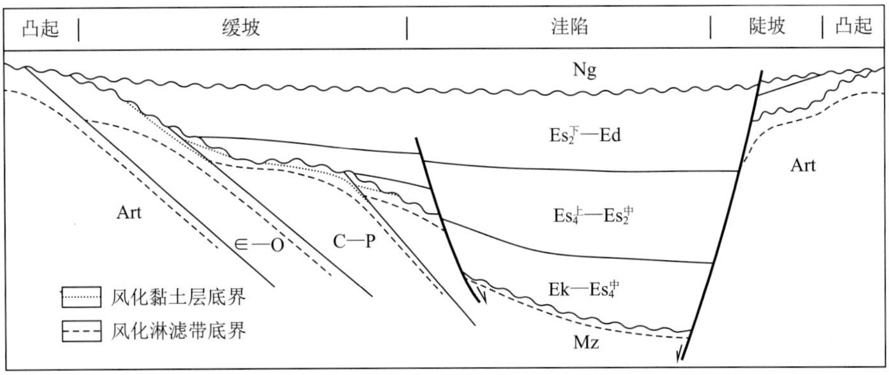

图 2-67　济阳坳陷前古近系顶部不整合结构空间发育模式图

第 3 章　不整合结构中层成分特征及识别标志

3.1　不整合结构中层成分特征

不整合结构中层(风化黏土层)属特殊类型的一种岩石，在岩性与物质组成上均表现出特有的性质。

3.1.1　结构中层岩性特征

通过对我国东、西部含油气盆地发育的不整合进行野外和岩芯观察，发现不整合结构中层(风化黏土层)与地层中的泥岩具有明显差异，颜色多为褐红色或银灰色，且无层理构造(图 3-1)。利用此原理，在野外踏勘时，针对各研究区内不整合出露地区观察不整合存在的标志，如有无底砾岩、风化壳、岩溶面等，并通过进一步判断不整合类型，可确定风化黏土层是否发育，从宏观上识别风化黏土层。

(a) 野外露头

(b) 钻井岩芯

图 3-1　不整合风化黏土层在露头与岩芯上的特征(a 为风化黏土层)

3.1.2　结构中层成分特征

对准噶尔盆地、塔里木盆地和渤海湾盆地三大含油气盆地覆盖区岩芯及周缘野外露头取样，通过主、微量元素分析，X 射线衍射全岩分析等技术，分析风化黏土层的物质组成。

1) 矿物组成特征

三大盆地针对不整合风化黏土层共取露头样品 15 块，按照母岩岩性进行分区对比，测试结果显示不同母岩形成的风化黏土层，各矿物含量差别不甚明显(表 3-1)。就黏土矿物含量而言，火山岩区含量较高，平均值为 49.1%，碳酸盐岩区次之，碎屑岩区最少，为 38.1%；从黏土矿物构成看，火山岩区绿泥石、伊利石较高，碳酸盐岩区高岭石较高。碎屑岩区的石英含量较高，平均含量为 20.8%，而火山岩区的长石以 39.0%的含量相对较高(图 3-2)。

表 3-1　不同母岩风化黏土层矿物组成表

母岩	编号	层位	矿物含量/%								
			石英	高岭石	伊利石	绿泥石	钠长石	正长石	白云母	锐钛矿	赤铁矿
碳酸盐岩	T005	$O_{1-2}y$—S_1k	22.58	2.84	16.17	14.61	30.70	8.97	4.14	—	—
	T006	$\in_1y$—$\in_1x$	4.31	12.51	11.61	8.77	42.08	15.69	5.02	—	—
	Q004	O_2m—C_2b	5.04	10.93	15.85	31.25	19.66	7.86	9.42	—	—
	Q005	O_2m—C_2b	4.86	16.06	16.44	25.28	19.90	6.40	11.07	—	—
火山岩	Q001	γ_2—Qnl	7.68	4.64	15.79	24.36	27.72	10.72	9.09	—	—
	Q002	γ_2—Qnl	2.04	5.09	17.27	18.90	31.25	14.07	11.37	—	—
	Q003	γ_2—Qnl	1.73	8.13	16.98	17.05	30.71	15.07	10.34	—	—
	Z002	C—P	2.12	6.95	22.38	26.20	26.24	10.59	4.91	0.62	—
	Z003	C—P	2.81	6.99	21.64	32.90	17.88	10.87	6.92	—	—
碎屑岩	Z001	C—J	18.81	4.63	19.79	15.76	27.34	8.45	4.65	0.57	—
	Z004	C—J	17.25	7.26	9.88	19.48	32.34	5.48	7.85	0.47	—
	Z005	J—K	12.13	7.26	8.01	30.81	20.35	8.68	4.47	—	8.30
	Z006	J—K	11.55	6.77	10.10	30.14	20.30	8.59	4.91	—	7.64
	Z007	J—K	7.15	9.02	9.74	27.28	23.11	8.83	4.55	—	10.32
	T008	S_2y—C_2s	58.17	3.14	4.16	5.48	9.85	4.22	14.99	—	—

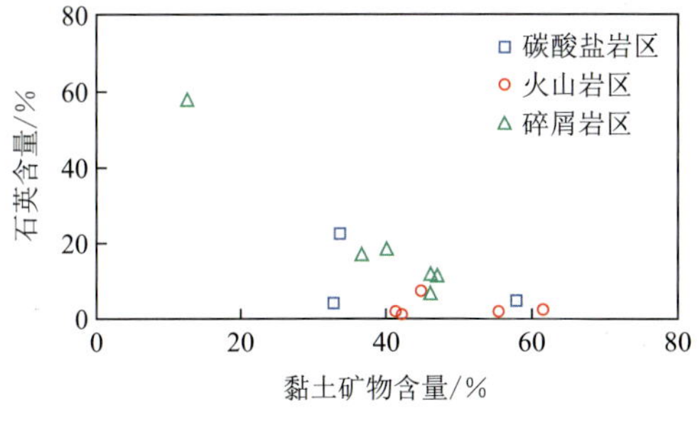

(a) 露头风化黏土层的黏土矿物与石英分布

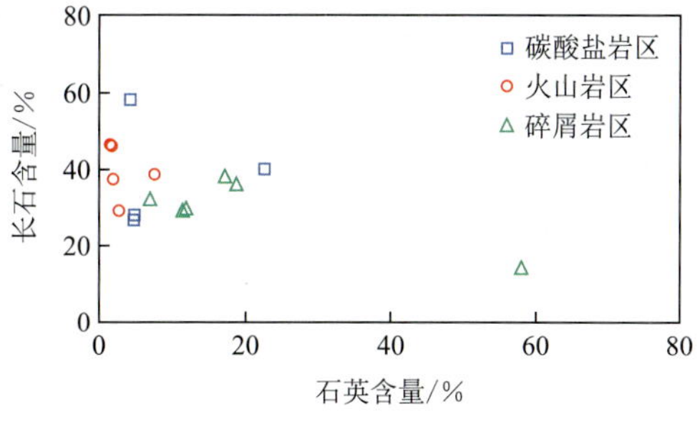

(b) 露头风化黏土层的石英与长石分布

图 3-2　不同母岩风化黏土层的石英、黏土矿物、长石对比图

同时，为了揭示风化黏土层(不整合结构中层)与半风化岩石(不整合结构下层)之间的成分差异，针对塔里木盆地古生界出露的多个典型不整合剖面，除选取风化黏土样品外，还选取了 6 块半风化岩石(风化淋滤带)样品进行成分分析(表 3-2)，用以探究两者成分上的差异，为建立风化黏土层地化识别标志服务。T001～T004 为半风化灰岩，矿物组分以高方解石含量为特征。前文(见表 3-1)T005 为该组与上覆志留系柯坪塔格组不整合接触的风化黏土层样品，黏土矿物含量超 30%，以伊利石和绿泥石为主，高岭石含量较少，石英、长石含量相对较高。T006 风化黏土层样品与取自结构下层的半风化白云岩样品 T007 相比，表现出高黏土矿物、高长石，无白云石，石英及白云母略高的特征。T008 风化黏土属于志留系依木干他乌组与

石炭系四石厂组的不整合接触，将其与不远处的不整合下层半风化泥岩 T009 相对比，风化黏土层的石英和黏土矿物含量为 70%左右，半风化泥岩中二者含量在 60%左右，稍低于风化黏土层，但从长石含量来看，半风化泥岩中正长石及钠长石含量之和近 30%，而风化黏土层中的长石含量仅 14%。通过将这些特征进一步反映在矿物分布对比图上(图 3-3)，可以看出，半风化泥岩与风化黏土层成分具有一定相似性，但半风化碳酸盐岩类与风化黏土层相比，则具有明显的分区特点，即从半风化岩石层向风化黏土层过渡，稳定矿物含量增加，以石英、黏土矿物等表现显著，不稳定矿物如长石、方解石等含量降低。

表 3-2　塔里木盆地古生界不整合下层半风化岩石样品矿物组成表

编　号	层　位	岩　性	矿物含量/%								
			石　英	高岭石	伊利石	斜绿泥石	钠长石	正长石	白云母	方解石	白云石
T001	$O_{1-2}y$	灰　岩	0.69	2.27	—	—	10.35	7.49	8.46	69.15	1.60
T002	$O_{1-2}y$	灰　岩	0.58	1.20	—	—	6.38	7.16	6.96	77.67	0.06
T003	$O_{1-2}y$	灰　岩	0.26	1.83	—	—	5.07	4.28	4.43	83.68	0.45
T004	$O_{1-2}y$	灰　岩	0.29	1.56	—	—	3.95	6.00	4.82	83.32	0.06
T007	$\in_1 y$	白云岩	3.63	2.72	—	—	10.01	5.59	2.41	2.06	73.58
T009	S_2y	泥　岩	37.95	6.85	4.58	15.02	20.89	8.50	6.21	—	—

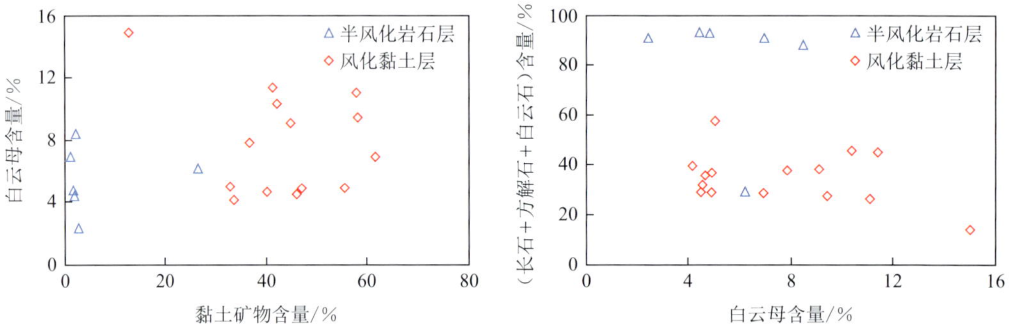

(a) 黏土矿物与白云母分布图　(b) 白云母与长石+方解石+白云石分布图

图 3-3　风化黏土层与半风化岩石层矿物对比图

另外，风化黏土层与普通泥岩在岩性上均归属于泥质岩，但是风化黏土层形成于水上环境，与泥岩在形成环境上有本质区别。研究中所用的风化黏土层样品来自渤海湾盆地东营凹陷南坡钻井岩芯，普通泥岩数据则来自渤海湾盆地东营南坡及北部湾盆地乌石凹陷岩芯样品(表 3-3)。对比表明，与泥岩比较，风化黏土层中抗风化能力强的 O，Al，Fe，Ti 等元素及其氧化物 Al_2O_3，Fe_2O_3 具有较高含量；而抗风化能力弱的碱金属元素 Na，Mg，K 等含量较低；风化黏土层不含或少含 Ca，而普通泥岩中常含有较高的 Ca(图 3-4)。

表 3-3　渤海湾盆地东营凹陷南坡新生界普通泥岩矿物组成表

编　号	层　位	岩　性	矿物含量/%										
			黏土矿物	石　英	钾长石	斜长石	方解石	白云石	铁白云石	菱铁矿	针铁矿	锐钛矿	辉　石
D001	Ng	风化黏土	77	17	—	—	—	—	—	—	—	—	—
D002	Ng	风化黏土	26	22	2	—	—	—	50	—	—	—	—

续表

编号	层位	岩性	矿物含量/%										
			黏土矿物	石英	钾长石	斜长石	方解石	白云石	铁白云石	菱铁矿	针铁矿	锐钛矿	辉石
D003	Es_4	风化黏土	60	24	0	10	—	—	—	—	4	2	—
D004	Ek	风化黏土	11	7	14	56	—	—	—	—	—	—	12
D005	Es_4	风化黏土	67	21	4	8	—	—	—	—	—	—	—
D006	Es_3	风化黏土	45	45	9	—	—	—	1	—	—	—	—
D007	Ng	含砾泥岩	37	23	3	—	37	—	—	—	—	—	—
D008	Ng	钙质泥岩	8	14	4	—	73	—	—	1	—	—	—
D009	Ng	钙质泥岩	3	8	1	—	87	1	—	—	—	—	—
D010	O	黄褐色泥岩	7	8	6	—	78	—	1	—	—	—	—
D011	Es_4	钙质泥岩	18	13	2	—	64	—	—	—	2	1	—

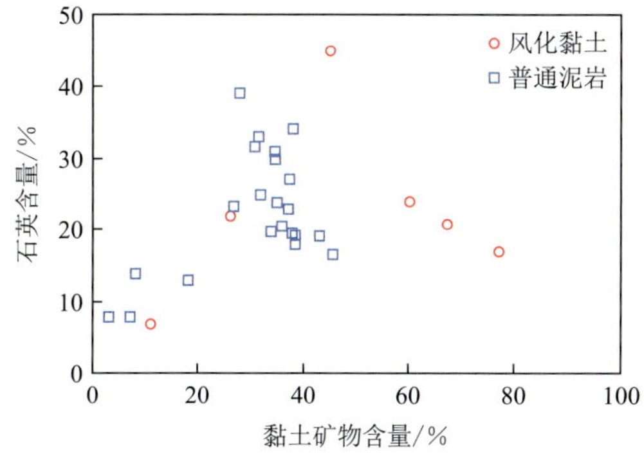

(a) 风化黏土与普通泥岩中的黏土矿物与石英分布

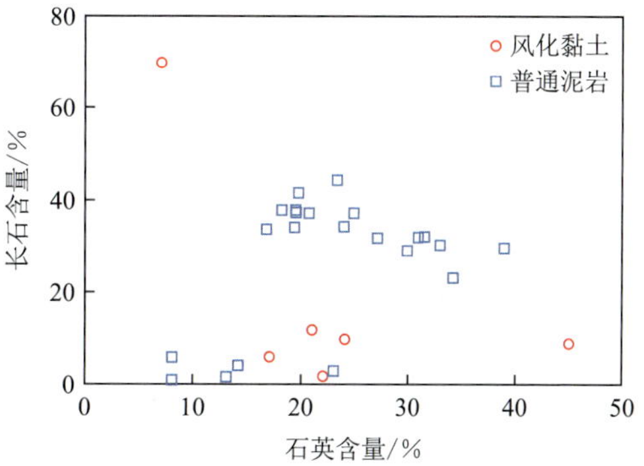

(b) 风化黏土与普通泥岩中的石英与长石分布

图 3-4　岩芯风化黏土与普通泥岩中的石英、黏土矿物、长石对比图

2) 常量元素组成特征

矿物的风化稳定性是由其化学成分的化学活泼性所决定的,不同的元素其迁移能力可以相差甚至上千倍,风化壳中的物质主要是由风化壳基底中相对不溶部分聚集和变性所组成,从化学上来说,风化物质的主要成分为硅、铁和铝的氧化物(黄建红等,2016)。风化黏土层中元素富集和淋失率远高于普通岩石,略高于半风化岩石(向立宏等,2009)。

为了揭示风化黏土层的元素地球化学特征,本次研究完成了塔里木盆地古生界典型不整合露头 15 块样品的主、微量元素测试(表 3-4、表 3-5)。受实验样品取自古生界多期不整合的因素影响,当将它们全部投射到一起进行对比时(图 3-5a、图 3-5b、图 3-5d),部分元素的特征响应不是很明显,但仍然可以看出无论与上层还是下层对比,风化黏土层在部分主量元素的分布上均具有不同于二者的特征:Al,Fe,Si,Ti 等稳定元素相对富集,不稳定元素则以 Ca 的流失最为显著。此外,为了探究泥岩与风化黏土间的元素地球化学行为差异,针对 4 块风化黏土与 1 块半风化黏土特别进行了对比(图 3-5c),受母岩性质影响,4 块风化黏土之间也具有不同的元素表现,如来自碳酸盐岩区的 U008,其 CaO 含量达 20%以上,明显高于其他样品。U011 风化黏土与 U012 半风化泥岩来自同一套不整合结构,将二者的主量元素氧化物进行求和运算,并求解了 Si,Al,Fe 三种氧化物之和在其中的占比情况。计算得出,U012 三元素总计占比 0.86,而在 U011 中,三者的占比达到了 0.96,其中以 SiO_2 含量变化最为显著,U012 中 SiO_2 在氧化物中占比 0.65，明显低于 U011 主量元素氧化物中占比 0.91 的 SiO_2。

表 3-4 塔里木盆地古生界不整合露头样品主量元素检测项目及结果

不整合结构	编号	X衍射编号	层位	岩性	主量元素含量/%									
					Fe_2O_3	K_2O	MgO	Na_2O	Al_2O_3	CaO	SiO_2	MnO	P_2O_5	TiO_2
上层	U001	—	S_1k	砂岩	2.39	1.96	0.64	0.39	6.67	17.05	53.67	0.15	0.19	0.31
中层	U002	T005	$O_{1-2}y—S_1k$	风化黏土	8.99	2.93	2.26	1.56	12.71	1.01	62.11	0.063	0.14	0.65
下层	U003	T001	$O_{1-2}y$	灰岩	1.01	0.01	0.47	0.01	0.10	54.50	1.31	0.12	0.019	0.01
下层	U004	T002	$O_{1-2}y$	灰岩	0.22	0.01	0.11	0.024	0.10	55.18	1.14	0.052	0.024	0.01
下层	U005	T003	$O_{1-2}y$	灰岩	0.075	0.01	0.10	0.01	0.10	55.50	1.33	0.063	0.024	0.01
下层	U006	T004	$O_{1-2}y$	灰岩	0.44	0.025	0.12	0.028	0.10	54.77	1.53	0.043	0.036	0.01
中层	U008	T006	$\in_1y—\in_1x$	风化黏土	2.13	0.86	13.84	0.44	3.15	25.23	15.93	0.062	1.0	0.13
上层	U010	—	C_2s	砾岩	0.86	0.17	0.20	0.37	6.19	0.16	87.81	0.018	0.12	0.08
中层	U011	T008	$S_2y—C_2s$	风化黏土	1.18	0.36	0.32	0.26	3.54	2.65	87.27	0.028	0.13	0.19
下层	U012	T009	S_2y	泥岩	6.12	2.66	1.57	0.16	13.31	6.75	58.38	0.15	0.2	0.69
中层	U014	—	$O_{1-2}y—O_2y$	风化黏土	8.67	1.78	1.72	1.27	8.14	10.57	52.21	0.21	7.1	0.40
下层	U015	—	$O_{1-2}y$	灰岩	0.084	0.077	0.30	0.01	0.10	53.20	4.05	0.01	0.032	0.013
下层	U016	—	Z_1s	灰岩	4.86	0.48	0.62	0.22	0.86	46.99	6.65	0.21	0.27	0.13
下层	U017	—	Z_2q	灰岩	0.86	0.11	12.45	0.17	0.26	38.03	2.96	0.26	0.041	0.023
上层	U018	—	Z_2q	砂岩	7.63	5.74	1.75	0.76	10.73	4.99	59.99	0.04	0.28	2.41

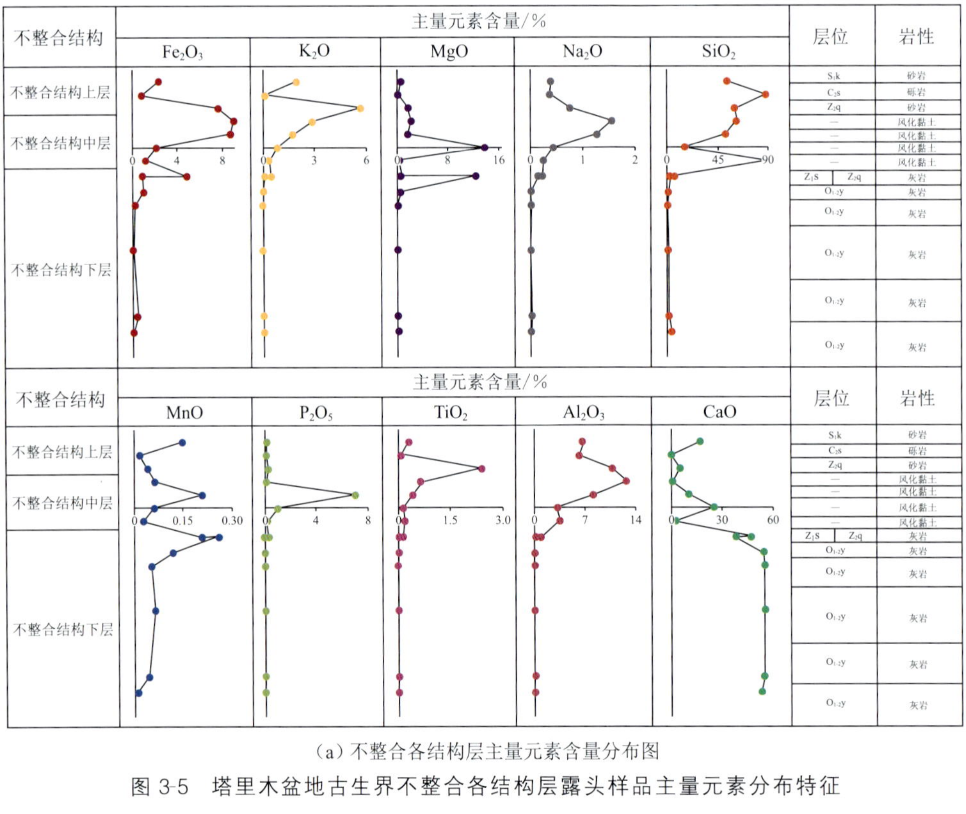

(a) 不整合各结构层主量元素含量分布图

图 3-5 塔里木盆地古生界不整合各结构层露头样品主量元素分布特征

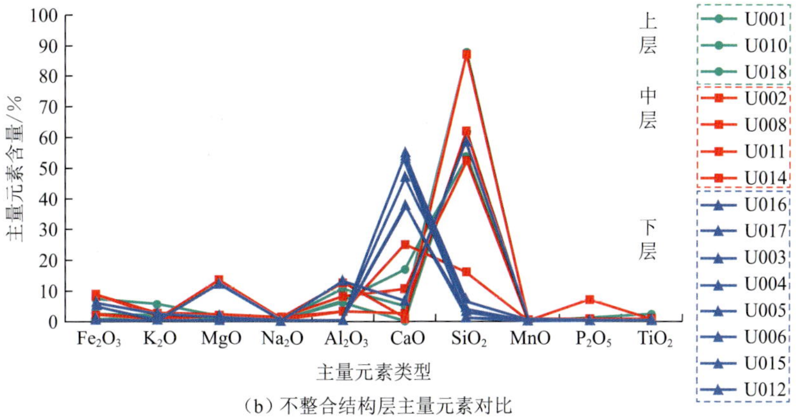

(b) 不整合结构层主量元素对比

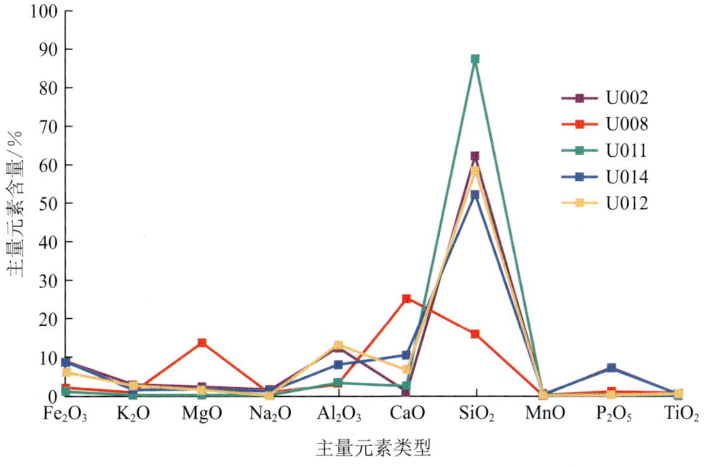

(c) 风化黏土与半风化泥岩主量元素对比

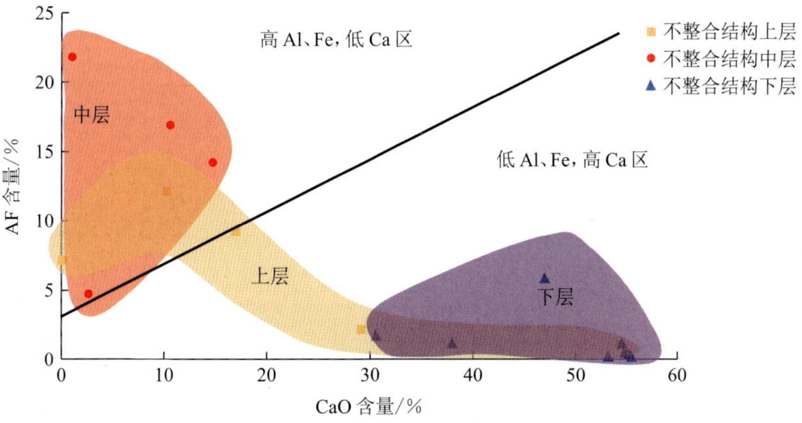

(d) 不整合结构层主量元素对比图

图 3-5(续)　塔里木盆地古生界不整合各结构层露头样品主量元素分布特征

3）微量元素组成特征

岩石中微量元素种类众多，并不是每种都能有效反映不整合结构层间的差异。经微量元素的分析对比后，选出包括 Ti，Mn，Zn，Rb，Sr 等在内的 11 种特征微量元素，对其含量在不整合结构层上的含量变化进行分析。Rb 通常赋存在硅酸盐组分中，性质较稳定，Sr 主要赋存在碳酸盐组分中，性质较为活泼，二者的比值变化可以同来反映环境。具体表现为：在潮湿环境下，Sr 的淋失程度大，Rb/Sr 比值高；在干旱环境下，Rb/Sr 比值较低（陈旸等，2003）。本次便借助 Rb/Sr 比这一参数，来做沉积环境的对比。稀土元素的含量在不整合各结构层微量元素的整体占比很小，但将轻、重稀土元素单独拿出来作对比时，二者在各结构层，尤其风化壳上，具有显著的分异现象，因此本次也专门针对稀土元素的含量展开了研究工作。

首先，图 3-6a 展示了 U001～U006 不整合各结构层特征微量元素含量分布图。其中，Ti 元素在半风化灰岩中的含量为 $15.1\times10^{-6}\sim54.2\times10^{-6}$，而在风化黏土层中的含量达到了 $3\ 613\times10^{-6}$，二者之间的差异达几百倍；对比 Zn 元素在不整合各结构层中的含量，也可发现明显差异，风化黏土层中含量为 313×10^{-6}，下层半风化灰岩中 Zn 元素含量分布在 $0.54\times10^{-6}\sim17.4\times10^{-6}$，而上层的水进砂体中，其含量为 39×10^{-6}；此外，风化黏土层还展现出了高 Rb 含量的特征。在挑选出的 11 种特征微量元素中，Mn 元素含量的行为变化与另外 10 种是有较明显差异的，数据显示，在风化黏土层中，Mn 元素含量为 391×10^{-6}，在半风化灰岩中 Mn 元素含量是 $450\times10^{-6}\sim1\ 265\times10^{-6}$，而上层水进砂体中 Mn 的含量也可达到了 $1\ 047\times10^{-6}$，可见 Mn 元素在风化黏土层中的含量属低值区。这些元素在本次研究所取的另外几组不整合结构层中均展现出相似的行为特征，可见风化黏土层确实具有高 Rb、高 Ti、高 Zn、低 Mn 含量的特征（图 3-6b、图 3-6c），从而这些特征就可以很好地作为风化黏土层成分识别的标志。

前人研究表明，随着风化程度的增强，重稀土的淋失速率相对大于轻稀土，导致 LREE/HREE 的比值增大。受风化黏土层底部碱性障影响，阳离子的稀土、微量元素容易沉淀，被黏土吸附而富集（王世杰等，2001；李艳丽等，2004）。结合表 3-5 数据进行分析，风化黏土中 LREE 含量分布在 $75.36\times10^{-6}\sim647.14\times10^{-6}$，计算可得其平均含量为 219.588×10^{-6}；而半风化岩石的 LREE 为 $3.106\times10^{-6}\sim146.68\times10^{-6}$，均值为 32.689×10^{-6}；水进砂体（底砾岩）中 LREE 为 $21.68\times10^{-6}\sim134.8\times10^{-6}$，均值为 50.64×10^{-6}，可见在风化黏土层中轻稀土有明显富集。

表 3-5 塔里木盆地古生界不整合露头样品稀土元素含量及计算结果（10^{-6}）

不整合结构	编号	层位	稀土元素含量/（$\times10^{-6}$）								
			La	Ce	Pr	Nd	Sm	Eu	Gd	Tb	Dy
上层	U001	S_1k	34.7	58.3	7.34	27.9	5.65	0.91	5.75	0.83	4.67
中层	U002	$O_{1\text{-}2}y$—S_1k	24.9	35.2	3.56	11.7	1.99	0.35	1.97	0.31	2.08
下层	U003	$O_{1\text{-}2}y$	2.78	4	0.48	1.83	0.37	0.11	0.48	0.071	0.42
下层	U004	$O_{1\text{-}2}y$	1.13	1.8	0.20	0.82	0.20	0.064	0.30	0.049	0.30
下层	U005	$O_{1\text{-}2}y$	0.9	1.33	0.14	0.57	0.13	0.036	0.18	0.027	0.17
下层	U006	$O_{1\text{-}2}y$	1.79	3.16	0.37	1.39	0.29	0.095	0.35	0.052	0.29
上层	U007	$\in_1x$	5.69	10.5	1.22	4.65	0.86	0.18	0.90	0.13	0.77
中层	U008	$\in_1y$—$\in_1x$	23.6	35.1	3.78	13.1	2.15	0.42	2.22	0.29	1.58
下层	U009	$\in_1y$	10.5	21.1	2.34	9.5	1.89	0.23	2.00	0.27	1.47
上层	U010	C_2s	6.59	10.1	1.18	4.02	0.83	0.26	1.10	0.17	1.05
中层	U011	S_2y—C_2s	18.2	32.1	4.28	16.9	3.19	0.69	2.84	0.37	1.98
下层	U012	S_2y	36.5	66	7.85	29.4	5.81	1.12	5.57	0.8	4.66
上层	U013	O_2y	6.6	6.91	1.38	5.5	1.06	0.23	0.99	0.15	0.86

续表

不整合结构	编　号	层　位	稀土元素含量/($\times10^{-6}$)								
			La	Ce	Pr	Nd	Sm	Eu	Gd	Tb	Dy
中　层	U014	$O_{1-2}y$—O_2y	184	298	30.5	109	18.5	7.14	21.6	2.85	15.8
下　层	U015	$O_{1-2}y$	3.49	4.99	0.7	2.77	0.54	0.11	0.56	0.086	0.46

不整合结构	编　号	层　位	稀土元素含量/($\times10^{-6}$)								
			Ho	Er	Tm	Yb	Lu	LREE	HREE	REE	LREE/HREE
上　层	U001	S_1k	0.9	2.60	0.390	2.48	0.360	134.8	17.980	152.78	7.497
中　层	U002	$O_{1-2}y$—S_1k	0.49	1.79	0.320	2.25	0.350	77.7	9.560	87.26	8.128
下　层	U003	$O_{1-2}y$	0.087	0.25	0.033	0.2	0.028	9.57	1.569	11.139	6.099
下　层	U004	$O_{1-2}y$	0.06	0.16	0.026	0.13	0.020	4.214	1.045	5.259	4.033
下　层	U005	$O_{1-2}y$	0.034	0.11	0.016	0.086	0.015	3.106	0.638	3.744	4.868
下　层	U006	$O_{1-2}y$	0.057	0.18	0.026	0.15	0.021	7.095	1.126	8.221	6.301
上　层	U007	$\in_1x$	0.16	0.50	0.073	0.45	0.063	23.1	3.046	26.146	7.584
中　层	U008	$\in_1y$—$\in_1x$	0.32	0.95	0.150	0.95	0.130	78.15	6.590	84.74	11.859
下　层	U009	$\in_1y$	0.3	0.84	0.120	0.76	0.110	45.56	5.870	51.43	7.761
上　层	U010	C_2s	0.19	0.59	0.091	0.6	0.086	22.98	3.877	26.857	5.927
中　层	U011	S_2y—C_2s	0.38	1.08	0.160	1.02	0.150	75.36	7.980	83.34	9.444
下　层	U012	S_2y	0.94	2.80	0.430	2.82	0.420	146.6	18.440	165.12	7.954
上　层	U013	O_2y	0.18	0.54	0.087	0.54	0.085	21.68	3.432	25.112	6.317
中　层	U014	$O_{1-2}y$—O_2y	2.98	7.81	0.950	5.15	0.690	647.1	57.830	704.97	11.190
下　层	U015	$O_{1-2}y$	0.098	0.29	0.042	0.27	0.037	12.6	1.843	14.443	6.837

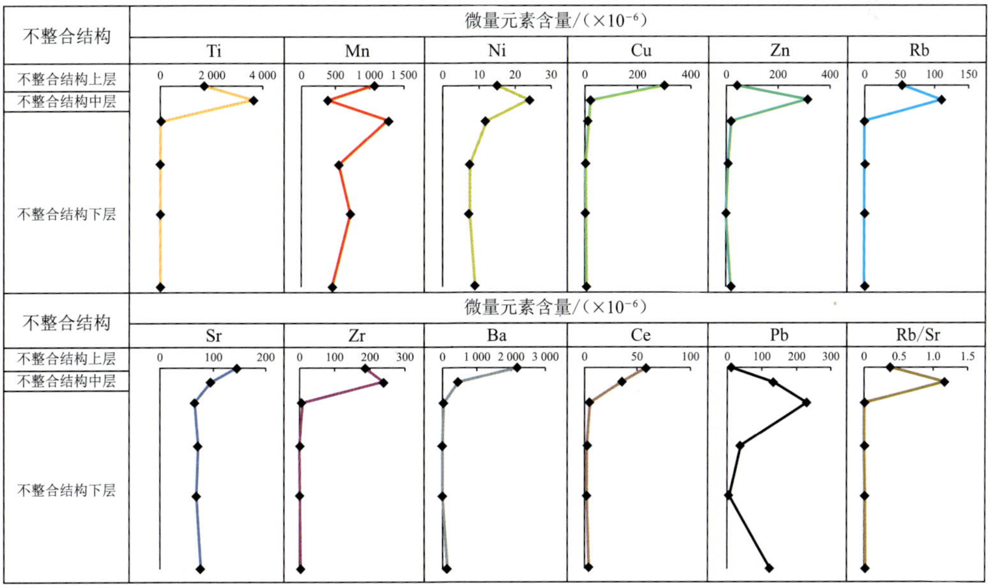

(a) 不整合各结构层微量元素含量分布图

图 3-6　塔里木盆地古生界不整合各结构层露头样品微量元素分布特征

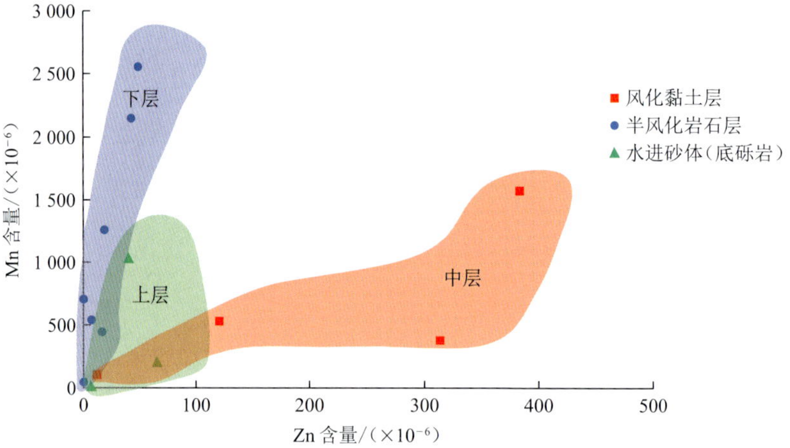

(b) 不整合结构层 Zn-Mn 含量散点图

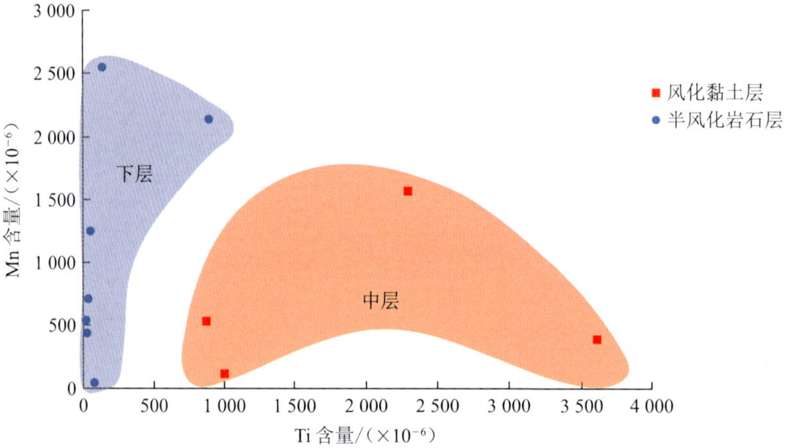

(c) 不整合结构中层与下层 Ti-Mn 含量散点图

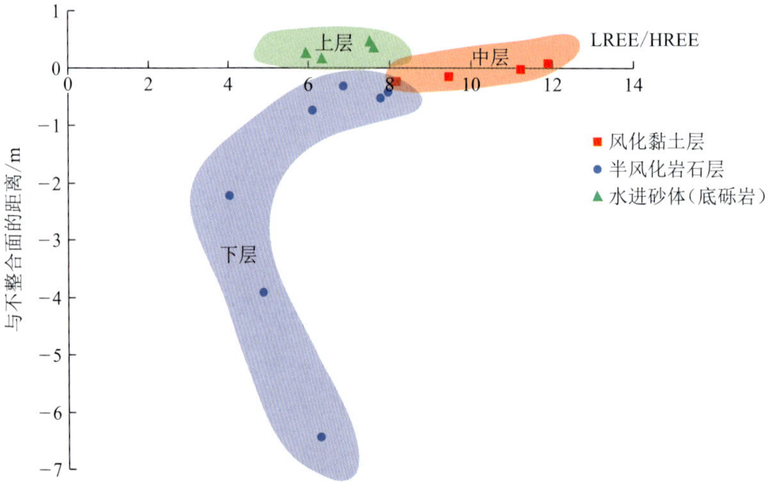

(d) 不整合结构层 LREE/HREE 分布

图 3-6(续) 塔里木盆地古生界不整合各结构层露头样品微量元素分布特征

同样地,在重稀土的分布上,风化黏土层中 HREE 为 $6.59\times10^{-6}\sim57.83\times10^{-6}$,均值为 20.49×10^{-6},半风化岩石层中 HREE 的均值为 4.362×10^{-6},水进砂体(底砾岩)的 HREE 平

均为 7.084×10^{-6}，显然重稀土也同样在风化黏土层中相对富集。风化黏土层与半风化岩石层相比，存在有机质含量增加的现象，那么黏土中有机质的存在有助于提高对微量元素、稀土元素的吸附作用，同时，黏土层底部铁的氧化物的存在也同样会导致微量元素和稀土元素的富集(杨瑞东，2008)。

进一步将 LREE/HREE 投射在坐标轴上(图 3-6d)，可以看到该比值在不整合结构层间具有很好的分异现象。其中由半风化岩石层向风化黏土层过渡，LREE/HREE 比值增大，半风化岩石层越临近与风化黏土层的接触面，该值越大，当由风化黏土层再向上层水进砂体(底砾岩)过渡时，该比值又逐渐减小。具体反映在数值上，则表现为 LREE/HREE 的均值由下层往上，依次由 6.265 扩大为 10.155 再减小至 6.831，验证了风化程度加强，重稀土淋失速率相对加大的特征。

3.2　不整合结构中层识别标志

在系统取样并测试分析的基础上，明确了不整合结构中层(风化黏土层)的物质组成，在完成其组构异同性对比分析工作后，根据风化黏土层的共性特征，建立起矿物及元素的三角图解，明确风化黏土层识别标志，形成成分判别图版。

1) *矿物三角图版*

在矿物三角图版上，本次共建立 2 套风化黏土层判别图解：首先是针对风化黏土层与半风化岩石层建立了“石英-黏土矿物-长石＋方解石＋白云石”三角图版，与半风化岩石层相比，风化黏土层表现为石英、黏土矿物较高，长石含量降低，不含白云石或方解石，半风化泥岩与风化黏土层成分具有一定相似性；其次对于普通泥岩与风化黏土层，建立起“石英-长石-黏土矿物”的三角图版，也可对二者进行定量划分(图 3-7)。

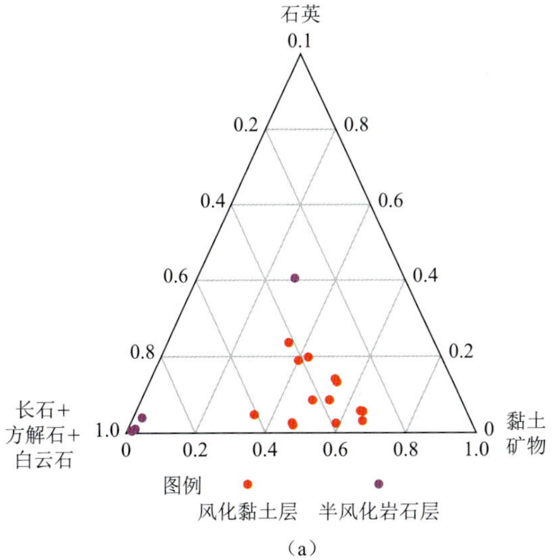

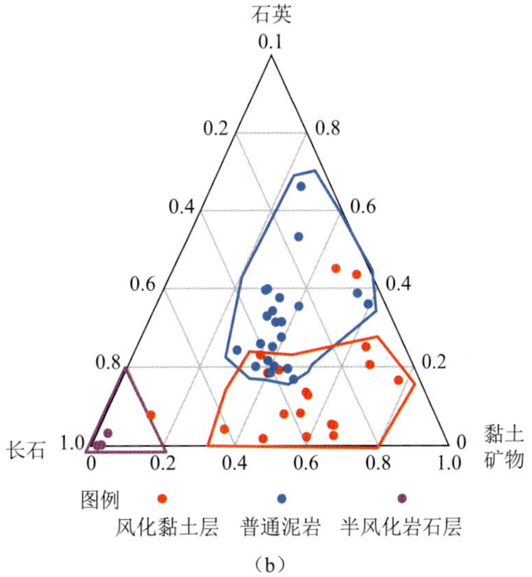

图 3-7　风化黏土层与半风化岩石层/普通泥岩的矿物三角图版

2) *元素三角图版*

在元素上，风化黏土层与不整合结构下层的半风化岩石层相比，具有稳定性较好的 Fe，Al 氧化物相对富集，K，Na 等易流失性元素相对贫瘠的特点。借助这些特征，本次在主量元素三角图解的建立上，主要借助了 AF-Ca-Si、AF-K-Ca、AF-Na-Ca 来建立对风化黏土层的识别，由图 3-8 可以看出，3 个三角图解对于风化黏土层及半风化岩石层有非常好的分异作用。此外，我们在上文的分析中也知，还可以利用风化黏土层在微量元素上相对高 Zn、高 Ti、高 Rb、低 Mn 的特征，来建立此类三角图解，同时轻、重稀土的比值变化也是识别风化黏土层的可行手段之一。

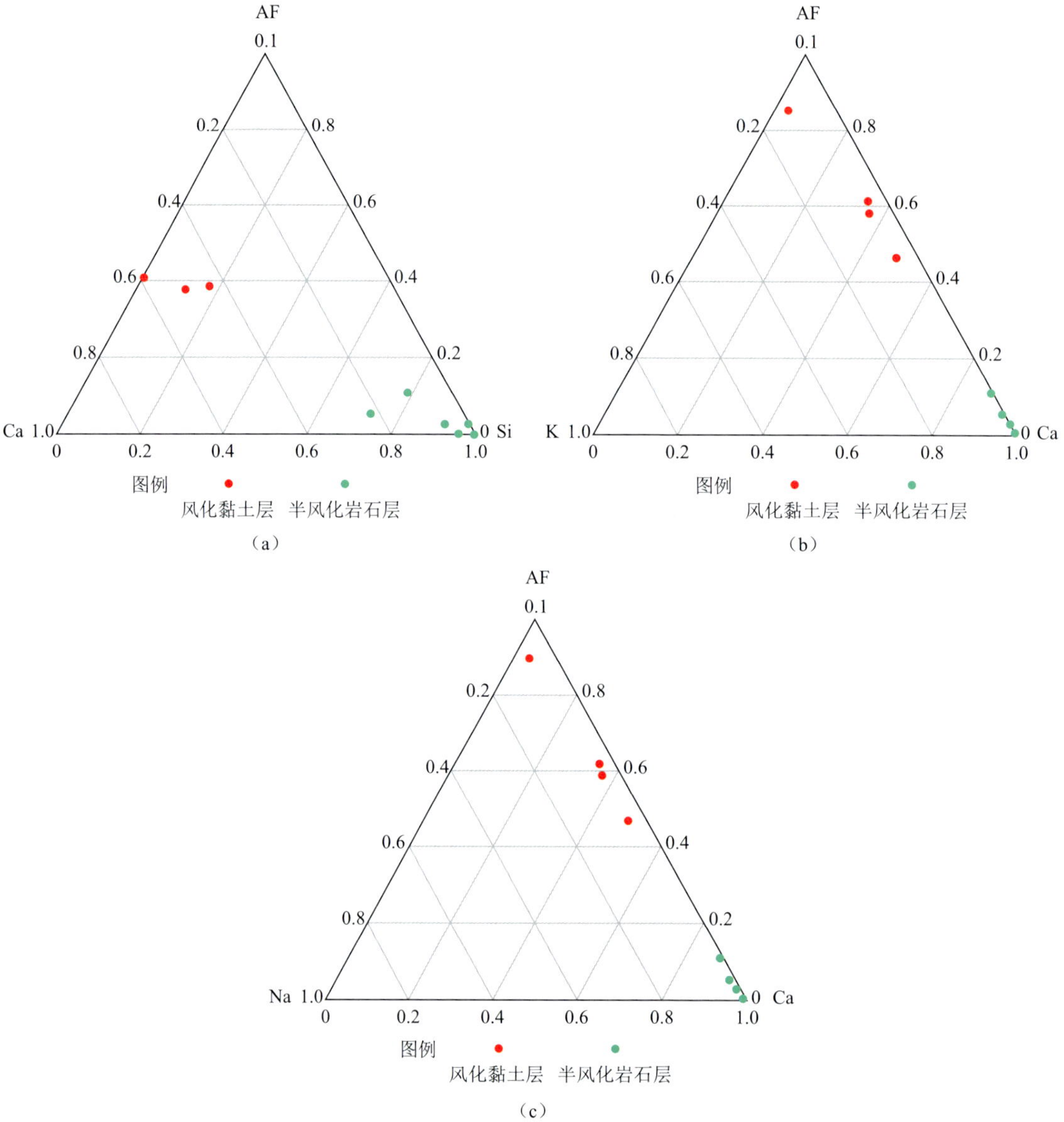

图 3-8　风化黏土层元素判别三角图版

第4章　不整合结构控藏作用

在不整合成矿研究方面，20世纪80年代以前，主要集中在固体矿产及地层划分上；20世纪80年代以后，随着油气勘探的深入，地质专家们逐渐注意到不整合在流体矿产——油气成藏中的重要作用。1983年，潘钟祥论述了不整合对油气输导聚集的重要性。蔡春芳等，何登发，刘孝汉等于1995年研究了不整合在塔里木盆地及陕甘宁盆地油气成藏中的作用。付广等(1995)认为不整合面的存在可以改善油气的储集空间及性能。不整合面形成时，岩溶作用对不整合面下的储层具有建设性的改造作用，受改造的次生储层，溶蚀孔、洞、缝发育，是油气聚集的有利场所(艾华国等，1996)。不整合的存在可提供潜山型、地层剥蚀型和地层超覆型3种类型的油气圈闭(吕修祥，1997)。同时由于不整合面的分布具有区域性、稳定性的特点，它能够横向连接相互独立的砂体构成有效的运聚通道，时间上存在相对稳定性，所以它是油气长距离侧向输导的重要通道，如Bethke等(1992)研究得出北美Ilinois盆地中、西部储层中的油气是以不整合面为输导通道，来源于100 km外盆地的最南端。同时，在不整合面上能够形成超覆不整合油气藏，在不整合之下形成削截、潜山油气藏(吴孔友等，2002)。目前国外已发现了许多与不整合相关的油气藏或油气田，如美国的Cutbank油田、东得克萨斯油气田，澳大利亚的Gippsland油田，加拿大的阿萨巴斯卡油气田等(李朝阳等，2004)。国内如渤海湾盆地任丘油田、兴隆台油田、金家油田等，准噶尔盆地玛北、五区南、小拐油气藏等，塔里木盆地轮南油气田、塔河油气田等。就世界范围看，除波斯湾和苏联外，43%的石油储量和30%的天然气储量赋存于地层不整合圈闭中(李丕龙等，2004)；就我国来说，如济阳坳陷东营凹陷，在隐蔽油气藏中，已探明地层超覆油气藏储量2×10^8 t(占22.3%)，地层削截油气藏及古潜山油气藏则分别为0.63×10^8 t(占7.0%)和0.33×10^8 t(占3.7%)；冀中坳陷探明的潜山油气藏储量已占到坳陷探明储量的60%以上。显然，地层油气藏具有重要的地位和巨大的勘探潜力，已成为我国陆上最现实、最有潜力的油气勘探领域。我国陆相盆地构造运动频繁，广泛发育地层不整合带，是形成大型地层圈闭(油气藏)的有利区带。因此，充分认识地层油气藏的资源潜力和重要地位，加强不整合对地层圈闭形成和分布的控制作用研究，是进一步发展我国隐蔽油气藏勘探的迫切需要。

4.1　不整合结构的封盖作用

不整合结构体中层的风化黏土层是物理风化细粒残积物再经生物、化学风化作用堆积的结果，又称古土壤，该层经上覆地层压实成岩后，致密而有韧性，能够作为油气的良好盖层，阻止油气串层输导并封盖其下部油气(查明等，2008)。经过多年研究，发现不整合风化黏土层的封盖能力受多种因素影响。

4.1.1 埋深的影响

1）准噶尔盆地

在对准噶尔盆地西北缘400余口取芯井进行梳理后，挑选出20口在不整合附近取芯的井进行观察。由于风化黏土层厚度偏小，岩芯观察及取样的难度较大，仅有9口井在风化黏土层取芯，且主要集中于白垩系/侏罗系不整合及侏罗系与下伏地层之间的不整合。根据9块风化黏土层样品的突破压力数据分析（表4-1），样品的突破压力值较低，在0.337～24.09 MPa之间。一般认为，当突破压力≥0.5 MPa时，可以封盖油气（李国平等，1997）。那么采用这项标准，认为本组样品中T-002～T-010具备封盖能力，将这9个样品的突破压力值与埋藏深度值进行拟合（图4-1），得到突破压力与埋深的关系式：$y=0.8007e^{0.0016x}$，从图中可明显看出，随深度增大，突破压力增强，且拟合曲线中R^2较高，反映出埋深与突破压力值具有较好的线性关系，显示出埋深是影响风化黏土层封盖强度的关键控制因素。

表4-1 风化黏土层突破压力数据统计表

编 号	深度/m	突破压力/MPa	突破半径/nm	中值压力/MPa	中值半径/nm	气柱高度/m	遮盖系数/%	比表面积/%
T-001	247.0	0.337	422.910	0.950	150.20	33.75	67.49	15.97
T-002	110.0	1.198	119.145	2.832	50.401	119.79	239.57	11.01
T-003	134.0	0.861	165.828	2.484	57.458	86.06	172.13	17.51
T-004	167.5	2.528	56.462	6.912	20.649	252.77	505.53	30.25
T-005	304.2	3.230	44.185	7.270	19.630	323.00	646.01	17.71
T-007	1 457.2	8.954	15.939	28.268	5.049	895.38	1 790.75	9.19
T-008	374.0	1.214	117.555	3.140	45.446	121.41	242.81	23.78
T-009	495.0	0.960	148.733	6.121	23.316	95.96	191.91	26.38
T-010	2 125	24.09	5.922	61.516	2.320	2 409.8	4 819.72	19.74

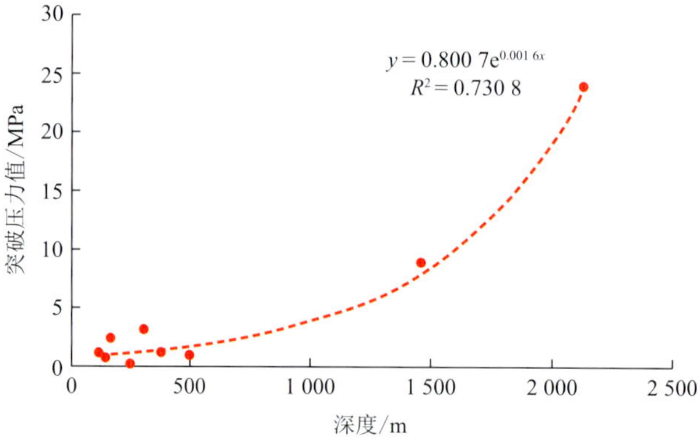

图4-1 准噶尔盆地西北缘风化黏土层突破压力随深度变化图

2）渤海湾盆地

对渤海湾盆地东营凹陷南坡12口取芯井中2口钻遇风化黏土层的井进行了取样并进行了突破压力测试（表4-2），由两组数据同样可看出，当埋藏深度增加，风化黏土层的突破压力值也在增加(图 4-2),进一步验证了埋深是影响风化黏土层突破压力的重要因素之一。

表 4-2 风化黏土层突破压力数据统计表

编　号	取样深度/m	地层压力/MPa	起始压力/MPa	稳压间隔/min	突破压力/MPa
T-011	834.5	8.90	0.1	30	0.5
T-012	850.1	8.25	0.5	45	2.8

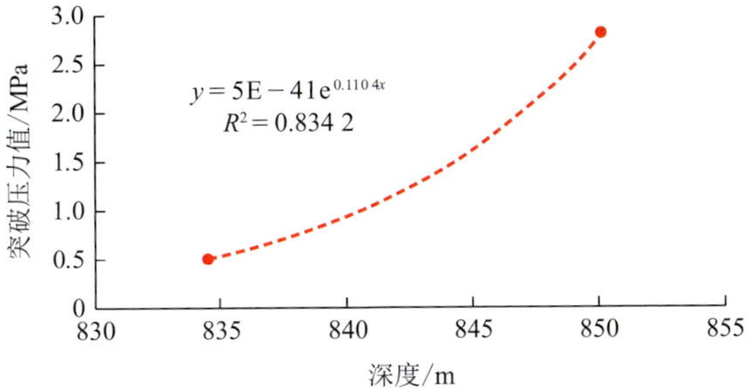

图 4-2 东营凹陷南坡风化黏土层突破压力随深度变化图

4.1.2 厚度的影响

4.1.2.1 准噶尔盆地

对准噶尔盆地北三台地区打穿三叠系的 54 口井统计得出,北三台凸起三叠系底部不整合风化黏土层的厚度分布在 3.6～12.5 m 之间。其中,北 21 井风化黏土层厚度为该区最大值,有 12.5 m,而西泉 2 井风化黏土层厚度仅 3.6 m(图 4-3),平均厚度为 7.6 m。由厚度分布频率直方图可以更直观地看出,该期不整合风化黏土层的厚度主要集中在 6～9 m 之间,其中 7～8 m 区间的井数最多(图 4-4)。

根据北三台凸起三叠系底部不整合风化黏土层的等厚图,可以看出不整合中层厚度总体呈现东北、东南地区厚度大,中间存在带状低值区的趋势。厚度高值区存在 3 个,分别位于沙丘 4-沙 112-沙丘 7 井区、北 21 井区和北 83-台 50 井区,厚度均在 9 m 以上。其中北 21 井区厚度最大,且向北厚度快速下降,存在一个陡坡,其余两个厚度高值区,厚度变化较缓。研究区中部存在一个条带状厚度低值区划分南北界限。

将北三台凸起三叠系底部不整合风化黏土层的等厚图分别叠合不整合结构体以上 50 m、以下 50 m 左右的油气显示。根据现有结果来看,该不整合结构体上层油气显示较为丰富,其中南部油气显示较北部丰富,南部台 48 井和北 7 井显示为油层,北 5 井为含油层,风化黏土层厚度均在 7 m 以上。北部北 51 井显示为含油层,沙 103 井为油水同层,风化黏土层厚度均在 8 m 以上。该不整合结构体下层油气显示向南偏移,北 20 井、西泉 9 井和西地 1 井显示为含油层,北 5 井为油层,西泉 3 井为油干间互,西泉 1 井为油水同层。统计发现,不整合结构体下层含油井位风化黏土层厚度均在 6 m 以上(图 4-5)。

4.1.2.2 渤海湾盆地

通过对 25 口井的统计,渤海湾盆地济阳坳陷东营凹陷南坡沙四下顶部不整合风化黏土层的厚度分布在 1～10.6 m 之间。由厚度分布柱状图看出,该期不整合风化黏土层的厚度主要集中在 3～5 m 之间,仅少数井风化黏土层厚度发育在 6 m 以上(图 4-6)。

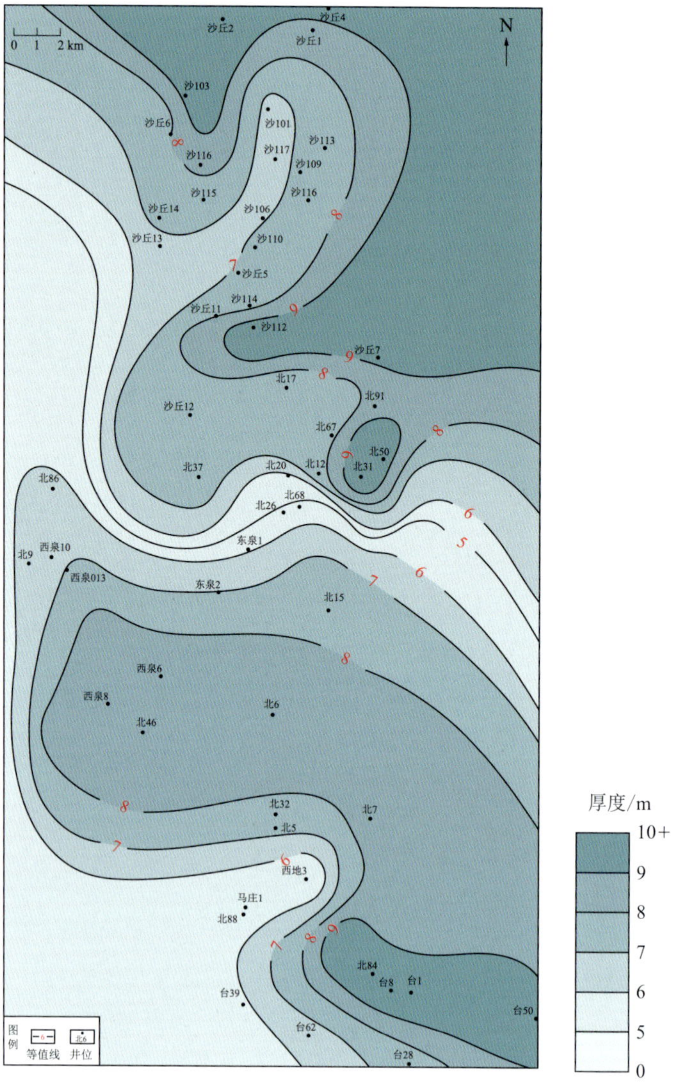

图 4-3 北三台凸起三叠系底部风化黏土层等厚图

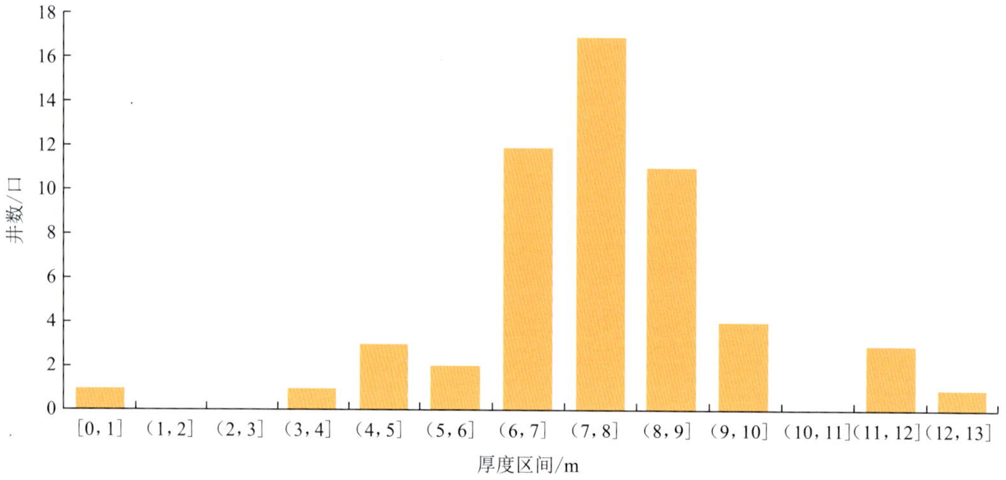

图 4-4 北三台凸起三叠系底部不整合风化黏土层厚度分布直方图

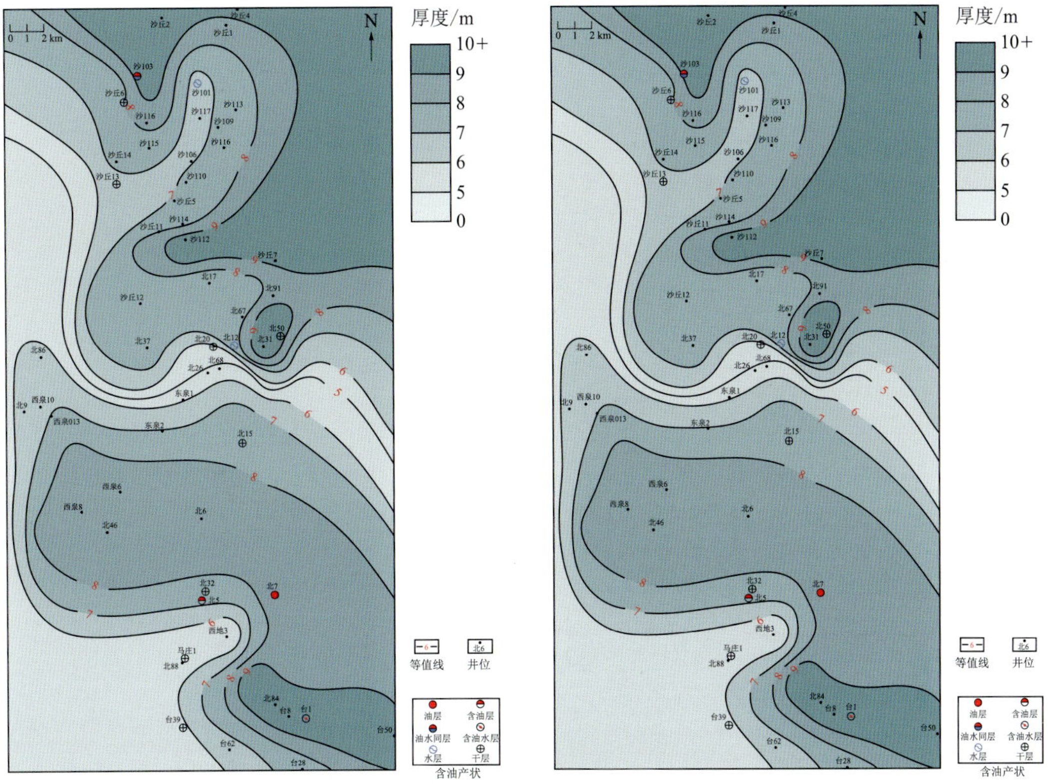

(a) 上层油气　　　　(b) 下层油气

图 4-5　北三台凸起三叠系底部风化黏土层等厚图叠合上层、下层油气显示图

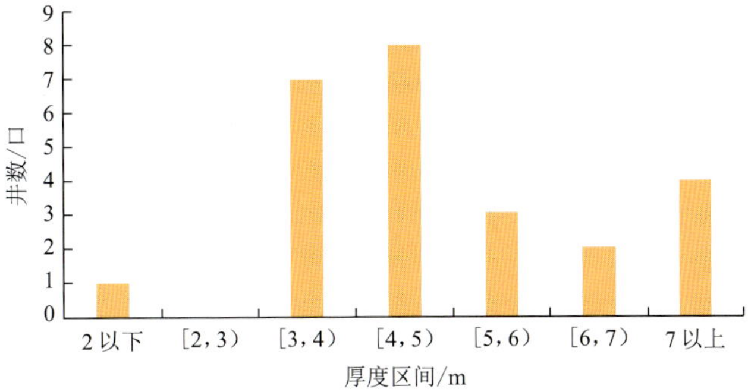

图 4-6　东营凹陷南坡沙四下顶部不整合风化黏土层厚度分布图

根据不整合风化黏土层等厚图(图 4-7)，东营凹陷南坡沙四下顶部不整合风化黏土层平面上分布有 3 个厚度高值区，分别在官 9 井、梁 242 井及王 669 井区附近，以这三口井各自为中心，风化黏土厚度逐渐向四周减薄，呈现同心圆状分布特征。其中在王 669 井附近区域达到了 10 m 以上，由该井向西北方向出现放射式递减，且递减速度较快，到官 1 井区附近厚度迅速降到 1 m 以下，在其附近形成一条风化黏土层的厚度低值条带，反映出了该区由于受到断层活动的影响，风化黏土层厚度高低不一，不利于风化黏土层的保存。而位于研究区北部的官 9 井附近井区厚度最高可达 9 m 以上，受北部地形相对平缓且临近洼陷区的影响，风化黏土层较易保存，可以看到，该同心圆的范围向西南可一直到官 121 井区附近，整体风化黏土层的厚度也均在 4 m 以上。研究区西部的梁 242 井区附近也达到了 8 m 以上，以其为中心形成的同

心条带同样受斜坡区影响，风化黏土层厚度整体较高，容易堆集，因此风化黏土层厚度基本在 3 m 以上。

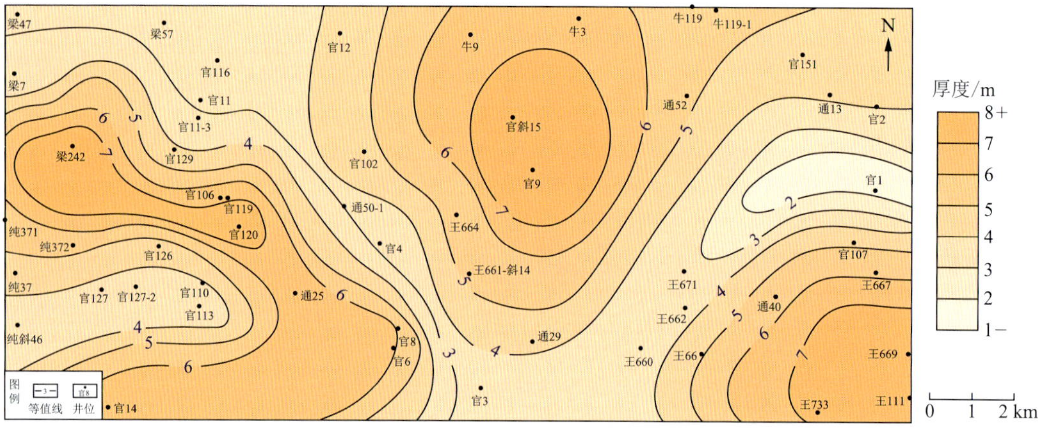

图 4-7　东营凹陷南坡沙四下顶部不整合风化黏土层等厚图

将沙四下顶部不整合结构中层风化黏土层的等厚图分别叠合不整合结构体以上 50 m、以下 80 m 左右的油气显示，结果显示陈官庄地区沙四下顶部不整合结构体上层油气显示以荧光为主，少量为油斑显示，且几口油斑显示的井中，风化黏土层厚度均达到了 3 m 以上，例如结合前述统计，官 3 井该期风化黏土层厚度为 3.4 m，官 113 井风化黏土层厚度为 3.7 m(图 4-8)，同时应注意到的是，即使是在风化黏土层发育较高区域，也没有油气显示或者仅显示为荧光，说明在考虑不整合的成藏规律时，不能仅仅依靠风化黏土层厚度来进行分析。

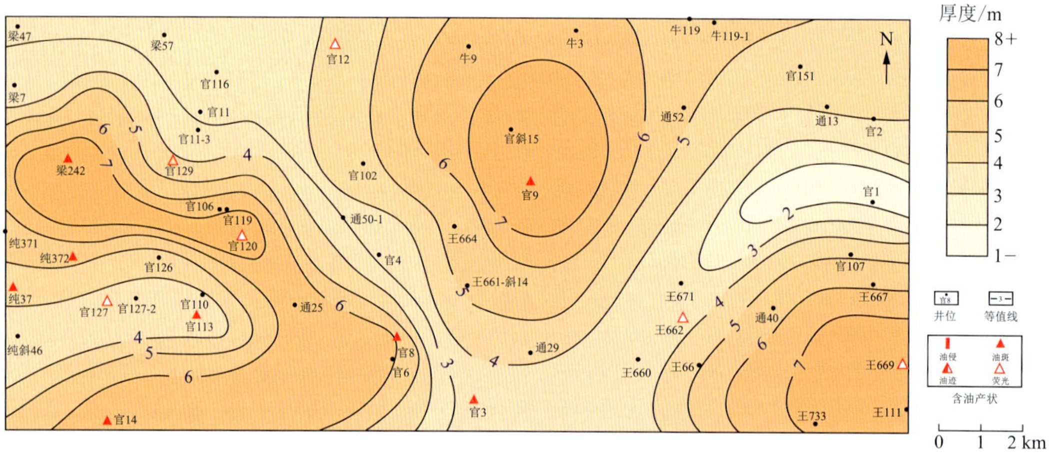

图 4-8　东营凹陷南坡沙四下顶部不整合风化黏土层等厚图叠合上层油气显示图

陈官庄地区不整合结构体下层油气显示相较于上层更为丰富，其中在王 662 井、官 8 井均显示油浸，多口井油气在上下层均有显示。风化黏土层厚度较薄区域，油气上下层连通，不整合起输导作用。同时，在断裂附近，油气可通过断层穿过不整合结构体，也可以在不整合上下层聚集。在以梁 120 井附近形成的风化黏土层厚度同心条带中，风化黏土层厚度超过 3 m，油气多上下层均有显示(图 4-9)。

因此，渤海湾盆地济阳坳陷东营凹陷南坡陈官庄地区风化黏土层超过 3 m 可作有效的盖层，有助于聚集油气。油气沿下层淋滤带形成的连通孔隙输导，与上层油气连通。在断层活动的影响下，风化黏土层的封堵可以被突破，从而形成油气输导的通道，从而不整合结构体上下层含油。

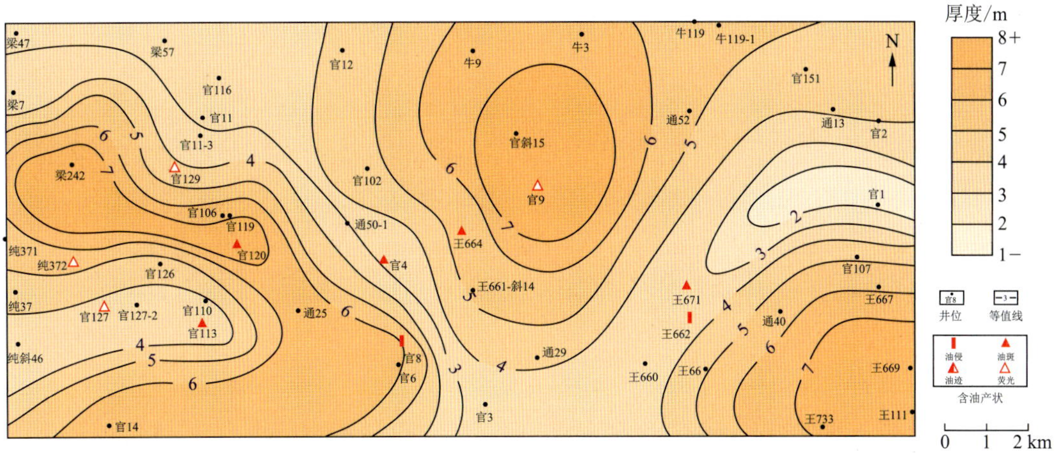

图 4-9　东营凹陷南坡沙四下顶部不整合风化黏土层等厚图叠合下层油气显示图

4.1.3　物性的影响

孔隙度是表征盖层封盖能力最基本的参数，一般来说，泥岩盖层孔隙度越大，盖层的封盖性能越差。渗透率也是盖层封闭性评价中的一个重要参数，但是一般情况下所测的岩石样品在实验室条件下很难模拟地下应力状态，泥岩岩样在释放高压应力后，岩样内原来的微裂隙会由闭合状态变为开启状态，渗透率会发生显著增长（张长江等，2008）。因此，仅用孔渗性很难客观评价盖层的封闭能力。本次研究在准噶尔盆地及塔里木盆地露头采集了多块风化黏土层的露头样品，但因其中部分样品块体较小、风化严重，无法进行突破压力测试，所以仅针对块体大且完整、固结程度较好的 5 块风化黏土层样品完成了线切割及突破压力测试，得到其孔渗性和突破（表 4-3）。

表 4-3　风化黏土层露头孔渗性数据统计表

序　号	岩　样	孔隙度/%	渗透率/mD	突破压力/MPa	备　注
1	Z001	14.669	0.114 5	11.03	准噶尔盆地露头
2	Z005	38.82	26.834	1.64	
3	Z006	31.23	6.726 7	4.43	
4	Z007	35	55.319	1.96	
5	U011	8.11	0.020 1	2.2	塔里木盆地露头

注：1 mD＝10^{-3} μm^2。

4 块准噶尔盆地风化黏土层样品主要来自石炭系/侏罗系与侏罗系/白垩系之间的不整合，1 块塔里木盆地风化黏土层样品来自志留系/石炭系之间的不整合。将突破压力值与孔、渗值分别进行投点，可以发现，5 块样品的突破压力值都在 0.5 MPa 以上，具备一定的封盖能力，渗透率和孔隙度均与突破压力成反比关系，也就是随着孔渗性的增大，风化黏土层突破压力值减小（图 4-10、图 4-11）。

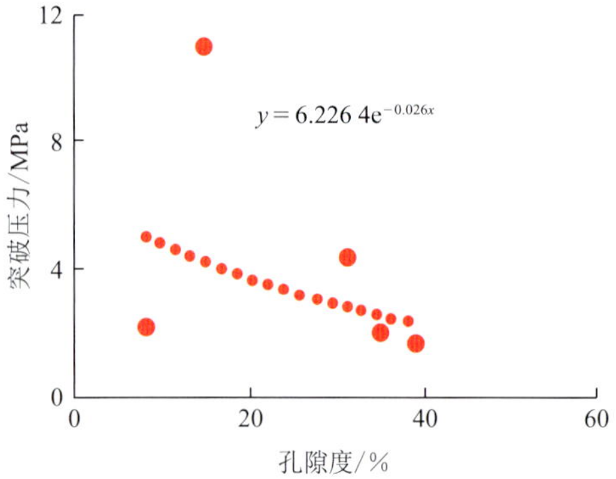

图 4-10 风化黏土层孔隙度与突破压力关系

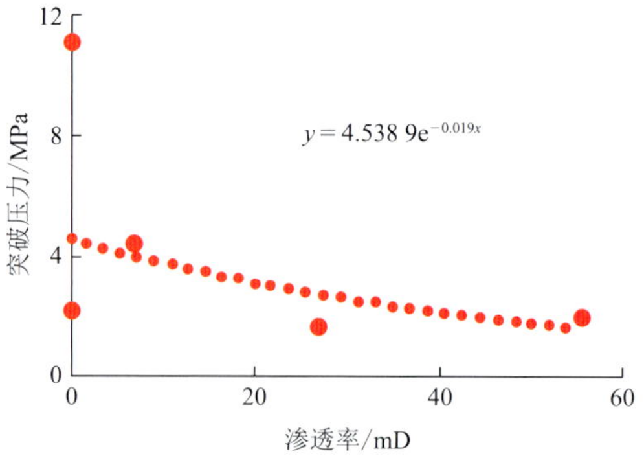

图 4-11 风化黏土层渗透率与突破压力关系

4.1.4 黏土矿物的影响

黏土矿物的可塑性可抵制构造形变中次生裂缝的发育,吸水性强可由于吸水膨胀而缩小孔隙喉道半径,增加孔隙毛细管压力,使盖层封闭性能变好。一般来说,黏土矿物的可塑性表现为蒙脱石>伊/蒙混层>伊利石>绿泥石>高岭石,吸水膨胀性为蒙脱石>伊/蒙混层>高岭石>伊利石>绿泥石,蒙脱石吸水性最强,吸附量可达 300 mg/g,因而黏土矿物组成与含量在一定程度上对岩石封闭能力产生影响(黄海平和邓宏文,1995;傅金华,1991),针对黏土矿物组分与突破压力之间的关系进行了分析。

研究测试了 4 块准噶尔盆地风化黏土层样品,将突破压力值及主要黏土矿物含量投点形成突破压力折线图与矿物组分柱状图的叠合图(图 4-12),发现 Z001 中可塑性好的伊利石含量最高,吸水性差的绿泥石最低,其突破压力值最高;Z005 中吸水膨胀性最差的绿泥石含量最高,可塑性和吸水性较好的伊利石含量在几个样品中含量最低,而 Z005 突破压力值也是最小。这反映出黏土矿物组成对于样品突破压力值的影响。

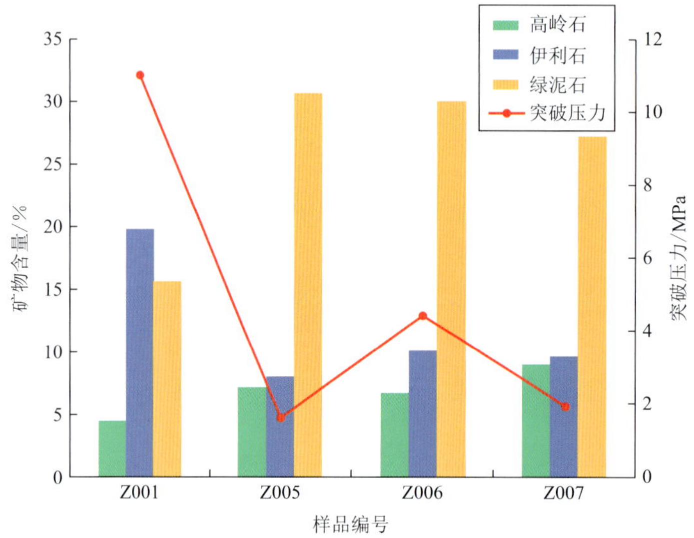

图 4-12 准噶尔盆地突破压力与黏土矿物关系图

同时,对塔里木盆地 3 块风化黏土层样品进行了测试,将突破压力值与主要黏土矿物含量投点到叠合图上(图 4-13),可以发现 U011 中可塑性低的高岭石含量最低,吸水性差的绿泥石最低，其突破压力值最高；U002 中可塑性高的伊利石含量最高，但吸水性差的绿泥石也最高，突破压力值刚达临界值；U008 中可塑性低的高岭石含量最高，吸水性差的绿泥石较高，不具备封盖能力，进一步验证了黏土矿物组成及含量对于风化黏土层样品突破压力值的影响。

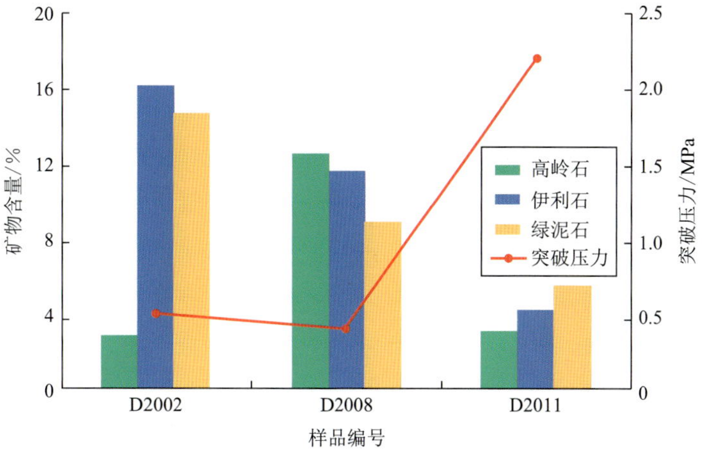

图 4-13 塔里木盆地突破压力与黏土矿物关系图

综合上述分析，可以得知，一般来讲，当埋藏深度增加，风化黏土层突破压力增大；发育厚度与突破压力之间也是正相关的关系，而孔渗性的增加则会破坏风化黏土层的封盖能力。对于其矿物组成上，首先可以明确可塑性及吸收膨胀性表现性最好的蒙脱石对于突破压力值的增加有益，同理，绿泥石含量的增加将导致封盖能力的降低，其他黏土矿物的行为对于风化黏土层突破压力的影响不能简单讨论，而是要具体矿物具体分析。

4.2 不整合结构的输导作用

不整合之上岩石类型中，底砾岩（或水进砂体）最为发育，它是风化带粗碎屑残积物在发生水进时接近原地沉积的产物（汤良杰等，2000），其组成颗粒较粗，磨圆较差，以砂砾岩为主，分布连续、厚度适中、孔渗性较好，为“畅通型”残积层（张克银等，1996），是油气输导的良好通道。同时在不整合的形成过程中，大气淡水沿早先形成的断裂或裂隙下渗，使下伏岩层发生岩溶，形成溶蚀孔、洞、缝，造成风化淋滤带次生孔隙发育，具良好的储集空间，亦是不整合输导油气的主要通道。水进层和风化淋滤带在风化黏土层分隔作用下，构成双重输导通道（高长海，2008）。它可以把不同时代的储集层、断裂等连接起来，组成区域性的输导通道网络（赵文智等，2001）。

4.2.1 油气沿不整合输导的证据

早在 20 世纪 50 年代，Levorsen（1954）就指出，不整合上、下发现众多油气藏的实例表明其与油气输导有着密切的关系。不整合结构体内的油气显示、矿物岩石学特征、含油气流体活动的地球化学特点、油田水的化学特征以及原油物性变化特征等均表明不整合是油气输导的有效通道。

4.2.1.1 油气显示证据

目前，在我国东西部多个含油气盆地的主要不整合结构体内均发现了与不整合相关的油气藏，这是油气沿不整合发生输导并聚集的有利证据。同时，不整合结构体附近的试油资料、录井油气显示资料等也表明不整合是油气的输导主要通道之一。例如，准噶尔盆地陆西地区西山窑组顶界、侏罗系顶界不整合附近见大量的油气显示（图 4-14），表明陆西地区侏罗系各不整合就曾经发生过油气的输导。

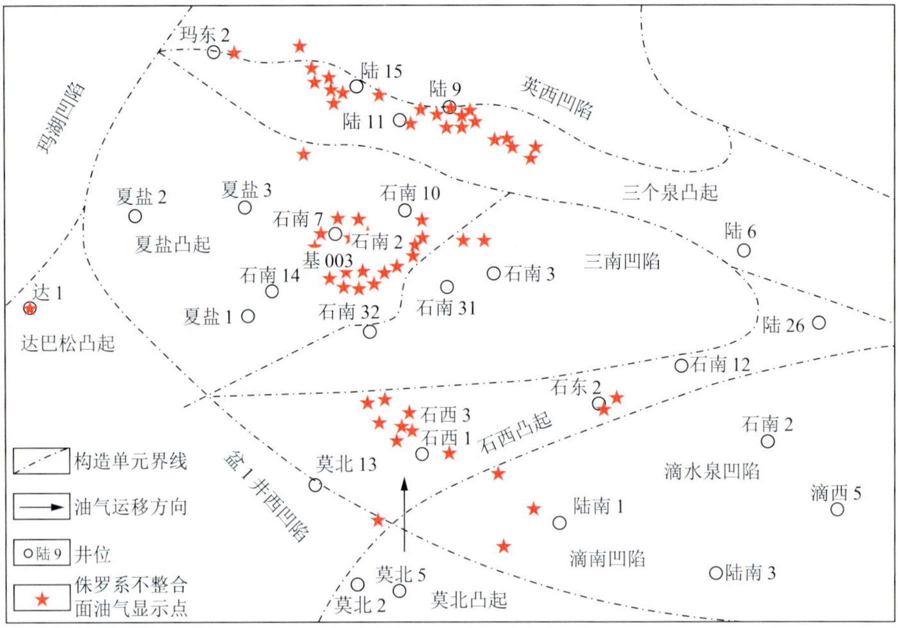

图 4-14　准噶尔盆地陆西地区侏罗系不整合结构体油气显示分布情况（据牟中海等，2005）

4.2.1.2　矿物岩石学证据

不整合上、下地层裂隙充填物和胶结物中常见黄铁矿、闪锌矿等硫化物及自生高岭石、石英、（含铁）方解石、（含铁）白云石等矿物及其组合（蔡春芳等，1995；曹剑等，2006）。如图 4-15a 所示，多期次流体作用形成了条带状分布的自生矿物组合，自脉体边缘向中心依次为绿泥石、低 Mn 方解石和高 Mn 方解石，分别对应着深部热流体、成岩期地层流体和成藏期含油气流体的产物。

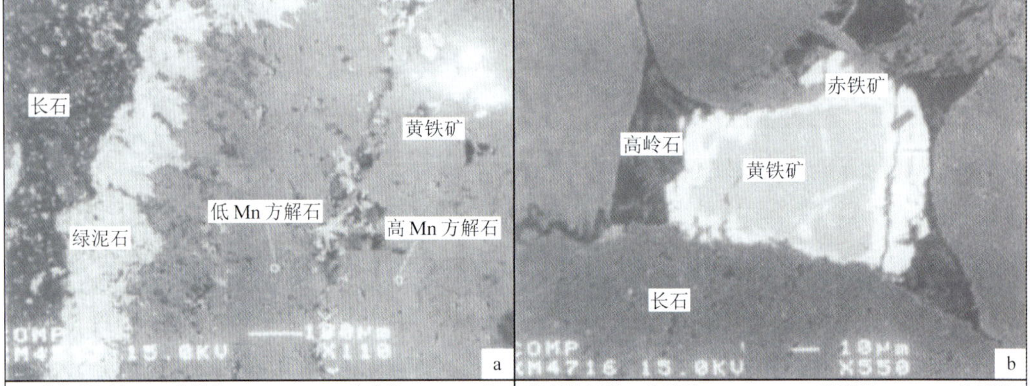

西北缘地区乌 574 井样品，1 999 m，P_1j 砂砾岩，1 991 m 为不整合面，电子探针背散射电子成像照片

腹部地区陆 9 井样品，2 188 m，J_2x 砂砾岩，2 132 m 为不整合面，电子探针背散射电子成像照片

图 4-15　准噶尔盆地油气沿不整合结构体输导的典型矿物岩石学记录（据曹剑等，2006）

又如图 4-15b 所示，黄铁矿的形成也与含油气流体对储集层的充注有着密切的关系。不整合在沉积间断期间，会有大量淡水的注入，使烃类遭受生物降解，提供给硫酸盐还原养分。后期埋藏过程中，在硫酸盐还原菌参与下，有机酸可与硫酸根发生完全反应，降低硫酸根离子浓度的同时产生 HS^-，乙酸也可还原高价铁化合物（赤铁矿），提供 Fe^{2+}，二者相结合形成黄铁矿沉淀。塔里木盆地东河 11 井 5 741.27～5 742.01 m 井段发现黄铁矿沿层面分布，5 743.43～5 744.70 m 井段底部、5 746.29～5 746.38 m 井段含油、油水同层中富含自生凝块状黄铁矿晶体（含量 1%～3%），而水层中黄铁矿少见。因此，发现自生黄铁矿等矿物可作为油气输导的证据（蔡春芳等，1995；牟中海等，2005）。

4.2.1.3　储层流体地球化学证据

岩芯及显微镜观察发现，不整合结构体裂隙充填物和胶结物中常见烃染，并有油、气、水包裹体共生（图 4-16），反映了不整合面附近曾经是含油气流体活动的重要通道，表明油气沿不整合发生了输导，这是油气沿不整合输导被石英、长石或方解石等矿物次生加大边所捕获，从而形成有机包裹体，因此可作为油气输导的证据（牟中海等，2005）。

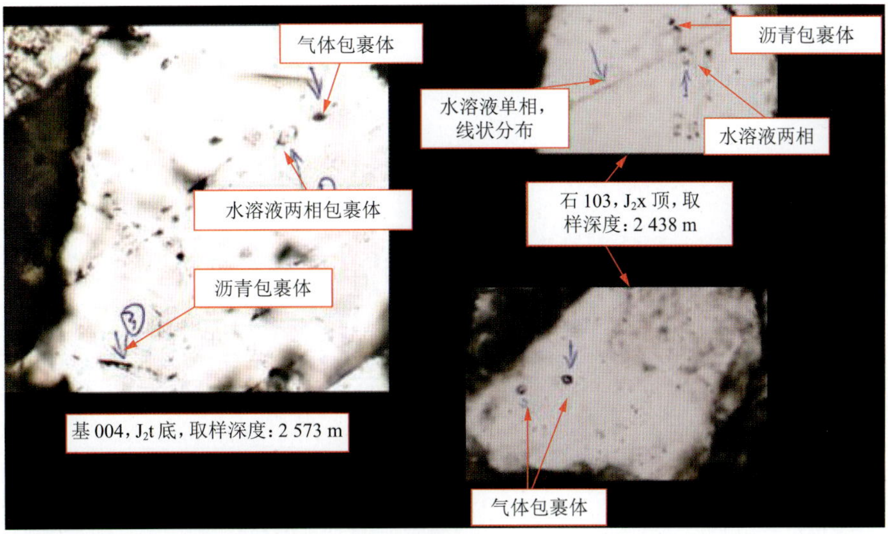

图 4-16　不整合结构体内多类包裹体共存

原油或油砂的色谱特征（如 Pr/Ph、Pr/nC_{17}、Ph/nC_{18} 等）亦可作为油气沿不整合输导的证据。例如，塔里木盆地塔北隆起东河塘地区石炭系正常原油或油砂，其 Pr/Ph 值一般介于 0.90～1.10 之间，Pr/nC_{17}、Ph/nC_{18} 两比值分布于 0.30～0.42 范围内；而不整合面附近油砂色谱特征则不同，如东河 2 井侏罗系底部 5 540～5 540.9 m（图 4-17a）、石炭系顶部 5 622.75 m 沥青油砂（图 4-17b），其 Pr/nC_{17} 为 0.54～0.55，Ph/nC_{18} 为 0.61～0.71，远高于正常原油。异构烷烃之和与正构烷烃比值也较高，为 0.15～0.20。色谱图呈明显的“鼓包状”。区域上，东河塘地区侏罗系、石炭系不整合面附近沥青层、重质油广泛分布，如东河 11 井 5 682～5 683 m、5 685～5 686 m 为沥青层，5 680～5 682 m 产重质油。

不整合形成时易使古油藏直接或间接暴露于地表，发生生物降解、水洗、氧化和逸散等作用。其中生物降解作用会使原油发生次生变化，如密度增大、饱和烃降低、低碳正构烷烃降低、出现 25-降藿烷系列，如准噶尔盆地陆 101 井头屯河组，塔里木盆地轮南 1 井、塔中 1 井前石炭系，歧口凹陷港深 61-1 井沙一段等（图 4-18）。水洗、氧化作用、逸散作用使重质组分不断增多，产物多为沥青、稠油，如准噶尔西北缘重18井侏罗系齐古组(J_3q)顶面不整合中的稠油(图4-19)。

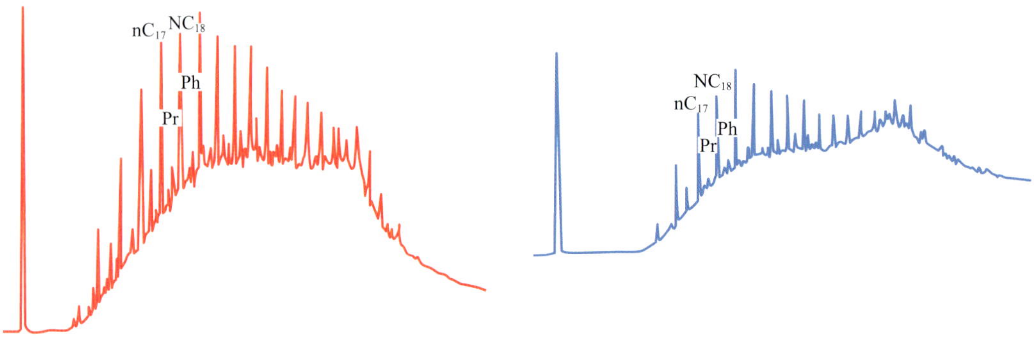

(a) 5 540～5 540.9 m 沥青油砂　　(b) 5 622.75 m 沥青油砂

图 4-17　东河2井油砂色谱图(据蔡春芳等，1995)

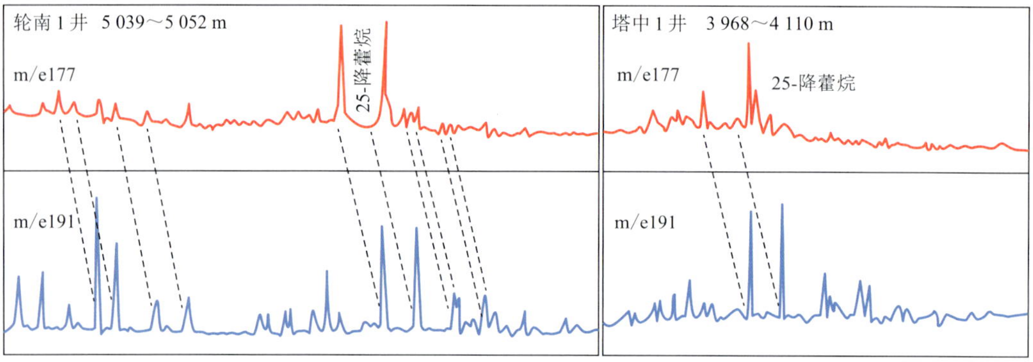

图 4-18　轮南1井、塔中1井前石炭系不整合结构体原油质量色谱图

图 4-19　准噶尔盆地西北缘重18井稠油岩芯照片

4.2.1.4　油田水化学证据

不整合面上、下地层中油田水的化学特征(如有机酸浓度、无机离子浓度等)表现出明显的差异，是不整合作为流体输导通道的有利证据。

蔡春芳等(1995)对塔里木盆地的185个油田水有机酸样品进行了分析，其中10个分布于不整合面附近50 m储层中，其有机酸浓度接近或高于800×10^{-6}的样品占60%(表4-4)，占所有实测高于 800×10^{-6}样品总数的 37.5%。从东河 2 井剖面上看(图 4-20)，有机酸浓度也在侏罗系/石炭系不整合面上达到最大值 873×10^{-6}，其上、下地层都低于 280×10^{-6}。可见，不整合面附近具有异常高的有机酸浓度。

表 4-4　塔里木盆地不整合结构体有机酸浓度分布(据蔡春芳等，1995)

井　号	井段/m	有机酸浓度/(×10^{-6})	不整合面深度
轮南 3	4 633.0～4 638.0	722.00	J/T(4 651 m)
轮南 8	5 179.5～5 266.0	1 226.22	C/O_1(5 179 m)
轮南 50	5 510.0～5 640.0	1 852.92	C/O_1(5 556 m)
轮南 57	5 380.0～5 440.0	1 753.74	C/S(5 390 m)
轮南 101	5 049.0～5 150.0	513.60	T/C/O(5 051 及 5 091.5 m)
轮南 15	5 441.0～5 460.0	95.10	C/O_1(5 428 m)
英买 11	5 111.0～5 118.0	103.42	K/J(5 138 m)
东河 2	5 541.0～5 551.0	873.42	J/C(5 558.5 m)
塔中 1	3 968.1～4 110.0	258.15	O/∈(4 057.5 m)
东河 3	J_2 底	1 914.35	J/C(5 621 m)

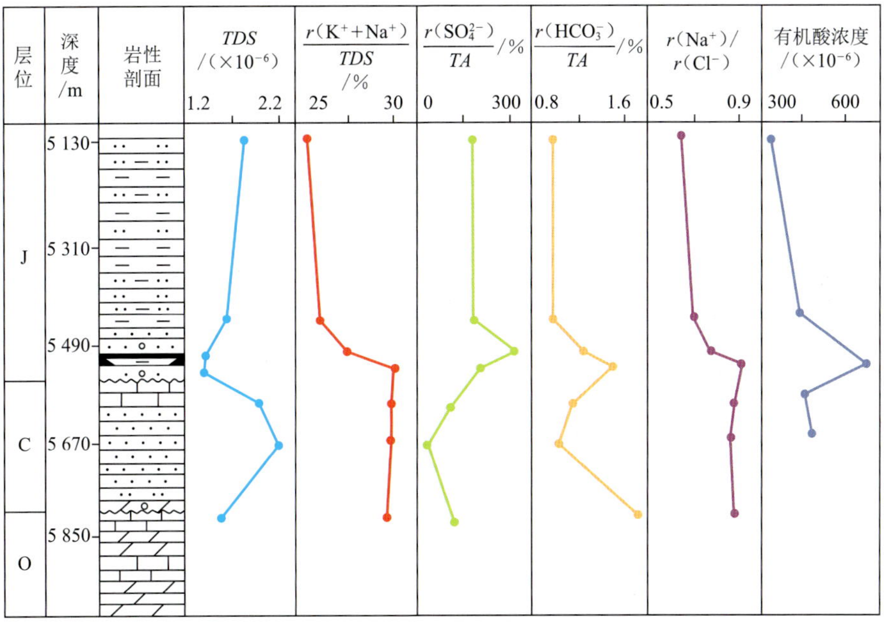

图 4-20　东河 2 井油田水化学剖面(据蔡春芳等，1995)

从无机离子浓度变化上看(图 4-20)，侏罗系/石炭系不整合面附近 *TDS* 降低、$r(HCO_3^-)/TA$、$r(K^++Na^+)/TDS$(*TA* 为无机阴离子浓度总和，*TDS* 为总矿化度)增高，钠氯系数为 0.88～0.92，都大于 0.85；油田水中 $r(SO_4^{2-})$由不整合面之上为 2 685×10^{-6}，急剧下降至 1 644×10^{-6}，到不整合面之下为 523×10^{-6}；脱硫系数也相应变化，由 3.07 降低至 1.97 和 0.38，还原性增强。

4.2.2 不整合结构输导通道类型

目前，对于不整合作为油气输导通道的研究，多限于简单、笼统、宏观描述（何登发，1995；Hindle，1997；赵忠新等，2002；洪太元等，2006），而缺少内部、本质、微观分析，使得人们尚不清楚不整合输导油气的机理，这无疑妨碍了不整合在油气输导研究中所起作用的认识。因此，有必要对不整合输导通道类型进行深入的分析和研究。

4.2.2.1 宏观输导通道

由不整合空间结构分析可知，以风化黏土层为界，宏观上，不整合可以形成以不整合面之上水进层（砂砾岩层）和不整合面之下风化淋滤带为主的两种高效运载层，它们是油气长距离输导的有利通道（图 4-21）。

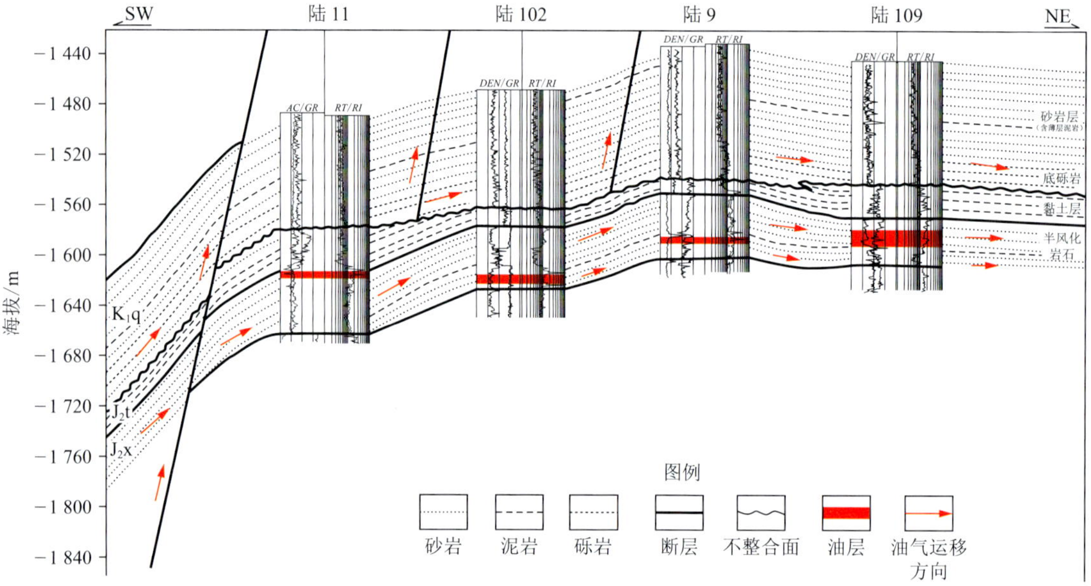

图 4-21 准噶尔盆地陆梁隆起白垩系底不整合结构体与油气运聚关系图

England（1987）曾对各类砂岩进行测试，发现油通过这些砂岩的残余油饱和度在 18%～90%之间；而何登发（1995）对塔里木盆地塔中 4 井石炭系底部的“东河砂岩”的残余油饱和度进行了测定，平均值为 12.46%，最大为 19%，与 England 的实验值较为接近。可见油气通过这类砂岩输导滞留在孔隙中作为残余油而损失的量相当大，将源岩排烃量、运载层残余油损失量及聚集量进行平衡计算，发现油气通过这类砂岩中的薄层输导。Bethke 等（1992）研究伊利诺斯盆地长距离油气输导时也发现了油气通过运载层薄层输导。Dembicki 和 Anderson（1989）、Catalan 等（1992）的实验结果也证明油气沿运载层薄层输导的正确性。不整合结构体中的水进层（砂砾岩层）和风化淋滤带满足“薄层输导”条件，其一是薄层近不整合面，孔渗条件好，如水平渗透率相当高；其二是毛细管“沟道效应”，若运载层是完全均质的，它会使饱和度平均化，若运载层具非均质性（如裂缝、粒径不规则性或岩溶特征等），则发生细粒向粗粒薄层（近不整合面分布）的驱动，使这一部分的油饱和度提高，从而发生快速有效的输导。

不整合结构体上层往往是风化带粗碎屑残积物在发生水进时接近原地的沉积物，其组成成分复杂，颗粒较粗，砾石磨圆、分选较差，分布连续，以砂砾岩为主，孔渗性较好（如济阳坳陷沾化凹陷孤北地区孤北 8 井 Es_3/Mz 不整合底砾岩孔隙度为 9%，渗透率为 21.5 mD），可作为油气侧向或斜向输导的有利运载层。当运载层厚度均一且适中时，对于油气输导而言属“畅通型”输导层；而当厚度不均匀时，砂砾岩层可作为效率较差的“喉道型”油气输导通道。在完全均质的运载层内，油气饱和度会通过毛细管的“沟道效应”在层内达到均一；而在非均质运载层内，由于毛细管的“沟道效应”，即毛细管力总是使油气汇集在大孔隙中，从而使油气“局限”在高孔渗的“层段”中，在达到其残余油饱和度之后，会使油气顺着级差最大的通道发生快速而有效的“薄层输导”(Bethke et al.，1992；何登发，1995；陈中红等，2003)。勘探实践证明，济阳坳陷东营凹陷草桥地区 Es_3/Es_4 不整合底砾岩层是该区油气输导的主要通道之一(如草 25 井见油浸显示)，草桥油田的形成与其密切相关。东营凹陷的乐安油田、王庄油田、利津油田，沾化凹陷的桩西油田以及塔里木盆地的东河塘油田、哈德逊油田也都反映出这种特征。

结构体下层风化淋滤带是前期地层遭受风化、剥蚀、淋滤、溶蚀及成岩等作用后而形成的。因此，风化淋滤带中发育各种裂缝和溶蚀孔洞等，发育深度可达数十米至数百米。虽然其纵、横向非均质性极强，但在距不整合面的一定距离内可形成“淋滤带层”，其渗透性受岩性、气候、剥蚀时间、剥蚀厚度及重新沉积厚度的影响。济阳坳陷的广饶潜山油气藏(奥陶系灰岩岩溶系统)、冀中坳陷的任丘潜山油田(蓟县系雾迷山组岩溶系统)、塔里木盆地的轮南-塔河油田(奥陶系灰岩岩溶系统)等证实了不整合结构体下层“淋滤带层”运载层的存在。

综合考虑不整合结构体的岩性配置关系(结构类型)、风化黏土层的发育情况等因素，将不整合的空间结构分为双输导通道型(Ⅰ型)和单输导通道型(Ⅱ型)两大类，单输导通道型(Ⅱ型)又分为 $Ⅱ_1$、$Ⅱ_2$、$Ⅱ_3$ 3 个亚类(图 4-22)。

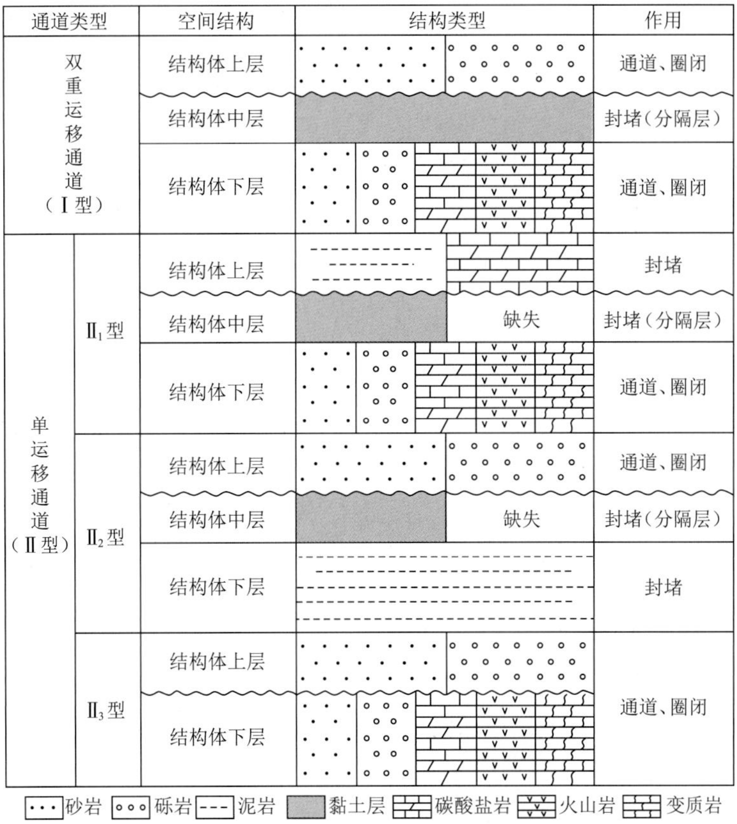

图 4-22　不整合结构体宏观输导通道类型

Ⅰ型：不整合结构体上层岩石为砂岩或砾岩，发育风化黏土层，半风化岩石为砂岩、砾岩、碳酸盐岩、火山岩及变质岩中的一种。风化黏土层对油气具有封堵作用，不整合结构体上、下层均可作为油气输导通道。

$Ⅱ_1$型：不整合结构体上层岩石为泥岩或碳酸盐岩，对油气起封堵作用；当发育黏土层时，其与不整合结构体上层的泥岩和碳酸盐岩共同封堵油气；半风化岩石可以是砂砾岩、碳酸盐岩、火山岩及变质岩中的任何一种，是油气输导的良好通道。

$Ⅱ_2$型：不整合结构体上层岩石为渗透型砂岩或砾岩，可作为油气输导通道；不整合面之下为非渗透型泥岩，黏土层可以不发育。

$Ⅱ_3$型：不整合结构体上层为砂岩或砾岩，黏土层不发育，不整合结构体下层为砂岩、砾岩、碳酸盐岩、火山岩及变质岩的一种，不整合结构体上、下层的岩层共同构成油气输导的通道，对油气进行输导。

4.2.2.2 微观输导通道

依据不整合内部结构的分析，微观上，可作为不整合输导油气通道的类型主要有不整合结构体上层的连通孔隙带、不整合结构体下层半风化岩石的裂缝系统和溶蚀孔洞系统（图 4-23）。

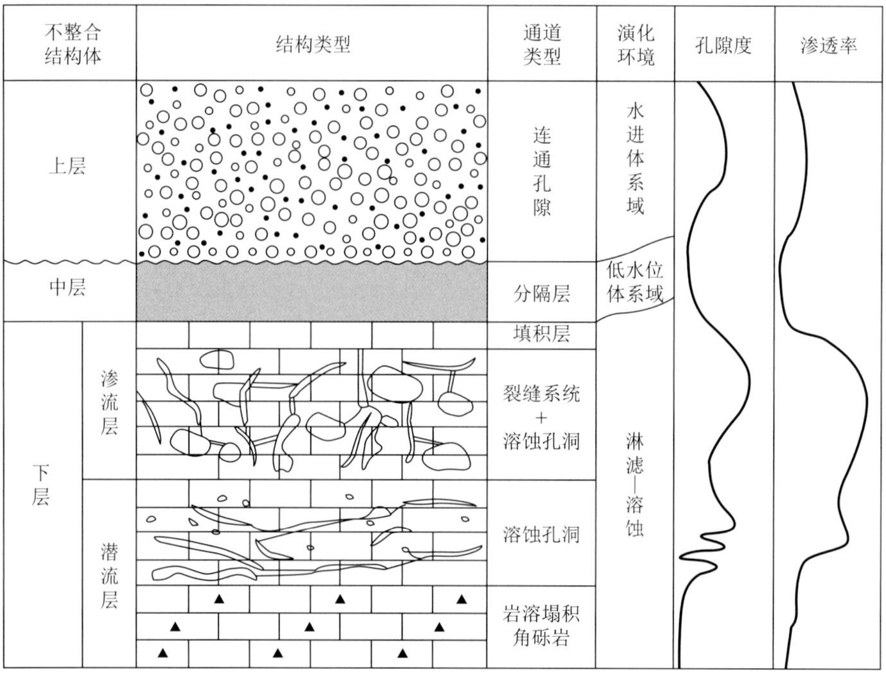

图 4-23　不整合结构体微观输导通道类型

1）结构体上层连通孔隙带

结构体上层岩石大都是风化带粗碎屑残积物在发生水进时接近原地沉积的产物，其粒间孔、粒间溶孔等构成“连通孔隙带”，组成颗粒较粗，磨圆较差，成分复杂，以砂砾岩为主，分布连续，厚度适中，孔、渗性较好，如准噶尔盆地陆西地区侏罗系西山窑组顶界不整合面之上的底砾岩层（表 4-5），“连通孔隙带”形成油气侧向或斜向输导的通道（图 4-24）。

表 4-5　陆西地区西山窑组顶界不整合结构体上层底砾岩的孔隙度和渗透率

井　号	不整合纵向岩性组合模式	不整合面之上底砾岩孔隙度/%	不整合面之上底砾岩渗透率/(10^{-3} μm^2)
陆 19	砾岩-粘土层-砂岩	6.0	8.0
陆 14	砾岩-缺失-砾岩	5.0	9.1
陆 1	砂岩-缺失-砾岩	7.4	7.6
石东 3	砂岩-粘土层-泥岩	6.4	7.1

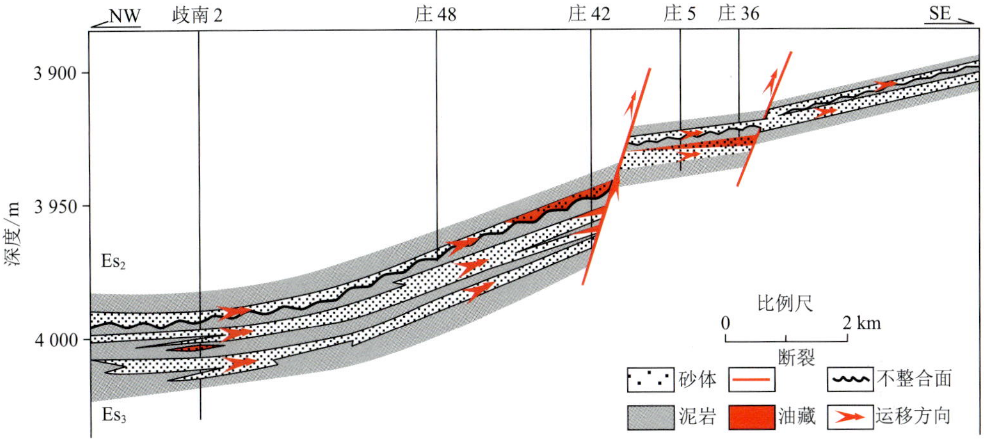

图 4-24　歧口凹陷埕北断阶带不整合结构体与油气运聚关系图

2）结构体下层裂缝系统

不整合的发育，通常会在半风化岩石中产生三种裂缝，一是卸荷裂缝，即地层因隆升剥蚀，发生卸载作用形成的一系列裂缝，裂缝面大致平行不整合面，延伸长，张开性随深度增加而减弱；二是风化裂缝，由机械风化、生物风化或化学风化作用形成，裂缝面与不整合面斜交；三是构造裂缝（图 4-25、图 4-26），发育分布具有普遍性，由构造挤压和断裂活动形成，裂缝面（近）垂直于不整合面。这三组裂缝相互切割、连通，组成构造-卸荷-风化裂缝系统，发育深度可达十米乃至百米。

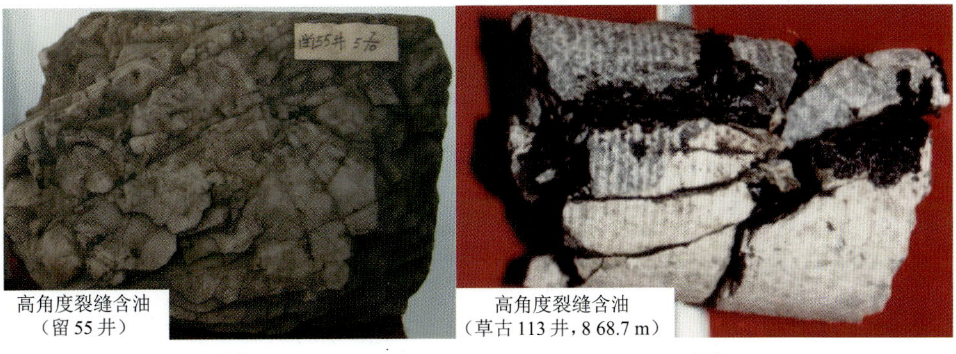

（a）　　　　（b）

图 4-25　不整合结构体下层风化淋滤带的构造裂缝岩芯照片

构造-卸荷-风化裂缝系统的发育程度和张开强度与地层的剥蚀厚度、岩性、构造活动强度以及埋深等有关。在剥蚀厚度大的地区，卸荷多，卸荷裂缝发育，厚度大，且张开强度好；在岩

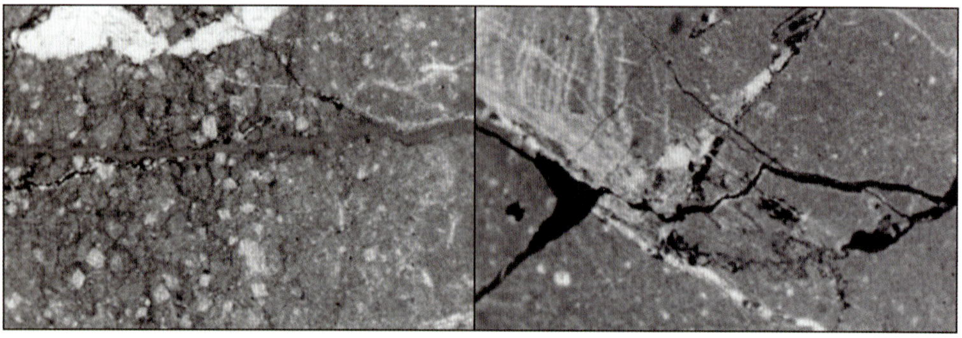

（a）　　　　　　　　（b）

图 4-26　塔里木英买力地区井下碳酸盐岩构造裂缝显微照片（据吕修祥等，2007）

石成分不均匀、硬而脆的地层中，构造-卸荷-风化裂缝系统发育，张开性好，裂缝中充填物以石英砂粒和岩屑为主；在成分均匀，泥质较多的细粒软岩石中卸荷、风化裂缝发育程度则较差，裂缝中往往被泥质充填；在构造活动强的地区，构造、风化裂缝发育，渗透性好；随着埋深的增加，构造-卸荷-风化裂缝系统发育程度越来越差，尤其是卸荷、风化裂缝。

正是由于所处构造位置、岩性、构造活动强度等的差异，风化淋滤带的裂缝产状、性质、充填情况、开启程度各不相同。以济阳坳陷车西地区下古生界潜山风化壳为例（图 4-27），从裂缝产状看，以垂直缝（75°～90°）及高角度斜缝（45°～75°）为主，低角度斜缝（15°～45°）次之（其中冶里—亮甲山组占 40.22%），水平缝最少（主要发育于上马家沟组，占 27.28%），各种产状的裂缝所占比例集中度不高。从裂缝规模上看，主要发育缝宽 0.1～1 mm、长度小于 6.5 mm、纵深小于 65 mm 的小缝（凤山组最发育，占 80.49%），其次为缝宽 1～5 mm、延伸长度 6.5～10 mm 的中缝（主要发育于上马家沟组和凤山组，分别占 45.45%、45.12%），大缝和巨缝仅在个别井段局部发育。从裂缝充填程度看，以充填缝为主，凤山组半充填和未充填缝所占比例相对较大，有效缝发育，其中多伴随有溶蚀孔洞的发育，有油气侵染情况，是车西地区主要的储渗空间。从裂缝发育程度上看，不同井、不同层位差别很大，如车 57 井裂缝密度平均为 74 条/m，而车 59 井仅 5.5 条/m；层位上，以八陡组最为发育，裂缝密度平均达 35.8 条/m，最不发育的上马家沟组仅 9.8 条/m。正是由于这些裂缝的存在，造成碳酸盐岩储层渗透性提高了 10～100 倍（基质渗透率仅为 $0.014\times10^{-3}\ \mu m^2$ 左右），一般为 $(1\sim10)\times10^{-3}\ \mu m^2$，最高可达 $77.8\times10^{-3}\ \mu m^2$，是重要的油气渗流通道。

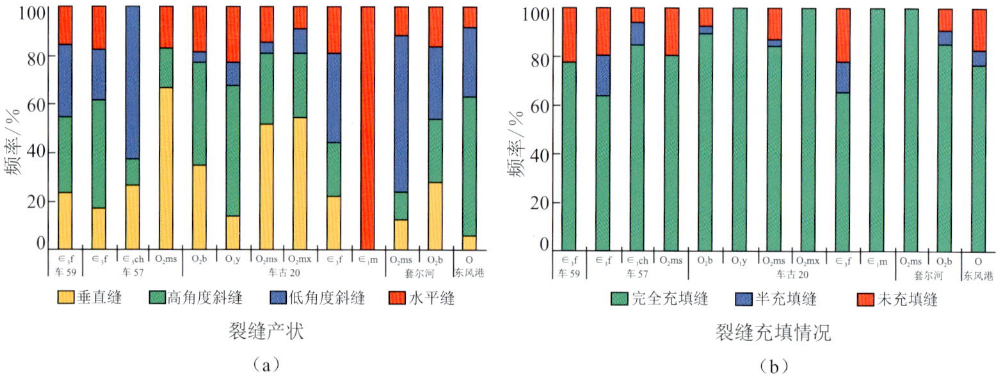

（a）　　　　　　　　（b）

图 4-27　济阳坳陷车西地区下古生界潜山风化壳裂缝发育情况统计图（据谭丽娟等，2003）

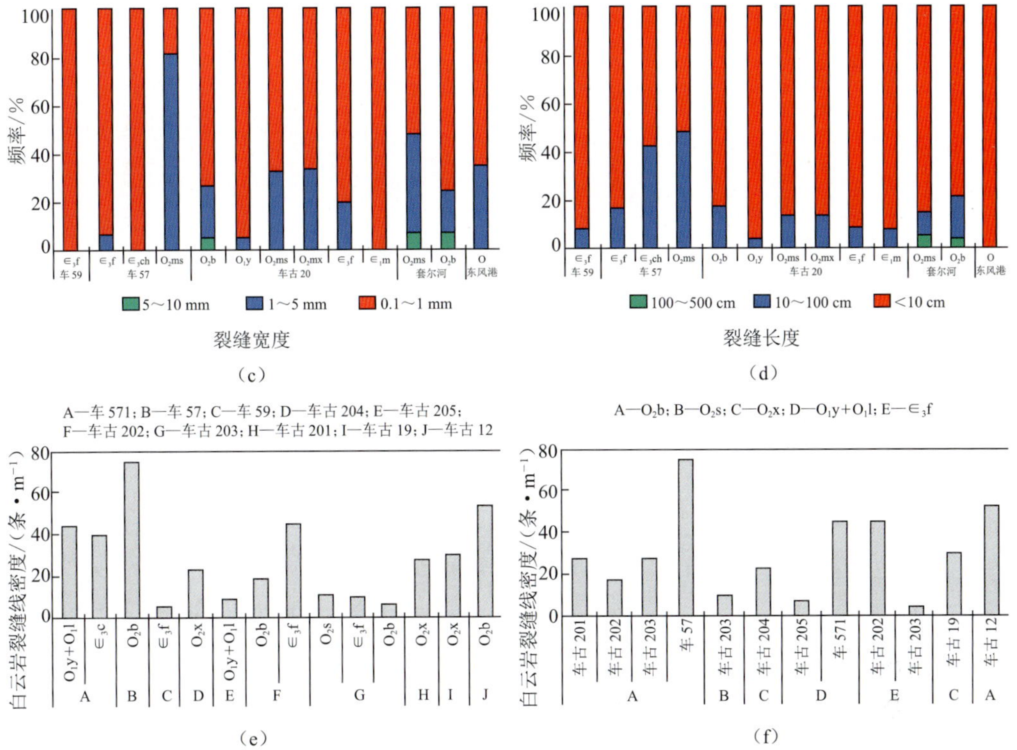

图 4-27(续)　济阳坳陷车西地区下古生界潜山风化壳裂缝发育情况统计图(据谭丽娟等,2003)

冀中坳陷长洋淀潜山长 3 井 4 090.42～4 371.59 m(不整合面埋深 4 086 m)井段高导缝非常发育,以中高角度斜交缝、网状缝为主,低角度、高角度裂缝均相对较少,部分层段地层破碎严重,溶蚀孔洞沿裂缝面呈串珠状分布,有时可见裂缝局部被充填或者闭合(图 4-28),裂缝张开度和孔隙度较大,储层物性较好。裂缝密度集中在 4～16 条/m,峰值在 9 条/m;裂缝长度主要分布在 2～18 m/m^2;裂缝宽度多数在 25～200 μm 之间;裂缝孔隙度基本小于 0.12%,局部层段可达 0.2%以上(图 4-29)。这些裂缝的发育不仅可增加储层的储集空间,而且对渗流能力提高有较大意义(该井段试油见 508 t/d 的工业油流)。

又如塔里木盆地和田河气田奥陶系碳酸盐岩储层,由表 4-6 可知,裂缝孔隙度占总孔隙度的 1.5%～3.5%,而裂缝渗透率占总渗透率的 99.4%左右,说明裂缝对储层的贡献主要表现在渗透率上。由于裂缝的存在,大大提高了储层的渗透性。经测定,区内碳酸盐岩储层基质的渗透率仅为 0.014×10^{-3} μm^2 左右,如果没有裂缝,不可能成为有效的储层。

3) 结构体下层溶蚀孔洞系统

无论是在露头区、岩芯观察、还是在镜下,不整合结构体下层风化淋滤带中均可见大量溶孔、溶洞、溶缝及其充填物(图 4-30)。受大气淡水风化淋滤、岩溶作用及含烃流体活动等因素的影响,风化淋滤带(尤其是碳酸盐岩)溶孔、溶洞发育,为油气的聚集提供了良好的空间。例如,济阳坳陷桩西潜山桩古 10 井,于井深 3 571 m 进入上马家沟组底部白云岩,钻井揭示厚度 111 m,遇 3 个大溶洞(图 4-31)。全井测试日产油 3 635 t,天然气 36×10^4 m^3。第 1 个洞位于井深 3 588～3 594 m,洞高 6 m,为充填溶洞,洞内充填物为中生界硅化泥岩与灰岩、白云质灰岩角砾块;第 2 个洞位于井深 3 620～3 624 m,洞高 4 m,钻具放空 1.1 m,钻井液大量漏失;第 3 个洞位于井深 3 670～3 675 m,洞高 5 m,钻具放空 0.5 m,钻井液漏失 1 000 m^3。可见,这类大型溶洞是有效的油气输导通道和储集空间。

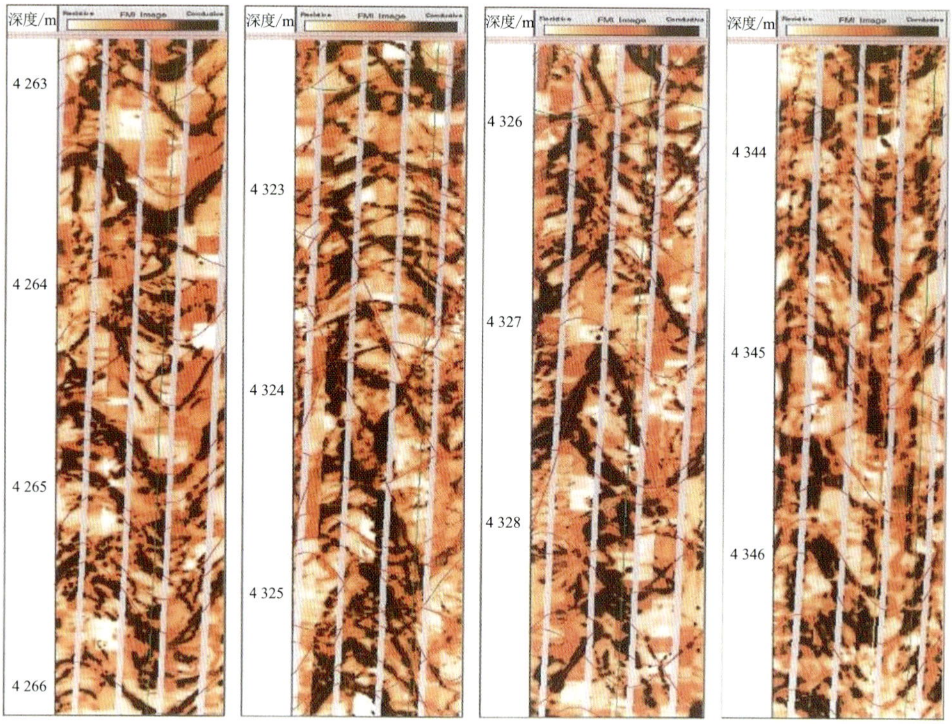

图 4-28　长 3 井裂缝及溶蚀孔洞的 FMI 图像特征(据华北油田,2006)

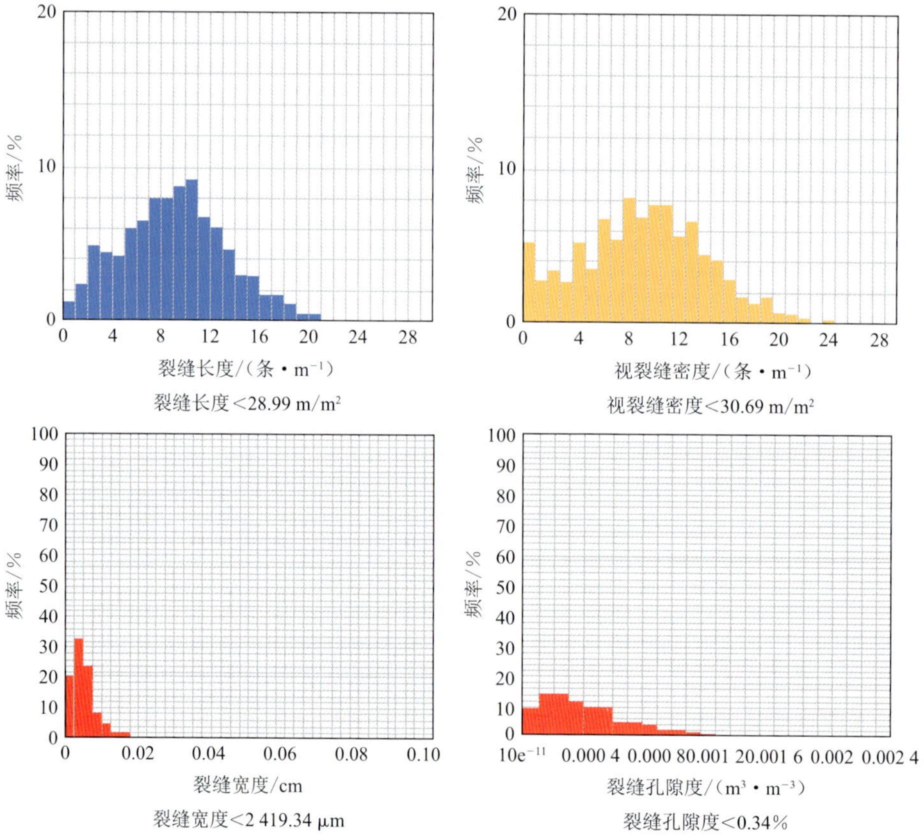

图 4-29　长 3 井 4 090.42～4 371.59 m 裂缝发育情况统计图(据华北油田,2006)

表 4-6　和田河气田奥陶系碳酸盐岩储层物性参数平均值

参　数	井　号			
	玛 401	玛 5	玛 4	玛 8
厚度/m	49.5	86.88	78.0	61.65
孔隙度/%	2.41	3.0	2.48	2.08
裂缝孔隙度/%	0.056	0.08	0.087	0.032
渗透率/(10^{-3} μm^2)	2.538	2.686	3.530	2.212
裂缝渗透率/(10^{-3} μm^2)	2.524	2.67	3.515	2.2
基质渗透率/(10^{-3} μm^2)	0.014	0.016	0.015	0.012
$\frac{裂缝孔隙度}{总孔隙度}$/%	2.3	2.6	3.5	1.5
$\frac{裂缝渗透率}{总渗透率}$/%	99.4	99.4	99.5	99.4

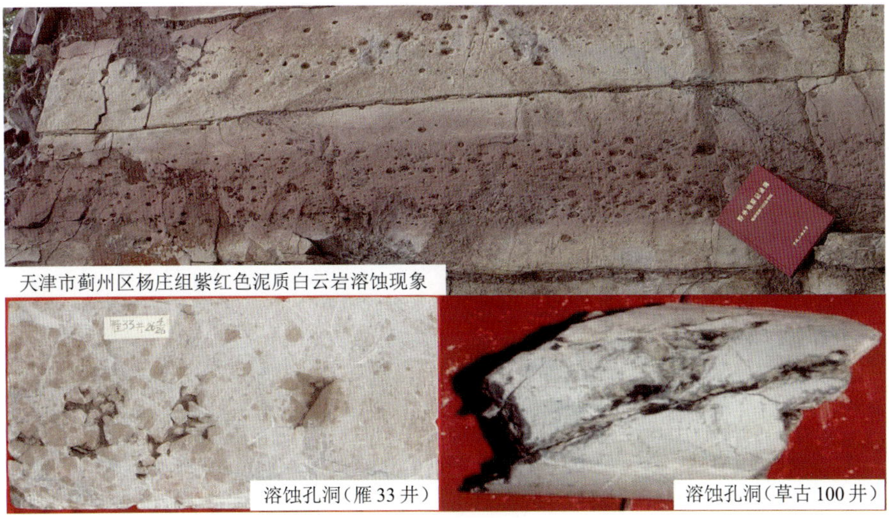

图 4-30　风化淋滤带的溶蚀孔、洞、缝

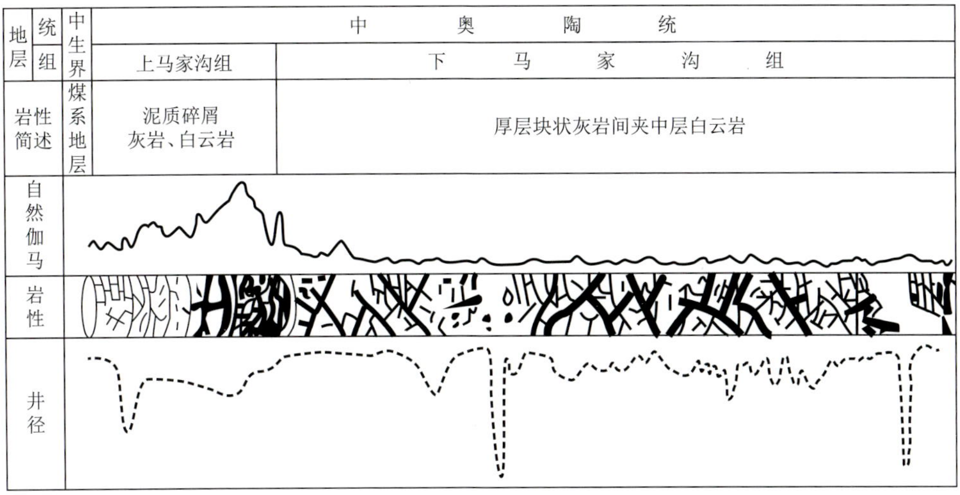

图 4-31　济阳坳陷桩西潜山桩古 10 井奥陶系综合柱状图

又如冀中坳陷潜山井经常出现钻具放空、钻井液漏失以及明显的扩径等现象。经统计，区内奥陶系有近 1/3 的井钻遇大型洞穴，雾迷山组有近 1/2 的井钻遇大型洞穴，最大洞高 5.6 m，反映区内雾迷山组和奥陶系碳酸盐岩中大型洞穴的存在是较为普遍的(图 4-32)。岩芯上常见的洞多为 20 mm 以下的小型孔洞，如任 48 井雾迷山组一块长 11 cm 的岩芯柱面上，发育有 1 673 个孔隙和洞穴，其中直径大于 2 mm 的孔洞占孔隙总面积的 84%。这类孔洞常呈蜂窝状或彼此以微缝相连呈串珠状分布，一般未充填或半充填，洞中普遍含油，是重要的储集空间。

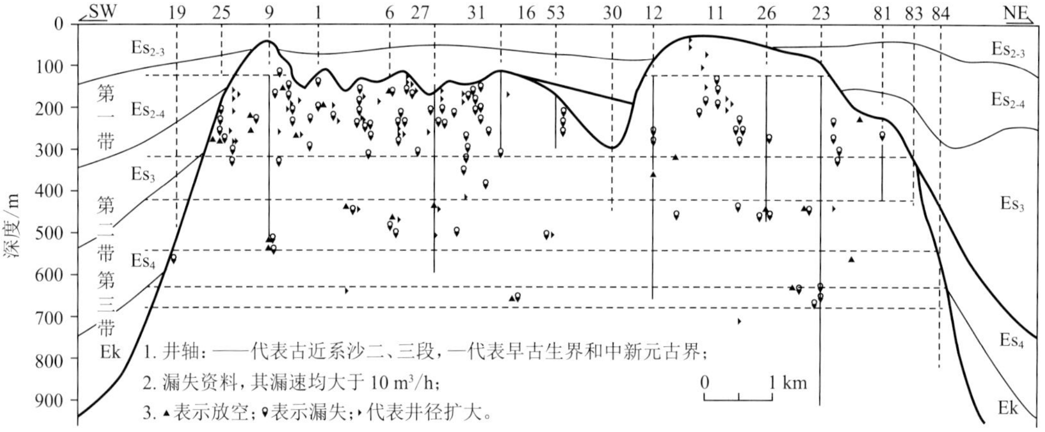

图 4-32 任丘油田古潜山岩溶垂向分带图

风化淋滤带溶蚀孔、洞、缝的形成与裂缝的发育密切相关，裂缝的存在有利于岩石风化作用扩展，从而呈现出缝中洞或缝连洞的特征。地层被抬升暴露地表时，受构造、风化等作用，易形成微裂缝，地表水、大气淡水等沿这些裂缝下渗，在长期风化淋滤作用下可形成大量溶孔、溶缝以及溶洞(图 4-33)。

可见，风化淋滤带的溶蚀孔洞往往不是孤立的，实际地下地质情况是，风化淋滤带中的构造-卸荷-风化裂缝系统和溶蚀孔洞系统常常在空间上相互切割、相互组合，形成油气输导和聚集的“孔-洞-缝”网络系统，使得岩石物性得到提高，从而成为有效的油气输导通道和储集空间，轮南-塔河奥陶系潜山油藏、任丘雾迷山组潜山油藏等的形成即是“孔-洞-缝”网络系统发育的结果(图 4-34)。

冀中坳陷任丘油田雾迷山组潜山主要发育孔隙、溶洞、裂缝 3 大类及 14 个亚类储集空间，不同类型的储集体储集空间及其组合也有所不同。雾迷山组不同区块的孔隙度最大为 9.94%，最小为 2.51%，平均值变化范围在 8.07%～2.78%之间；渗透率变化极大，高者可达 $8\,450\times10^{-3}\ \mu m^2$，低者仅 $8.8\times10^{-3}\ \mu m^2$ 甚至更低，一般地区为 $(500\sim1\,000)\times10^{-3}\ \mu m^2$。宽窄不一的裂缝将雾迷山组潜山各种类型的孔、洞串连在一起，形成缝连洞、缝中洞的立体网状输导系统和储集空间，如任 9 井与任 25 井相距 1.5 km，于雾十段 1-2 小层均有放空漏失现象。任 9 井初产油量 5 435 t/d，生产过程中，任 25 井放大油嘴提高产量，任 9 井的产量明显下降(由 920 t/d 降至 860 t/d)，表明二者为连通层。还有任 13 井和任 17 井，任 35 井、任 36 井和任 52 井等井均属此类情况，充分说明雾迷山组储层储集性能良好，同时也说明半风化岩石的“孔-洞-缝”网络系统作为油气输导通道的有效性。

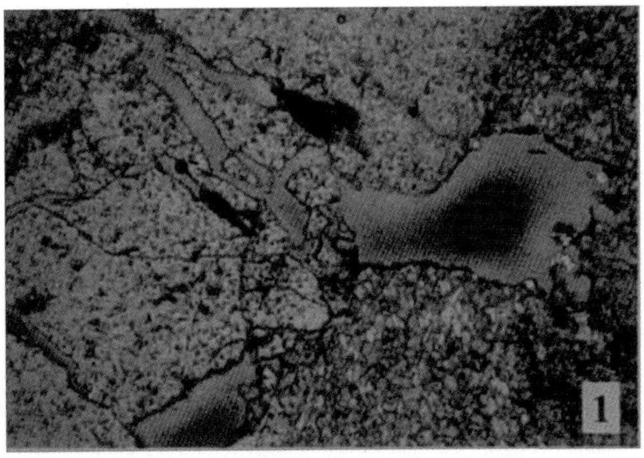

霸 88 井，O_2s，构造-溶蚀缝与溶孔相互连通呈网络状（红色铸体，单偏光，×15）

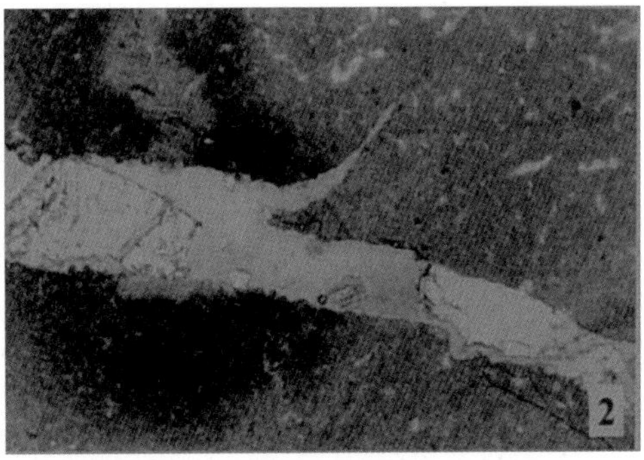

苏 1-4 井，O_2f，半充填构造-溶蚀缝（蓝色铸体，单偏光，×26）

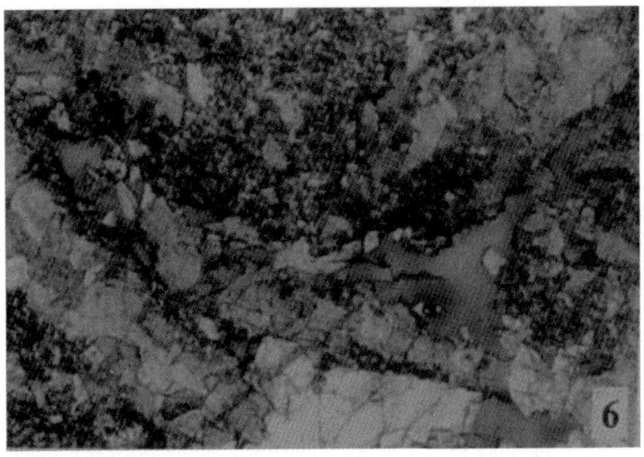

霸 55 井，O_2s，粒间溶孔，少量淡水白云石充填孔隙（蓝色铸体，单偏光，×18）

苏 1-5，O_2f，粒间溶孔，淡水方解石充填孔隙（蓝色铸体，单偏光，×18）

图 4-33　冀中坳陷风化淋滤带的溶蚀孔、缝（铸体薄片）

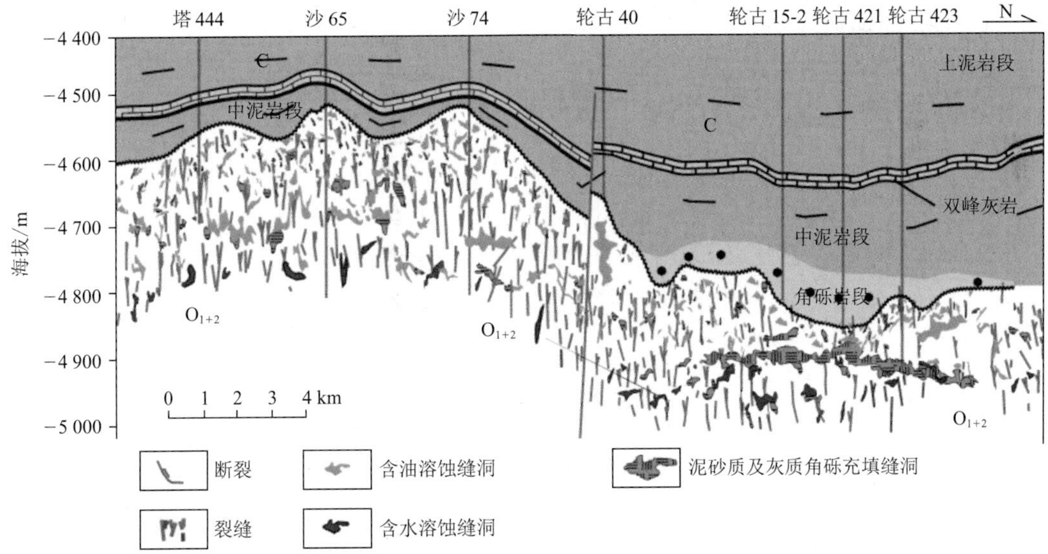

图 4-34　轮南—塔河油藏剖面图（据吕修祥等，2007）

4.2.3　油气沿不整合结构输导方向分析

4.2.3.1　准噶尔盆地陆梁隆起油气输导方向分析

1）利用原油物性变化分析输导方向

原油在地下输导过程中，随着输导距离的增加，地层原油物性参数值会沿输导方向发生变化。在地层开启性比较强的地区，原油在输导时发生氧化效应，饱和压力和油气比逐渐降低，密度和黏度逐渐增加。在地层封闭性比较好的地区，原油输导时会发生地层吸附作用，产生色层效应，轻质成分易于挥发，输导的速度更快、距离更远，在输导方向上，原油物性参数值会有所降低。研究认为，陆梁地区的输导通道总体呈开放性，原油在其中输导时主要发生氧化效应。

沿石西—石南—陆梁方向密度、黏度呈增大的趋势，反映了该方向的输导效应，在输导过程中主要发生了氧化效应(图 4-35)。沿石西—石南—陆梁方向原油凝固点和含蜡量的关系不太明显，主要原因是含蜡量与密度和黏度、凝固点与密度和黏度并不是单一的函数关系式。但在某些地区，由于环境的差异、地层开放程度的不同，原油物性参数值有相反的变化。如在石南 10 井，由于地层封闭性较好，油气遭受氧化能力弱，或者受后期高成熟度油气的影响，从而使其原油物性参数值出现低值。

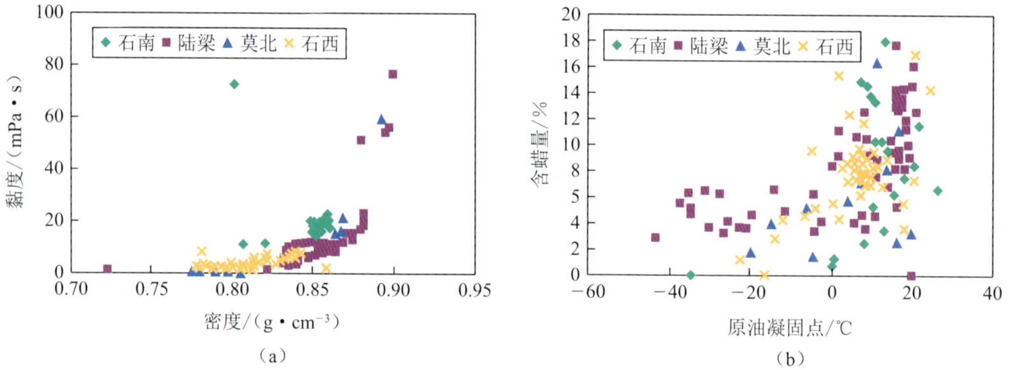

图 4-35 陆梁隆起油气沿不整合结构体输导发生的原油物性变化统计

2）利用地球化学参数分析油气输导方向

从色谱参数变化上看(图 4-36)，从石南到陆梁，油气输导以氧化效应为主。Pr/Ph 的均值大于 1，氧化环境；Ph/nC_{18} 的均值增大，OEP 的均值减小，成熟度增高；C_{21^-}/C_{22^+} 的均值减小，$C_{21}+C_{22}/C_{28}+C_{29}$ 的均值减小。

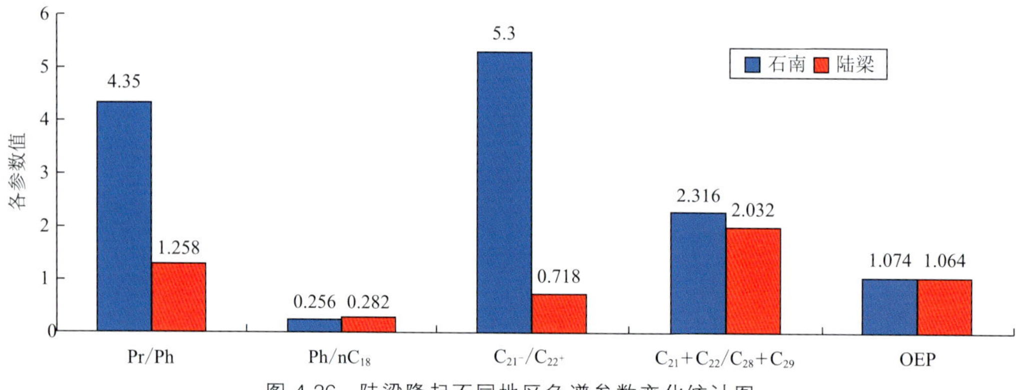

图 4-36 陆梁隆起不同地区色谱参数变化统计图

生物标志化合物由于性质稳定，不仅是油源对比的良好指标，有些也是判断油气输导的重要参数。例如，w(甾烷 $C_{29}\alpha\alpha\alpha$20S)/w(20S+20R)和 w($C_{29}\beta\beta$)/w($\beta\beta+\alpha\alpha$)，前者是成熟度参数，后者是良好的输导参数，两者结合可以分析油气的输导效应和方向，因为随着输导距离的增加，w(甾烷 $C_{29}\alpha\alpha\alpha 20S$)/$w$($20S+20R$)和 w($C_{29}\beta\beta$)/w($\beta\beta+\alpha\alpha$)值增大。在输导过程中，由于化学组分的改变，引起同位素分馏，沥青质、非烃和芳烃减少，而石蜡烃和饱和烃含量相对增加，全油的 $\delta^{13}C$ 同位素值在输导过程中降低。从图 4-37 中看出，石南区的 w(甾烷 $C_{29}\alpha\alpha\alpha 20S$)/$w$($20S+20R$)和 w($C_{29}\beta\beta$)/w($\beta\beta+\alpha\alpha$)值数据点明显呈首尾两段式分布；陆 9 井区的数据点集中于一个区域内。两者相比较可以看出，陆 9 井区的油气经历了更为明显的输导效应，说明油气到达石南区后进一步向陆 9 井区输导。石南区的原油为多次成藏的混源型原油，分为侏罗纪末—早白垩世、新近纪末早晚两期。晚期的原油经历了较为明显的成熟作用，为高成熟原油。从碳同位素的分布也可看到这种趋势，两个区碳同位素数据点的分布与 w(甾烷 $C_{29}\alpha\alpha\alpha 20S$)/$w$($20S+20R$)和 w($C_{29}\beta\beta$)/w($\beta\beta+\alpha\alpha$)数据点的分布基本相同，较好地说明了这个问题。由比较可以看出，油气主要来源于盆 1 井西凹陷，经过石南区不整合面输导到达陆 9 井区。从碳同位素看，沿石西—石南—陆梁方向 $\delta^{13}C$ 降低，发生了同位素地质色层效应(图 4-38)，表明油气确实沿石西—石南—陆梁方向不整合面输导。

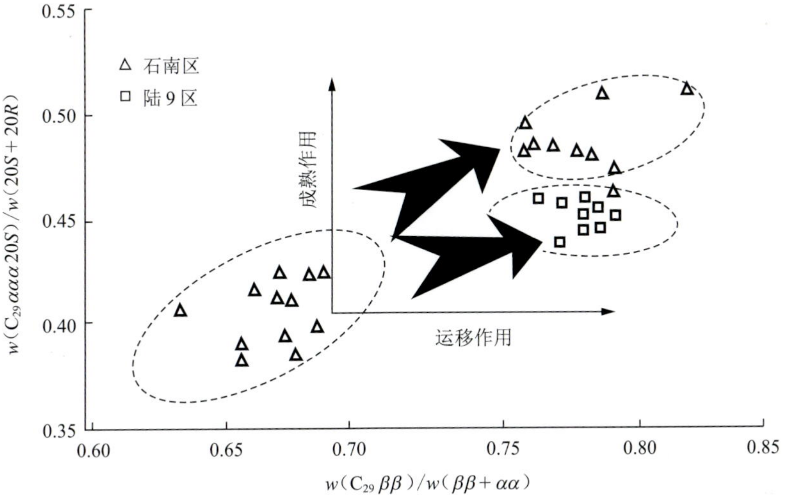

图 4-37　陆梁隆起各区 w(甾烷 $C_{29}\alpha\alpha\alpha 20S$)/$w$($20S+20R$)和 w($C_{29}\beta\beta$)/w($\beta\beta+\alpha\alpha$)地质色层效应

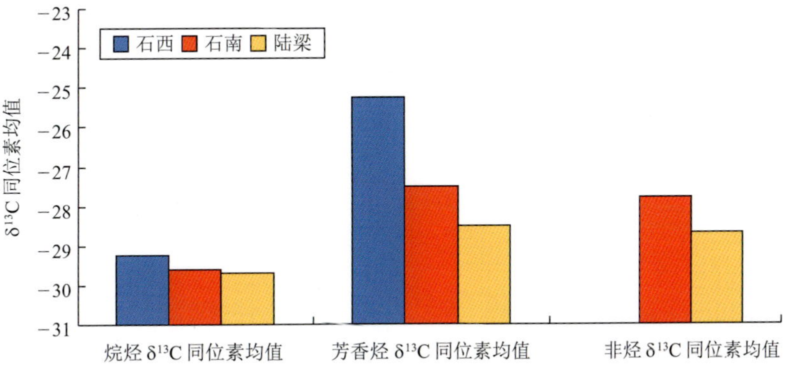

图 4-38　陆梁隆起各区烷烃碳同位素和原油碳同位素地质色层效应

从包裹体成分含量在各地区的变化情况看(图 4-39)，沿夏盐—石南—陆梁方向，CH_4/CO_2+CH_4 的比值减小，$CH_4/C_1+C_2+C_3$ 除陆梁地区出现异常外，其余呈减小趋势，沿莫北—石西—

石南—陆梁的方向 CH_4/CO_2+CH_4 的比值减小，$CH_4/C_1+C_2+C_3$ 除陆梁地区出现异常外，其余呈减小趋势，较好地反映了沿这两个剖面方向输导。陆梁地区总有机组分含量低，CO_2 含量高，可能是溶解效应使得样品参数不能客观地反映不整合面的实际情况。

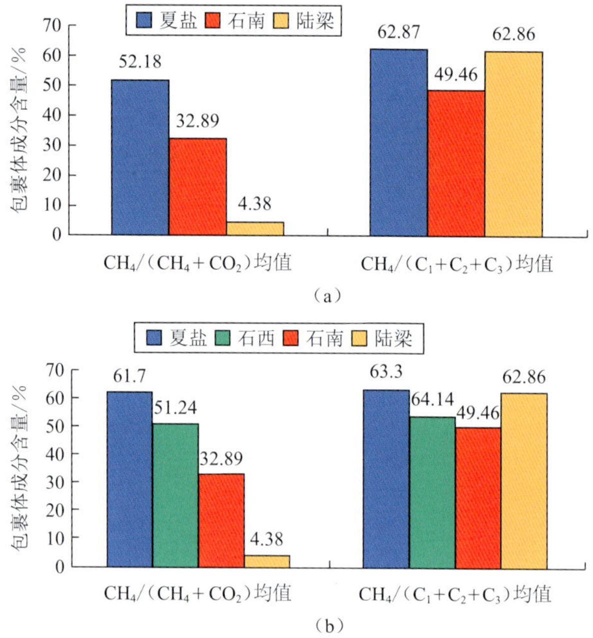

图 4-39 陆梁隆起不同地区包裹体成分含量变化统计

4.2.3.2 准噶尔盆地玛东斜坡区油气输导方向分析

1）利用原油物性变化分析输导方向

从下图原油物性变化上可以看出，从凹陷区到斜坡区，密度、黏度、含蜡量减少，具有明显的输导效应，色层效应占主导因素（图 4-40）。

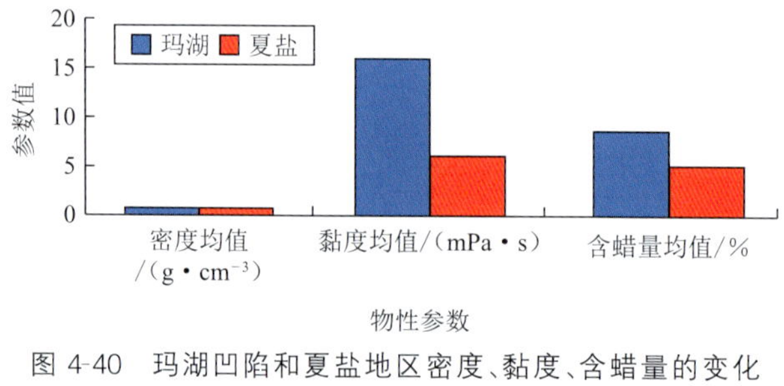

图 4-40 玛湖凹陷和夏盐地区密度、黏度、含蜡量的变化

2）利用地球化学参数分析油气输导方向

从玛东、夏盐、石西饱和烃、芳香烃、非烃、沥青含量统计图（图 4-41）可以看出，从玛湖凹陷沿不整合面输导到玛东、夏盐斜坡区，原油的饱和烃含量增大，芳香烃、非烃、沥青含量减少，符合油气输导色层效应，说明油气从玛湖凹陷、盆 1 井西凹陷沿不整合面输导至斜坡带的夏盐、玛东及石西聚集成藏。

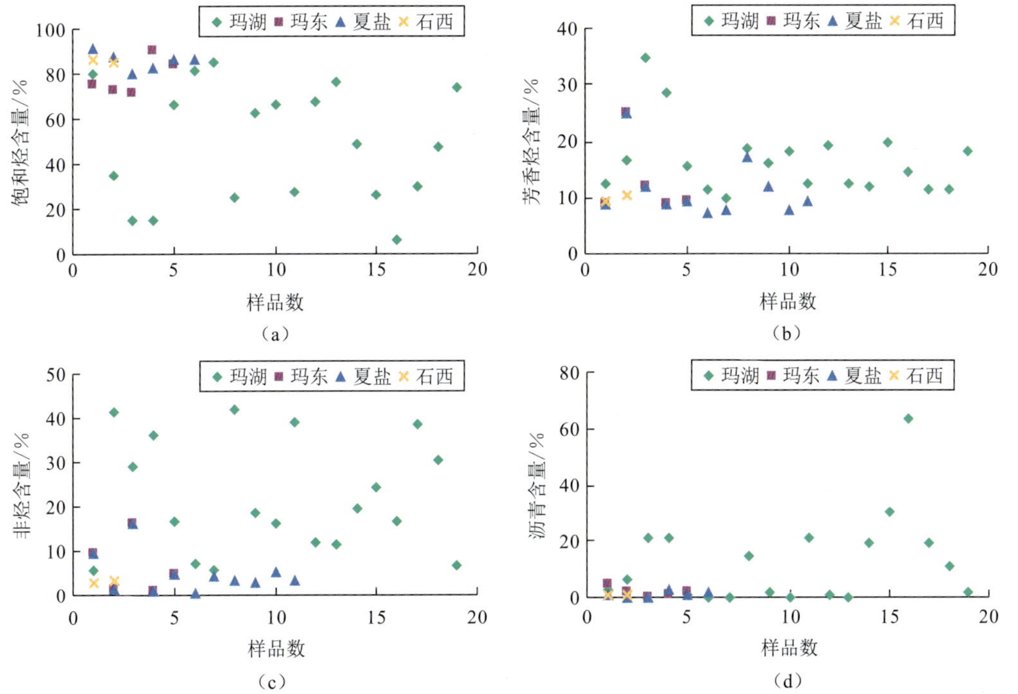

图 4-41　原油从玛湖凹陷沿不整合面输导到夏盐斜坡原油族组成含量的变化

从玛湖向玛东、夏盐方向原油的 $\delta^{13}C$ 和烷烃的 $\delta^{13}C$ 均减少(图 4-42)，说明油气从玛湖凹陷沿不整合面输导至斜坡带的夏盐、玛东聚集成藏时，碳同位素也发生了明显的地质色层效应。

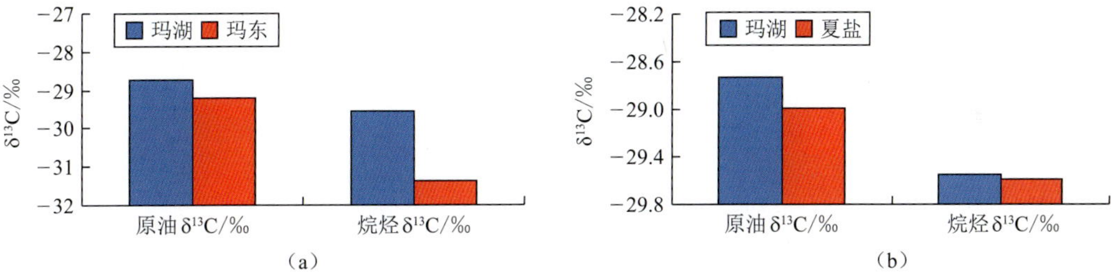

图 4-42　玛湖凹陷和玛湖东斜坡碳同位素的变化

相对玛湖凹陷而言，玛东和夏盐斜坡区的 $w(C_{29}\alpha\alpha\alpha 20S)/w(20S+20R)$ 和 $w(C_{29}\beta\beta)/w(\beta\beta+\alpha\alpha)$ 降低(图 4-43)，说明从玛湖到夏盐和玛东成熟度降低，经历了明显的输导效应，油气沿玛湖凹陷向周围斜坡呈环带状输导。

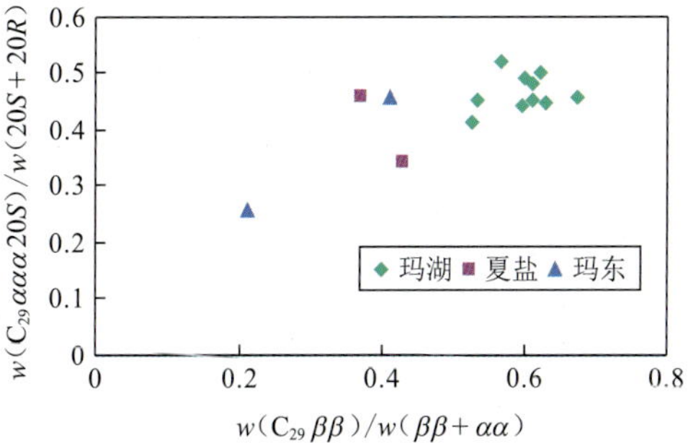

图 4-43　玛湖凹陷和玛东斜坡不同区 $w(C_{29}\alpha\alpha\alpha 20S)/w(20S+20R)$ 和 $w(C_{29}\beta\beta)/w(\beta\beta+\alpha\alpha)$ 变化

4.2.3.3　准噶尔盆地乌夏地区油气输导方向分析

1）利用原油物性变化分析输导方向

从玛北斜坡带到乌夏断裂带，原油密度、黏度增大(图 4-44)，具有明显的输导效应，以氧化效应为主，同时总体来看原油的饱和烃含量减小，芳香烃、非烃、沥青含量增大。

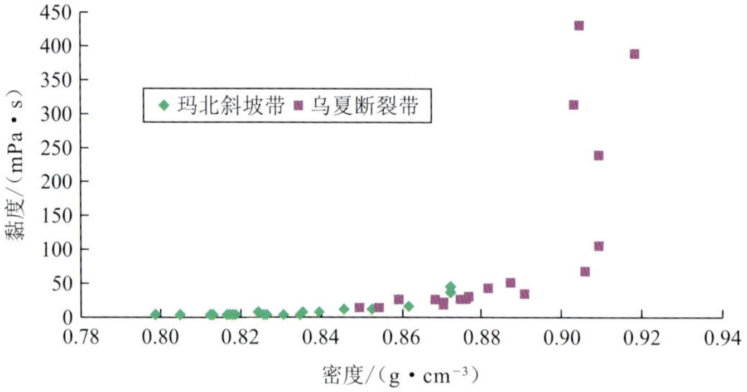

图 4-44 西北缘玛北斜坡带到乌夏断裂带原油物性变化统计

2）利用全烃气相色谱特征分析输导方向

油气从玛湖凹陷沿不整合结构体由断裂带下盘向上盘输导过程中，由于输导效应及氧化作用，造成 Pr/Ph 均值、Pr/nC_{17} 均值、Ph/nC_{18} 均值升高，CPI 均值、OEP 均值降低（表 4-6）。

表 4-7 西北缘不整合结构体全烃气相色谱统计表

井 号	Pr/Ph	Pr/nC_{17}	Pr/nC_{18}	C_{21-}/C_{22+}	$C_{21}+C_{22}/C_{28}+C_{29}$	CPI	OEP	含油气区
重 10	1.96	0.85	0.90				0.99	断裂带上盘
重 11	2.25	1.00	0.72				1.30	
重 15	1.73	0.85	0.90				0.94	
重 18	1.59	0.62	0.70	24.87			10.00	
重 25	1.88	0.77	0.91	69.64		1.07	0.98	
533	1.26	0.67	0.63				1.04	断裂带
533	1.37	0.53	0.48				1.06	
风南 2	1.64	1.01	1.90	0.87	1.72	1.00	0.88	断裂带下盘
风南 1	0.94	0.59	0.78	1.40	1.47	1.02	1.21	
玛 003	0.88	0.55	0.71	2.99		1.25	1.22	
玛 005	0.79	0.99	0.61	0.94	2.09	1.14	1.22	
玛 006	0.79	0.79	0.97	0.80	2.06	1.25	1.15	

3）利用碳同位素特征分析输导方向

从表 4-7 西北缘不整合结构体原油样品同位素测试结果统计表可以看出，油气沿不整合结构体输导，经断裂带下盘—断裂带上盘，烷烃 $\delta^{13}C$ 碳同位素、芳香烃 $\delta^{13}C$ 碳同位素、非烃 $\delta^{13}C$ 碳同位素、沥青 $\delta^{13}C$ 碳同位素降低。

4.2.4 油气沿不整合结构输导的距离

由于油气输导的动力平衡关系和通道特征，油气的二次输导既可能沿着储集层或不整合侧向输导，也可能沿着断裂穿层而过垂向输导（张厚福和张万选，1989）。油气二次输导的距离

表 4-8　准噶尔西北缘不整合样品同位素含量统计表

井　号	层　位	样品深度/m	烷烃 $\delta^{13}C$	芳香烃 $\delta^{13}C$	非烃 $\delta^{13}C$	非烃 $\delta^{13}C$	含油气区
玛 003	T_1底	3 585	−28.1	−27.20	−26.94		断裂带下盘
玛 006	P_2w_2顶	3 501	−28.9	−28.28	−28.24		
玛 2	P_2w_1顶	3 493	−29.4	−27.61	−28.16	−27.25	
风南 1	P_1f底	4 425	−29.1	−28.25	−27.70	−27.60	
风南 1	P_1j顶	4 446	−30.1	−28.90	−28.28		
重 10	T_2^1顶	558	−29.2	−27.44	−28.42		断裂带上盘
重 14	J 底	650	−30.3	−28.97	−29.04	−28.42	
重 14	P_2w底	654.2	−30.5	−28.97	−28.53	−27.91	
重 18	J 底	368	−29.4	−28.09	−28.12	−27.28	
重 20	J 底	356	−29.5	−27.87	−27.88	−27.61	
重 30	J 顶	98	−30.1	−28.52	−28.82	−27.84	
重 30	J 底	107.5	−29.8	−28.52	−28.56	−27.62	
重 32	J 底	216	−29.8	−28.52	−28.71	−27.71	
重 43	J 底	455.3	−30.0	−28.88	−28.68	−28.05	

主要取决于输导通道以及油源和输导过程中的动力，在垂向上输导的距离取决于盆地内地层的厚度和断裂在垂向上的延伸距离，一般可达数千米(解习农等，1999)。在侧向上只要参加输导的油源足够充分，输导通道又连续稳定，则油的输导距离相对就大，几十千米乃至数百千米的输导距离也是可能的；反之就小(王尚文，1983；Allen A. P. and Allen R. J.，1990；曾溅辉和王洪玉，1999；罗晓容，2003)。

大量事实证明，作为侧向输导通道的不整合结构体的油气散失量比作为垂向输导通道的断层要高得多，所以一般认为油气是近源分布的，侧向输导距离小于 100 km，垂向输导的距离一般为 2 km 左右。世界上主要商业油气田离油源的距离均小于 30 km，在我国主要含油气盆地中，油气侧向输导的距离一般小于 50 km(吕修祥和金之钧，2000)。但也有人证实在克拉通盆地存在油气长距离输导，如伊利诺斯盆地和威利斯顿盆地油气输导的最大距离可达 150 km (Bethke，1992)；Walters(1953)认为美国堪萨斯中央隆起上的许多奥陶系碳酸盐岩油气藏油源来自俄克拉荷马中西部安纳达科盆地，石油主要沿着宾西法尼亚期前不整合输导而来，其输导距离达 160 km 以上。那么在我国含油气盆地中油气的侧向输导最大距离能达多远？本次研究将对我国东部渤海湾盆地(以济阳坳陷、冀中坳陷为主)和西部准噶尔盆地已发现的地层油气藏与油源中心之间的距离进行分析和统计，得出油气沿不整合输导的最大距离以及最有利于成藏的距离。

4.2.4.1　济阳坳陷

济阳坳陷发现了众多类型的地层油气藏，包括潜山油气藏、地层超覆油气藏和地层削截油气藏，不同凹陷由于其结构特征、构造演化等的差异，发育的地层油气藏类型也不尽相同，如东营凹陷和沾化凹陷主要发育地层超覆油气藏和地层削截油气藏；车镇凹陷主要发育潜山油气藏；而惠民凹陷目前尚未发现典型的地层油气藏。这些油气藏主要分布于各凹陷的边缘或斜坡区，如沾化凹陷北斜坡的太平油田、义和庄油田等；东营凹陷南斜坡的乐安油田、金家油田等。

乐安油田位于东营凹陷南缘斜坡带，东临广饶凸起，南为鲁西隆起，北部和西北部紧靠牛庄洼陷和博兴洼陷（图 4-45）。该油田是典型的地层油气藏聚集区，不仅油气藏规模大，而且地层油气藏类型多样，既发育有地层超覆油藏、地层削截油藏，又发育有潜山油藏，这些油藏大多自生烃中心经过较长距离的油气输导而聚集成藏。油源对比结果表明（杨子成和张金亮，2008），东营凹陷南斜坡乐安油田的油源来自于距离大于 20 km 的牛庄洼陷沙四上亚段烃源岩。新近纪馆陶期和明化镇期牛庄洼陷沙四上亚段烃源岩达到生排烃高峰，生成的油气沿连通砂体、断层及古近系与前古近系之间的不整合、古近系与新近系之间的不整合等通道向南部斜坡带发生输导。期间，由于在乐安油田南区古近系与新近系之间的不整合缺失风化黏土层，古近系风化淋滤带与其上覆新近系渗透性的底砾岩层对接，使古近系的顶部形成油气上窜的“天窗”，如广 6 井不整合面上、下均含油，表明油气沿古近系砂体输导，在此处输导至 T_1 不整合面之上，然后沿 Ng 底砂体继续向南输导并聚集成藏。至此，牛庄洼陷生成的油气在经过 20～40 km 的较长距离输导后，受侧向及上覆非渗透性岩层的遮挡，在南部斜坡不同部位分别形成地层超覆油藏、地层削截油藏以及潜山油藏（图 4-46）。

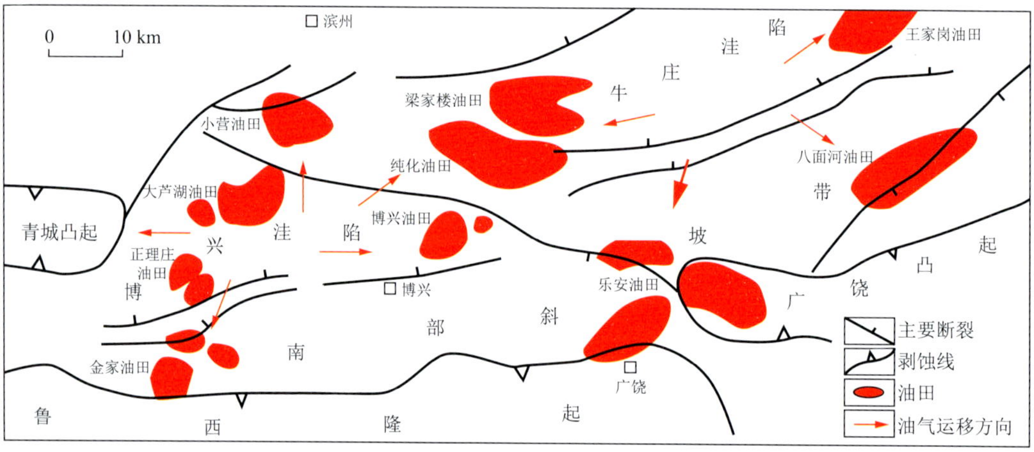

图 4-45 东营凹陷南斜坡生烃洼陷与油田分布图

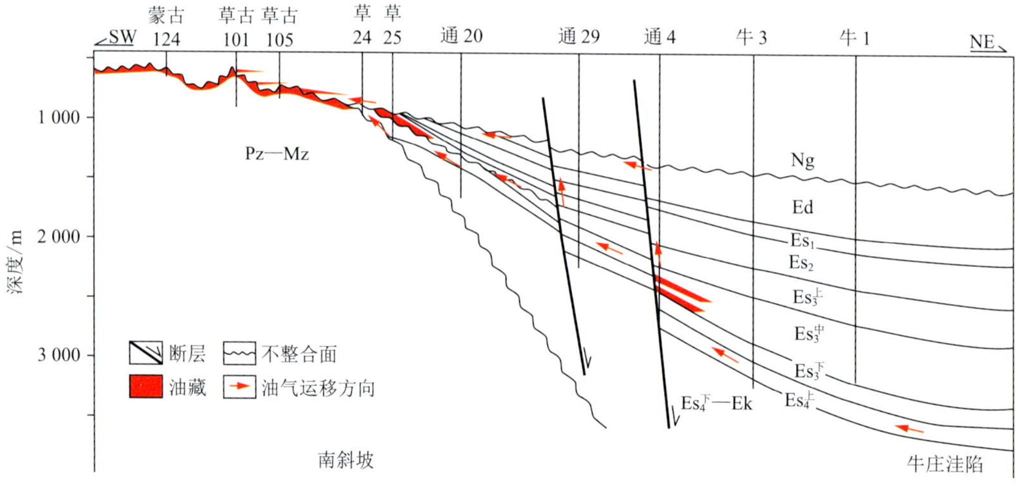

图 4-46 草古 124-牛 1 井南北向油藏剖面图

从统计的济阳坳陷不整合油气藏与油源距离来看(表 4-9),济阳坳陷油气沿不整合发生有效输导的距离在 1～50 km 之间,变化区间较大。由于油源、输导动力、输导体系、构造部位、圈闭类型等方面的差异,各凹陷之间油气沿不整合输导的距离不同,如东营凹陷的输导距离多在 20～30 km 之间;沾化凹陷的输导距离多在 7～14 km 之间;车镇凹陷的输导距离多在 6～14 km 之间。可以看出,东营凹陷的输导距离最远,而沾化凹陷和车镇凹陷的输导距离相对较短。通过对统计结果及油气藏规模等的分析认为,济阳坳陷最有利于不整合油气藏成藏的距离在 10～25 km 之间。

表 4-9　济阳坳陷典型地层油气藏与油源距离统计表

油田/油藏名称	含油层位	油藏类型	油　源	输导距离/km
乐安油田	$Ng^{下}$、O	超覆、削截、潜山	牛庄洼陷 Es_4	20.8～37.5
郑家-王庄油田	Es_1、Es_3、Ar	超覆、削截、潜山	利津洼陷 Es_3、Es_4	13～20
林樊家油田	$Ng^{下}$、Ed	超覆、削截	利津洼陷 Es_3	30～50
金家油田	Es_2	削　截	博兴洼陷 Es_3、Es_4	15.5～26.5
广饶油田	O	潜　山	牛庄洼陷 Es_4	22～30
草桥油田	$Es_3{}^{上}$、O	削截、潜山	牛庄洼陷 Es_4	28.5～40
八面河油田	Ek、O	超覆、潜山	牛庄洼陷 Es_4、Ek	38.5～42.3
王家岗油田	Mz、O	削截、潜山	牛庄洼陷 Ek	11～17.7
永安油田	Ng、$Es_{1\sim3}$、Ar	超覆、削截、潜山	民丰洼陷 Es_3、Es_4	4～9.5
尚店油田	Ng	超　覆	利津洼陷 Es_3、Es_4	20～28
平方王油田	∈—O	潜　山	利津洼陷 Es_3、Es_4	25～35
单家寺油田	Ng、Es_1、Es_4	超　覆	利津洼陷 Es_3、Es_4	10～15
通王潜山	∈—O	潜　山	牛庄洼陷 Es_3、Es_4	30～45
太平油田	$Ng^{下}$、O	超覆、潜山	四扣洼陷 Es_3、Es_4	15～25.5
陈家庄油田	$Ng^{下}$、Ed、Es_1、O	超覆、潜山	邵家洼陷 Es_4	5～17
邵家油田	Ed、Es_1	超　覆	四扣洼陷 Es_4	12～21
罗家油田	Es_3	超覆、削截	渤南洼陷 Es_4	6～18
义北油田	Mz	潜　山	郭局子洼陷 Es_3	5～8
义东油田	Ng、Ed	超　覆	四扣、渤南洼陷 Es_4	5～10
义和庄油田	Ng、Ed、Es_4、O	超覆、削截、潜山	四扣洼陷 Es_4	3～6
孤北油田	Mz	潜　山	孤北、渤南洼陷 Es_3	6～10
孤南油田	Mz	潜　山	渤南洼陷 Es_3	8～11
老河口油田	$Es_4{}^{上}$	削　截	埕北洼陷 Es_3	3～11
孤岛油田	Ed、Es、O	超覆、潜山	渤南、孤南洼陷 Es_3	4～16
埕岛油田	Es、Mz、C—P、∈—O	超覆、削截、潜山	沙南、渤中洼陷 Es_3	1～15
高青油田	Ek	削　截	博兴洼陷 Es_3、Es_4	16.5～23
水平油田	C—P	削　截	埕北洼陷 Es_3	4.5～12.5

续表

油田/油藏名称	含油层位	油藏类型	油　源	输导距离/km
长堤油田	Mz	潜　山	孤北洼陷 Es_3	8.5～13
桩西油田	Mz、∈—O	潜　山	孤北洼陷 Es_3	3.5～8
埕东油田	Ng	超　覆	四扣、渤南洼陷 Es_4	7.5～15
垦利油田	∈—O	潜　山	富林洼陷 Es_3	12.5～23.5
沾北 2 井区	Es_1、Mz	超覆、削截	四扣洼陷 Es_4	5
富台油田	∈—O、C—P	潜　山	大王北洼陷 Es_3	4.5～10.5
大王北油田	∈—O	潜　山	大王北洼陷 Es_3	3～13
英雄滩油田	∈—O	潜　山	郭局子洼陷 Es_3	3～12
套尔河油田	O	潜　山	车西洼陷 Es_3	14.5～20
东风港油田	O	潜　山	车西洼陷 Es_3	5～12
大王庄油田	$Es_3^{上}$、Mz、C—P	削截、潜山	郭局子洼陷 Es_3	6～15

以惠民凹陷南斜坡地区生烃中心为油气输导的起点，各油藏的构造高点处为油气输导的终点（图 4-47），可以测得惠民凹陷南斜坡地区油气自烃源岩输导至圈闭聚集成藏的距离（表 4-9）。可知该地区油气自烃源岩输导至油藏距离最小的为江家店油田（11.1 km），距离最大的为玉皇庙油田（26.4 km）。

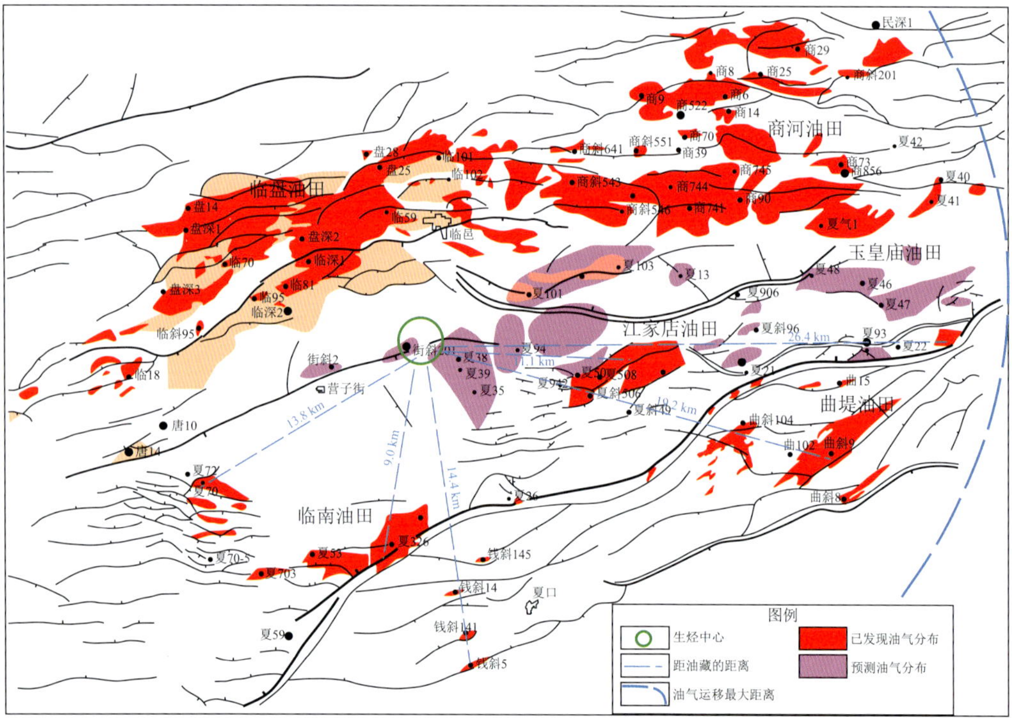

图 4-47　临邑洼陷勘探形势图

惠民凹陷南斜坡地区油气输导的最大距离范围可以用下式计算：

最大距离＝（最晚成藏时间－排烃时间）×油气输导平均速率

其中，最晚成藏时间为临南油田的馆陶末期（距今 12 Ma），排烃时间为东营期（距今 32.8 Ma），油气平均输导速率为 1.41 km/Ma。经计算得最大输导距离为 29.3 km。

表 4-10　惠民凹陷南斜坡地区油气运聚的距离和速率

生烃洼陷	最早排烃期	油藏名称	最早成藏期	油气输导距离 /km	油气输导速率 /(cm・a^{-1})	油气输导平均速率 /(cm・a^{-1})
临南洼陷	东营期（32.8 Ma）	临南油田	馆陶末期（12 Ma）	11.4	0.055	0.141
		曲堤油田	东营末期（24.6 Ma）	19.2	0.234	
		江家店油田	东营末期（24.6 Ma）	11.1	0.135	

4.2.4.2　冀中坳陷

由于独特的古构造背景，冀中坳陷地层油气藏类型相对较为单一，以发育潜山油气藏为主，如饶阳凹陷任丘潜山、雁翎潜山、长洋淀潜山、南马庄潜山、大王庄潜山、河间潜山、肃宁潜山等油藏，这些潜山油藏主要分布在主生油洼槽及其周边（图 4-48）。

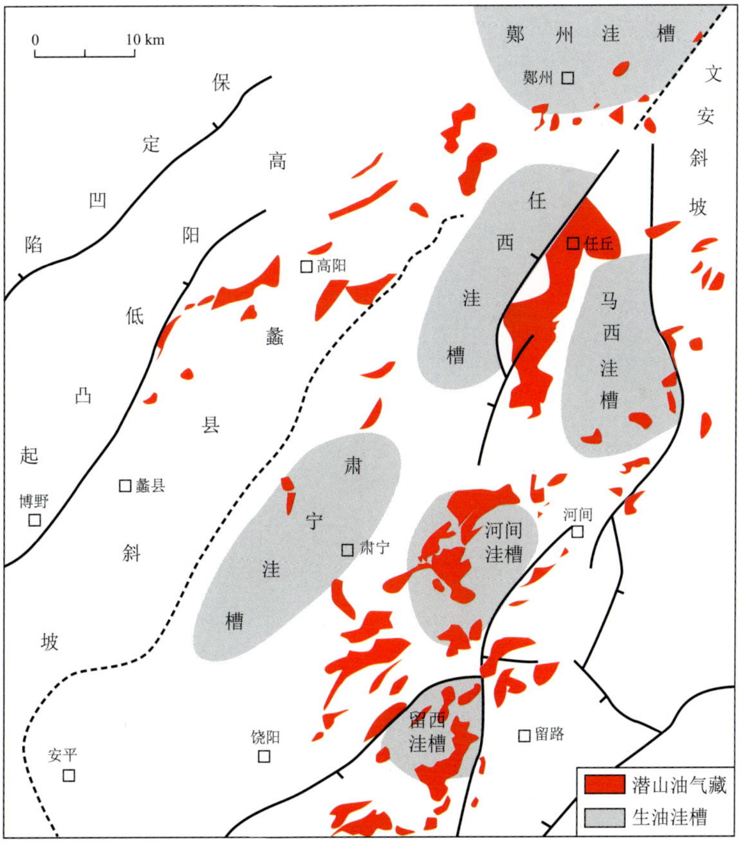

图 4-48　冀中坳陷饶阳凹陷潜山油藏分布图

任丘油田是典型的潜山油气藏聚集区，位于冀中坳陷饶阳凹陷北部，北邻鄚州洼槽，南邻肃宁、河间洼槽，西邻任西洼槽，东邻马西洼槽，这些生烃洼槽为潜山成藏提供了充足的油源。油源对比结果表明，饶阳凹陷任丘潜山具多源供烃特征，其油源来自任西洼槽（Es_1、Es_3）、马西洼槽（Es_3）、鄚州洼槽（Es_3、Es_4—Ek）及肃宁洼槽（Es_1、Es_3），其中任西洼槽与马西洼槽紧邻任丘潜山带，洼槽可直接向潜山供烃，输导距离短，而鄚州洼槽与肃宁洼槽的输导距离相对较远，尤其是肃宁洼槽，其 Es_1、Es_3 烃源岩生成的油气通过沙一段底部不整合、沙三段底部不整合及断层等通道，经过约 15 km 的输导进入任丘潜山带聚集成藏(图 4-49)。

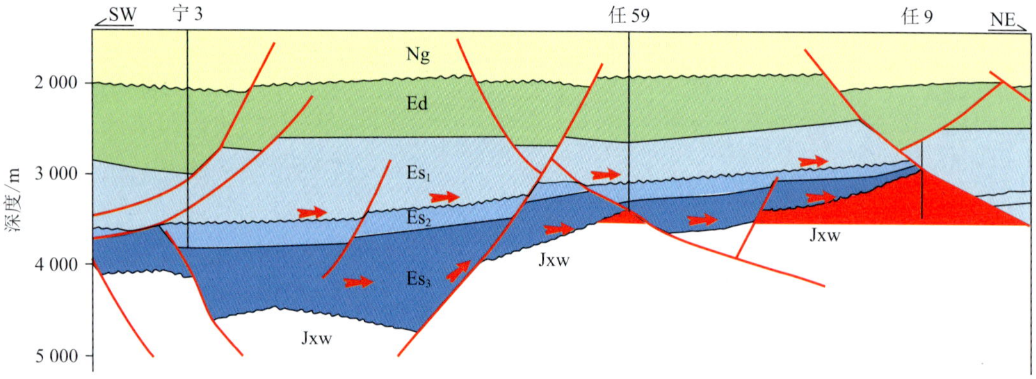

图 4-49 肃宁洼槽—任丘潜山油气成藏模式图

由于油源的多源性、潜山位置及油藏部位等方面的差异，冀中坳陷油气沿不整合发生有效输导的距离相差较大，最短仅需输导 0.5 km 即可进入圈闭而聚集成藏，最远则需输导 15 km(表 4-11)。通过对统计结果及油气藏规模等的分析认为，冀中坳陷最有利于油气藏成藏的距离在 3～10 km 之间。

表 4-11 冀中坳陷典型地层油气藏与油源距离统计表

油田/油藏名称	含油层位	油藏类型	油 源	输导距离/km
任 丘	Chg、Jxw、∈、O	潜 山	任西、马西、鄚州、肃宁	0.5～15
河 间	Chg、Jxw、Ar	潜 山	河间、肃宁	2.5～5.5
长洋淀	Jxw、∈	潜 山	任西、鄚州	7～14
南马庄	Qn、∈、O	潜 山	马 西	5.5～8.5
肃 宁	Chg、Jxw	潜 山	肃宁、河间	2.5～12
大王庄	Jxw	潜 山	河间、留西	2.5～10
八里庄	Jxw	潜 山	河间、马西	10.5～15
薛 庄	Jxw	潜 山	河间、马西	5.5～12.5
留 北	Chg、Jxw	潜 山	河 间	8～14
鄚 州	Jxw	潜 山	鄚 州	2～11
南 孟	∈、O	潜 山	霸 县	10～13.5
别古庄	C—P	潜 山	廊固、武清	10～11.5
风河营	O	潜 山	廊 固	3～6.5
清辉头	O	潜 山	深 西	9～12.5
荆 丘	O、C—P	潜 山	束 鹿	2.5～7
南小陈	O	潜 山	束 鹿	7.5～8.5

从济阳坳陷和冀中坳陷地层油气藏与油源距离的统计结果可以看出(表 4-9、表 4-11)，渤

海湾盆地油气沿不整合发生侧向输导的距离最远可达 50 km，有利于地层油气藏成藏的距离在 5～20 km 之间。由于在油源、不整合与其他输导体的配置、圈闭位置及类型等方面的差异，不同坳陷（凹陷）之间油气沿不整合输导的距离有所不同。相对而言，济阳坳陷主要以中、远距离输导为主，油气藏远源分布；冀中坳陷主要以短距离输导为主，油气藏近源分布。造成冀中坳陷油气近距离输导的原因在于：冀中坳陷为小的断陷盆地，且经历了燕山、喜马拉雅等多期强烈的构造运动，断裂十分发育，由于断裂的“切割”作用，使得超覆砂体和不整合等输导体不易长距离延伸；同时，坳陷内潜山基底高低不平，古地貌发育，造成其供油角度较大，在供油压力不足的情况下，输导距离也受到影响；多凸多凹的基底形态和多物源的影响，使古近系生油层系的岩相横向多变，相带窄小；不整合结构体下层的碳酸盐岩次生溶蚀孔洞十分发育，具有很高的孔渗性，储集空间相当发育，接受油气能力强，能近源成藏。

4.2.4.3　准噶尔盆地

1）根据几何中心测量

认为油气自烃源岩内输导的起点为生烃凹陷的几何中心，而油藏的几何中心为油气输导的终点（图 4-50），由此可得到各油田油气输导距离（表 4-12）。

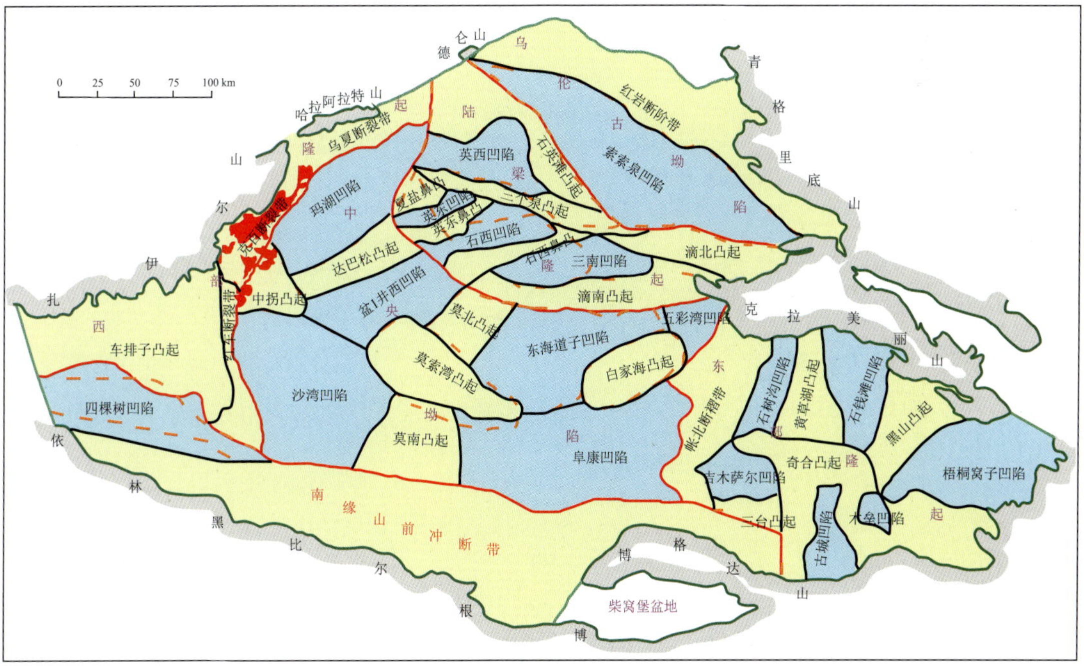

图 4-50　准噶尔盆地构造单元划分图（据新疆油田，2015）

表 4-12　准噶尔盆地油气输导距离统计表

生烃凹陷	油田名称	油气输导距离/km
沙湾凹陷	卡因迪克油田	95.29
	车排子油田	63.60
	独山子油田	60.39
玛湖凹陷	小拐油田	88.88
	红山嘴油田	82.11

续表

生烃凹陷	油田名称	油气输导距离/km
玛湖凹陷	克拉玛依油田	62.29
	百口泉油田	50.40
	乌尔禾油田	33.02
	风城油田	35.02
	玛北油田	18.26
盆1井西凹陷	石南油田	70.32
	石西油田	62.24
	莫索湾油田	17.96
	陆梁油田	95.84
五彩湾凹陷	火烧山油田	27.99
阜康凹陷	彩南油田	91.60
	沙南油田	87.61
	北三台油田	90.63

2）根据烃源岩厚度测量

认为油气自烃源岩内输导的起点为凹陷内烃源岩厚度最大点，取油藏中几个特殊点（几何中心点、距离最大点、距离最小点等）为油气输导的终点。以准噶尔盆地西北缘地区克拉玛依油田、百口泉油田（图4-51）为例，得到油气自玛湖凹陷输导到克拉玛依油田和百口泉油田的距离（表4-13）。

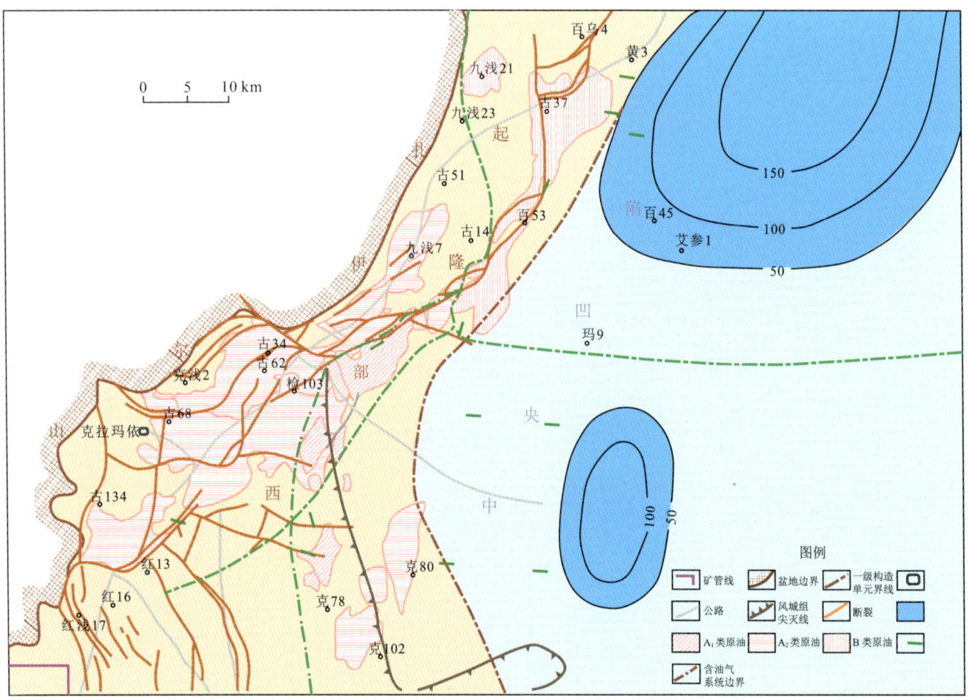

图4-51 准噶尔盆地西北缘克百地区风城组含油气系统图（据新疆油田，2015）

表 4-13　准噶尔盆地西北缘克百地区油气输导距离统计表

玛湖凹陷烃源层	油田名称	油气输导距离/km	平均距离/km
风城组烃源岩	克拉玛依油田	25.59	40.17
		32.80	
		33.98	
		57.06	
		42.75	
		35.03	
		37.90	
		45.77	
		50.72	
	百口泉油田	39.73	40.58
		30.96	
		41.10	
		50.53	
乌尔禾组烃源岩	百口泉油田	44.49	52.08
		50.57	
		58.64	
		54.61	

同理可以得到盆 1 井西凹陷生烃中心到陆梁油田陆 9 井区的距离约为 94 km(图 4-52)。

由结果可知，根据烃源岩厚度方法计算得到的油气输导距离相比根据几何中心得到的油气输导距离要略小，其原因应是生烃凹陷的生烃中心要靠近由其油源形成的油藏一侧。

不论利用哪种方法，都可知准噶尔盆地油气输导自生烃凹陷输导至油气藏的距离范围较大，尤其油气自盆 1 井西凹陷输导至陆梁油田陆 9 井的距离可以达到 90 km 以上。其原因为，准噶尔盆地中发育多套各种类型的不整合面，并且横向分布广泛，为油气沿不整合做长距离的横向输导提供了非常有利的条件。

4.2.5　不整合结构体输导油气能力评价

输导体系研究的内容是油气输导通道的性质及其性质的变化。它对最终圈闭能否聚集油气、聚集多少油气和油气聚集范围等都有重要的意义。所以输导体系的研究在油气输导的研究中占有很重要的位置。现在对输导体系的研究着重在输导体系类型及其特性的研究(何登发，2007；陈涛等，2011；Zou et al.，2012；孙晓等，2016；杨少春等，2018)，很少涉及各种输导体系输导性能随时间演化的问题，尤其是不整合输导性能及其演化方面的研究。

如前所述，水进层的“连通孔隙”和风化淋滤带的“孔-洞-缝”系统构成了不整合面上、下油气侧向、斜向或垂向输导的通道。它们可以把不同时代、不同部位的砂体和断层等连接起来，在三维地层空间中组成区域性的输导网络，控制着油气的输导、聚集成藏。

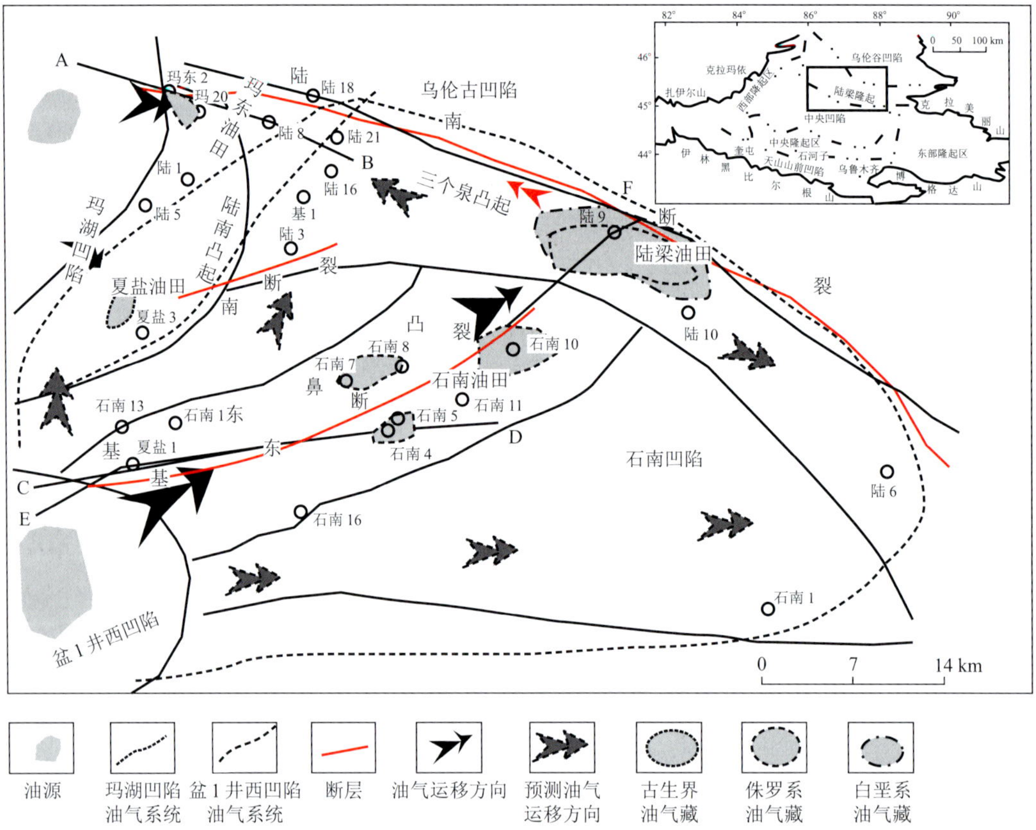

图 4-52　陆梁地区盆 1 井西凹陷—玛湖凹陷油气系统分布

然而，由于水进层和风化淋滤带成因上的差异，导致不整合结构体上、下岩层在构造、沉积、成岩等方面具有不同的特征。因此，不整合结构体上、下岩层在风化剥蚀程度、岩性、成岩作用强度等方面的差异，致使水进层的"连通孔隙"和风化淋滤带的"孔-洞-缝"系统属于不同类型的输导体系，它们在物性上必然存在差异，从而应具有不同的输导能力。例如准噶尔盆地 T_2^1/P_2^1w 不整合，底砾岩层与风化淋滤带渗透率存在着明显的差异，如图 4-53 所示，不整合结构体下层风化淋滤带的渗透率值明显高于底砾岩层连通孔隙的渗透率值，这表明风化淋滤带"孔-洞-缝"系统较底砾岩连通孔隙有更高的输导能力。又如准噶尔盆地陆西地区侏罗系西山

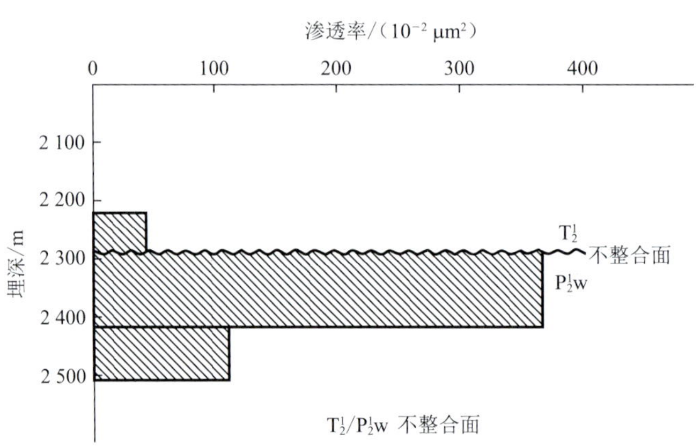

图 4-53　准噶尔盆地 T_2^1/P_2^1w 不整合结构体上、下层渗透率分布图(据王志章等，2003)

窑组顶界不整合结构体下层的风化淋滤带的孔隙度、渗透率值大都要好于不整合结构体上层底砾岩。

从测井声波时差曲线上也能反映上述特征。如冀中坳陷饶阳凹陷留 3 井 4 310 m 处是古近系孔店组与寒武系馒头组之间不整合接触(图 4-54)，不整合以下 4 310～4 345 m 处声波时差明显增大，最大可达 402 μs/m，平均为 328 μs/m。在 4 332.75 m 处实测样品孔隙度为 25.4%，渗透率为 436×10^{-3} μm^2，说明该段孔隙度高、渗透性较好。勘探实践证实，该区油气主要分布于不整合之下，如任丘油田雾迷山组顶部油藏一般距不整合面 0～90 m。

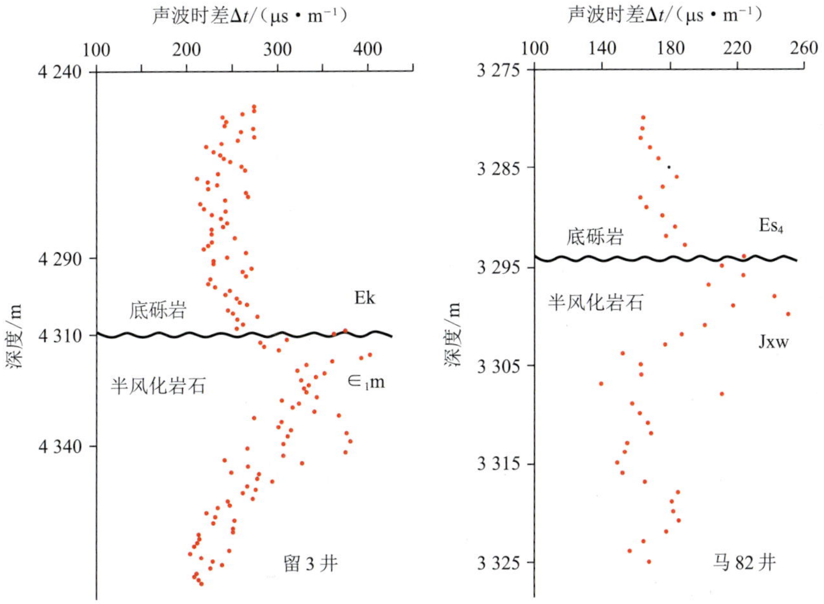

图 4-54　冀中坳陷留 3 井、马 82 井声波时差和不整合、深度的关系

对于风化淋滤带的“孔-洞-缝”系统来说，其裂缝系统与溶蚀孔洞系统的输导能力也存在一定的差异。据钻井、试采等资料的统计表明，冀中坳陷潜山油气主要集中于风化壳岩溶带(垂向洞穴带)和水平岩溶带(水平潜流带)(图 4-55)，这说明风化淋滤带的溶洞、洞穴、溶孔在油气的输导和储集中起着主导作用。

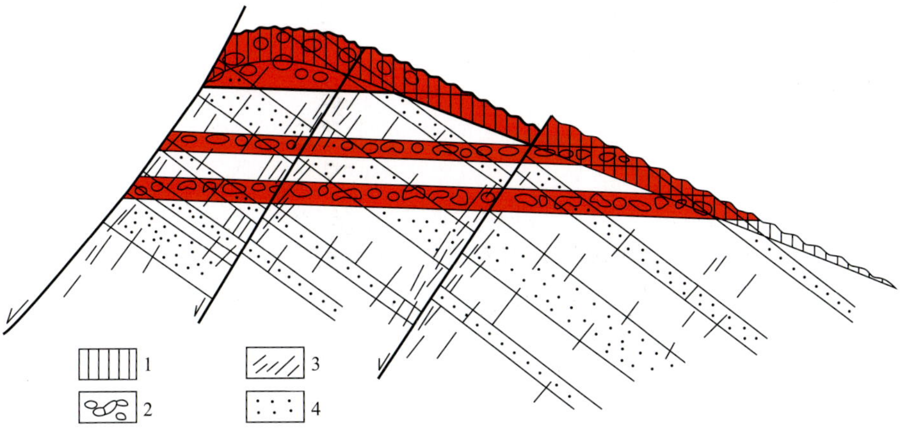

1. 风化壳岩溶发育带；2. 水平岩溶发育带；
3. 断层岩溶发育带及裂缝带；4. 顺层岩溶发育带及基质孔隙度带。

图 4-55　冀中坳陷潜山岩溶带发育及含油气性特征

又如海拉尔盆地侏罗系布达特群潜山顶部不整合，由岩芯及薄片资料分析可知，紧邻不整合的贝16-B2井1 862.65 m处的储集空间类型以方解石充填裂缝和裂缝充填溶蚀孔居多，裂缝多被全充填，有效裂缝发育较少，其最高孔隙度为8.6%，最低孔隙度为0.1%，平均孔隙度为2.9%，平均渗透率值仅为$0.37\times10^{-3}\ \mu m^2$（图4-56a）；而距不整合面相对较远的贝40井2 367.15 m处的储集空间则以硅质充填的裂缝和裂缝充填残孔为主，多组裂缝同时切割，岩石较为破碎，溶蚀孔洞较为发育，最高孔隙度为14.6%，最低孔隙度为0.4%，平均孔隙度为4.5%，水平渗透率最高值可达$592\times10^{-3}\ \mu m^2$，最低值为$0.01\times10^{-3}\ \mu m^2$，平均值为$6.13\times10^{-3}\ \mu m^2$，垂直渗透率平均值高达$117.69\times10^{-3}\ \mu m^2$（图4-56b）。这说明贝40井不整合岩性段较贝16-B2井不整合岩性段更有利于油气的输导。以上实例分析表明，风化淋滤带的溶蚀孔洞系统的输导能力相对要好于裂缝系统。

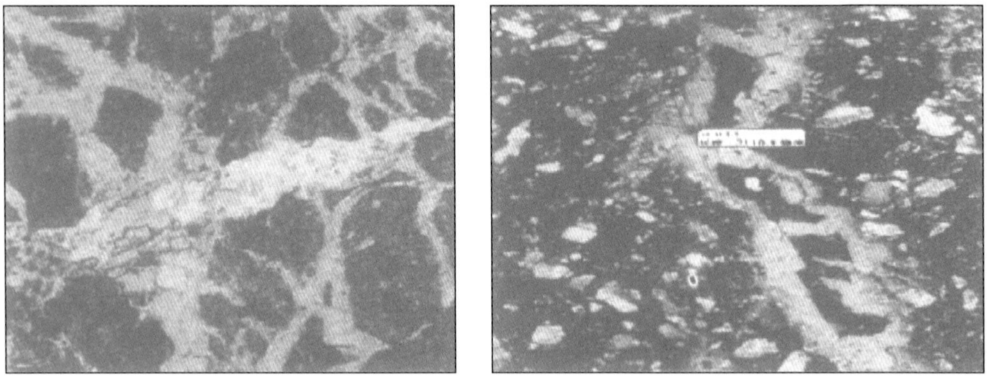

（a）普通薄片（单偏光，×40，贝16-B2井，1 862.65 m）残余孔和开启网状裂缝（硅质充填）　（b）普通薄片（正交光，×40，贝40井，2 367.15 m）裂缝内方解石发生溶解

图4-56　海拉尔盆地布达特群潜山顶部不整合薄片分析（据牛彦良，2007）

赵忠新等（2002）研究认为不整合在形成后，其输导性质基本上就固定了，除非经历再次的抬升剥蚀，形成另一个不整合，新形成的不整合输导性质又是基本不变的。然而，由前述分析可知，岩石的物性决定了不整合输导通道输导能力的大小。由于不整合的改造作用以及后期的埋藏作用等，岩石的物性并不是一成不变的，其形成后的演化特征也就不同。一方面，不整合的存在往往对岩石物性产生较好的改造作用，从而有利于油气的输导，但改造程度如何要受不整合时间长短、岩石类型、古气候、古地形等因素的共同影响；另一方面，随着后期的埋藏成岩作用，先期形成的岩石物性往往会变差，其输导能力则发生不同程度的降低。可以说，不整合的输导性能是不整合结构类型、先期改造、后期埋藏成岩等共同作用的结果。因此，不同类型输导通道的输导性能在地质时期应是变化的。如图4-57所示，随着上覆沉积载荷重量的增加，压实成岩作用的增强，底砾岩的连通孔隙开始略有减小，当达到一定程度后，上覆沉积物重量全部被颗粒所支撑，底砾岩孔隙基本上保持不变，这表明底砾岩输导油气的能力在各地质时期变化不大，一直可以成为油气进行侧向或斜向输导的良好通道。对于风化淋滤带的构造-卸荷-风化裂缝系统，随着上覆沉积载荷重量的增加，其裂缝面受到上覆沉积载荷的压力越来越大。其中构造裂缝由于（近）垂直于不整合面，在承受一定的上覆沉积载荷重量后，仍具较强的输导能力。对于均匀细粒含黏土矿物较多软地层中的水平或斜交卸荷、风化裂缝，极易在上覆沉积载荷重量的作用下逐渐紧闭，使其输导能力逐渐降低甚至消失。只有不均匀且脆硬地层中的载荷、风化裂缝，由于其抗闭合能力强，裂缝中充填的石英砂粒和岩屑承担了大部分上覆

沉积载荷重量，孔隙压力较小，裂缝仍处于开启状态，仍具较强的输导能力。对于风化淋滤带的溶蚀孔洞系统，其输导能力主要受胶结程度的影响，略有降低。

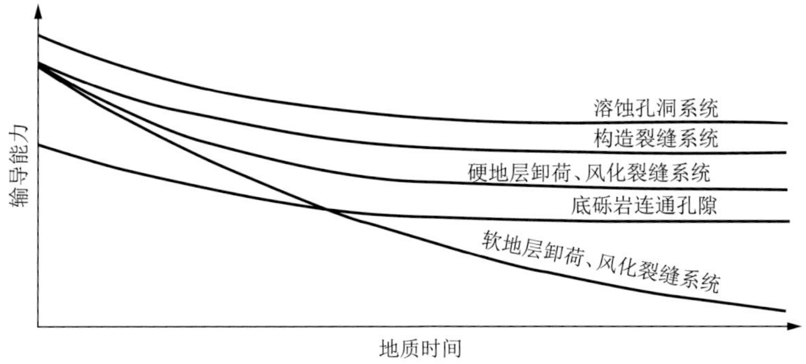

图 4-57　陆相断陷盆地不整合输导性能随时间变化的示意图

综合上述分析可以得到，构造裂缝系统和溶蚀孔洞系统一直是不整合输导油气的主要通道。对于均匀细粒含黏土矿物较多软地层构成的不整合来说，开始应是卸荷、风化裂缝系统和底砾岩连通孔隙均可起输导油气通道的作用，且以卸荷、风化裂缝系统为主，当上覆沉积载荷重量达到一定程度，主要是底砾岩连通孔隙起输导油气通道的作用；对于不均匀、脆硬地层构成的不整合来说，卸荷、风化裂缝系统和底砾岩连通孔隙一直是不整合输导油气的主要通道，且始终应以卸荷、风化裂缝系统为主。

通过对不整合结构体输导通道类型的物性特征以及成岩演化特征等的比较和分析，对不整合结构体输导通道的输导性能及其演化特征进行了定性评价。但随着油田勘探的深入，对不整合油气藏成藏机理的定性研究已不能满足生产和研究的需要，不整合油气成藏需要进行定量化研究，其中重要的内容之一就是对不整合输导通道输导能力的定量研究。为此，后文将通过物理模拟实验，以微观和宏观相结合的方法，结合勘探实际，对不整合输导通道的输导能力进行定量评价。

4.3　不整合结构的圈闭作用

4.3.1　不整合不同的剖面类型具有不同的油气成藏模式

尽管不同类型不整合所经历的具体地质过程有所差异，但总体上都经过一定时期的风化淋滤作用，在后期水进时形成上覆盖层，因此成藏条件有共同之处：① 岩层下倾方向紧邻生烃中心，具备较好的烃源条件；② 储层经后期改造，裂缝、溶蚀孔、洞、缝发育，孔渗性好，具良好的储集空间；③ 不整合风化黏土层及上覆沉积盖层起双重封盖作用，封闭性较好；④ 储集层、不整合结构体上层底砾岩及下层次生孔隙发育带构成油气输导的多重通道，同时岩层的先期倾斜为油气的侧向输导提供了动力背景。

然而，由于形成各类不整合的应力作用方式、应力强度及地层变形程度等存在差异，导致不同类型的不整合还具有各自控油特征。不整合倾角越大，流体输导的速度越快，距离越远，规模也越大；不整合交汇叠置程度越高，聚油强度愈强(吴亚军等，1998)。而不整合类型又制约着不整合倾角及交汇程度的变化，进而控制了油气输导的模式、速度、距离及规模(吴孔友等，2003a)。

1）平行-褶皱不整合

平行-褶皱不整合形成的背斜一般内部发育多个沉积间断面，由于其具有地层近对称分布的特征（图 4-58a），使其烃源岩、储集层、输导通道（不整合结构体）具双向性，由生烃中心（翼部）指向油气聚集区（顶部），形成多种类型的油气藏（吴孔友等，2003a，2010）。

2）平行-断褶不整合

平行-断褶不整合具备褶皱不整合的成藏条件，同时断层的存在不仅成为油气垂向输导的良好通道，使深部油气向浅部输导，而且还可构成侧向封堵，在其下盘形成多个圈闭（图 4-58b）（吴孔友等，2003a，2010）。

3）超覆-平行不整合

地壳差异升降运动常引起水体的进退，在剖面上表现为地层的超覆和退覆。当水体渐进时，沉积范围逐渐扩大，较新沉积层覆盖在较老的沉积层之上，并向陆地方向扩展，与更老的地层侵蚀面以不整合相接触时就形成了地层超覆（图 4-58c）（吴孔友等，2003a，2010）。

4）平行-削截不整合

平行-削截不整合一般经历较长时期或多期的风化剥蚀，次生孔隙发育，且多套储层呈单斜形态，上倾尖灭，被上覆风化黏土层遮挡，为油气藏在空间上成带分布奠定基础（图 4-58d），但由于其构造简单，主要形成地层型油气藏（吴孔友等，2003a，2010）。

圈闭类型	模式图	成藏特征
平行-褶皱不整合	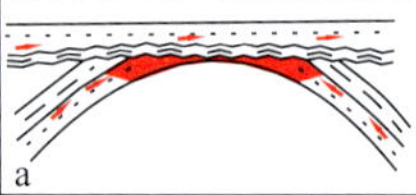 a	双向供烃，砂体与不整合输导，对称成藏，顶板封盖是关键
平行-断褶不整合	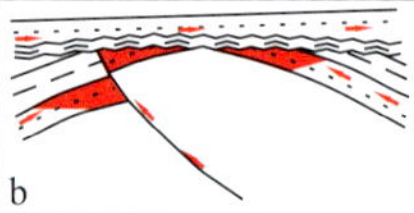 b	双向供烃，断层、砂体与不整合输导，多圈闭成藏，顶板封盖是关键
平行-超覆不整合	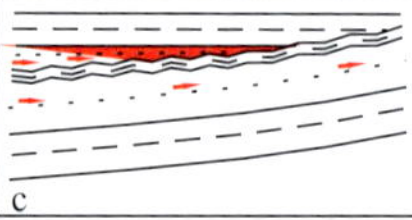 c	单向供烃，不整合输导，地层尖灭成藏，顶、底板封盖是关键
平行-削截不整合	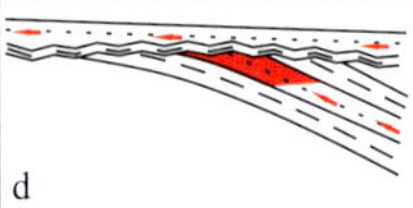 d	单向供烃，不整合、砂体输导，地层尖灭成藏，顶板封盖是关键
平行不整合	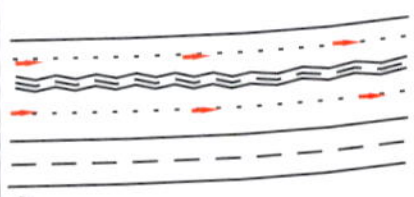 e	仅能作为输导体系
削截-超覆不整合	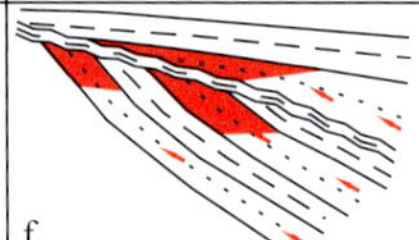 f	单向供烃，不整合、砂体输导，地层尖灭成藏，顶、底板封盖是关键
断层-超覆不整合	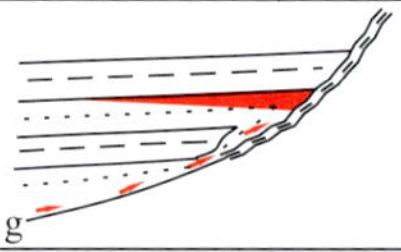 g	单向供烃，断层、不整合、砂体输导，地层尖灭成藏，顶、底板封盖是关键

图 4-58 准噶尔盆地不整合相关油气藏类型

5）平行不整合

沉积区成为古陆剥蚀区，在上升过程中地层没有发生明显褶皱或倾斜，沉积间断并遭受剥蚀后，再下降接受沉积形成的一类不整合即为平行不整合(图 4-58e)。一般来讲，这类不整合不存在圈闭，油气在不整合结构体内可进行长距离输导，作为油气输导的通道，因此，尽管多位于源内，但缺乏油气聚集的基本条件(吴孔友等，2003a；查明等，2008)。

6) 超覆-削截不整合

该类型不整合同时具有削截不整合与超覆不整合的油气成藏条件，容易形成大规模地层圈闭或油气藏，以风化黏土层为顶板能够形成削截或潜山油气藏，以风化黏土层为底板，可以形成超覆油气藏，且两类油气藏在空间上能够叠置(图 4-58f)。

7) 断层-超覆不整合

该类型不整合同时具有断褶不整合、超覆不整合、削截不整合的油气成藏条件，容易形成复合型构造-地层圈闭或油气藏。浅部因断面转换为剥蚀面，具备了超覆-削截不整合的油气成藏条件，深部断裂保留，可以构成良好的油气输导通道，促进浅部地层圈闭成藏(图 4-58g)。

4.3.2　不整合结构相关油气藏实例分析

1) 遮挡型油气藏

金家油田位于渤海湾盆地济阳坳陷东营凹陷博兴洼陷南斜坡，为一典型不整合遮挡型油气藏。该区紧邻博兴生油洼陷，具有良好的油源条件，南部鲁西隆起长期处于剥蚀状态，为斜坡提供了充足的物源，发育多种类型储集层，整体构造形态为地层东南抬升西北倾斜的扁平鼻状，其内部地层被多条断层切割而变得复杂化。

金家地区地处盆地边缘，在古近系沉积时期，构造活动频繁，湖盆多次沉降，而后新近系馆陶组覆盖其上，发育多期和多种类型的地层超覆与剥蚀不整合。不同时期的不整合在平面分布上发生变化，它是多期构造运动引起的湖盆水进或水退作用的结果。因此，该区地层分布特点是从北向南东营组、沙一段、沙三段、沙四段与馆陶组呈超覆不整合接触，沙二段与沙一段呈超覆不整合接触。从北向南东营组、沙二段、沙一段、沙三段、沙四段依次向南尖灭(图 4-59)。

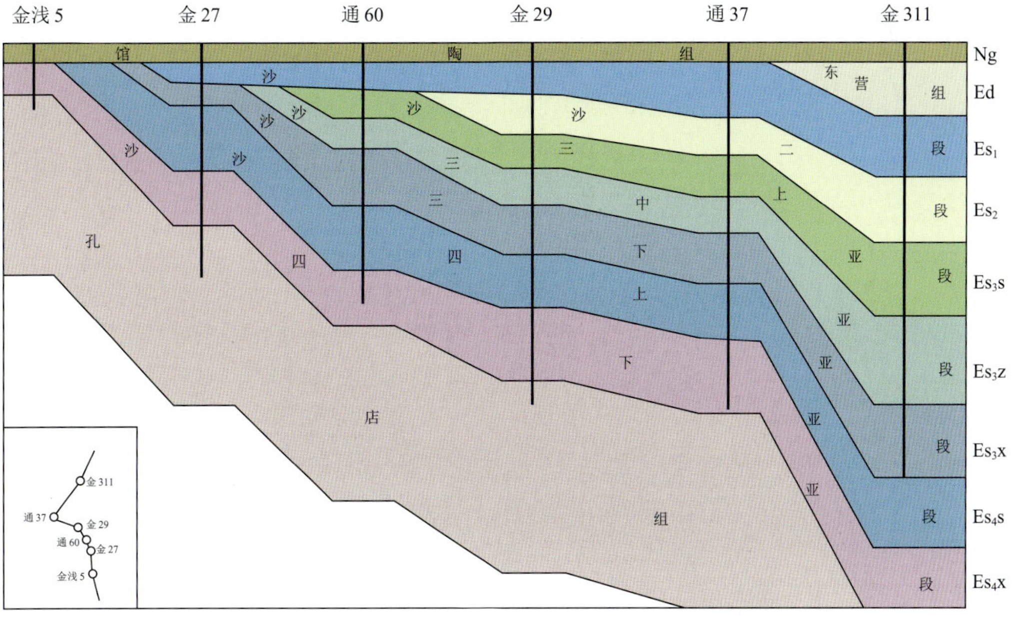

图 4-59　金家地区南北向连井剖面(据胜利油田，2011)

金家油田馆陶组全区分布，馆陶组底部不整合是区域性不整合，不整合结构中层风化黏土层几乎全区分布，形成良好的封盖层。该不整合之下古近系各组段发育大量砂体，其中沙一段、沙二段以灰色及浅灰色细砂岩为主，沙三段以砂岩和含砾砂岩为主，沙四段以细砂岩、中砂岩、粒状砂岩为主。砂岩成分以石英为主，约占30%～42%；长石次之，约占34%～37%；岩屑占20%～32%，以火成岩岩屑为主。分选中等，泥质胶结，结构疏松，孔隙度为16.6%～38.4%，平均为31%，渗透率平均为1 650×10^{-3} μm^2，属高孔高渗储层。

金家油田地面原油密度介于0.958 6～0.987 g/cm^3，地面原油黏度介于100～5 000 mPa·s，凝固点−10～30 ℃。主要是由于地层油藏埋藏深度都比较浅，原油容易受次生氧化作用和生物降解作用的影响，从而变稠、变重。地层水总矿化度为2 500 mg/L左右；Cl^-含量为1 500 mg/L左右；地层水类型多为$NaHCO_3$型，也有少量$CaCl_2$型；根据试油资料统计，金家油田原始地层压力为8 MPa左右，压力系数平均为0.85，地层温度46 ℃，地温梯度为3.41 ℃/100 m，油田基本为常温常压系统。

金家地区地层遭受剥蚀，馆陶组覆盖在中生界以及古近系各层组之上，呈角度不整合接触关系，从而为形成众多地层不整合遮挡油藏提供了良好的圈闭条件。该类油气藏主要分布在盆地边缘粗碎屑岩中，这主要是由于盆地边缘沉积岩系之间沉积间断较多，碎屑岩储集层上倾部位极易遭受风化淋滤，形成大量次生孔隙，增大储集空间，当上覆不整合风化黏土层将其覆盖时，就形成了良好的圈闭条件(图4-60)。

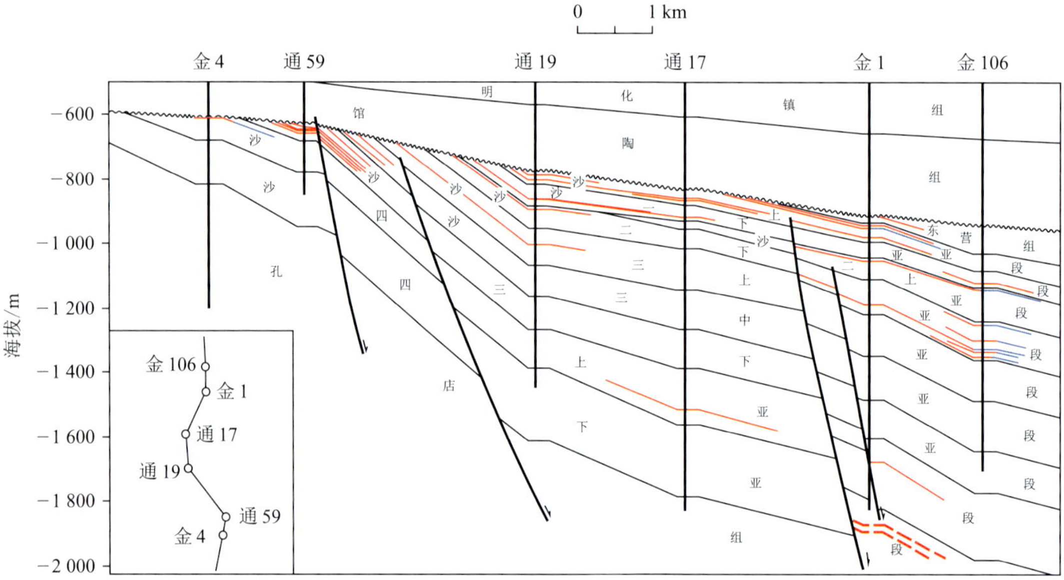

图4-60　金家油田油藏剖面图

2）超覆型油气藏

五区南二叠系下乌尔禾组(P_2w)油气藏为地层超覆油气藏，位于准噶尔盆地西北缘克乌断裂带克拉玛依断裂下盘的斜坡区，构造格局为东南倾的单斜，下乌尔禾组自东南向西北逐层超覆，同时上部地层自西向东受到不同程度的剥蚀，因此该层与下伏地层和上覆地层均呈不整合接触。该区下乌尔禾组沉积厚70～258 m不等，主要为一套冲积扇沉积体，由多个扇体如克78、克75、检乌13等在纵、横向相互叠置而组成，并沿不整合向上倾方向超覆，构成一个复杂的油藏群(图 4-61)。

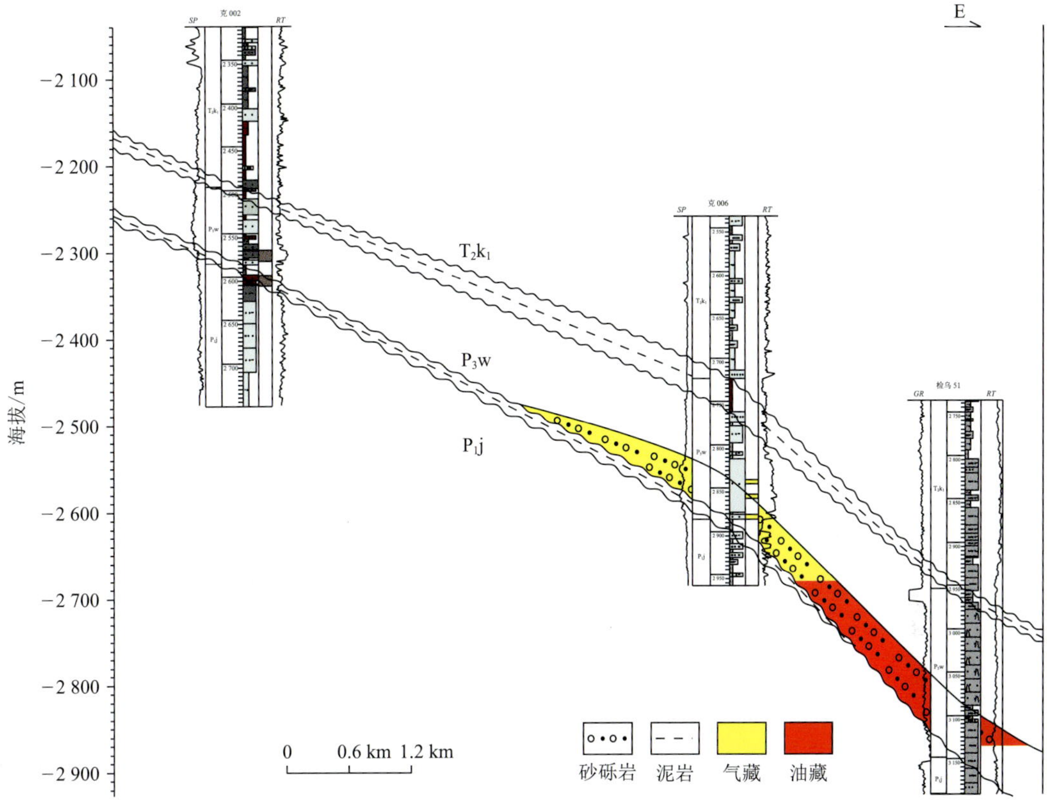

图 4-61　五区南下乌尔禾组地层超覆油气藏剖面

该区东侧为玛湖生烃凹陷,主力生烃层为下二叠统风城组,有机质类型为腐殖-腐泥型,镜质体反射率 R_o 为 0.75%～1.26%,该套烃源岩在三叠纪进入生烃和排烃高峰期;次要生烃层为下二叠统佳木河组、中二叠统下乌尔禾组。这几套烃源岩为本区油气藏的形成提供了丰富的油气源。

据 8 口井薄片资料统计,储层岩性主要为砂质不等粒砾岩及含砾中粗砂岩,其中,砾石含量平均为 80%,砂岩含量平均为 14%。砾石、砂质成分主要为火成岩,胶结类型以孔隙-接触式为主,胶结疏松—中等。油藏有效孔隙度变化范围为 6%～16%,平均为 8.8%,空气渗透率变化范围为 1.31～788.26 mD,平均为 26.27 mD。

对 19 口探井和评价井不整合之上的油气显示进行统计,有 12 口井在不整合结构体上层有油气显示,有 8 口井在不整合结构体下层有油气显示。以此判断,五区南二叠系下乌尔禾组油气藏的形成与不整合结构体具有重要的关系,不整合结构体在油气藏形成过程中具有重要的输导作用(图 4-62)。

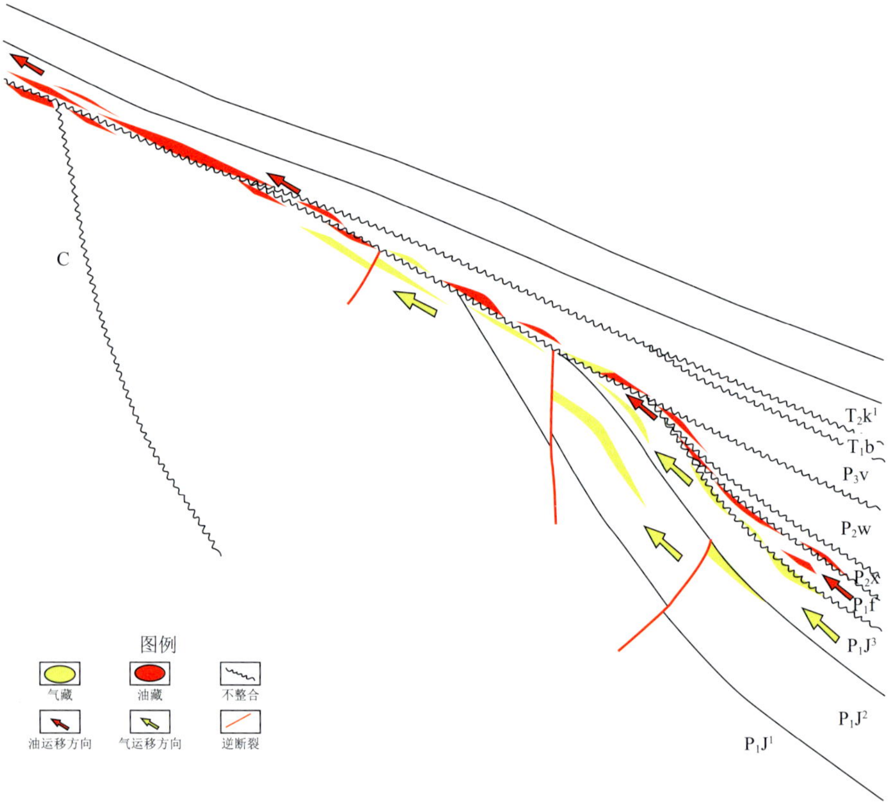

图 4-62　五区南油气藏不整合结构体输导模式

第5章　不整合相关油气藏解剖与形成演化模式

因地层不整合决定着地层圈闭的形成，故本书中不整合相关油气藏特指地层油气藏。随着各含油气盆地勘探的不断深入，发现的地层油气藏的数量也越来越多，已成为我国陆上最现实、最有潜力的油气勘探领域。目前，我国地层油气藏勘探已由东部盆底潜山型油气藏勘探为主，进入中西部盆底和盆内受大型不整合面或层序界面控制的大规模地层油气藏勘探阶段（邹才能等，2009b）。因此，充分认识地层油气藏的资源潜力和重要地位，加强相关理论（如油气藏类型、形成条件、富集规律、成藏机制、储量规模、勘探技术与方法等）的研究，有利于确定出与之有关的勘探方向和具体目标，对我国油气资源挖潜具有重要的理论与实践意义。

5.1　地层油气藏的内涵和外延

国内外对地层油气藏的概念研究是伴随着隐蔽圈闭概念的研究而发展的。

隐蔽圈闭（subtle trap）的概念最早是由Carll（1880）提出的。Levorsen（1934）提出了地层圈闭（stratigraphic trap）的概念，并发表了题为“地层型油田”的论文；Levorsen在1964年发表的论文是用来称呼构造、地层、流体多要素结合的复合圈闭，1966年他以“隐蔽和难于捉摸的圈闭”（The obscure and subtle trap）为题，全面论述了对隐蔽的新认识，表示“subtle trap”与早期所用的复合圈闭（combination trap）有所区别，但“combination trap”这一术语具有确定的含义，在石油地质界已广泛流传，完全可以用来表述多要素结合的复合圈闭，而“subtle trap”本身因缺乏严格的含义而未能广泛应用。直到1972年哈尔鲍蒂才重新起用“subtle trap”，用以表示与构造圈闭相区别的勘探难度较大的地层、不整合和古地貌圈闭，首次提到了不整合圈闭的概念；1982年，他进一步把隐蔽在不整合面或复杂构造带下不易认识和勘探难度较大的各类潜伏圈闭称为“subtle trap”。同年萨维特（Savit）也撰文指出，“所谓的隐蔽圈闭，是用目前采用的勘探方法难以圈定其位置的圈闭”。

关于隐蔽油气藏的概念前人有不同的定义，但总的说来可以归纳为三种概念。第一种为广义的地层圈闭（stratigraphic trap），包括地层圈闭（狭义）、不整合和古地貌圈闭（Leverson，1966；Halbouty，1972）；第二种是为了与构造圈闭相区分而提出来的非构造圈闭（nonstructural trap），指所有的非构造成因形成的圈闭类型（胡见义等，1984）；第三种隐蔽圈闭（subtle trap）是指用目前普遍采用的勘探方法难以圈定其位置的圈闭。随着世界油气藏勘探开发的不断发展、油气勘探的深入和石油地质理论的深化，目前隐蔽油气藏的定义趋向于：以岩性、地层油气藏和裂缝性油气藏为主的，用一般技术手段难以发现的油气藏（李丕龙等，2004；庞雄奇等，2004）。这些分类方法主要是以传统的隐蔽油气藏的定义为基础，把地层圈闭油气藏作为隐蔽油气藏的主体，不同点在于对地层圈闭的概念和定义有争论。

在隐蔽油气藏概念的研究过程中，地层油气藏的概念逐渐由模糊、笼统的范畴向清晰、独立的范畴发展。随着各含油气盆地中与不整合相关的油气藏不断被发现，近年来出现了把地层油气藏从隐蔽油气藏中分离出来的趋势。事实上，在第八届世界石油会议上，就有学者提议把岩性-地层圈闭进一步细分为岩性圈闭和地层圈闭两类（沈守文等，2000；刘震等，2007）。岩性圈闭专指岩石渗透性在横向上的变化所造成的圈闭；地层圈闭则专指地层间断所形成的圈闭，又称不整合圈闭。地层油气藏的形成和分布不完全受构造区带控制，而是在沉积体系、地层超覆、地层削截等因素控制下形成相对独立的油气聚集区带。

基于上述认识，一些学者对地层圈闭或油气藏的概念进行了定义，如胡见义等（1991）认为地层油气藏主要是由于构造运动、消蚀作用和超覆沉积等因素的影响，不整合面储集体被非渗透性岩层围限或遮挡，形成地层圈闭，并在其中发生油气聚集；冯有良（2005）将地层油气藏定义为与不整合面直接接触，并且以不整合面作为圈闭要素之一的油气藏类型；蒋有录和查明（2006）定义地层圈闭为储层因纵向沉积连续性中断而形成的圈闭，即与地层不整合有关的圈闭；隋风贵等（2007）认为地层圈闭是指储层上倾方向直接与不整合面相切而被封闭所形成的圈闭；杜金虎等（2007）将地层油气藏定义为在由构造运动引起的沉积间断、剥蚀、超覆沉积等作用下，储集体沿不整合面或侵蚀面上下被非渗透层所围限或遮挡而形成的油气藏。可以看出，地层油气藏（地层不整合相关油气藏）的形成与不整合密切相关。借鉴前人有关地层油气藏的概念，结合地层/不整合圈闭形成地质因素，认为地层油气藏是指由构造运动或海（湖）平面升降引起的剥蚀淋滤及超覆沉积作用形成的储集体，被非渗透岩石上倾遮挡，油气充注其中而形成的油气藏，也称为不整合油气藏。

5.2 地层油气藏的类型划分

关于地层油气藏的分类，国内外的许多学者都做了大量的工作，进行了有益的探讨，种类繁多，名称不一，尚无统一的分类原则和标准（表 5-1）。

表 5-1 地层油气藏分类沿革

<table>
<tr><th>学 者</th><th colspan="60">类型划分</th></tr>
<tr><td>Rittenhouse(1972)</td><td colspan="20">不整合面之上油气藏</td><td colspan="20">不整合面之下油气藏</td><td colspan="20">不整合面之间油气藏</td></tr>
<tr><td>Halbouty(1972)</td><td colspan="30">不整合油气藏</td><td colspan="30">古地形油气藏</td></tr>
<tr><td>苏 联</td><td colspan="12">不整合面之上油气藏</td><td colspan="12">不整合面之下油气藏</td><td colspan="12">不整合面之间油气藏</td><td colspan="12">潜山油气藏</td><td colspan="12">沥青封闭油气藏</td></tr>
<tr><td>张万选(1981)</td><td colspan="15">地层超覆油气藏</td><td colspan="15">地层不整合遮挡油气藏</td><td colspan="15">砂岩原生地层油气藏</td><td colspan="15">生物礁块</td></tr>
<tr><td>杨万里(1984)</td><td colspan="20">地层超覆油气藏</td><td colspan="20">不整合面之上油气藏</td><td colspan="20">古潜山油气藏</td></tr>
<tr><td>胡见义等(1991)</td><td colspan="20">地层超覆油气藏</td><td colspan="20">不整合油气藏</td><td colspan="20">地层不整合“基岩”油气藏</td></tr>
<tr><td>丘东洲(1994)</td><td colspan="20">地层超覆油气藏</td><td colspan="20">地层不整合油气藏</td><td colspan="20">古地貌油气藏</td></tr>
<tr><td>费宝生(2002)</td><td colspan="15">地层超覆油气藏</td><td colspan="15">地层不整合油气藏</td><td colspan="15">残丘油气藏</td><td colspan="15">潜山油气藏</td></tr>
<tr><td rowspan="2">于英太(2003)</td><td rowspan="2" colspan="15">地层超覆油气藏</td><td colspan="30">地层不整合油气藏</td><td rowspan="2" colspan="15">潜山构造内幕油气藏</td></tr>
<tr><td colspan="15">古潜山型油气藏</td><td colspan="15">潜山侵蚀内幕型油气藏</td></tr>
</table>

续表

<table>
<tr><th>学 者</th><th colspan="6">类型划分</th></tr>
<tr><td>李丕龙等(2004)</td><td colspan="2">地层超覆油气藏</td><td colspan="2">不整合遮挡油气藏</td><td colspan="2">潜山油气藏</td></tr>
<tr><td rowspan="2">牛嘉玉等(2005)</td><td rowspan="2">地层超覆油气藏</td><td colspan="2" rowspan="2">地层不整合遮挡油气藏</td><td colspan="3">潜山油气藏</td></tr>
<tr><td colspan="2">潜山风化淋滤油气藏</td><td>潜山基岩内幕油气藏</td></tr>
<tr><td>杨勇等(2007)</td><td>地层超覆油气藏</td><td colspan="2">地层不整合体油气藏</td><td colspan="2">地层不整合遮挡油气藏</td><td>生物礁油气藏</td></tr>
<tr><td>杜金虎等(2007)</td><td colspan="2">地层超覆油气藏</td><td colspan="2">地层不整合油气藏</td><td colspan="2">古潜山油气藏</td></tr>
<tr><td rowspan="3">邹才能等(2009b)</td><td colspan="4">盆内地层型</td><td colspan="2">盆底基岩地层型</td></tr>
<tr><td colspan="2">地层不整合遮挡型</td><td colspan="2">地层不整合超覆型</td><td colspan="2">地层不整合遮挡型</td></tr>
<tr><td colspan="2">潜伏剥蚀突起、潜伏剥蚀构造、不整合遮挡生物礁、不整合遮挡岩溶</td><td colspan="2">古隆起超(披)覆、斜坡超覆</td><td colspan="2">整体风化、选择风化、裂缝-不整合型、断裂-不整合复合型</td></tr>
</table>

Rittenhouse(1972)根据油气藏与不整合面的位置关系，将地层油气藏划分为不整合面之上油气藏、不整合面之下油气藏及不整合面之间油气藏三类；苏联在 Rittenhouse 类型划分的基础上，又根据圈闭成因、封闭机理等，将地层油气藏划分为不整合面之上油气藏、不整合面之下油气藏、不整合面之间油气藏、潜山油气藏及沥青封闭油气藏五类；杨万里(1984)根据圈闭成因、油气藏分布位置等，将地层油气藏划分为地层超覆油气藏、不整合面之上油气藏及古潜山油气藏；胡见义等(1991)根据圈闭成因，将地层油气藏划分为地层超覆油气藏、不整合油气藏及“基岩”油气藏；李丕龙等(2004)根据油气藏形成的主导因素、成因类型及含油意义的大小，结合济阳坳陷地层油气藏的分布特点，将济阳坳陷地层油气藏分为地层超覆油气藏、不整合遮挡油气藏及潜山油气藏三类；邹才能等(2009b)根据地层油气藏成因机制、控制因素和分布规律，将地层油气藏分为盆内地层型和盆底基岩(火山岩、变质岩或古老沉积岩)地层型两类。

从表 5-1 中可以看出，国内外学者对地层油气藏的分类有如下特点：一是绝大多数学者都是根据圈闭成因法进行分类；二是多数学者将地层油气藏划分为地层超覆油气藏、地层不整合遮挡油气藏及潜山油气藏三类；三是多数学者没有划分复合油气藏。

一个油气田或一个含油气区都可能存在多个油气藏和多种油气藏类型。正确地划分油气藏类型，其目的是认识油气藏的形成条件和分布规律，进一步寻找更多相同或相似的油气藏，这对指导油气勘探具有重要的理论与实践意义。研究油气藏特征，重要的是认识其特殊性。现行的油气藏分类方法有很多种，有圈闭的、形态的、成因的等，这些分类方法当然必不可少，但要认识油气藏，首要的是突出油气藏的最大特征，因此，每一个地区的油气藏分类都不应限于书本上概念化的分类原则，也不应仅限于某一种方法，而应综合考虑，以能突出油气藏的最大特征为命名原则，这样才有实用价值。

在借鉴前人分类方法的基础上，主要考虑以下原则：

(1) 以圈闭成因为主，其他分类方法为辅，因为圈闭成因分类有利于掌握油气藏的分布规律，指导油气勘探；同时，在油气成藏条件分析的基础上，可以有针对性地进行地质研究工作，寻找有利圈闭，发现油气藏。

(2) 圈闭成因分类法，以圈闭形成的直接主导因素为主，而不去考虑背景因素，易于划分圈闭类型。

(3) 尽量采用常用、简单、准确的命名，便于实用方便。

根据上述原则，本书将中国陆上地层油气藏划分为 2 大类，即地层超覆油气藏和地层剥蚀油气藏，下分为 12 亚类(表 5-2)。

表 5-2　本书地层油气藏分类

类　型	亚　类	示意图	形成机制	典型实例	备　注
地层超覆油气藏	古隆起超(披)覆型	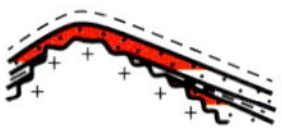	水进期在隆起区或盆缘不整合面之上逐层超覆旋回沉积，新储层超覆在较老非渗透地层之上，被连续沉积的非渗透层遮挡	济阳坳陷单家寺油田、老君庙油田、轮南油田、哈德逊油田	邹才能等(2009a,b)
	斜坡超覆型	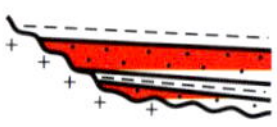		委内瑞拉夸伦夸尔油田，济阳坳陷太平油田、陈家庄油田	
	下切谷或古河道砂体型	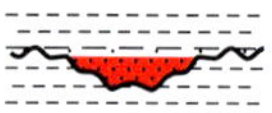	河道下切，河谷中的砂体侧向被风化壳遮挡而构成圈闭	鄂尔多斯侏罗系油田、准噶尔石东 2 白垩系油藏、美国粉河盆地河道砂油田	
地层剥蚀油气藏	剥蚀背斜型	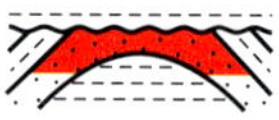	背斜圈闭部分被剥蚀，后期被上覆非渗透岩层遮挡	济阳坳陷东营凹陷	
	剥蚀单斜型		地层掀斜剥蚀，侧向被同沉积岩层遮挡，上覆被后期岩层或流体遮挡	辽河曙光油田，济阳凹陷金家油田、曲堤油田，准噶尔盆地夏子街油田	
	剥蚀凸起型	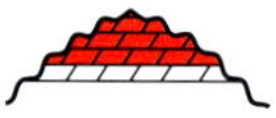	基岩遭风化剥蚀形成丘状隆起，后期被上覆非渗透性岩层覆盖	准噶尔克拉玛依石炭系、陆梁白垩系；阿尔及利亚哈西-迈萨乌德油田	
	剥蚀断块型		断层切割岩层形成断块，高部位遭风化剥蚀，被上覆地层遮挡	冀中坳陷任丘油田、黄骅坳陷千米桥油田、利比亚萨利尔油田	
	剥蚀顺向斜坡型		不整合面之下储层遭受风化，侧向被未风化层(隔层)遮挡，上覆被后期沉积非渗透层遮挡	冀中坳陷任丘油田	
	剥蚀逆向斜坡型			冀中坳陷南马庄油田	
	潜伏剥蚀残丘型	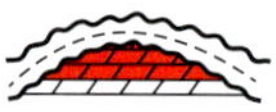	基岩遭受多期沉积间断、多期风化剥蚀，被上覆非渗透层遮挡	冀中坳陷信安镇、苏桥	
	剥蚀岩溶型	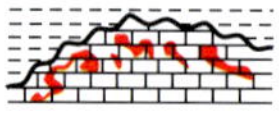	基岩遭受选择性风化剥蚀，形成溶蚀孔洞，被上覆非渗透层遮挡	塔里木盆地塔中奥陶系、鄂尔多斯盆地靖边奥陶系	
	生物礁(滩)型	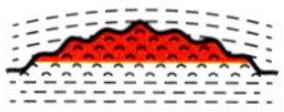	生物成因的礁体遭受风化淋滤，形成次生溶蚀孔洞缝，被上覆非渗透层遮挡	南海流花油田、鄂尔多斯盆地奥陶系气藏、墨西哥湾黄金巷油田群	

1）地层超覆油气藏

地层超覆油气藏可分为古隆起超（披）覆油气藏、斜坡超覆油气藏和下切谷或古河道砂体油气藏（何登发，2007；邹才能等，2009b）。古隆起超（披）覆油气藏和斜坡超覆油气藏形成机制是：地壳差异升降运动常引起水体的进退，当水体渐进时，在盆缘或隆起区侵蚀面上逐层超覆沉积了储集性能较好的孔隙性砂砾岩，随着水体加深，在砂砾岩层之上又超覆沉积了渗透性差的泥质岩，便形成了地层超覆圈闭。油气沿不整合面之上的底砾岩层（砂岩或砾岩）的连通孔隙输导至地层超覆圈闭中，受风化黏土层的侧向遮挡或底板作用以及上覆盖层的封盖作用而聚集起来，便形成了地层超覆油气藏。这种类型的油气藏主要位于隆起区及边缘或斜坡区，原生、次生孔隙发育，孔渗性好，具有良好的油气输导和聚集条件。从目前发现的油气藏数量及规模来看，形成的地层超覆油气藏以斜坡超覆油气藏为主，而古隆起超（披）覆油气藏相对较少。斜坡超覆油气藏如济阳坳陷陈家庄油田、太平油田（图 5-1）、塔里木盆地塔中 101 东河砂岩油藏、辽河东部凹陷北部大湾超覆带油气藏及黄骅坳陷北大港潜山带斜坡沙三段油气藏等；古隆起超（披）覆油气藏如济阳坳陷单家寺油田、酒泉盆地老君庙油田（图 5-2）等。

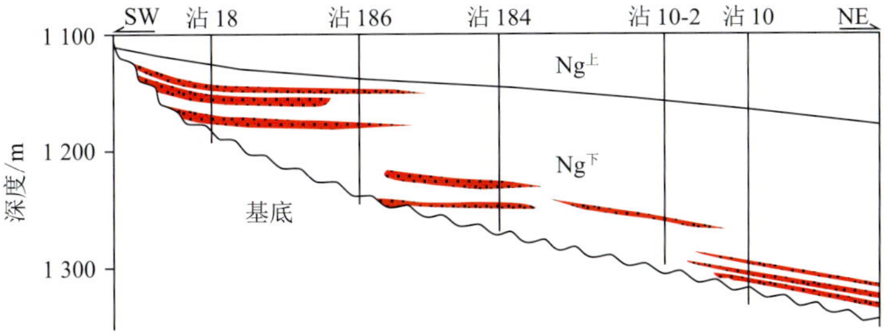

图 5-1　济阳坳陷太平油田油藏剖面

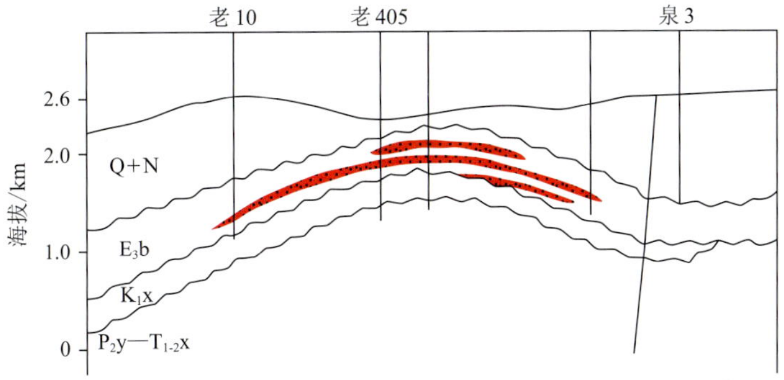

图 5-2　酒泉盆地老君庙油田油藏剖面

下切谷或古河道砂体油气藏是指河道下切，河谷中的砂体侧向被风化壳遮挡而构成圈闭，油气聚集其中而形成的油气藏，如美国粉河盆地的河道砂油田和鄂尔多斯盆地侏罗系古河道砂体中的一系列油田（图 5-3）。准噶尔盆地石东 2 白垩系清水河组油藏就是古凸起低位域时期河道下切侏罗系三工河组部分泥岩层而形成的下切谷岩性油藏，被切割泥岩对该河道砂体底部和侧向起封堵作用，清水河组水进体系域的湖相泥岩作为顶部封盖层。

2）地层剥蚀油气藏

受上覆盖层的封盖作用或风化黏土层的侧向遮挡及顶板封闭作用，不整合之下可形成地层剥蚀油气藏。根据油气藏形成机制和圈闭类型等，地层剥蚀油气藏可进一步划分为剥蚀背斜型、剥蚀单斜型、剥蚀凸起型、剥蚀断块型、剥蚀顺向斜坡型、剥蚀逆向斜坡型、潜伏剥蚀残丘

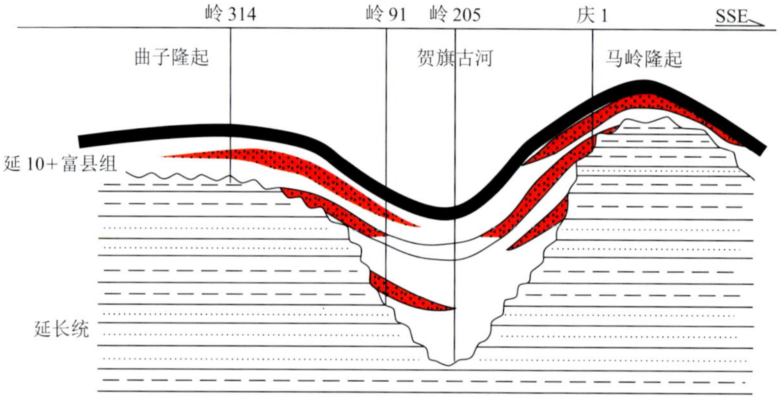

图 5-3　鄂尔多斯盆地马岭油田油藏剖面(据戴亚权等,2007)

型、剥蚀岩溶型和生物礁(滩)型9种亚类的油气藏。

剥蚀背斜型油气藏和剥蚀单斜型油气藏是受构造运动的影响,地层褶皱隆升或发生掀斜并遭到剥蚀,之后被上覆及(或)侧向非渗透性地层遮挡形成圈闭,油气聚集其中而形成的油气藏。前者发现得相对较少,如济阳坳陷东营凹陷中央隆起带、黄骅坳陷关家堡油田等(图5-4);后者如济阳坳陷林樊家油田、金家油田(图5-5),冀中坳陷任北斜坡奥陶系油藏,辽河坳陷西部凹陷西斜坡曙光油田,塔里木盆地雅克拉凝析气田等均属于此种类型的油气藏。

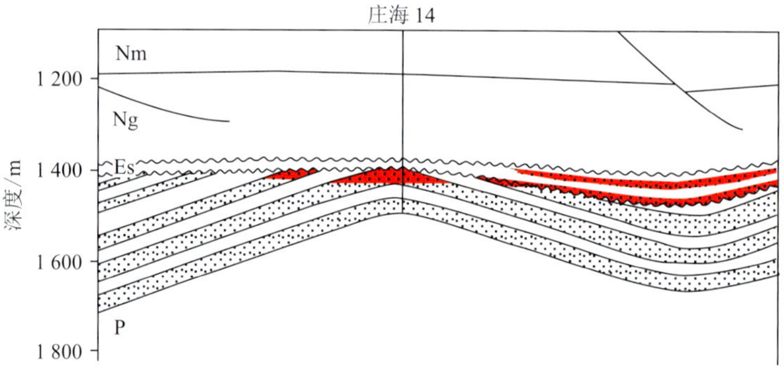

图 5-4　黄骅坳陷关家堡油田油藏剖面

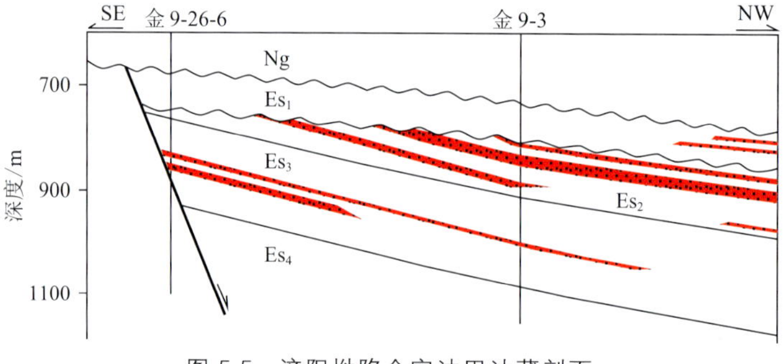

图 5-5　济阳坳陷金家油田油藏剖面

剥蚀凸起型、剥蚀断块型、剥蚀顺向斜坡型、剥蚀逆向斜坡型、潜伏剥蚀残丘型、剥蚀岩溶型等油气藏主要发育在盆地或坳陷边缘及内部古隆起部位。由于地壳抬升,凸起顶部较老地层长期遭受风化、剥蚀、淋滤等作用而形成风化淋滤带或半风化岩石层,之后被年轻盖层覆盖形成圈闭，油气聚集其中而形成的油气藏。这些类型油气藏可发育在碳酸盐岩、变质岩、火山岩、碎屑岩等地层中，是目前最广泛的一种地层油气藏类型，在我国东西部盆地或坳陷中均有发现。例如，冀中坳陷任丘（图 5-6）、南马庄、长洋淀、苏桥等油田，济阳坳陷富台、孤岛、广饶、垦利、埕北 30 等油田，黄骅坳陷千米桥、风化店等油气藏，辽河坳陷兴隆台、曹台等油气藏，塔里木盆地塔中 1 井下奥陶统油气藏、轮南奥陶系风化壳油藏，海拉尔盆地贝尔凹陷油气藏，鄂尔多斯盆地靖边气藏，准噶尔盆地腹部石西石炭系油藏（图 5-7）等。

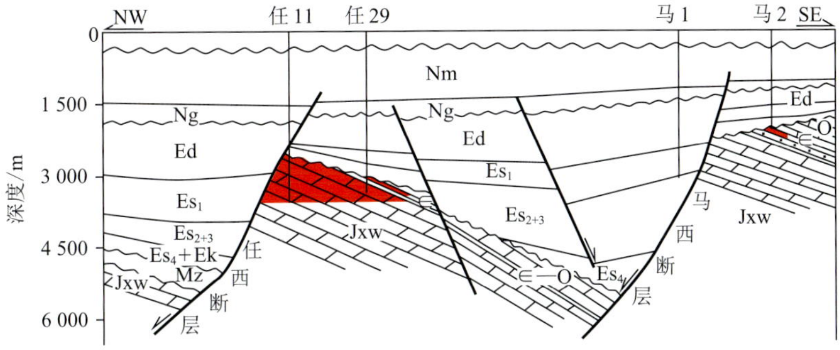

图 5-6　冀中坳陷任丘油田油藏剖面

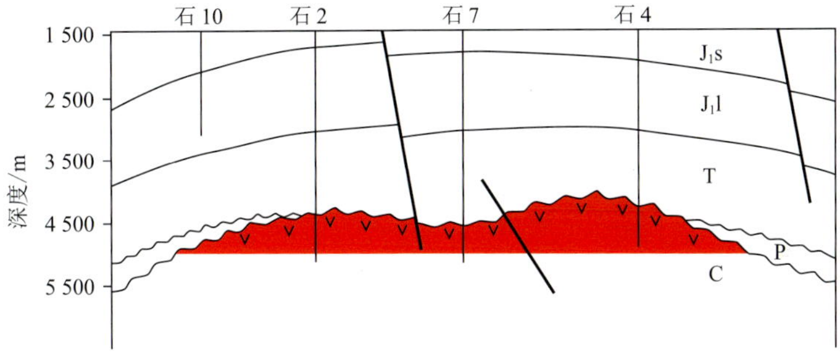

图 5-7　准噶尔盆地腹部石西油田油藏剖面

生物礁（滩）型油气藏是指生物礁组合中具有良好孔、渗性的储集岩体被周围非渗透性岩层封堵而形成地层圈闭，油气聚集其中而形成的油气藏，是一种特殊的、在生物成因的地层圈闭里的油气聚集。我国除在南海珠江口盆地、南方海相诸盆地发现大量生物礁油气藏外（图 5-8），在渤海湾盆地、柴达木盆地、塔里木盆地、鄂尔多斯盆地等也有一定数量的发现。

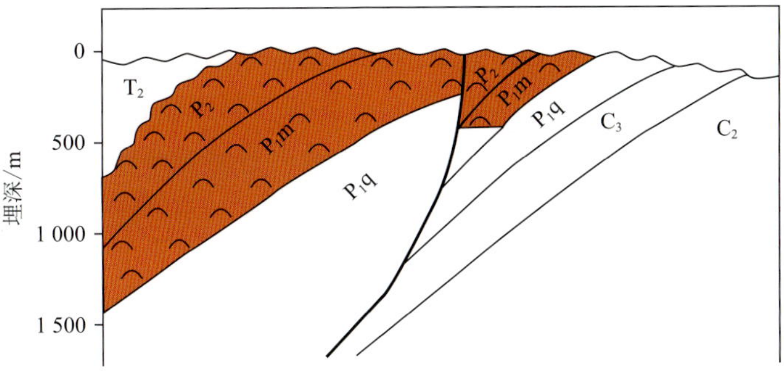

图 5-8　南盘江坳陷安然古油藏剖面

通过对我国渤海湾、准噶尔等盆地中已发现的典型大型地层油气藏进行精细解剖，以认识和确定不同类型地层油气藏形成的控制因素及分布规律。

5.3 准噶尔盆地地层油气藏解剖与发育控制因素

5.3.1 准噶尔盆地地层油气藏类型及分布概述

准噶尔盆地的地层油气藏类型主要有地层超覆油气藏和地层剥蚀油气藏两种类型，根据控制因素的不同，其中地层超覆油气藏包括地层超覆尖灭油气藏、地层超覆-断层遮挡油气藏、地层超覆-物性油气藏及地层超覆-岩性油气藏等类型，地层剥蚀油气藏包括剥蚀凸起油气藏、剥蚀凸起-断层遮挡油气藏、剥蚀断块油气藏及剥蚀单斜油气藏等类型（表 5-3）。这些不同类型的地层油气藏区域性分布广泛，在形成时间上也差异较大（表 5-4）。

表 5-3 准噶尔盆地地层油气藏类型表

油气藏类型		油气藏平面图实例	油气藏剖面图实例
超覆类	地层超覆尖灭油气藏	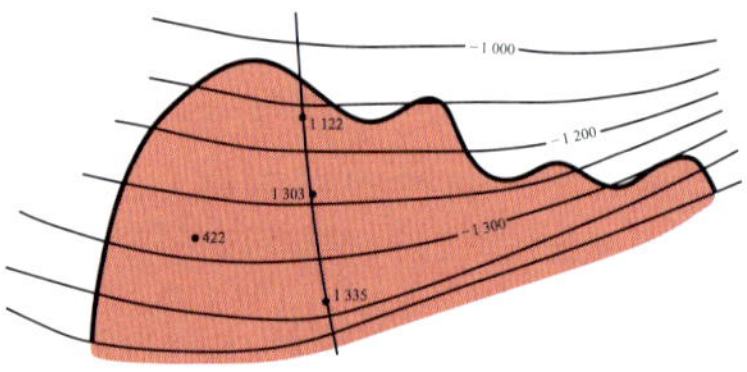 百口泉油田 422 井克上组油藏平面图	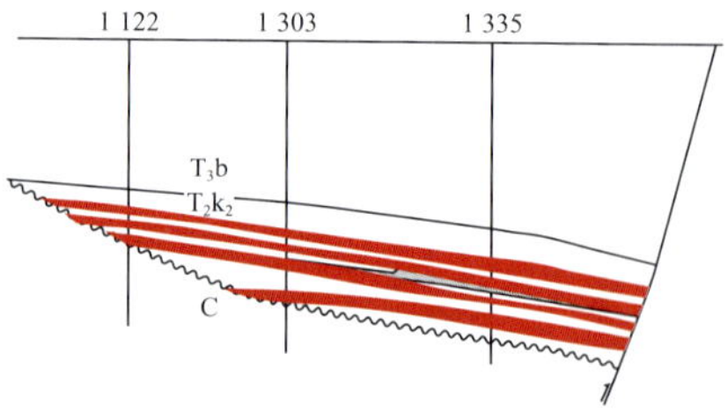 百口泉油田 422 井克上组油藏剖面图
	地层超覆-断层遮挡油气藏	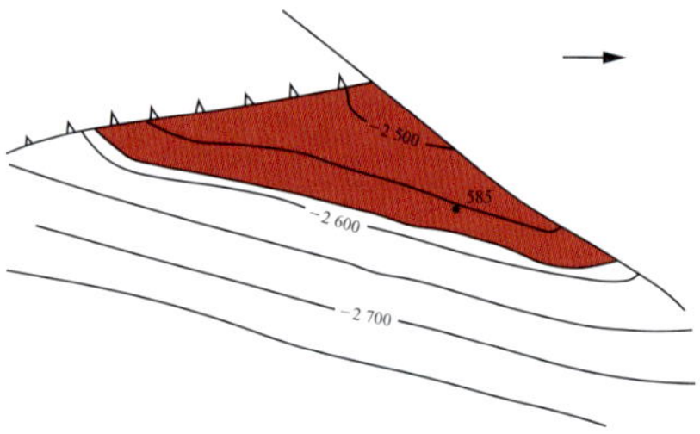 585 井区佳木河组油气藏平面图	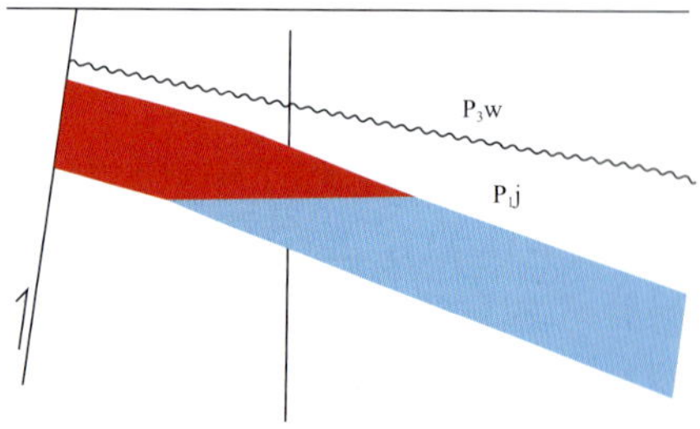 585 井区佳木河组油气藏剖面图
	地层超覆-物性油气藏	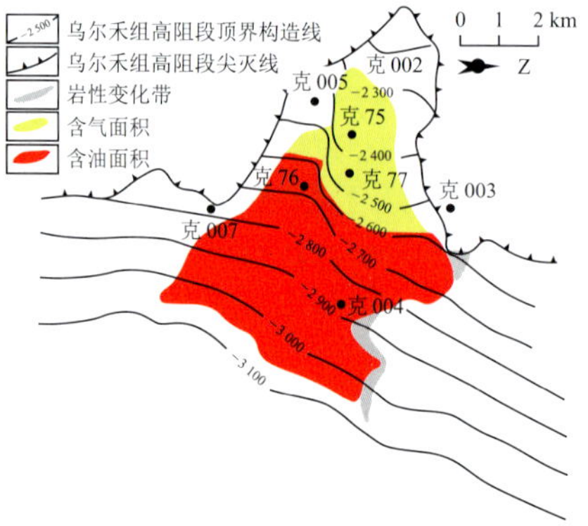 五区南下乌尔禾组油气藏平面图	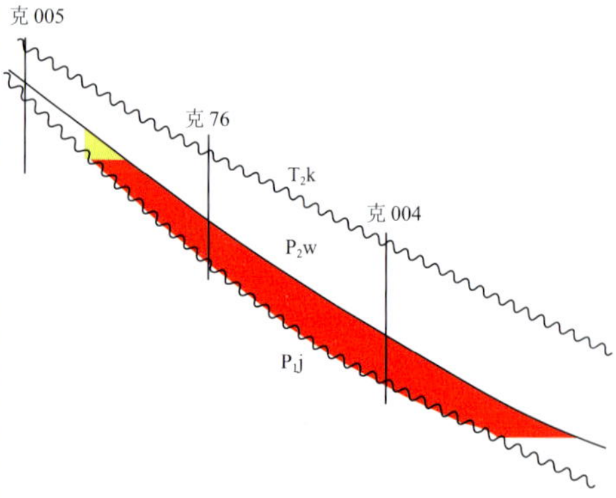 五区南下乌尔禾组油气藏剖面图

续表

<table>
<tr><th colspan="2">油气藏类型</th><th>油气藏平面图实例</th><th>油气藏剖面图实例</th></tr>
<tr><td rowspan="4">剥蚀类</td><td>剥蚀凸起油气藏</td><td>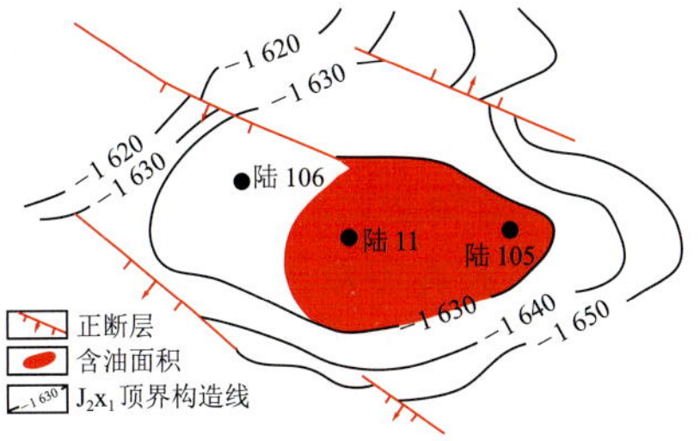

陆 11 井区西一段油藏平面图</td><td>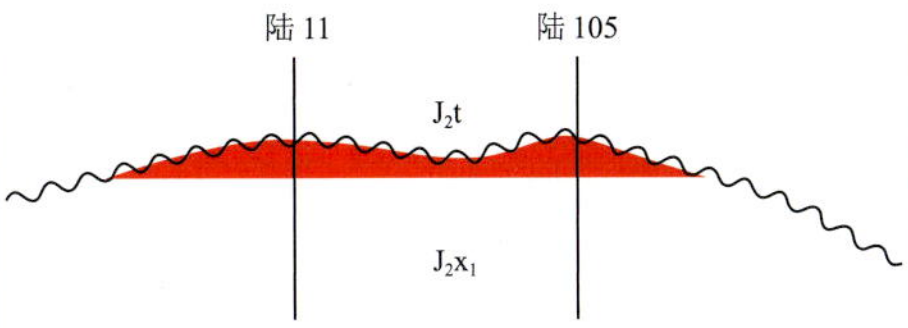

陆 11 井区西一段油藏剖面图</td></tr>
<tr><td>剥蚀凸起-断层遮挡</td><td>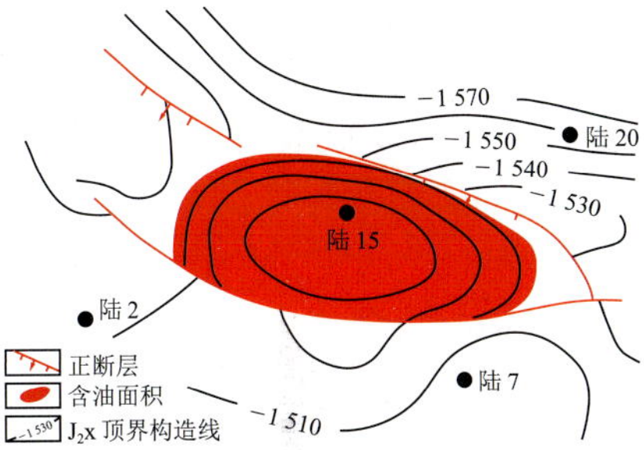

陆 15 井区西山窑组油藏平面图</td><td>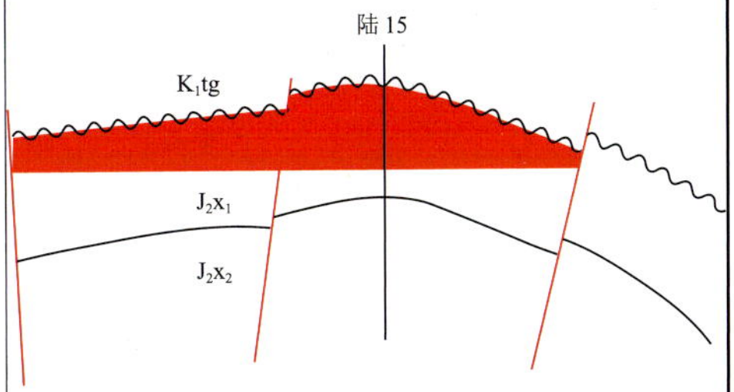

陆 15 井区西山窑组油藏平面图</td></tr>
<tr><td>剥蚀断块油气藏</td><td>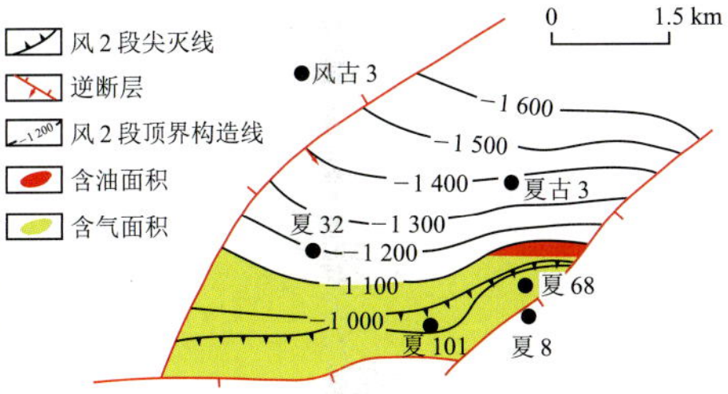

夏 69 区块二叠系风城组油气藏平面图</td><td>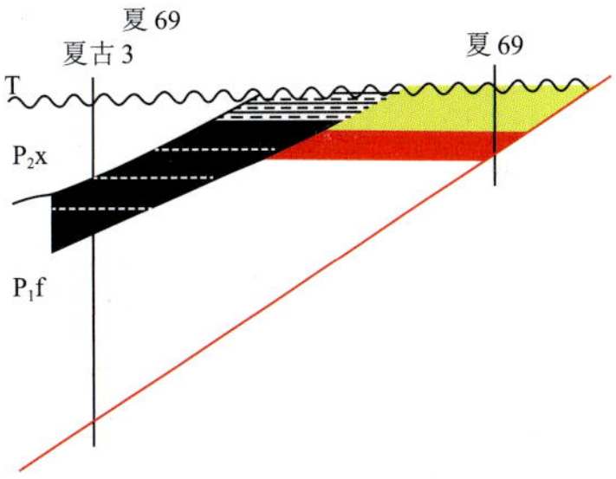

夏 69 区块二叠系风城组油气藏剖面图</td></tr>
<tr><td>剥蚀单斜油气藏</td><td>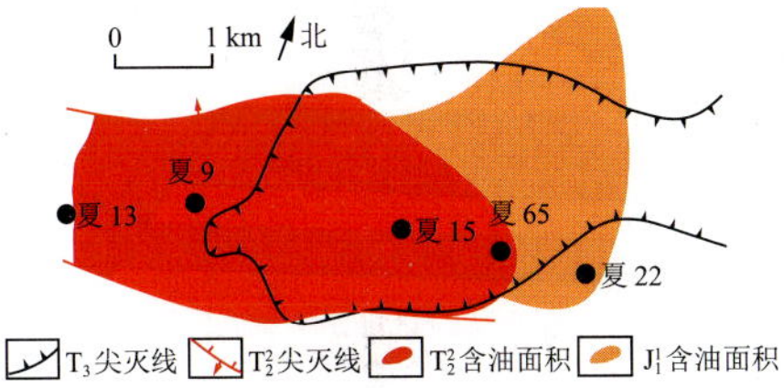

夏 9 井克下组油藏平面图</td><td>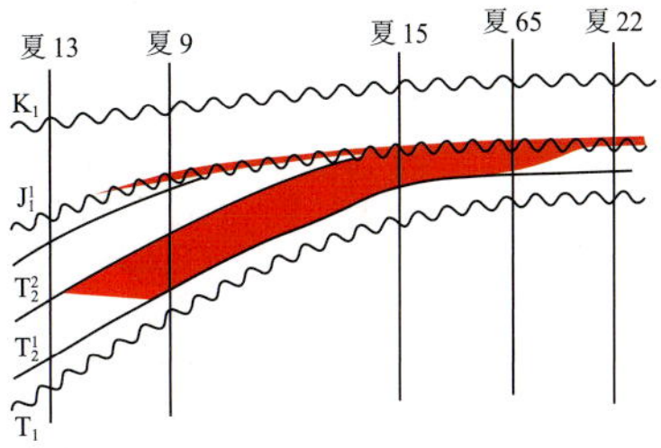

夏 9 井克下组油藏剖面图</td></tr>
</table>

表 5-4 准噶尔盆地地层油气藏分布及控制因素

区 块	层 位	性 质	油藏控制因素	不整合类型
风城—重 32 井区	J/K	稠油藏	地层超覆-断层遮挡	上超/削蚀型
夏子街—夏 9 井	J_1b/T_2k	油 藏	地层超覆-岩性	上超/削蚀型
夏 69 井区	T/P_1f	油气藏	剥蚀构造-断层遮挡	上超/削蚀型
风 5 井区风 504—风 501	$J/P_1f_2^1$	油 藏	剥蚀构造	上超/削蚀型
风 1—浅 28 井区	J_1b/T_1b、T_2k J_3q/J_2 K_1tg/J_3q	油 藏 稠油藏 稠油藏	地层超覆/剥蚀构造 地层超覆 地层超覆	上超/削蚀型 削蚀型 上超/削蚀型
玛北油田	T_1b/P_3w	油 藏	地层超覆-物性/剥蚀构造-岩性	削蚀型
百 21 区	T/P_2x	油 藏	剥蚀构造-断层遮挡	削蚀型
百口泉(422 井区)	T_2k/C	油 藏	地层超覆	削蚀型
克 82 井区	P_2f/P_1j	气 藏	剥蚀构造	上超/削蚀型
克 87 井区(246—检 188)	T_2k_1/P_1j	油 藏	剥蚀构造-断层遮挡	平行型
五$_3$东区(256—585、捡乌 8、捡乌 555、检 105 井区等)	P_3w/P_1j	油 藏	地层超覆、地层超覆-断层遮挡/剥蚀构造	上超/削蚀型
五区(573、512 等)	T_2k_1/P_1j	油 藏	剥蚀凸起-断层遮挡	上超/削蚀型
五区(克 005、克 004、克 75、克 83 等)	P_2w/P_1j	油气藏	地层超覆-物性	上超/削蚀型
八区(检 61、191)	T_2k_1/P_1j	油 藏	剥蚀构造-断层遮挡	上超/削蚀型
八区(检乌 1、检乌 6)	T_2k_1/P_2w	油 藏	地层超覆-岩性	上超/削蚀型
车 43 井	P_3w/P_1j	油 藏	剥蚀构造-断层遮挡	上超/削蚀型
车 46 井	P_3w/P_1j	油 藏	剥蚀构造-断层遮挡	上超/削蚀型
车 2 井	K_1q/J_3	油 藏	剥蚀构造-断层遮挡	上超/削蚀型
拐 5 井	P_3w/P_2x	油 藏	剥蚀构造-断层遮挡	削蚀型
陆 11 井区(陆 11、陆 105)	J_2t/J_2x_1	油 藏	剥蚀凸起	削蚀型
陆 15 井区(陆 15)	K_1tg/J_2x_1	油 藏	剥蚀凸起-断层遮挡	削蚀型
陆 22 井区	K_1q/J_2t J_2t/J_2x_1	油 藏	剥蚀凸起-断层遮挡-岩性 剥蚀凸起-断层遮挡-岩性	削蚀型
玛东 2 井区	P_2w/P_2x	油 藏	地层超覆-断层遮挡	上超/削蚀型
石东 2 井区	K_1tg/J_1s	油 藏	地层超覆-断层遮挡	削蚀型
石炭系地层油气藏:红—车断裂带、红山嘴、克—乌断裂带、石西油田,夏盐 2 井区				

5.3.1.1 地层超覆油气藏

地层超覆圈闭是在水进时期,沉积层自下而上逐层沿不整合向湖盆边缘斜坡带超覆,从而使水进砂体的顶板被上覆泥岩、致密砂岩覆盖,水进砂体的底板被不整合以下致密非渗透性火成岩、变质岩或泥岩遮挡,进而形成地层超覆圈闭。当有油气聚集时,就形成了地层超覆油气藏。从剖面上看,超覆表现为上覆岩层系中每一地层都相继延伸到下伏较老地层边缘之外,由于水侵沉积体具有正旋回沉积特征，所以在纵向上由下向上沉积物愈来愈细。油气分布范围则受地层超覆线、构造等高线、砂体尖灭线及与断层所构成的闭合面积控制。

1）超覆尖灭油气藏

超覆尖灭油气藏主要为地层尖灭线和砂体的分布范围，主要分布于准噶尔盆地西北缘，如夏 9 井区的八道湾组、百口泉的 422 井区克上组、风 1—浅 28 井区的侏罗系和白垩系、五$_3$东区的 57043—57080 井区等。

2）地层超覆-断层遮挡油气藏

这种复合型地层超覆油气藏的分布除了受地层尖灭线控制外，还受断层控制，断层可以存在于超覆带的上倾方向，也可以存在于侧翼，多分布于构造复杂区，在准噶尔盆地主要见于五、八区。位于西北缘克—乌断裂带的二叠系佳木河组尖灭线对油气的形成起着遮挡作用，在此尖灭线附近常形成该类油藏，如 574 井区、585 井区、检 105 井区、克 007 井区佳木河组超覆-断层遮挡油气藏和八区佳木河组断裂地层岩性（火山岩）油气藏。

3）地层超覆-物性油气藏

这种复合型地层超覆油气藏具有向上倾方向地层逐层超覆的特点，其地层岩性没有大的变化，但储层物性却发生了显著变化，由渗透层变成了非渗透层。因而，此类油气藏的分布除了受地层尖灭线控制外，还受物性变化带控制。此类油气藏主要见于五区下乌尔禾组尖灭线附近，如克 75 井区下乌尔禾组油气藏；另外，也见于玛北油田百口泉组底部三叠系百口泉组（T_1b_3段）超覆尖灭线附近。

5.3.1.2　地层剥蚀油气藏

1）剥蚀凸起型油气藏

因构造隆起、差异侵蚀等作用而形成的古地貌凸起，后期被油气充注而形成的油气藏为剥蚀凸起油气藏（潜山油气藏）。这类油气藏常见于基岩隆起上，特别是石炭系顶界的风化剥蚀面上，如陆 11 井区的西山窑组（J_2x_1 段）油藏。

2）剥蚀凸起-断层型油气藏

这类油气藏与剥蚀凸起油气藏类似，不同的是油气藏被断层复杂化。例如，在陆梁隆起的高部位和五区，陆 15 井区的西山窑组油藏、陆 22 井区的头屯河组和西山窑组油藏，以及五区 573—512 井区的佳木河组火成岩油藏即属于此类。

3）剥蚀背斜型油气藏

因地层褶皱、隆起、剥蚀而形成剥蚀构造，后期被油气充注而成为剥蚀构造油气藏。这类油气藏主要见于风城地区，如风 5 井区（风 504—风 501 井）风城组油藏三叠系油藏、八区（检乌 1、检乌 6）井区的二叠系乌尔禾组油藏。

4）剥蚀断块型油气藏

这类油气藏与剥蚀构造油气藏成因类似，最大的区别在于被断层复杂化。这类油气藏主要分布于西北缘，在夏子街、百口泉、风城、克拉玛依、车拐地区多见，而以二叠系的佳木河、夏子街、风城组较发育，如夏 69 井区的风城组油气藏，百 21 井区的夏子街组油藏，克 87 井区、检 61 井区、车 43 井区、车 46 井区的佳木河组油藏。

5）剥蚀单斜型油气藏

地层掀斜，顶部被剥蚀，后被上覆致密地层覆盖而形成圈闭，油气充注其中便形成了剥蚀单斜油气藏。该类油气藏主要位于斜坡部位，如玛北油气藏、夏 9 井区油气藏等。

5.3.1.3 准噶尔盆地地层油气藏分布

准噶尔盆地地层油气藏在西北缘区相对典型。以西北缘为例：

（1）该区地层油气藏主要分布于夏子街、百口泉、风城、克拉玛依（五—八区）、车排子、玛北和小拐等地区。在这些地区当中，风城地区的地层油气藏分布层位最多，几乎存在于各个地质层位当中（表5-5）。

（2）地层油气藏的分布层位从石炭系到白垩系均有，但主要分布于二叠系佳木河组之中，并且二叠系佳木河组中的地层油气藏主要集中在五—八区和红车断裂带（表5-6）。

（3）在地层油气藏中，剥蚀构造和凸起油气藏占多数，达到67%。

（4）在剥蚀油气藏中，以剥蚀构造-断层遮挡油气藏为主。

表5-5 准噶尔盆地不同地区地层油气藏分布层位统计表

地　区	层　位
夏子街	J_1b、T_2k、P_1f
百口泉	T_2k、P_2x
风　城	K_1tg、J_3q、J_1b、T_1b、T_2k、P_1f
克拉玛依（五—八区）	P_3w、P_2w、P_1j
车排子	P_1j、J_3
玛　北	T_1b、P_3w
小　拐	P_2x

表5-6 不同层位地层油气藏分布地（井）区统计表

层　位	分布地（井）区
K_1tg	风1—浅28井区
J_3q	风1—浅28井区、车2井区
J_1b	风1—浅28井区
T_2k	9井区、风1—浅28井区、百口泉422井区
T_1b	风1—浅28井区、玛北油田
$P_{2\text{-}3}w$	玛北油田、五$_3$东区（共四块）、五区、八区
P_2x	百21井区、拐5井区
P_1f	夏69井区、风5井区
P_1j	克82井区、克87井区、五3东区（共四块）、五区（573、512等井区）、八区（检191等井区）、车43井区、车46井区
C	红—车断裂带、红山嘴、克—乌断裂带、石西油田

5.3.2 夏子街地区地层油藏解剖

5.3.2.1 区域构造和地层特征

夏子街背斜是一个NE—SW走向的长轴背斜，属于准噶尔西北缘推覆体前缘断褶带上的次一级构造，形成于三叠纪末期，沿轴部发育一条贯穿背斜的倾向NW的逆断裂——夏4井断裂。在构造高部位三叠系遭受剥蚀，实际上为一“秃顶”的背斜，在其NE向，由于断裂和构造抬升的影响，形态不完善。在背斜北翼，发育一条走向与夏 4 井断裂一致、倾向相反的逆断裂——夏 9 井断裂。夏 9 井区即两条断裂夹持的区域。夏 4 井断裂和夏 9 井断裂均未断开八道湾组，其构造及断裂走向与夏子街主断裂构造走向一致，受北西—南东向应力挤压而成，其中夏 4 井断裂长约 30 km，夏 9 井断裂长仅 5 km，两断裂相距 1.2 km。

夏子街油田自上而下钻遇的地层（表 5-7）：白垩系的吐谷鲁群（K_1tg，厚度 850～1 100 m），侏罗系的齐古组（J_3q，厚度 60～120 m）、头屯河组（J_2t，厚度 80～150 m）、西山窑组（J_2x，厚度 60～120 m）、三工河组（J_1s，厚度 100～180 m）、八道湾组（J_1b，厚度 60～85 m），三叠系的白碱滩组（T_3b，厚度 0～150 m）、克上组（T_2k_2，厚度 0～210 m）、克下组（T_2k_1，厚度 0～203 m）、百口泉组（T_1b，厚度 80～120 m），二叠系上乌尔禾组（P_3w，厚度 700～800 m）。其中，白垩系和侏罗系、侏罗系和三叠系、三叠系和二叠系均为区域性不整合接触。由于构造运动的影响，使该地区构造高部位上三叠统白碱滩组受到不同程度的剥蚀，部分地区克上组也遭到一定的剥蚀，使八道湾组直接覆盖于克上组或白碱滩组不同层位之上。

夏子街油田主要含油层系有八道湾组、克下组、百口泉组及下乌尔禾组，其中 J_1b/T 不整合面上下的八道湾组地层油藏和克下组地层油藏比较典型。

表 5-7　夏子街油田地层简表

地层		层位	厚度/m	岩性简述
系	组			
白垩系	吐谷鲁群	K_1tg	850～1 100	厚层状灰绿色泥岩、砂质泥岩，底部为浅灰色中-细砂岩
侏罗系	齐古组	J_3q	60～120	灰白色泥质粉砂岩及砂质不等粒小砾岩互层
	头屯河组	J_2t	80～150	棕色泥岩、黏土岩、不等砾砂岩、泥质砂岩
	西山窑组	J_2x	60～120	灰绿色泥岩、含砾不等粒砂岩、煤层
	三工河组	J_1s	100～180	上部为灰白色泥质粉砂岩、细砂岩，下部为灰色砂质砾岩
	八道湾组	J_1b	60～85	上部为灰色泥岩、灰色中细砂岩互层，下部为不等粒砂砾岩
三叠系	白碱滩组	T_3b	0～150	厚层状灰色、深灰色泥岩
	克上组	T_2k_2	0～210	灰色、绿灰色、不等粒砂砾岩与棕色泥岩不等厚互层
	克下组	T_2k_1	0～203	棕褐色砂质泥岩、泥质小砾岩、不等粒砾岩及砂砾岩
	百口泉组	T_1b	80～120	
二叠系	上乌尔禾组	P_3w	700～800	棕色泥岩、砂质泥岩与绿灰色砂砾岩互层，夹薄层砂质小砾岩

5.3.2.2　侏罗系八道湾组地层油藏解剖

侏罗系八道湾组地层油藏在夏 9 井区发育且典型（图 5-9）。该井区八道湾组底部构造显示其构造形态为一狭长的北东东向鼻状构造，向南西西向倾没，轴线沿 X1533、X1527、X1521 井通过，地层较平缓，倾角 3°～9°。其枢纽的倾伏角东西有别，东段较缓（X1533 井以东，约 0.8°），西段较陡（约 3.5°），平面上轴线略呈向南微凸的弧线。从横剖面上看，鼻状背斜南、北两翼不对称，南翼较北翼陡，南翼 5°～16°，北翼 3°～5°。八道湾组以角度不整合上覆于三叠系克上组或白碱滩组不同层位之上，下伏三叠系背斜轴部相对于上覆八道湾组构造轴线向南偏移 200～400 m。

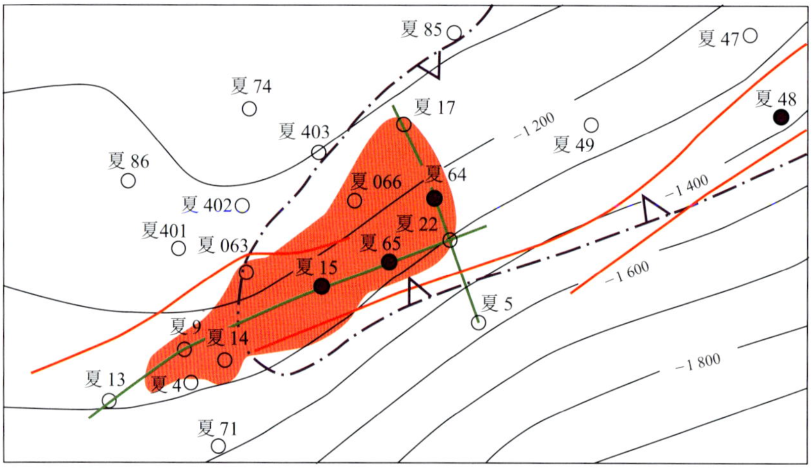

图 5-9　夏子街油田夏 9 井区八道湾组油藏平面图

1）储层特征

（1）沉积特征及砂层组划分。

夏 9 井区八道湾组为一套辫状河流相正旋回陆源碎屑沉积，由灰色、褐灰色中—细砂岩、含砾不等粒砂岩及砾状砂岩组成，发育大型槽状、板状及楔状交错层理，常见炭化植物碎屑。J_1b_5砂层组以辫状河道、心滩微相占绝对优势，次为河漫沼泽微相，河漫泥微相少量。心滩微相常被辫状河道分割成互不相连的小块，而辫状河道微相则相互贯穿。

该区八道湾组厚度 60～85 m，主要岩性为中—细砂岩、含砾不等粒砂岩和砂质砾岩。经区域对比，自上而下发育了八$_1$(J_1b_1)、八$_4$(J_1b_4)、八$_5$(J_1b_5)三个砂层组，八$_2$(J_1b_2)、八$_3$(J_1b_3)砂层组缺失，其中 J_1b_5砂层组为主力油层，J_1b_1砂层组也含油，J_1b_4砂层组为水层。

J_1b_1砂层组沉积厚度 15～25 m，以褐色、褐灰色中砂岩，含砾不等粒砂岩为主，部分砂质不等粒小砾岩及砾状砂岩。J_1b_4砂层组厚度 20～30 m，以灰色、褐灰色中砂岩为主，底部为含砾不等粒砂岩，上部为泥质砂岩和泥岩。J_1b_5砂层组为由下而上变细的正韵律沉积，中上部为泥岩、泥质粉砂岩、中—细砂岩，下部为中—粗砂岩、含砾不等粒砂岩、砂砾岩等。砂岩交错层理较发育，层中可见植物碎屑，底部具冲刷痕迹。沉积厚度 13～33 m，平均 20 m，油藏中部及东部沉积厚度小，向南北两翼沉积厚度逐渐增大，北部扩边区 J_1b_5层沉积厚度在 20 m 以上，南部沉积厚度在 16 m 以上。

（2）储集空间类型与孔隙结构。

储集层主要为中—细砂岩、含砾不等粒砂岩及砂砾岩，其中 J_1b_1、J_1b_4砂层组以砂岩为主，J_1b_5砂层组以含砾不等粒砂岩和砂砾岩为主。砂粒成分主要为岩屑，其次为石英(22.6%)、长石(15%)。砾石(20.3%)成分以泥灰岩、流纹岩、变泥岩为主，次为硅化岩、安山岩。胶结物成分主要为高岭石、泥质、菱铁矿、方解石等，胶结中等，胶结类型以接触式为主，次为孔隙接触式。该油藏孔隙类型以粒间溶孔为主(占 68%)，次为粒间孔及晶间孔、粒内溶孔、界面孔、微裂缝等。粒间溶孔是由碎屑颗粒(矿物或岩屑)之间的充填物(高岭石、方解石和菱铁矿等)溶解后形成的孔隙，多呈不规则状，连通性好，孔喉配位数 0～1，是主要的储油孔隙；粒间孔是在碎屑颗粒之间没有胶结物充填或胶结物未充填满，且又未经溶蚀形成的孔隙，孔隙较大，连通性好，孔喉配位数 0～2，是另一种主要的储油孔隙，它既是好的储集空间，又是好的渗滤通道；粒内溶孔是指长石及火山岩岩屑溶蚀后形成的孔隙，形态多样，大小不一，多呈孤立状分布于颗粒之中，连通性差，孔喉配位数多为零。

该油藏储层孔隙大小不均一，孔隙分选性差，J_1b_5 砂层组油层孔隙度为 12%～24%，平均约为 16.5%，孔喉连通性差，平均渗透率为 14.71 mD(1 mD=10^{-3} μm^2)；J_1b_1 砂层组油层孔隙度为 10%～25%，平均约为 18.6%，平均渗透率为 153 mD。压汞资料表明，饱和度中值压力为 8.61 MPa，饱和中值半径为 0.09 μm，排驱压力为 0.60 MPa，毛管半径为 0.037～2.368 μm，平均为 0.263 μm。综合评价认为，该油藏属粒间溶孔为主的中等容量、低渗透性、低孔隙、微细喉道、孔隙分选差的储层。

2）油藏特征

(1) 油水分布规律及油藏类型。

夏 9 井区八道湾组油藏属辫状河流相的砂岩、砂砾岩油藏，J_1b_5 砂层组在区内连片分布，形成广泛分布的储集层。从试油试采资料来看，油气分布在一定程度上受构造控制，油层及油水同层分布于构造高部位，构造位置低部位多为水层，如夏 13 井；三叠系油藏 T_3b 盖层缺失，油气受不整合风化黏土层遮挡而聚集；油水分布还受八道湾组油藏沉积时古构造的影响，地层厚度由构造轴部向两翼加大，储层的物性由鼻状构造轴部向两翼逐渐变差，受物性控制，上倾高部位的夏 49 井试油为含油水层，南翼夏 5 井试油为干层；油层主要分布在鼻状构造的鼻梁及两侧附近，在鼻状构造的低部位及翼部为水层，J_1b_1 与 J_1b_5 油水界面不统一。

夏 9 井断裂和夏 4 井断裂虽然未断开八道湾组，但它断开整个三叠系，加之该区缺失白碱滩组，构造高点附近不整合风化泥岩较薄，在夏 65 井、夏 49 井风化泥岩不发育，导致侏罗系八道湾组底砾岩与三叠系下克拉玛依组砂砾岩直接接触，油气沿断层进入三叠系下克拉玛依组砂砾岩，之后因缺少盖层（风化泥岩），继续沿着 J_1b/T 不整合面通过底砾岩层进入侏罗系八道湾组底部成藏(图 5-10、图 5-11)。原油优先聚集于构造高部位，低部位由于储层岩性变细、物性变差，排驱压力大而尚未形成油气聚集。电性对比表明，构造低部位电阻率降低，声波时

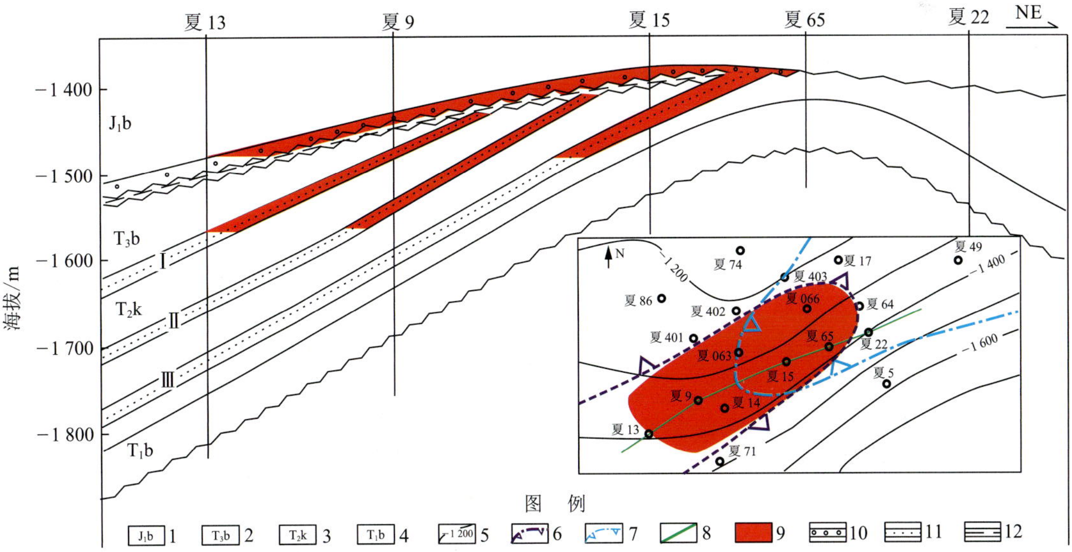

1—侏罗系八道湾组；2—三叠系白碱滩组；3—三叠系克拉玛依组；4—三叠系百口泉组；
5—侏罗系底部构造等高线；6—侏罗系底砾岩尖灭线；7—三叠系白碱滩组剥蚀尖灭线；8—剖面线位置；
9—含油层；10—砾岩；11—砂岩；12—泥岩。

图 5-10　夏 9 井区夏 13-夏 9-夏 15-夏 65-夏 22 油藏剖面图

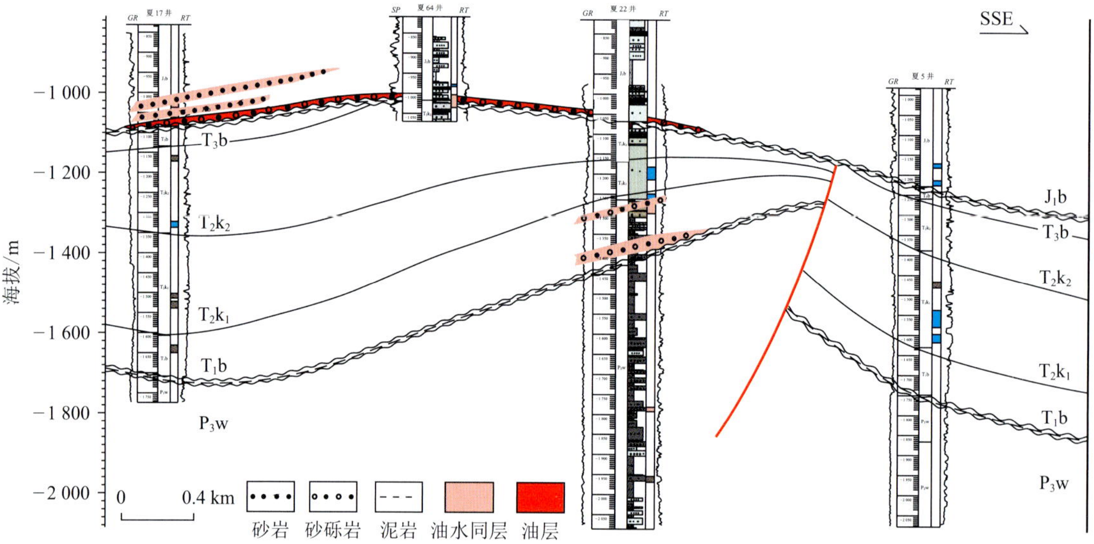

图 5-11 夏 9 井区夏 17-夏 64-夏 22-夏 5 油藏剖面图

差升高(泥质含量增加)。克下组、百口泉组油藏纯油区之上八道湾组含油范围大,而克下组、百口泉组油藏含水油区之上,八道湾组含油范围小。对于八道湾组内部来说,J_1b_5 砂层组含油面积大于 J_1b_1 砂层组含油面积,说明该油藏含油范围与 J_1b/T 不整合面的分布及发育,白碱滩组的缺失范围及三叠系克下组、百口泉组油藏的含油范围均有关。

通过以上分析认为,夏 9 井区八道湾组油藏是地层超覆-构造-岩性控制的复合型油藏,其分布与克下组、百口泉组油藏范围及白碱滩组缺失范围有关。其边水、底水不活跃,天然驱动能量以弹性驱动为主。夏 9 井区块八道湾组油藏高度约 160 m,油藏中部深度约 1 490 m(海拔−1 060 m)。扩边区构造最低部位的夏 401 井试油结果为油水同层,油层底界海拔−1 198.79 m,而构造更低部位的夏 13 井八道湾组试油为水层,水层顶界海拔−1 260 m,综合确定油水界面为海拔−1 198.79 m。

(2) 流体及温压特征。

根据试油资料,夏 9 井区八道湾组油藏压力系数低,试油多不能自喷,抽汲平均日产量为 3.5 t/d,机抽日产量为 10.6 t/d。夏 65 井高压物性资料显示,其单次分泌时气油比为 20.4 m^3/t,体积系数为 1.086,原油压缩系数为 27.9×10^{-4} MPa^{-1},地层油密度为 0.779 9 g/cm^3,地层油黏度为 6.5 mPa·s。八道湾组地面原油密度为 0.838 3~0.877 8 g/cm^3,平均为 0.856 g/cm^3,50 ℃时平均黏度为 14 mPa·s,40 ℃时为 20 mPa·s,30 ℃时为 29 mPa·s,凝固点为−14~14 ℃,平均为−0.6 ℃,含蜡量为 1.98%~8.15%,平均为 3.6%。油田水型为 $NaHCO_3$ 型,矿化度平均为 5 200 mg/L,氯离子含量平均为 2 900 mg/L。油层中部地层温度为 44.6 ℃。

5.3.2.3 三叠系克拉玛依组油藏解剖

三叠系克拉玛依组可以划分为两段,克下组(T_2k_1)和克上组(T_2k_2),其中克下组是本区重要的含油层位,其平面分布范围小于上覆的八道湾组油藏(图 5-12)。

1) 储层特征

夏 9 井区三叠系是夏子街组复合洪积扇的一部分,处在主水流方向上。克下组主要为扇顶的主槽沉积,岩性以砂砾岩为主,沉积厚度大(平均厚度 298.9 m),砾石颗粒分选差,呈次棱角状和次圆状,普遍发育洪积层理,电性上表现为块状高阻。

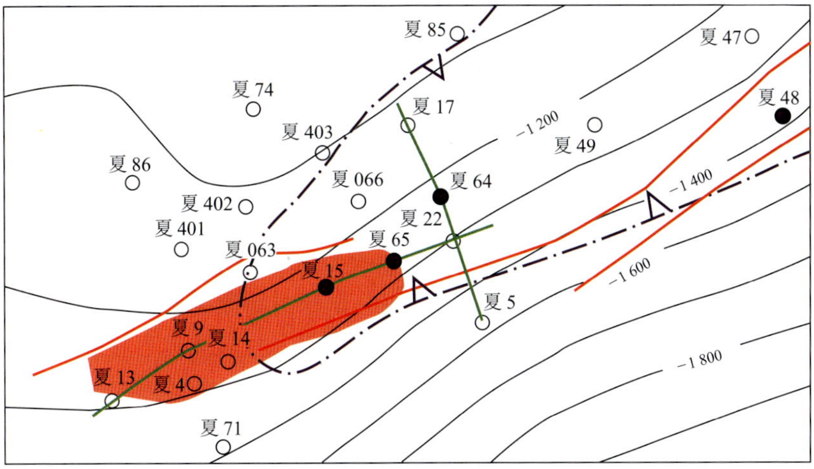

图 5-12　夏 9 井区三叠系油藏平面图

克下组由厚层状的砂砾岩夹薄层的含砾砂岩、粗砂岩和粉砂岩及泥岩组成。岩芯观察发现砂砾岩所夹的薄层细碎屑的含砾砂岩、粗砂岩及小砾岩等，普遍含油级别高，是有利的储集岩性，但宏观上表现为岩体小，分布不稳定。而孔渗性相对差一点的厚层状砂砾岩才是产油的主体，它表现为厚度大、层稳定，若孔隙发育，则成为有利的油气聚集带。

经岩芯薄片、铸体、荧光、电镜分析，克下组储层孔隙结构有以下特点：原生孔隙极少，储集空间主要为次生的溶蚀孔隙，发育于岩石颗粒、基质及胶结物中，孔隙连通性差。克下组储层的主要孔隙类型为粒内溶孔、高岭石晶间孔、粒间溶孔和少量的基质溶孔及微裂缝等。储层储集空间以后期的次生溶蚀孔隙为主，但孔喉半径小，连通性差，常见的孔隙组合为粒内溶孔-晶间溶孔或杂基溶孔-粒间溶孔。砂砾岩的孔径平均值为 39.4 μm，统计面孔率为 0.35%；砂岩的孔径平均值为 69.2 μm，面孔率为 0.89%，孔喉配位数为 0～1，连通性差。常见的孔隙组合为粒内溶孔-高岭石晶间孔-粒间溶孔，在夏 65 井微裂缝发育。克下组不同岩性储层的毛管压力曲线形态显示，该类储层储集量小，且以小孔细喉为主。

克下组砂砾岩最大孔隙度为 19.2%，最小孔隙度为 4.78%，平均值为 13.46%，呈单峰型，渗透率分布区间为 0.4～10 mD，亦呈单峰分布。砂岩类平均孔隙度为 14.2%，渗透率为 0.76 mD，为特低渗透性储层，由于这类储层形成的特殊机理，非均质性很强，宏观上没有储渗性非常好的层段，形成层层见油而无一段特别突出的分布规律。

2）油藏特征

（1）油藏类型。

夏 9 井区克拉玛依组油藏构造简单，底部构造形态为夏 9 井断裂和夏 4 井断裂两条逆断层夹持的鼻状隆起构造。原油可沿断层通过八道湾组底部的不整合结构体的风化淋滤带输导至克拉玛依组多个储层段，并优先聚集于构造高部位。该区三叠系与顶底的侏罗系和二叠系均为角度不整合接触，由于构造运动的抬升，使得三叠系向鼻隆高部位逐层剥蚀，构造部位越高，上部地层剥蚀越严重。白碱滩组仅在该区构造低部位存在，J/T 不整合面的风化黏土层对于克拉玛依组油藏具有重要的封盖作用。

夏 9 井区克上组油层厚度小，油藏上倾尖灭方向被 J/T 不整合面的风化黏土层遮挡，下倾方向受岩性控制，在不整合结构体下层形成典型地层遮挡型油藏。

夏 9 井区克下组油层纵向厚度大，闭合高度 650～700 m，岩性主要为砂砾岩，储层物性差，隔层不发育，油层含水，油藏中束缚水饱和度高，无底水，边水亦不活跃。油藏上倾方向被J/T不整合及上覆八道湾组地层遮挡，下倾方向受岩性控制，形成不整合遮挡油气藏。

(2) 流体及温压特征。

根据克下组采油井原油样品统计，平均地面原油密度为0.847 4 g/cm^3，30 ℃时平均黏度为19.17 mPa·s，凝固点为−5.7 ℃，含蜡量为6.1%，原油密度有向构造高部位增大的趋势。氯离子含量平均1 984.06 mg/L，总矿化度平均4 132.46 mg/L，水型为$NaHCO_3$型。

克下组溶解气的相对密度为0.711 5，烃类主要组分为甲烷73.5%、乙烷8.15%及少量的丙烷、丙烷和戊烷，非烃类组分为N_2(10.89%)和O_2。

虽然克拉玛依组油藏出油砂层多，但实测压力、温度值少，根据克下组底部的测温、测压值，推断地层温度梯度为2.12 ℃/100 m，油层中部温度为46.76 ℃。克下组油藏边底水活动能量和溶解气驱能量有限，压力系数为0.98，只能以人工注水方式补充能量开发。

5.3.2.4 原油地球化学及油气源分析

三环二萜烷分布是反映母质来源的一个良好指标，具有受成熟度、输导效应和生物降解影响小，在准噶尔盆地原油中含量高、峰形好、易于鉴定等特点。

王绪龙等(2001)通过对盆地西部和腹部源于二叠系的原油及东部和北天山山前断褶带源于侏罗系的原油的三环二萜烷C_{20}、C_{21}和C_{23}分布特征进行分析，认为在准噶尔盆地最常见的原油类型有四类。第一类为上升型分布：C_{20}、C_{21}和C_{23}三环二萜烷含量呈上升型分布并具有较大的斜率，是母质类型良好的一种标志。大多受到过生物降解作用，表现出较高原油密度和较低含蜡量的特征，主要来自二叠系风城组烃源岩。第二类为山峰型分布：C_{20}、C_{21}和C_{23}三环二萜烷以C_{21}为主峰的不对称"∧"型分布，原油密度变化较大，含蜡量中等，主要来自二叠系下乌尔禾组烃源岩和与之沉积时代相当的东部平地泉组和芦草沟组烃源岩。第三类为下降型分布：以C_{20}为主峰，C_{21}和C_{23}基本相等或依次降低的下降型。一般具有较高的成熟度，油质较轻，基本上没有受到过生物降解。这类原油的其他地化特征与第二类原油差不多，主要来自佳木河组烃源岩，可能是晚期生烃或二次生烃的产物。第四类为山谷型分布：C_{20}、C_{21}和C_{23}三环二萜烷中C_{21}含量最低的分布类型，既可以是一种独立的分布类型，也可以是上升型和下降型的混合。从对西部隆起二叠系和石炭系源岩的研究及山谷型分布原油一般未单独存在来分析，混合而成的可能性应更大些，而且主要是二叠系上升型与下降型的混合。

根据现有的样品分析，夏子街油田原油的三环二萜烷C_{20}、C_{21}和C_{23}分布特征中绝大多数为上升型，少数为下降型和山谷型(表5-8、图5-13)，上升型如夏81井(T_2k_1)(图5-14，a)，山谷型如夏77井(T_2k_1)(图5-14b)。表明该地区原油主要来源于风城组烃源岩，少数来源于佳木河组，其中一些佳木河组成因的原油和风城组成因的原油发生了混合，形成了混合成因的山谷型三环二萜烷C_{20}、C_{21}和C_{23}分布。有些原油表现为三环二萜烷C_{20}、C_{21}或C_{21}和C_{23}近于相等的上升型或山谷型，此类原油也应为不同成因的原油的混合(图5-14c)。其中，下降型原油分布于T_2k和P_1f地层，而混合成因的山谷型主要分布于J_1b和T_2k。这说明，该地区风城组成因的原油是早期注入，因而输导到该区的高部位，而佳木河组成因的原油是后期注入，因而聚集在该区的相对低部位，而在中间地带两种成因的原油发生了混合，形成了混源油。

风城组原油在夏子街油田分布最普遍。其特征是：$Pr/Ph<1$，饱和烃气相色谱图为后峰型，β-胡萝卜烷丰度较低或中等，C_{20}-C_{21}-C_{23}三环二萜烷呈"上升型"，含量依次升高，伽马蜡烷含量较高，孕甾烷含量中等(图5-14)。此类原油族组分中饱和烃含量为32.73%～90.63%，平均值为57.15%，芳烃含量为1.78%～23.34%，平均含量为13.15%，非烃和沥青质含量为

4.84%～47.55%，平均值为 24.38%。其次是风城组烃源岩和佳木河组烃源岩生成原油的混合油，在夏子街油田克下组有分布。其特征是：原油的 Pr/Ph>1，饱和烃气相色谱图为前峰型，β-胡萝卜烷丰度较低，C_{20}-C_{21}-C_{23} 三环二萜烷呈“山谷型”，且有 C_{20} 对 C_{23} 优势，伽马蜡烷含量中等(图 5-14)，孕甾烷和升孕甾烷含量较高。此类原油族组分中饱和烃含量为 72.61%～84.35%，平均值为 79.98%；芳烃含量为 8.01%～8.69%，平均含量为 8.43%；非烃和沥青质含量为 4.68%～5.97%，平均值为 5.23%。

表 5-8　夏子街油田原油及岩石抽提物生标地球化学特征

井　号	样品深度/m	层　位	C_{20}、C_{21}、C_{23}三环二萜烷			C_{24}/C_{26}	Ts/Ts+Tm	$C_{29}\beta\beta/(\beta\beta+\alpha\alpha)$	$C_{29}S/(S+R)$	$C_{27}S/C_{28}S$	$C_{29}S/C_{28}S$	C_{27}～C_{29}甾烷
			C_{20}/C_{21}	C_{23}/C_{21}	型　式							
夏 72	4 850.0	P_1f	0.813	1.322	上升型	0.448	0.226	0.624	0.474	0.143	1.194	↗
夏 72	2 725.2	T_1b	0.995	1.201	上升型	0.721	0.113	0.562	0.464	0.117	1.148	↗
夏 72	2 725.7	T_1b	0.972	1.117	上升型	0.710	0.152	0.566	0.477	0.122	1.303	↗
夏 72	2 726.0	T_1b	1.055	1.212	山谷型	0.870	0.088	0.553	0.473	0.147	1.298	↗
夏 72	2 726.2	T_1b	0.955	1.097	上升型	0.832	0.074	0.538	0.484	0.123	1.268	↗
夏 72	2 727.0	T_1b	0.665	1.343	上升型	0.999	0.377	0.559	0.472	0.243	1.441	↗
夏 72	4 561.1	P_1f	0.822	1.531	上升型	0.890	0.224	0.627	0.485	0.123	1.282	↗
夏 72	4 561.4	P_1f	1.036	1.232	山谷型	4.477	0.441	0.638	0.476	0.116	1.109	↗
夏 72	4 565.7	P_1f	1.134	0.788	下降型	10.637	0.486	0.718	0.477	0.114	0.922	∧
夏 72	4 809.0	P_1f	0.892	1.312	上升型	0.454	0.143	0.620	0.462	0.152	1.109	↗
夏 72	5 246.6	P_1j	0.678	1.548	上升型	0.452	0.226	0.618	0.460	0.174	1.168	↗
夏 73	1 794.6	J_1b	0.488	1.184	上升型	1.856	0.207	0.435	0.519	0.207	1.393	↗
夏 74	1 590.0	J_1b	0.942	1.519	上升型	0.613	0.090	0.562	0.516	0.127	1.235	↗
夏 74	1 592.2	J_1b	0.971	1.331	上升型	0.651	0.095	0.539	0.479	0.147	1.125	↗
夏 74	2 111.8	T_2k_1	0.663	1.402	上升型	0.945	0.335	0.518	0.480	0.370	1.238	↗
夏 75	1 430.8	J_1b	0.619	1.082	上升型	1.241	0.293	0.432	0.452	0.454	1.246	↗
夏 75	2 373.1	T_2k_1	0.784	1.818	上升型	0.996	0.047	0.505	0.445	0.136	1.067	↗
夏 75	2 496.0	T_1b	0.755	1.274	上升型	0.789	0.197	0.657	0.466	0.124	1.251	↗
夏 75	2 498.1	T_1b	0.913	1.095	上升型	0.799	0.204	0.665	0.478	0.147	1.303	↗
夏 76	3 640.0	P_1j	0.956	1.305	上升型	0.473	0.175	0.570	0.461	0.171	1.181	↗
夏 76	1 390.0	T_1b	0.546	1.071	上升型	0.769	0.231	0.456	0.429	0.150	1.197	↗
夏 76	1 311.4	J_1b	0.674	1.354	上升型	0.823	0.137	0.417	0.494	0.112	1.365	↗
夏 76	1 313.2	J_1b	0.664	1.148	上升型	0.935	0.146	0.453	0.472	0.144	1.434	↗
夏 76	1 387.7	T_2k_1	0.555	1.224	上升型	0.785	0.208	0.414	0.477	0.158	1.403	↗
夏 76	3 645.6	P_1f	0.904	1.306	上升型	0.500	0.116	0.622	0.459	0.148	1.002	↗
夏 77	1 620.0	T_2k_1	1.318	1.337	山谷型	0.740	0.040	0.516	0.458	0.168	1.010	↗
夏 77	1 339.3	J_1b	0.907	1.308	上升型	0.730	0.088	0.556	0.496	0.126	1.102	↗

续表

井　号	样品深度/m	层　位	C_{20}、C_{21}、C_{23}三环二萜烷			C_{24}/C_{26}	Ts/Ts+Tm	$C_{29}\beta\beta/(\beta\beta+\alpha\alpha)$	$C_{29}S/(S+R)$	$C_{27}S/C_{28}S$	$C_{29}S/C_{28}S$	C_{27}～C_{29}甾烷
			C_{20}/C_{21}	C_{23}/C_{21}	型　式							
夏77	1 340.2	J_1b	1.050	1.209	山谷型	0.684	0.069	0.566	0.455	0.146	1.129	↗
夏77	1 415.0	T_2k_2	0.995	1.208	上升型	0.781	0.059	0.529	0.477	0.130	1.194	↗
夏77	1 607.5	T_2k_1	1.001	1.168	山谷型	0.806	0.085	0.509	0.459	0.136	1.105	↗
夏77	2 404.0	P_1f	0.491	1.314	上升型	0.662	0.223	0.598	0.462	0.119	1.259	↗
夏78	1 254.1	J_1b	0.866	1.355	上升型	0.789	0.102	0.510	0.475	0.136	1.114	↗
夏78	1 256.0	J_1b	0.775	1.255	上升型	0.815	0.108	0.524	0.472	0.121	1.194	↗
夏78	1 257.4	J_1b	0.814	1.248	上升型	0.830	0.103	0.520	0.462	0.137	1.141	↗
夏79	1 420.0	J_1b	0.820	1.485	上升型	0.653	0.245	0.534	0.452	0.109	1.108	↗
夏79	1 383.0	J_1b	0.973	1.231	上升型	0.790	0.071	0.556	0.480	0.158	1.205	↗
夏79	1 384.2	J_1b	0.922	1.716	上升型	0.898	0.056	0.553	0.485	0.135	1.249	↗
夏79	1 386.6	J_1b	0.905	1.486	上升型	0.927	0.079	0.566	0.472	0.123	1.319	↗
夏79	1 405.9	J_1b	0.648	1.381	上升型	0.621	0.261	0.584	0.457	0.115	1.291	↗
夏79	1 420.0	J_1b	0.718	1.266	上升型	0.623	0.233	0.524	0.455	0.131	1.165	↗
夏80	2 270.0	P_1f	0.798	0.986	山峰型	1.172	0.095	0.364	0.436	0.144	1.202	↗
夏80	1 200.9	J_1b	0.844	1.051	上升型	0.884	0.115	0.591	0.461	0.117	1.228	↗
夏80	2 210.5	P_1f	0.592	1.197	上升型	1.248	0.115	0.344	0.467	0.097	1.284	↗
夏80	2 259.4	P_1f	0.630	1.284	上升型	1.140	0.118	0.346	0.471	0.101	1.409	↗
夏81	2 360.0	T_2k_1	0.905	1.286	上升型	1.140	0.055	0.528	0.448	0.139	1.101	↗
夏81	2 160.0	T_2k_2	1.414	0.981	下降型	0.540	0.168	0.599	0.455	0.181	1.104	↗
夏81	2 048.2	T_2k_2	1.347	0.939	下降型	0.571	0.815	0.642	0.426	0.197	1.084	↗
夏81	2 163.5	T_2k_2	1.256	1.016	山谷型	0.485	0.191	0.611	0.469	0.153	1.065	↗
夏81	2 427.0	T_2k_1	0.831	1.503	上升型	0.799	0.079	0.500	0.469	0.128	1.273	↗
夏81	2 516.1	T_1b	1.000	1.384	上升型	0.520	0.157	0.585	0.463	0.109	1.099	↗
夏81	2 555.8	T_1b	0.810	1.216	上升型	0.569	0.149	0.561	0.474	0.108	1.082	↗
夏82	2 350.0	T_1b	1.081	0.920	下降型	0.533	0.118	0.593	0.453	0.172	1.190	↗
夏82	2 221.3	T_2k_1	1.103	1.038	山谷型	0.694	0.057	0.526	0.483	0.170	1.057	↗
夏83	1 348.8	J_1b	0.972	1.356	上升型	0.639	0.073	0.572	0.472	0.138	1.196	↗
夏84	1 530.0	J_1b	0.918	1.105	上升型	0.636	0.083	0.580	0.480	0.140	1.000	↗
夏85	1 520.0	J_1b	1.031	1.399	山谷型	0.693	0.087	0.595	0.446	0.141	1.011	↗
夏85	1 524.1	J_1b	0.688	1.575	上升型	1.096	0.058	0.509	0.500	0.116	1.042	↗
夏86	1 645.0	J_1b	1.028	1.425	山谷型	0.685	0.061	0.557	0.506	0.132	1.019	↗

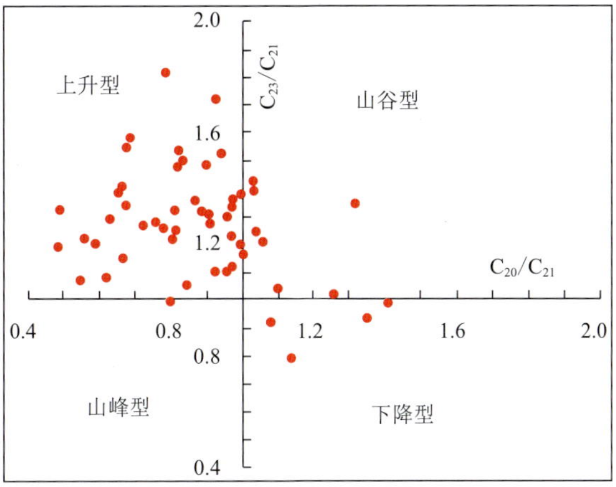

图 5-13　夏子街油田原油三环二萜烷 C_{20}、C_{21} 和 C_{23} 分布型式图

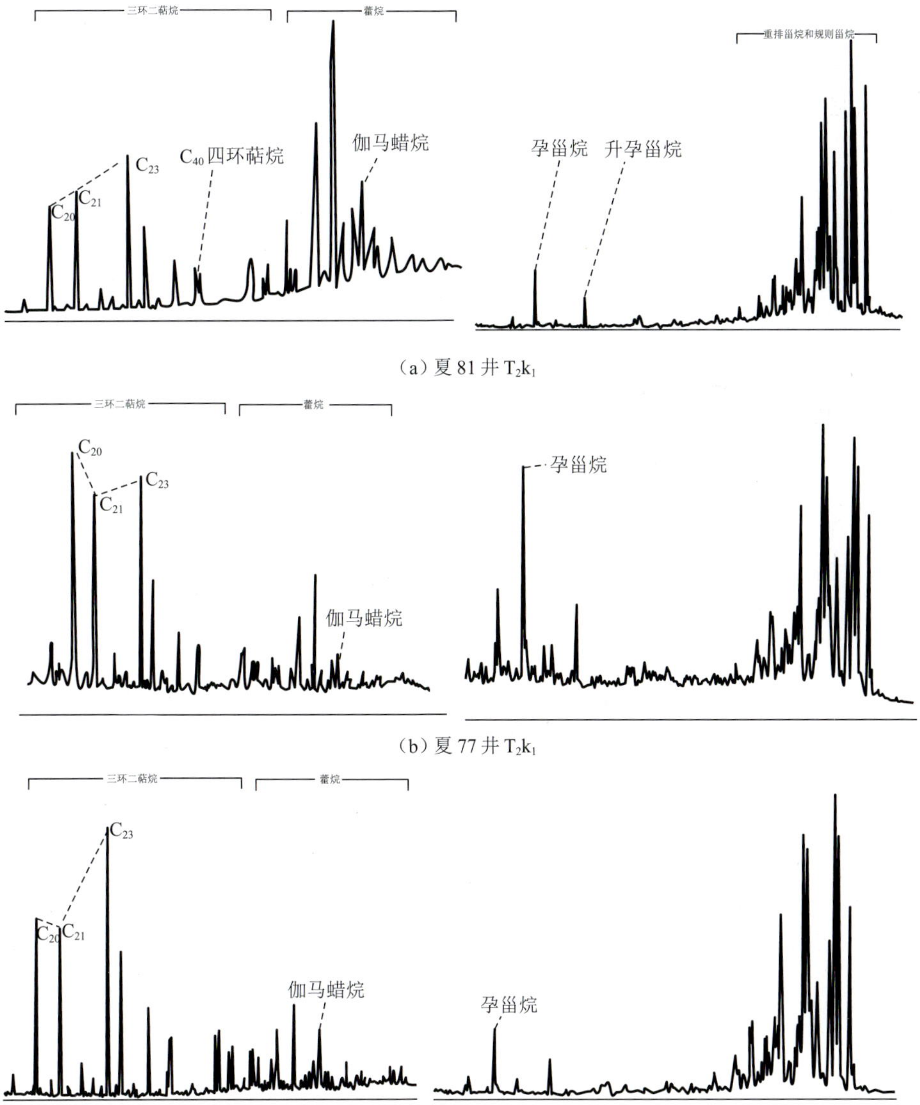

(c) 夏 202 井 P_1f

图 5-14　夏子街地区典型原油 m/z191、m/z217 质量色谱图

从 C_{29} 甾烷成熟度参数 $C_{29}20S/(20S+20R)$、$C_{29}\beta\beta/(\beta\beta+\alpha\alpha)$ 分布来看，该区原油基本达到成熟到高成熟状态(图 5-15)。风城组的原油 $C_{29}\beta\beta/(\beta\beta+\alpha\alpha)$ 值分布于两个区域，侏罗系八道湾组的原油 $C_{29}20S/(20S+20R)$ 分布范围比较宽，三叠系原油 $C_{29}20S/(20S+20R)$、$C_{29}\beta\beta/(\beta\beta+\alpha\alpha)$ 分布相对集中。

Ts/(Ts+Tm)既与烃源岩沉积环境有关，也与成熟度有关。Ts/Tm 对黏土催化剂反应很敏感。碳酸盐岩生成的原油与页岩生成的原油相比，具有异常低的 Ts/Tm(Mckirdy et al., 1983; Rullkotter et al., 1985; Price et al., 1987)，很多超盐度烃源岩中的沥青具有高的 Ts/Tm (Rullkotter and Marzi, 1988)。Ts 的稳定性高于 Tm，在评价来自同一有机相中相同烃源岩的原油时，Ts/(Ts+Tm)为可靠的成熟度指标。总体来看，夏子街地区 J_1b 地层中原油中显示较低的 Ts/(Ts+Tm)值(0.06～0.26)，而见有较高的 $\gamma/C_{30}H$ 分布，而二叠系地层中原油 $\gamma/C_{30}H$ 显示较低值，三叠系原油两参数值介于侏罗系和二叠系之间(图 5-16)。

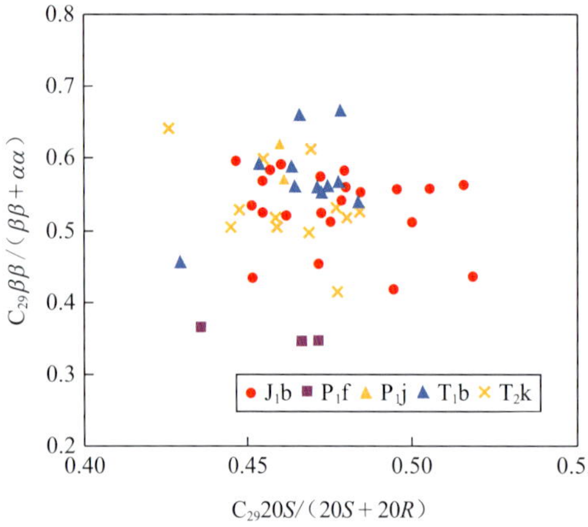

图 5-15 不同层位原油 C_{29} 甾烷成熟度参数 $C_{29}20S/(20S+20R)$、$C_{29}\beta\beta/(\beta\beta+\alpha\alpha)$ 分布

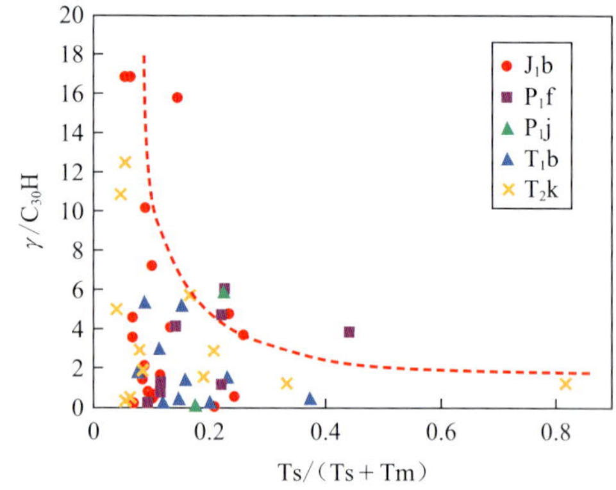

图 5-16 夏子街油田不同层位原油 Ts/(Ts+Tm)、$\gamma/C_{30}H$ 分布

该区原油 C_{27}、C_{28}、C_{29} 甾烷分布中以 C_{29} 甾烷占主导地位，C_{27}、C_{28}、C_{29} 甾烷分布基本都为 $C_{27}<C_{28}<C_{29}$ 甾烷的上升型，表明其生烃母质来源与陆源有机质有关。大多数 C_{30} 以上升藿烷的分布表现为从 C_{31}、C_{32}、C_{33} 到 C_{34}、C_{35} 依次降低的特点，但也有少数样品表现出 C_{35} 升藿烷的丰度高于 C_{34} 烷丰度的翘尾状特点，体现出其有机母质保存环境的差异。

5.3.2.5 油藏形成特征

夏 9 井区八道湾组和克拉玛依组地层油藏是在特定的、严格的地质条件下形成的。

1) 丰富的油源为成藏提供了前提条件

该区紧邻玛湖生烃凹陷，主力生烃层为下二叠统风城组，有机质类型为腐殖-腐泥型，镜质体反射率 R_o 为 0.75%～1.16%。该套烃源岩三叠纪—侏罗纪进入生烃和排烃高峰期，次要生烃层为下二叠统佳木河组、中二叠统下乌尔禾组。这几套烃源岩为本区油气藏的形成提供了丰富的油源。

2) 有利构造部位的良好储盖组合

八道湾组是一套辫状河流相，辫状河道、心滩微相物性较好，作为主力储层，而河漫沼泽微相、河漫泥微相泥质含量高，可以作为盖层。另外，稠油遮挡也是本区八道湾组油藏的一个特点，例如夏 9 井区侏罗系构造背景为一端倾伏的背斜，厚层砂砾岩体与上倾方向的夏 64 井、夏

49 井连通，然而夏 9 井和夏 64 井产出密度为 0.85 g/cm^{3}的高产稀油，夏 49 井在 1 371～1 387 m 处仅试出 0.093 t/d 密度高达 0.93 g/cm^{3}的稠油。夏 49 井从八道湾组底部至试油层段，即 1 387～1 440 m 尽管未试油，但有很强的荧光显示，推测下部也是稠油层，起遮挡作用。

克拉玛依组发育洪积扇相，虽然隔层分布不连续，但 J_1b/T 不整合面的风化黏土层和上覆八道湾组地层的顶端封闭及断层的侧向封闭却很好地弥补了这一不足。

3）良好的输导通道及盖层保存条件

原油通过断层垂向输导后，可以通过八道湾组底部的 J_1b/T 不整合结构体在本区域内（夏 4 井断裂和夏 9 井断裂之间的地垒）进行横向输导，不整合结构体上层的底砾岩层和不整合结构体下层风化淋滤带都是区域内良好的输导通道，而不整合结构体中层风化黏土层则构成油气聚集的良好盖层（表 5-9）。

表 5-9　J_1b/T 不整合统计数据表

井　号	不整合深度/m	厚度/m			岩　性			油气显示	
		不整合之上	风化黏土层	半风化岩石带	不整合之上	风化黏土层	半风化岩石带	不整合之上	半风化岩石带
夏 063	1 517.5	7	14	—	砂砾岩	泥　岩	砂砾岩	有	—
夏 066	1 515	11	15	—	含砾砂岩	泥　岩	含砾砂岩	有	有
夏 13	1 708.5	13	10	55	砂砾岩	泥　岩	砂　岩	有	无
夏 15	1 485	—	—	97	—	—	—	有	—
夏 22	1 504	9	18	—	砂砾岩	泥　岩	砂砾岩	有	有
夏 48	1 525	9	0	116	砂砾岩	缺　失	砾　岩	有	有
夏 49	1 438.5	5	2	70	砂　岩	泥　岩	含砾砂岩	有	有
夏 64	1 457	1	5	大于 48	砾　岩	泥　岩	砂　岩	有	有
夏 65	1 482.9	1.6	0	80	砂砾岩	缺　失	砂　岩	有	有
夏 71	1 777	15	12	58	砾　岩	泥　岩	泥　岩	有	无
夏 74	1 605	15	9	42	砂砾岩	泥　岩	粉砂岩	有	有
夏 85	1 529	4	7	—	含砾砂岩	泥　岩	泥　岩	有	—
夏 86	1 656	12	10	—	砂砾岩	泥　岩	砂质泥岩	有	—
夏 9	1 592	9	7	92	—	—	—	有	—
夏 401	1 654	2	4	—	砂砾岩	泥　岩	粉砂岩	有	—
夏 402	1 618	14	10	—	砂砾岩	泥　岩	泥　岩	有	—
夏 403	1 572	12	—	—	砂砾岩	—	—	有	—

如上表所示，夏 9 井区 17 口井在 J_1b/T 不整合结构体上层岩石均有油气显示；风化淋滤带只统计到 9 口井的油气显示数据，其中 7 口井有油气显示，2 口井无显示。由统计数据可以判断，夏 9 井区油藏的形成与 J_1b/T 不整合结构体具有非常重要的关系，J_1b/T 不整合结构体在油藏形成过程中不仅具有重要的输导作用，也构成重要的圈闭条件。

图 5-17 是根据上表的统计数据做出的夏 9 井区 J_1b/T 不整合岩性对置平面分布图。可以看出，研究区成藏区域均发育风化黏土层，且不整合结构体上层岩石的岩性以砾岩为主（底

砾岩)，其次为砂岩(水进砂体)；不整合结构体下层岩性以砂岩为主，其次为砾岩；夏 9 井区 J_1b/T 不整合岩性配置类型整体上主要存在 3 种类型，AHJ(砾岩-风化黏土层-砂岩)、AHK(砾岩-风化黏土层-砾岩)和 BHJ(砂岩-风化黏土层-砂岩)。

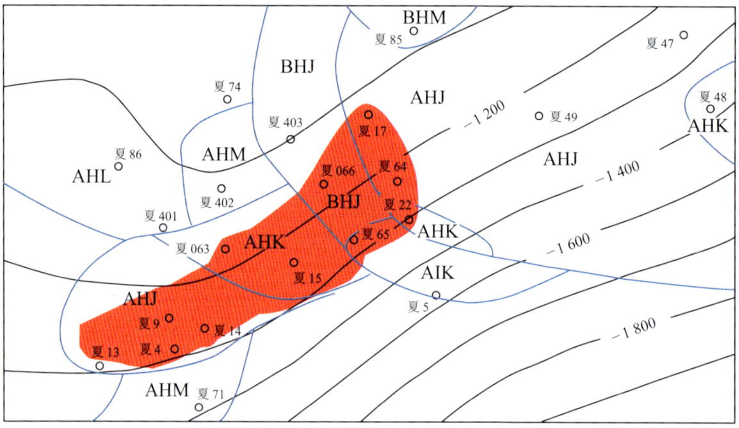

图 5-17 夏子街油田夏 9 井区 J_1b/T 不整合岩性对置平面分布图

5.3.2.6 油气成藏期次分析

1) 烃源岩成熟演化

针对研究区烃源岩分布与油气分布特点，选取了玛湖凹陷艾参 1 井附近、玛 5 井西北和五八区斜坡附近的 1 口钻井和 2 口模拟井进行了烃源岩热演化与成熟演化的模拟。由于凹陷深部位没有钻井钻遇，地层厚度无法获得，为此，模拟井的地层厚度根据不同层位的地层厚度图确定。

根据艾参 1 井模拟 R_o 与实测 R_o 的对比发现，二者吻合较理想(图 5-18)，说明模拟结果比较可靠。地温梯度的总体变化趋势是早期高，从早到晚依次降低。

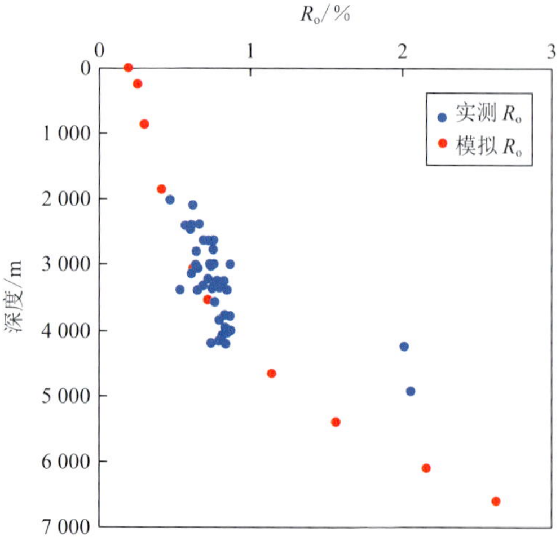

图 5-18 艾参 1 井模拟 R_o 与实测 R_o 对比图

根据艾参 1 井模拟结果(图 5-19)，主要烃源岩风城组底部和顶部于海西末期分别进入生油门限达到低成熟阶段，于海西末期—三叠纪早期进入成熟阶段，到三叠纪末期主要都处于成熟阶段，底部烃源岩进入高成熟阶段，但仍大量生油。到中侏罗世前，上部烃源岩仍处于生油阶段，到侏罗纪末期，风城组烃源岩均进入高成熟阶段，以生凝析油和湿气为主。佳木河组烃源岩成熟演化总体早于风城组，由于厚度大，同一时期不同深度的烃源岩处于不同的演化阶段。总体上，其底部成熟—高成熟阶段持续到了海西末期，过成熟阶段基本也持续到了海西末期；顶部烃源岩于海西末期进入成熟阶段，生油高峰在早三叠世，成熟阶段最晚持续到了中三叠世末期而进入高成熟阶段，目前仍处于高成熟阶段。

从凹陷深处烃源岩的演化来看，海西末期—中侏罗世是生成成熟油的主要时期，底部烃源岩生成部分凝析油。中侏罗世以后主要生成凝析油和湿气。佳木河组目前主要处于生气阶

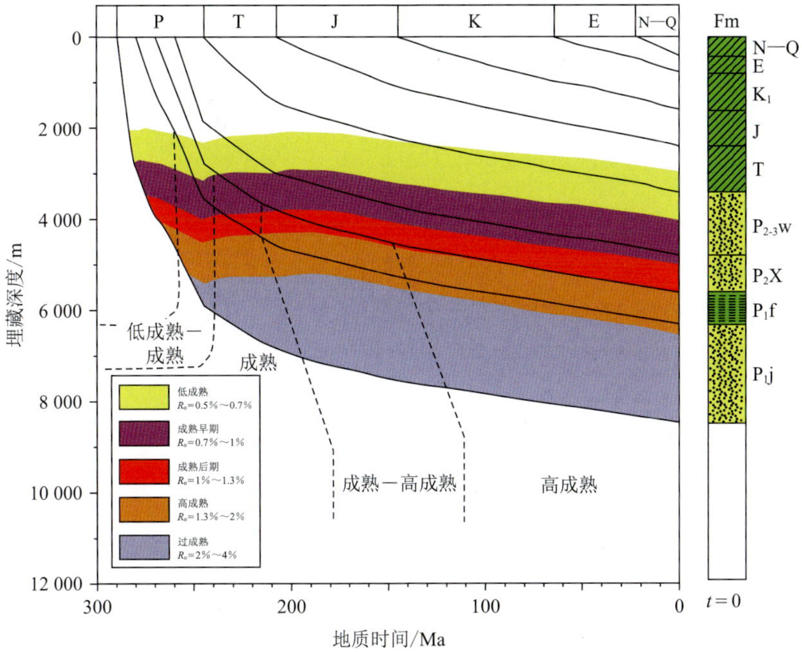

图 5-19　艾参 1 井附近烃源岩成熟演化图

段，上部烃源岩生成湿气，底部烃源岩主要生成干气。

2）储层流体包裹体

夏 65 井侏罗系八道湾组(J_1b)的均一温度可分为：60～70 ℃和大于 110 ℃两个区间；夏 18 井的均一温度可分为：90～100 ℃和大于 110 ℃两个区间(表 5-10)。因此，总体上侏罗系均一温度大致可分为三个区间：60～80 ℃，90～100 ℃和大于 110 ℃，其中绝大部分均一温度超过 80 ℃。而该区的地层埋藏史图显示(图 5-20)，侏罗系最大埋深所经历的地层温度也不超过 60 ℃，因此侏罗系中包裹体实测均一温度均大于其地层埋藏温度，不能用其来推测油气成藏时间。究其原因，与风城组油田相似，主要是由于侏罗系油气成藏时期，封盖条件差，加上该区经历了多期构造运动，流体沿断裂快速由深部输导至浅部并形成包裹体，因此包裹体的均一温度并不代表其形成深度的储层埋藏温度，而代表更深部流体来源的地层温度。

表 5-10　乌夏地区侏罗系流体包裹体均一温度测试数据表

井　号	取样深度/m	层　位	岩　性	包裹体形态	均一温度/℃	大小/μm	气液比/%
夏 65	1 484.6	J_1b	砂　岩	近　圆	114.8	2	1
				不规则	123.2	3	4
				不规则	119.5	3	3
				不规则	123.2	3	3
				近　圆	127.3	2	2
				近　圆	128.6	5	3
				不规则	110.0	4	3
				不规则	64.2	6	1
	1 447.1			近　圆	118.7	1	2

续表

井 号	取样深度/m	层 位	岩 性	包裹体形态	均一温度/℃	大小/μm	气液比/%
夏 28	1 289.7	J_1b	砂 岩	长 条	118.7	2	1
				三角形	136.9	2	2
				三角形	136.9	1	1
				两滴状	131.4	1	1
				近 圆	125.3	5	3
夏重 8	1 235.3	J_1b	中砂岩	不规则	115.4	3	2
				近椭圆	82.3	3	1
夏 48	1 506.32	J_1b	粗砂岩	近椭圆	96.5	3	3
				近菱形	118.3	4	4
				两点状	115.2	1	2
				近 圆	90.7	3	3

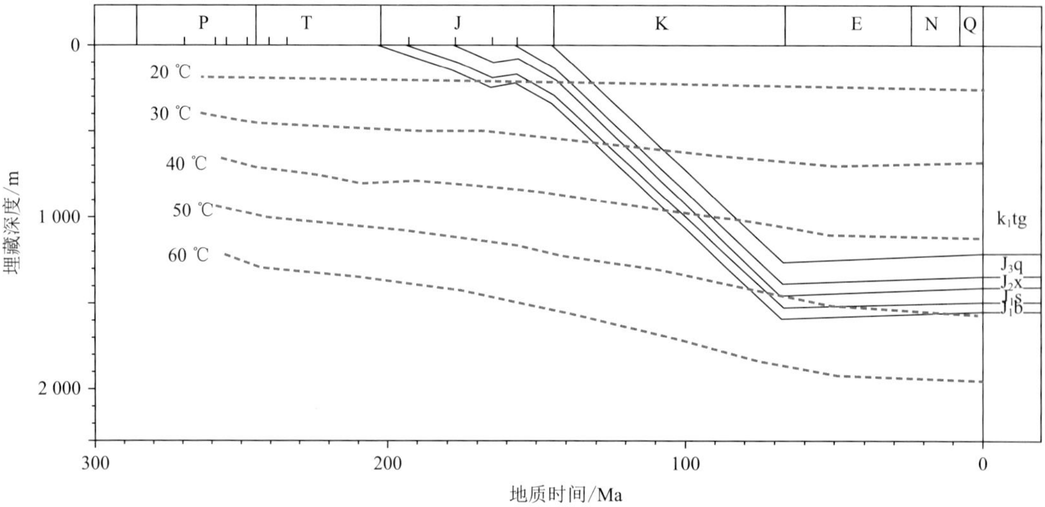

图 5-20 夏 65 井埋藏史图

夏 36 井三叠系克拉玛依上亚组(T_2k_2)流体包裹体均一温度实测数据显示均一温度分布区间为:70～80 ℃、90～100 ℃和大于 120 ℃三个区间(表 5-11)。前两组温度符合形成包裹体储层的埋藏深度分别对应三叠纪末期和白垩纪末期,即三叠系油藏至少有两次成藏期。

表 5-11 乌夏地区三叠系流体包裹体测试数据表

井 号	取样深度/m	层 位	岩 性	包裹体形态	均一温度/℃	大小/μm	气液比/%
夏 28	1 483.9	T_2k_2	砾 岩	近椭圆	115.6	3	3
				近椭圆	110.9	3	3
				近 圆	115.6	2	2
夏 36	1 343.4	T_2k_2	细砂岩	近菱形	80.3	3	1
				近方形	95.2	4	3

续表

井　号	取样深度/m	层　位	岩　性	包裹体形态	均一温度/℃	大小/μm	气液比/%
夏 36	1 343.4	T_2k_2	细砂岩	近椭圆	91.7	3	2
				两滴状	98.5	3	3
				长　条	121.8	4	2

夏 40 井二叠系下乌尔禾组流体包裹体均一温度大于 115 ℃；夏 14 井实测均一温度处于 75 ℃左右；夏古 4 井实测均一温度均大于 115 ℃；二叠系风城组(P_1f)流体包裹体均一温度实测数据可分为两个区间：60～70 ℃和 95～105 ℃(表 5-12)。总体来看，二叠系实测流体包裹体均一温度可分为三个区间：60～80 ℃，95～105 ℃，115～125 ℃，其中第一区间占主体。依据二叠系夏 40 井埋藏史图(图 5-21)，三组均一温度所对应的深度均符合流体包裹体形成时的储层埋藏深度，分别为二叠纪末、三叠纪末和白垩纪末期，反映二叠系油气成藏是在封闭系统中，流体主要处于均一状态下被捕获形成的包裹体，因此能用其均一温度推测油气的成藏期。根据均一温度结合埋藏史图，二叠系主要经历了三期油气充注过程，分别对应二叠纪末、三叠纪末和白垩纪末期。另外，从埋藏史图(图 5-21)还可以看出，120 ℃等温线与二叠系顶部可能还存在另一个交点，对应侏罗纪末期，结合该区的构造阶段，侏罗纪末期也应是该区油气的一个成藏期。因此，根据流体包裹体均一温度分析，夏子街油田应有四次油气充注过程。

表 5-12　乌夏地区二叠系流体包裹体测试数据表

井　号	取样深度/m	层　位	岩　性	包裹体形态	均一温度/℃	大小/μm	气液比/%
夏 40	3 254.2	P_2w	细砂岩	不规则	116.3	4	2
				近　圆	118.4	1	1
				近　圆	119.6	1	1
				长　条	119.6	3	3
				近　圆	113.5	1	2
				近三角	128.2	3	2
夏 14	3 480.3	P_2w	细砂岩	长　条	71.2	3	3
				近椭圆	75.3	3	4
夏古 4	1 121.1	P_2x	砂　岩	不规则	116.5	2	3
				不规则	118.6	2	1
				长　条	118.6	3	2
				近菱形	121.5	3	3
夏 40	4 886.2	P_1f	砂　岩	近　圆	68.2	6	1
				近椭圆	68.8	5	1
				近椭圆	69.7	4	2
				不规则	67.5	7	1
				近长条	67.0	4	2
				不规则	68.3	10	1

续表

井　号	取样深度/m	层　位	岩　性	包裹体形态	均一温度/℃	大小/μm	气液比/%
夏 40	4 826.5	P_1f	砂　岩	近椭圆	95.3	3	1
				近椭圆	69.7	2	1
				不规则	94.2	6	2
				近　圆	97.1	4	2

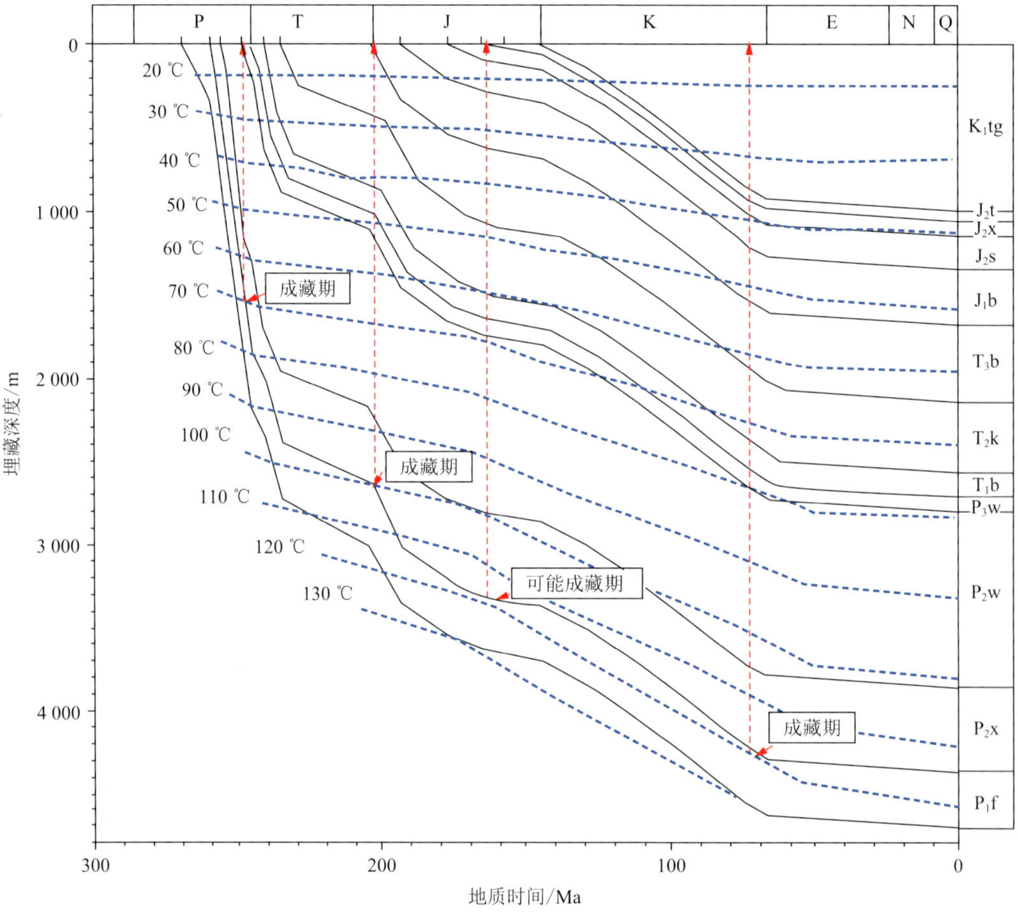

图 5-21　夏 40 井埋藏史图

5.3.2.7　油气成藏模式

夏 9 井区侏罗系和三叠系地层油气藏与不整合结构体紧密相关(图 5-22)。夏 9 井区在侏罗系沉积前受印支挤压运动的影响,应为一构造高点,侏罗系八道湾组超覆沉积之上。在构造高点附近不整合风化泥岩较薄,在夏 65 井、夏 49 井区风化泥岩不发育(图 5-23)导致侏罗系八道湾组底砾岩与三叠系克拉玛依下亚组砂砾岩直接接触,油气沿断层进入三叠系克拉玛依下亚组砂砾岩后因缺少盖层(风化泥岩),穿过不整合面直接进入侏罗系八道湾组底部成藏。而在夏 15 井、夏 9 井处风化泥岩发育,可以对下伏三叠系地层起封盖作用,形成不整合遮挡油气藏。另外,夏 18 井-夏 36 井区、夏 35 井区、夏 29 井区和夏 41 井区缺失区域性盖层白碱滩组,而在克拉玛依组富集天然气可能也与侏罗系底部不整合(JSB1)风化泥岩的封盖作用有关。

侏罗系底部不整合风化泥岩厚度在 10～25 m 之间，具有较强的封盖能力。同时，从已发现的不整合相关油气藏分布来看，油气藏主要形成于不整合叠置区，不整合面交汇叠置程度愈高，聚油强度愈大。例如，夏 9 井区油气藏主要位于褶皱不整合与超覆不整合叠置区，风城油田重字号稠油井区也主要位于削截不整合与超覆不整合叠置区。

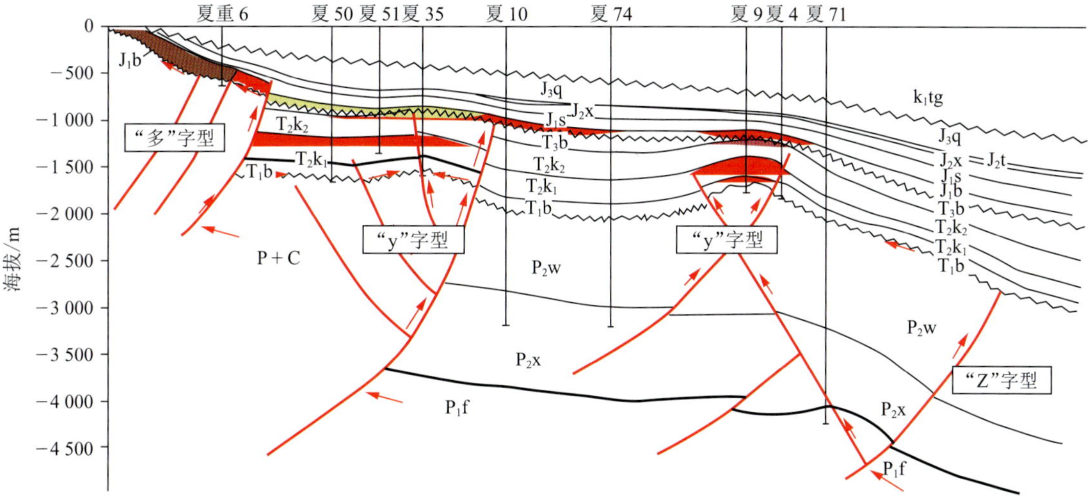

图 5-22　夏重 6 井—夏 71 井成藏组合剖面

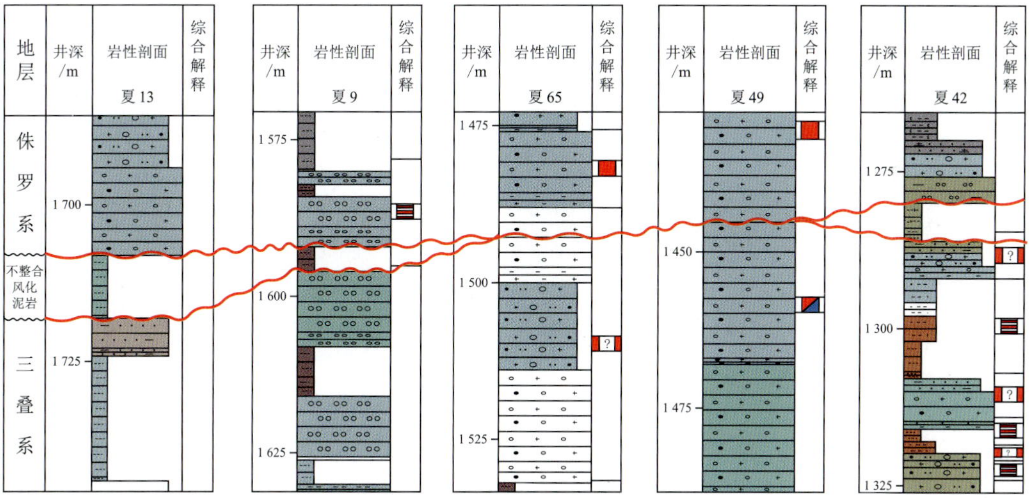

图 5-23　不整合结构体井间对比图

因此，夏子街地层油田距离烃源岩区较近，归纳为侏罗纪末—白垩纪-近源垂向断层-侧向不整合面输导多期成藏模式。其成藏模式特点是：

(1) 烃源岩主要为玛湖凹陷的二叠系风城组，其次为佳木河组，油气藏临近烃源岩区；

(2) 油气聚集层位主要为侏罗系八道湾组和三叠系克拉玛依组；

(3) 成藏期为二叠纪末、三叠纪末、侏罗纪末和白垩纪末期，对应于侏罗系油藏和三叠系油藏成藏时间不同，具有混源特征；

(4) 输导层主要为下部的断裂和中部的不整合面；

(5) 油气藏类型主要是地层超覆油气藏和地层遮挡型油气藏。

成藏模式和事件可归结为图 5-24、表 5-13、表 5-14。

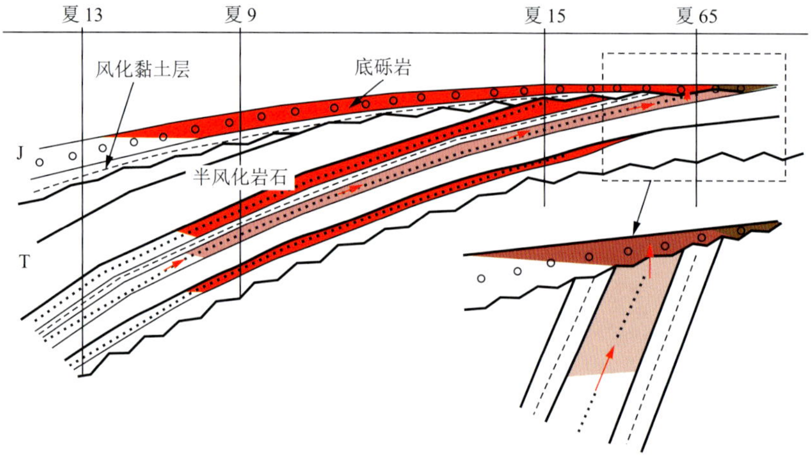

图 5-24　夏 9 井区油气成藏过程模式图

表 5-13　夏 9 井区八道湾组油藏形成演化事件表

事　件		C	P_1j	P_1f	P_2x	P_2w	P_3w	T_1b	T_2k_1	T_2k_2	T_3b	J_1b	J_1s	J_2x	J_2t	J_3q	K	E	N—Q
构造事件		海西晚期		Ⅰ	Ⅱ	Ⅲ	Ⅳ	Ⅴ	印支					燕山	Ⅰ	Ⅱ		Ⅲ	喜马拉雅
烃源岩																			
储集层																			
盖　层																			
上覆岩层																			
圈闭形成																			
生排烃	佳木河组																		
	风城组																		
	下乌尔禾组																		
成　藏																			
调　整																			
保　存																			
关键时刻																			

5.3.3　准噶尔盆地地层油气藏分布规律及主控因素

5.3.3.1　准噶尔盆地不同地层油气藏类型分布及特点

地层超覆油气藏是由不整合结构体上层底砾岩或湖进时期砂岩组成的一种油气藏类型。发育在盆地边缘以及盆内陆梁隆起、车莫古隆起等隆起的翼部。腹部白垩系清水河组油气藏、西北缘克乌断裂带二叠系乌尔禾组油气藏皆为地层超覆油气藏。

河道深切于下伏层序之中，河道砂体侧向被风化壳遮挡而构成圈闭，油气充注其中就形成下切河道砂体(沟谷充填)油气藏。准噶尔盆地侏罗系内部及白垩系底部不整合发育较大规模下切河谷，北缘及西缘隆起斜坡带也发育下切谷。准噶尔盆地石东 2 白垩系清水河组油藏就是凸起低位域时期河道下切侏罗系三工河组部分泥岩层而形成的下切谷油藏。

表 5-14　夏 9 井区克拉玛依组油藏形成演化事件表

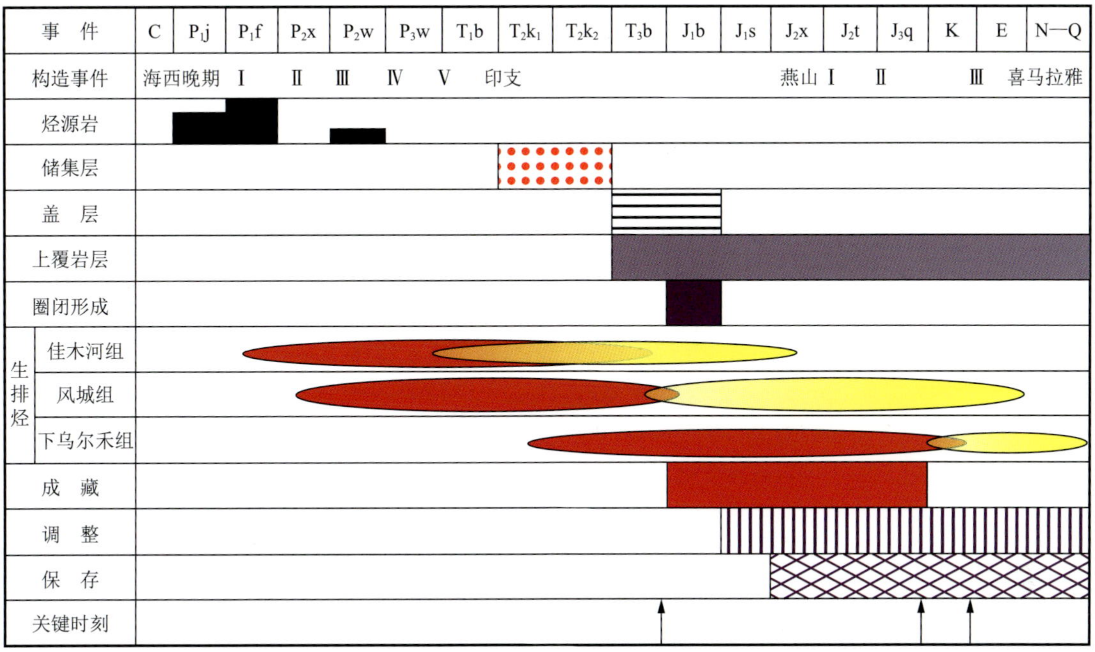

由风化黏土层构成油气圈闭的侧向遮挡或顶板封闭形成的不整合之下的地层削截油气藏，主要分布于削截、断褶及褶皱不整合。腹部白垩系削截侏罗系形成风化黏土层之下齐古组、头屯河组、西山窑组油气藏。西北缘克夏断裂带下盘、玛湖凹陷北缘斜坡区的玛北油田上二叠统乌尔禾油藏也属不整合之下的地层油气藏。

潜山油气藏是各类盆地分布最广的一种地层油气藏，油气可来自下伏构造层，也可来自上覆构造层。准噶尔盆地已在西北缘、腹部和东部发现多个石炭系火山岩潜山油气藏，如石西油田的石炭系油气藏和五彩湾气田的石炭系凝析气藏等。

准噶尔盆地地层油气藏具有油气藏类型多、油气藏规模大和发育层系多等特点。多种不整合类型决定了准噶尔盆地发育多种类型地层油气藏。准噶尔盆地地层油藏的规模往往比较大，如玛北油田二叠系、三叠系地层油藏，储量规模达千万吨级；在腹部新发现的永进油田侏罗系西山窑组地层油藏储量规模已达亿吨级。受勘探程度不同的影响，平面上各个地区地层油气藏储量规模及所占比例差别较大。整体上，西北缘、准东 2 个地区探明储量规模大、比例高，占 30%～50%，腹部及南缘相对较低，占 20%～30%。由于不整合分布于准噶尔盆地各层系中，因此与不整合密切相关的地层油气藏发育的层位多，从石炭系到新近系各个层系都发现了地层油气藏，如红山嘴石炭系潜山油气藏、西北缘五区南二叠系地层超覆油气藏、永进油田西山窑组地层削截油气藏、陆梁油田白垩系地层超覆油气藏等。

5.3.3.2　准噶尔盆地地层油气藏主控因素

从准噶尔盆地地层油气藏的分布规律上看，地层油气藏的形成与否主要受不整合结构特征控制。由于在准噶尔盆地，油气大都发生了远距离输导，不整合作为油气远距离侧向输导的载体，一方面对油气输导起输导作用，另一方面又可以起封闭作用，因此不整合结构对地层油气藏形成的控制作用表现最为明显。

风化壳是长期风化、侵蚀的地质产物，主要由储集层和顶部风化黏土层组成。储集层经过长期的风化、淋滤，溶蚀孔隙十分发育。储层物性除与岩性有关外，距侵蚀面越近越好。顶部黏土层是一个良好盖层，故风化壳本身就是一个圈闭。由于不整合面是油气输导的主要通道，风化壳圈闭可以优先得到油气，形成风化壳油藏。从准噶尔盆地五、八区佳木河组试油成果来看，油气主要富集在顶部以下 400 m 深度范围内，距侵蚀面 100 m 深度范围含油最好。

1）不整合结构体输导和储集能力控制了地层油气藏中油气的输导和聚集

与地层圈闭关系密切的不整合结构体的输导能力是地层圈闭能否成藏的重要因素。不整合结构体上、下层裂隙充填物和胶结物中常见自生高岭石、方解石等矿物组合，这些矿物中常见被烃类浸染，并与油气包裹体共生，证实不整合结构体曾经是含油气流体活动的重要场所，油气沿不整合结构体发生了输导，不整合是重要的油气输导体系。

克拉玛依大油气田的形成与不整合密切相关，大量地层油气藏的形成更是直接受不整合控制。地层不整合是油气输导的主要通道，不整合结构体也是地层及岩性圈闭的发育场所。如地层圈闭发育在地层剥蚀面之下，上超圈闭位于地层上超面之上，高角度前积砂岩透镜体发育在顶超面和下超面之间，丘状砂砾岩体发育在双向下超面之上。因此，不整合结构体往往是油气富集区，如克 75 井区、克 79 井区上乌尔禾组油气藏和玛北油田下乌尔禾组、百口泉组油气藏就位于不整合结构体的地层及岩性圈闭中。

根据不整合结构，以风化黏土层为界，不整合结构体上、下层可以形成以“底砾岩连通孔隙”为主和以“淋滤带裂缝—溶蚀孔洞”为主的两类高效运载层。不整合结构体上层的底砾岩、砂岩的粒间孔、粒间溶孔等构成“连通孔隙带”，是油气输导的良好通道。准噶尔盆地白垩系清水河组 40～60 m 的底部砂砾岩将来自下倾方向深层（二叠系、侏罗系）的油气导向白垩系底部储集层，形成陆梁油田及石南油田。在不整合形成过程中，于风化淋滤带中形成的裂缝和溶蚀孔洞既是输导油气的主要通道，又是聚集油气的主要场所。二叠系多套烃源岩生成的油气进入不整合后，不断向坳陷边缘输导和聚集，形成了多源多层的西北缘油气富集带（Cao et al.，2005）。

底砾岩和风化淋滤带在风化黏土的分割作用下构成双重输导通道，既是油气二维侧向输导的输导层，又可作为油气斜向输导的输导层，可以把不同时代的储集层、断裂等连接起来，组成区域性的输导通道网络，形成地层油气藏主要的油气输导体系。

不同结构类型的不整合具有不同的输导性能。基岩超覆型不整合输导性能最为优良，如克拉玛依油田侏罗系、白垩系油藏与基岩超覆不整合有关。而砂砾岩型不整合输导性能则受砂砾岩的发育情况和岩性控制，若砂砾岩物性好，则有利于油气输导，如西北缘侏罗系顶部、三叠系顶部、二叠系顶部的不整合等多为砂砾岩型不整合，在这类不整合结构体上、下层均见到油气显示，证实是优良输导层。但砂泥岩型不整合，通常情况下输导性能较差，不利于油气的输导。因此，准噶尔盆地基岩超覆不整合及砂砾岩型不整合结构体是寻找地层油气藏的主要勘探方向。

不整合结构体上层的高孔渗岩石（砂岩、砾岩等）和不整合结构体下层裂隙、溶蚀孔洞发育的风化淋滤带（主要为砂岩、砾岩、碳酸盐岩、火山岩及变质岩）既可能是油气输导通道，又可成为油气聚集的有效储集层。在不同构造部位它们的作用不同，在不同的时期，由于成岩演化、与其他输导通道（断层、砂岩体等）匹配关系的变化，不整合结构体作为输导通道或储集空间的作用也将发生改变。

2）不整合结构体封盖作用是地层油气藏形成的必要条件

在上覆沉积物压实作用下，风化黏土层较致密，封盖能力良好，不仅能封闭常压油气，而且能封闭高压油气。以风化黏土层为界，可以划分与不整合相关的油气藏类型。

依靠风化黏土层构成油气圈闭的侧向遮挡或底板封闭，可形成不整合结构体上层的地层超覆油气藏，这是不整合结构体上层底砾岩或水进期砂岩的一种主要油气藏类型。例如哈德逊亿吨级油田、轮南 59 油气藏等，上泥盆统、石炭系底部不整合面上的薄层砂岩是油气长距离输导的主要通道；亦可形成不整合结构体上层的砂体上倾尖灭油气藏，例如石南 31 白垩系清水河组（K_1q）油气藏，油气主要沿 K_1q 底部不整合结构体上层的薄层砂岩长距离输导，在上倾部位进入上部砂体而成藏；还可形成不整合结构体上层的河道砂体油气藏，河道下切，河谷中的砂体侧向被风化壳遮挡而构成圈闭。例如上述美国粉河盆地的河道砂油田和鄂尔多斯盆地侏罗纪晋陕、甘陕大型古河道砂体中的一系列油田。准噶尔盆地石东 2 白垩系清水河组油藏就是古凸起低位域时期河道下切侏罗系三工河组部分泥岩层而形成的下切谷岩性油藏，被切割泥岩对该河道砂体底部和侧向起封堵作用，清水河组水进体系域的湖相泥岩作为顶部封盖层。

地层不整合结构体下层的地层油气藏也是依靠风化黏土层构成油气圈闭的侧向遮挡或顶板封闭而形成：① 地层削截油气藏。例如，准噶尔盆地白垩系削截侏罗系，不整合风化黏土层之下齐古组（J_3q）、头屯河组（J_2t）中的油藏。车排子凸起西南翼的卡因迪克油田，油源断层沟通深部烃源（J_{1+2}）和 K_1q 底部不整合结构体，油气在风化黏土层之下的风化淋滤带中输导而成藏；② 构造-岩性油气藏。构造作用和岩性相联合形成圈闭，侧向或顶部依靠风化黏土层遮挡。例如石西油田，石炭系火山岩构成储集体，油气沿侧翼的不整合结构体向上输导进入石炭系火山岩“风化破碎带”，进而成藏，在后期沿正断层向上调整，于 J_2k_1 中再次聚集。

3）断裂-不整合结构体构成地层油气藏成藏的输导体系

准噶尔盆地在漫长的构造沉积演化中形成了多套、多期断裂体系和多个区域不整合，这些断裂和不整合或二者结合成为油气运、聚、散的输导体系，对油气聚集分布控制作用十分明显，成为油气输导的优势通道。

由于逆掩断层冲断作用，前缘主断裂侧向遮挡，油气垂向输导，在上盘背斜带、断裂带、下盘斜坡区、前缘断块区及下盘斜坡区油气成藏组合。由于逆掩推覆挤压促进生烃加速作用，油气沿不整合输导到断层，沿断层垂向输导至逆掩背斜带和断裂带及其附近聚集成藏，该模式可再细分为两小类：

（1）近源断层垂向输导。此类油气藏的成藏特点是：油气早期以单向就近侧向输导为主，主要聚集于断裂前缘断块区以及下盘遮挡区，后期沿断裂以纵向输导为主，且纵向输导距离较短。

（2）远源不整合结构体侧向输导。沿中拐凸起斜坡区，二叠系不整合超覆、剥蚀尖灭线发育，油气沿不整合结构体发生远源侧向输导，在有利的地层圈闭区形成圈闭油气藏。断裂和不整合作为油气输导的主要通道，油气沿这些通道呈“之”字型台阶从凹陷向边缘，从深层向浅层逐阶运聚成藏。在断裂活动停止后，这些断层和不整合又对油气藏起到主要的封闭作用。西北缘的油气藏大部分属于此类组合模式（图 5-25）。

5.3.3.3　准噶尔盆地地层油气藏成藏模式

准噶尔盆地已发现的油气藏均为多源、多期叠合混合油气藏。根据断裂构造成因类型，准噶尔盆地可以划分为二叠系—三叠系挤压逆断裂构造系统及侏罗系—新近系拉张正断裂构造系统，两类构造系统间发育盆地区域盖层——上三叠统白碱滩组、黄山街组，从而形成 2 套成藏组合。据此，准噶尔盆地地层油气藏可以划分为 2 种成藏模式（图 5-26）。

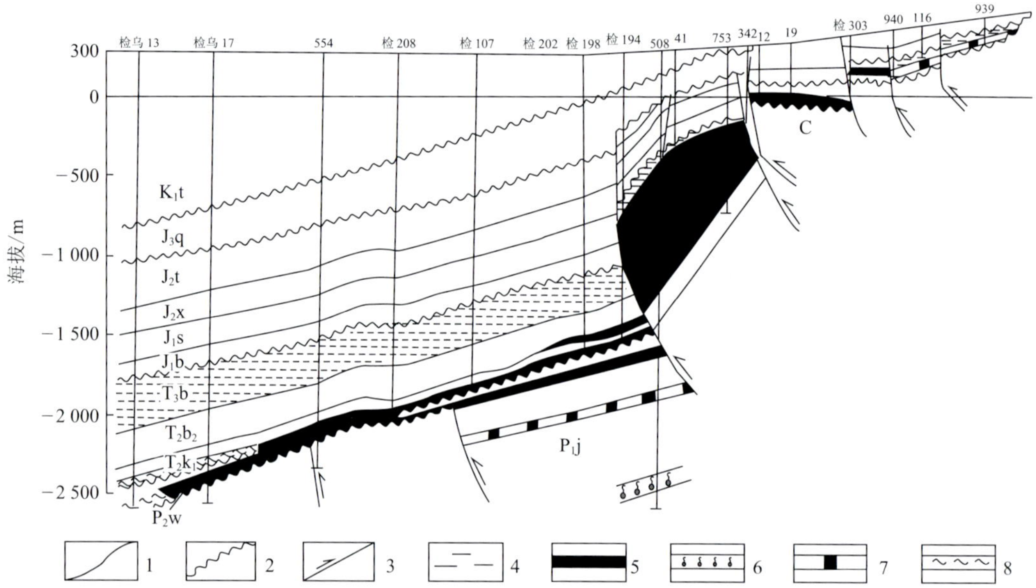

1—地质界线；2—不整合界线；3—断层；4—对比标志层；5—油层；6—油气显示；7—可能油层；8—水层。

图 5-25　油气沿不整合面发生远源侧向输导及成藏

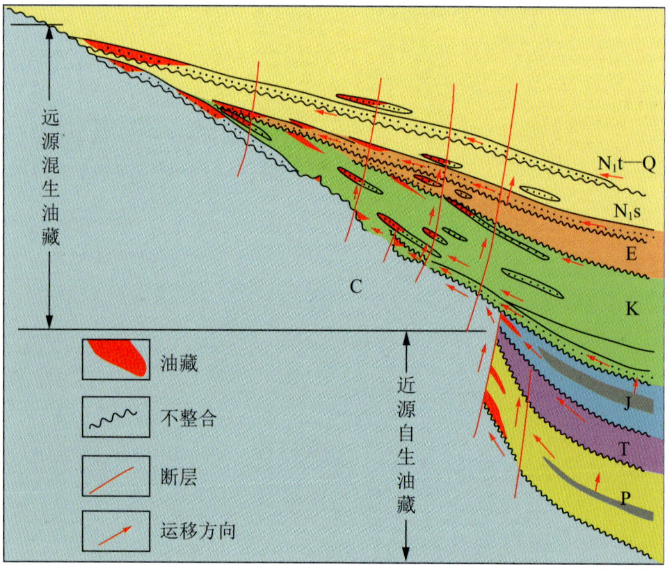

图 5-26　准噶尔盆地地层油气藏成藏模式

1）近源自生成藏模式

主要指二叠系的地层油气藏成藏模式。准噶尔盆地是盆地主要的烃源岩。当达到生烃门限时，生成的油气在陡坡带主要沿断层纵向输导，遇到不整合再横向调整分配，形成地层超覆油气藏、下切沟谷河道油气藏，在古隆起剥蚀区则形成地层削截油气藏；而在缓坡带，油气主要沿不整合输导，然后沿断层向上调整，形成地层超覆油气藏及地层削截油气藏。这种在二叠系内部自生自储油气成藏模式通称为近源自生成藏模式。克拉玛依油田二叠系地层超覆油气藏、地层削蚀油气藏属于油源来自玛湖凹陷二叠系烃源岩的近源自生成藏模式。

2）远源混生成藏模式

主要指侏罗系—新近系的地层油气藏成藏模式。二叠系生烃区与侏罗系—新近系聚集区距离较远，油气首先沿不整合结构体输导，遇到切割三叠系盖层的断层时沿断层纵向输导，再沿侏罗系、白垩系等不整合结构体横向输导，在适当的地层圈闭中聚集成藏，形成远源阶梯状运聚成藏模式。侏罗系、白垩系、古近系等层系也具有一定的生烃能力，其生成的油气可沿不整合面输导聚集于相应的层系中，形成地层油气藏。

侏罗系—新近系的地层油气藏往往是来源于多套烃源岩的混源油气藏。例如，石西油田及石南油田侏罗系、白垩系油气藏的油源来自盆 1 井西凹陷二叠系及侏罗系 2 种烃源岩，西缘车排子地区春光油田沙湾组油藏的油源自昌吉凹陷二叠系及侏罗系。

5.3.3.4　准噶尔盆地地层油气藏勘探方向

世界油气勘探的经验表明，地层圈闭往往易于形成大型和超大型油气田。准噶尔盆地周缘古隆起及盆内古隆起周边斜坡带是地层油气藏发育的 2 个有利区带，也是寻找大型地层油气藏的主要方向。

准噶尔盆地周缘古隆起主要包括车排子、准东与北缘等古隆起，它们是在基底基础上发育起来的、经后期多次改造的继承性或间断型古隆起，是邻近的玛湖凹陷、盆 1—昌吉凹陷、东道海子北凹陷等凹陷的油气沿不整合结构体及边界大断层组成的输导体系输导的有利指向区。伴随着盆地周缘古隆起的演化，盆内二叠系、白垩系、古近系、新近系等层系沿盆地周缘斜坡向上层层超覆，可形成大型地层超覆圈闭、地层削截不整合型圈闭、下切沟谷充填型地层圈闭及基岩石炭系潜山圈闭，是近源自生油气藏及远源混生油气藏形成的良好场所。经过多年的勘探，已在车排子凸起、中拐凸起、克夏断裂带等多个区带发现了多类地层油气藏。

准噶尔盆地盆内古隆起（凸起）主要包括陆梁隆起、车莫隆起、马桥隆起及白家海凸起等。这些形成于海西、印支和燕山运动期的隆起（凸起）大多经历多期改造，纵向上发育多个区域性的不整合，平面上呈凸凹相间、断隆与断背斜相间的构造格局，为多类地层圈闭的发育奠定了基础。陆梁隆起的演化主要表现为海西运动期的北西西向隆起、燕山运动期的北东向断裂构造带与喜马拉雅运动期的北西向隆起纵向上交叉叠置，形成石英滩凸起、石西凹陷、三个泉突起、石南凹陷及陆南凸起这种叠加型隆起特有的凸凹相间的构造格局。在凸起的周缘及凸起核部可形成地层削截不整合圈闭、地层超覆圈闭及潜山圈闭。凸凹相间的构造格局为地层圈闭提供了优越的烃源岩条件，多期不整合为这些隆起区地层油气藏的形成创造了优良的输导条件。车莫古隆起形成于中晚侏罗世，发育侏罗系与白垩系间区域地层不整合及头屯河组与西山窑组间局部不整合，发育白垩系地层超覆圈闭及侏罗系西山窑组、头屯河组等地层削截圈闭。不整合面、白垩系底部的厚层块状砂岩与断裂系统构成油气输导网络。二叠系、侏罗系烃源岩为车莫隆起区形成远源混生大型地层油气藏提供了保障。位于车莫隆起东南翼的永进油田已计算控制及预测地质储量 1.2×10^{8} t，展示了极好的勘探远景。

综上所述，准噶尔盆地是不同性质的原型盆地叠加的复合型盆地，地层油气藏发育于二叠系、侏罗系、古近系等多个层系，平面上分布于西缘、西北缘及腹部等多个区带。烃源岩发育、不整合输导能力、优质储集相带及多期次构造运动是准噶尔盆地地层油气藏的主控因素，可划分为近源自生、远源混生 2 种地层油气藏成藏模式。准噶尔盆地周缘隆起区及盆内隆起区是寻找大型地层油气藏的 2 个有利方向。

5.4 渤海湾盆地地层油气藏解剖与发育控制因素

渤海湾盆地是中国东部典型的断陷盆地，历经50多年的勘探，发现了上百亿吨的油气地质储量，形成了复式油气聚集带和非构造油气藏等油气聚集理论和勘探方法，随着勘探的不断深入，发现许多复杂的油气藏与不整合相关，如古潜山油气藏、不整合遮挡油气藏或地层超覆油气藏。实际上，早在30年前就在区域不整合结构体下层发现了大型潜山油气藏（如任丘潜山等），后来在断陷斜坡或凸起周围也发现了各种规模的地层油气藏等。

古潜山油气藏是地层油气藏的一种重要表现形式，在中国东部如渤海湾盆地油气藏类型中占着支配地位。以盆地发育时期为标准，将盆地形成之前的地层统称为"基岩"层。基岩层形成了各种古地貌高地，这些古地貌高地在盆地发育时期又被新沉积的地层掩埋，故称之为潜山。目前我国已在22个盆地或坳陷发现了50多个潜山油气藏，如渤海湾盆地冀中坳陷任丘、南马庄、河西务、长洋淀等潜山油气藏，济阳坳陷义和庄、富台、孤岛等潜山油气藏，黄骅坳陷千米桥、风化店等潜山油气藏，辽河坳陷兴隆台、曹台等潜山油气藏，塔里木盆地轮南、塔河等潜山油气藏，准噶尔盆地石西地区潜山油气藏，海拉尔盆地贝尔凹陷潜山油气藏以及鄂尔多斯盆地靖边潜山气藏等。国外也发现了很多潜山油气藏，如美国潘汉得尔潜山油气藏、普鲁得霍湾潜山油气藏以及阿尔及利亚哈西-迈萨乌德潜山油气藏等。渤海湾盆地地层油气藏中以古潜山油气藏最为典型，其中发育了一些特大型的古潜山地层油气藏，如千米桥古潜山油气藏、任丘古潜山油气藏、兴隆台古潜山油气藏及孤岛古潜山油气藏等。对这些大型古潜山油气藏进行解剖，能有代表性地说明中国东部渤海湾盆地地层油气藏的发育特征及控制因素。

5.4.1 任丘潜山油气藏

任丘潜山地层以中新元古界和下古生界海相碳酸盐岩为主，沉积稳定，厚度变化小（图5-27）。潜山地层与上覆地层之间呈角度不整合接触。任丘潜山在构造位置上位于渤海湾盆地冀中坳陷饶阳凹陷北部，西邻任西洼槽，东临马西洼槽，北临鄚州洼槽，南临河间洼槽（图5-28）。

1）地层特征

该套地层有其特殊之处：一是在潜山及其周围很大范围内，石炭系—二叠系被剥蚀殆尽；二是青白口系很薄，只有170 m；三是缺失下马岭组、铁岭组、洪水庄组；四是雾迷山组、杨庄组、高于庄组沉积巨厚，其中雾迷山组实钻累计视厚度2 476 m未穿，预测雾迷山组、杨庄组、高于庄组总厚度可达4 000 m以上。

潜山上覆地层为新生界陆相碎屑岩建造，直接超覆在潜山之上，自上而下分为新近系明化镇组、馆陶组和古近系东营组、沙河街组沙一段、沙二段、沙三段、沙四段，沙四段仅存在于潜山翼部，顶部缺失。古近系为湖相到河流相沉积，岩性为砂泥岩互层，沙一段下部夹油页岩和泥灰岩，沙三段夹生物灰岩。在任丘潜山上，古近系厚度较小，在630～2 100 m之间，而在两侧洼槽内的厚度可达4 000 m以上，潜山表现出了基底古隆起的性质。新近系为一套河流沉积，厚度在1 250～1 970 m之间。

2）构造特征

任丘潜山是饶阳凹陷中央隆起构造带上的一个大型潜山构造。潜山走向北东，长38.5 km，宽6～7.5 km，圈闭面积210 km^2，圈闭幅度1 913 m，是冀中坳陷最大的潜山圈闭。潜山分4个主要山头（图5-29），其圈闭要素见表5-15。

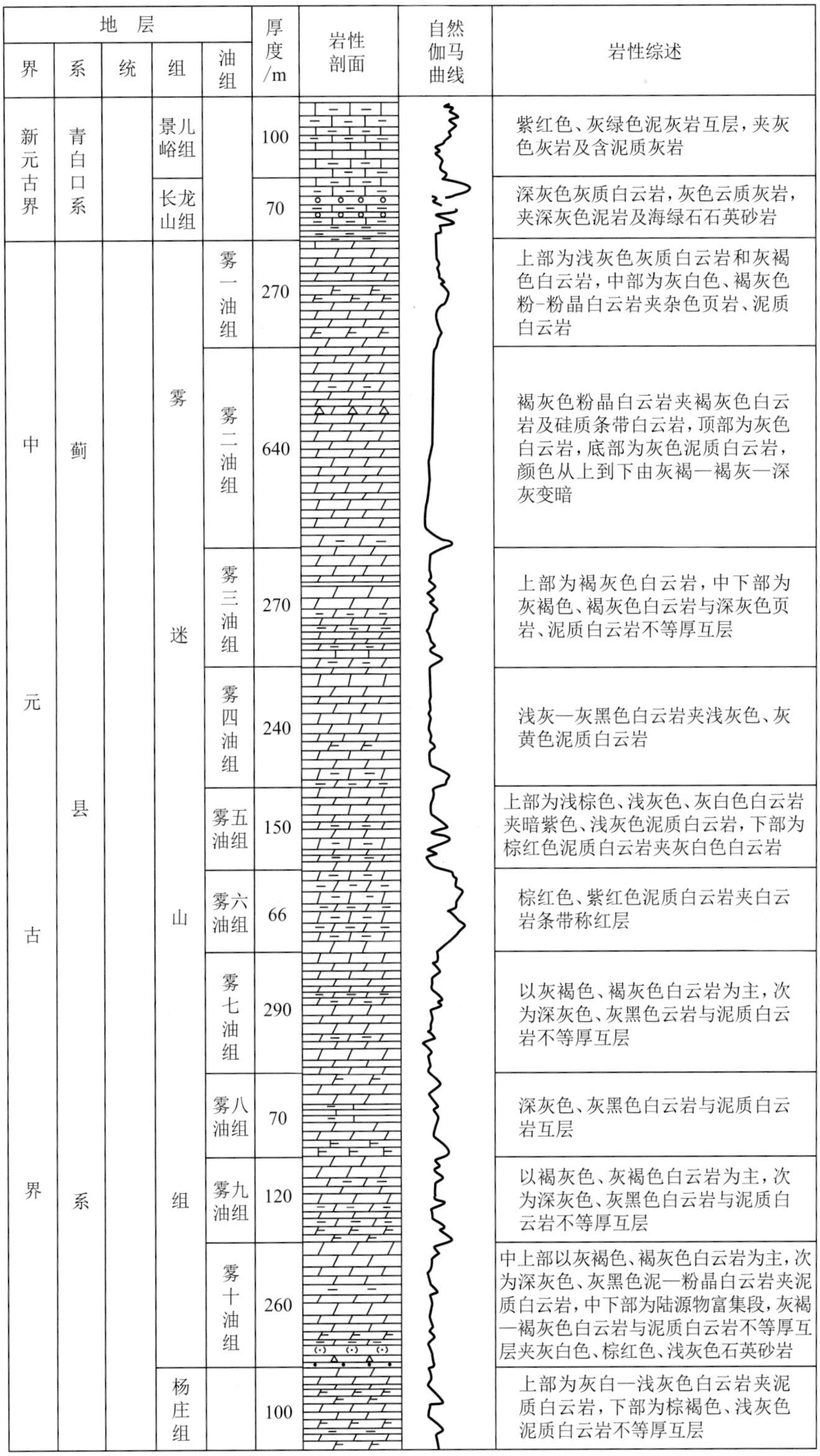

图 5-27　任丘油田雾迷山组地层柱状图

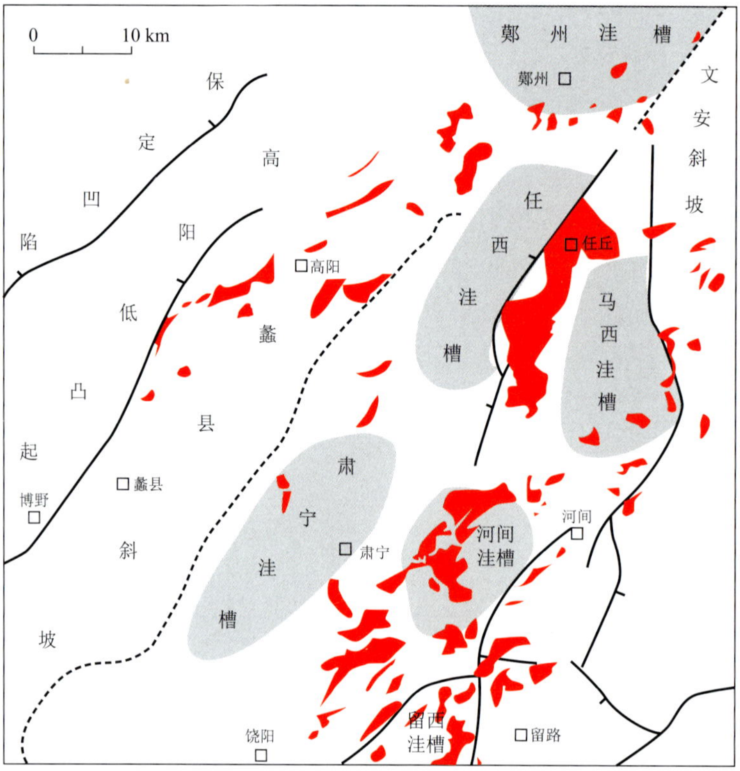

图 5-28　饶阳凹陷构造背景及潜山油气藏分布图

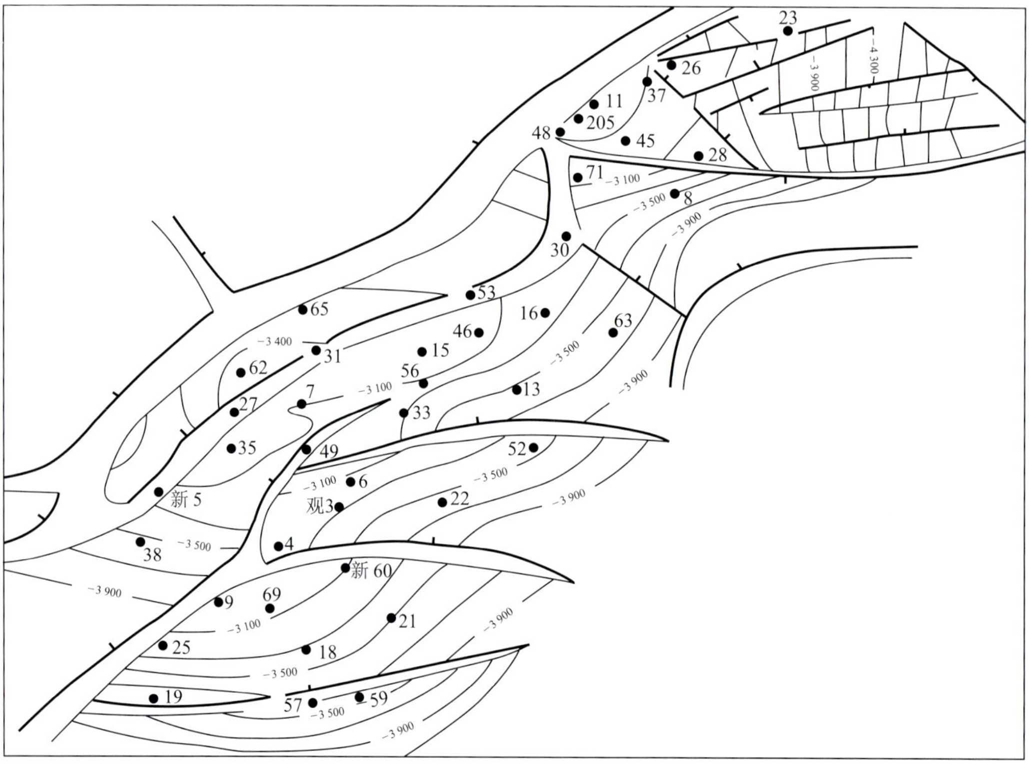

图 5-29　任丘潜山雾迷山组顶部构造图

表 5-15 任丘潜山圈闭要素表

山 头	走向/(°)	长度/m	宽度/m	面积/km²	顶深/m	幅度/m	倾角/(°)	
							顶 部	翼 部
潜山整体	NE30	38.5	6～7.5	210	2 587	1 913	3～4	11～37
任 11	NE30	7	6	42	2 587	1 913	4	11～37
任 7	NE30～40	16	7.5	67	2 868	1 632	3	16～24
任 6	NE30～40	4	6	22	3 028	1 472	5	20
任 9	NE40	5.5	6	25	2 934	1 566	5	16
任 57	NE70	6	7.5	27	3 391	1 109	5	20

任丘潜山的构造特征突出表现为以下 6 个方面：任丘潜山是一个四周被古近系深洼槽包围的古潜山；任丘潜山是一个被两条基底大断层(任西断层和马西断层)控制的基岩翘倾断块；任丘潜山形成于前古近系的古隆起之上；任丘潜山早期是一个古地貌山；任丘潜山的内幕构造呈半背斜状态；任丘潜山发育多期多组大小不等的断层系统。

3) 储层特征

任丘潜山储集体的突出特点有 5 个方面：一是分布范围大；二是厚度巨大；三是各种储集空间特别发育；四是一个巨大的连通体；五是储集单元不受层位和产状限制。这些特点是任丘潜山能大范围聚油、形成单一的大型油藏和高产的关键地质因素。

(1) 岩石特征。

任丘潜山储集体几乎包含了整个雾迷山组，从底部的雾一段到顶部的雾四段，累计总厚度达 2 300 m，是一套连续的以藻白云岩为主，夹泥质和硅质白云岩的海相碳酸盐岩沉积。整套地层具有明显的旋回性：雾迷山组下部为含陆屑的白云岩，向上陆屑减少，到中部及上部则变为质纯的藻白云岩，自底部到顶部是一个大的海进旋回。组成单个沉积韵律的岩石序列自下而上为：含陆屑泥质白云岩、砂砾屑白云岩、泥粉晶硅化层纹石白云岩、叠层石白云岩、凝块石及核形石白云岩、泥粉晶白云岩等。雾迷山组上部属潮间浅水高能带沉积，单个韵律的厚度为 2～4 m；下部属海退低能环境的潮上带或潮间带沉积，单个韵律的厚度为 10～20 m。整个雾迷山组由于互层频繁、硅质含量高、岩石硬脆，极易形成裂缝。

(2) 物性特征。

任丘潜山雾迷山组不同区块的孔隙度最大为 9.94%，最小为 2.51%，平均值变化范围在 2.78%～8.07%之间；渗透率变化极大，高者可达 $8\,450\times10^{-3}\ \mu m^2$，低者仅 $8.8\times10^{-3}\ \mu m^2$ 甚至更低，一般地区为 $(500\sim1\,000)\times10^{-3}\ \mu m^2$。

(3) 厚度特征。

任丘潜山雾迷山组的储集空间是极不均一的，可划分为Ⅰ类好储集层、Ⅱ类差储集层和Ⅲ类非储集层(表 5-16)

(4) 储集空间特征。

雾迷山组储集体发育孔隙、溶洞、裂缝 3 大类及 14 个亚类储集空间，不同类型的储集体储集空间及其组合也有所不同(表 5-17、表 5-18)。

表 5-16 任丘潜山雾迷山组储集层厚度表

山 头	揭开厚度/m	Ⅰ类		Ⅱ类		Ⅲ类	
		厚度/m	占揭开厚度/%	厚度/m	占揭开厚度/%	厚度/m	占揭开厚度/%
任 11	5 825.86	669.90	11.5	3 439.26	59.0	1 716.70	29.5
任 7	8 024.34	1 366.84	17.0	3 933.32	49.0	2 724.18	34.0
任 6	2 462.24	378.44	15.4	1 255.66	51.0	828.14	33.6
任 9	5 032.10	424.25	8.4	2 232.26	44.5	2 371.59	47.1
整个潜山	21 344.54	2 839.43	13.3	10 864.5	50.9	7 460.61	35.8

表 5-17 冀中坳陷任丘油田雾迷山组碳酸盐岩储集空间类型表

类 型	储集空间
孔隙型	藻间孔、藻团粒间孔、晶间孔、粒间孔、砾间孔、溶孔、粒内溶孔
裂缝型	构造缝、层间缝、风化缝、压溶缝、溶蚀缝
溶洞型	洞穴、孔洞

表 5-18 任丘潜山雾迷山组碳酸盐岩储集空间组合类型表

储集空间组合类型	物性、产能特征
大洞大缝型	高孔、高渗;产量高
微裂缝孔隙型	高孔、低渗;产量较低
孔洞缝复合型	中孔、高渗;产量较高

尽管任丘潜山雾迷山组储层变化多端,但存在 5 种孔、洞、缝非常发育的好储集带(图 5-30):与岩性有关的顺层孔、洞发育带;与古潜水面升降有关的近水平分布的岩溶带;顺断裂带分布的溶洞发育带;风化壳孔、洞、缝发育带;裂缝网络系统。

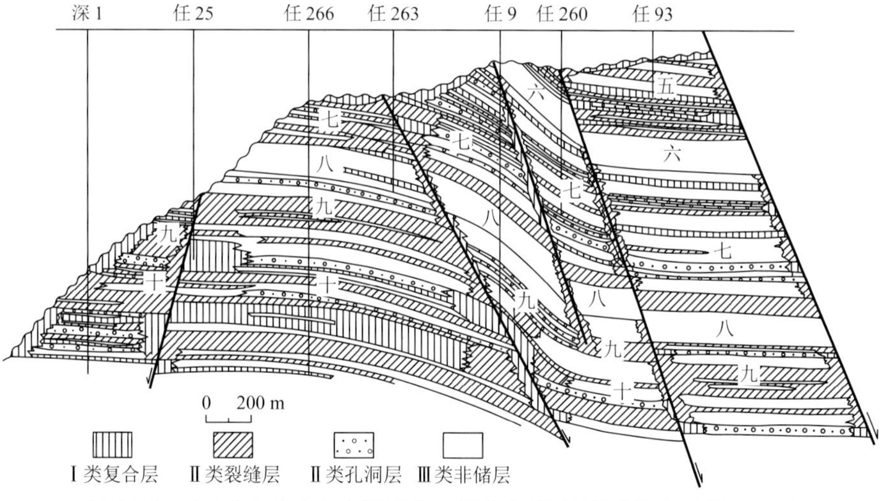

图 5-30 任 9 井山头雾迷山组储集空间分布模式图(据杜金虎等,2002)

4）油气藏特征

雾迷山组油藏是任丘潜山的主力油藏，其规模和产量至今仍保持着全国潜山油藏之最。

（1）含油面积大、油藏高度大、储量丰度高、单井产量高。

雾迷山组油藏含油面积 57.4 km^2，地质储量 3 亿多吨，是任丘油田的主体大油藏。任 11 井山头含油高度为 923 m，其他山头含油高度分别为 642 m，470 m 和 576 m，整个油藏的储量丰度高达 659×10^4 t/km^2，单井试油日产量超过 1 000 t/d 的井有 28 口，最高的任 9 井日产油 5 435 t/d。

（2）油藏具有"五统一"特征。

即统一的连通体、统一的油水界面、统一的压力系统、统一的水动力系统和统一的热力系统。尽管整个油藏山头有高有低、断块有分割，但经勘探开发证实，整个油藏的储集空间是一个统一的连通体。油水界面均为 3 510 m，压力系数为 1.03～1.05，饱和压力只有 1.32 MPa，地饱压差为 30.7～31.1 MPa，油藏温度为 110～125 ℃，油藏内部地温梯度只有 1.7～1.8 ℃/100 m，油气比只有 4 m^3/t。这是一个低饱和压力、低油气比和具有"五统一"特征的大型底水块状油藏。

（3）整个油藏流体性质变化很小。

雾迷山组油藏的原油性质为中等密度、中等黏度原油，凝固点较高，含蜡量很高，含硫量很低，饱和压力较低，含气甚少，油气比很低。整个油藏范围内原油性质变化很小（表 5-19）。地层水属 $NaHCO_3$ 型，Cl^- 含量为 1 867 mg/L，总矿化度为 3 795 mg/L，属缓慢交替型地层水。

表 5-19　任丘潜山雾迷山组油藏原油性质表

山　头	密度 /($g\cdot cm^{-3}$)	黏度 /(mPa·s)	凝固点 /℃	胶质沥青 /%	含蜡量 /%	含硫量 /%	饱和压力 /MPa	油气比 /($m^3\cdot t^{-1}$)
任 11	0.814 8	4.88	36	24.33	17.8	0.27	1.4	5
任 7	0.834 1	10.85	35	27.46	18.14	0.32	1.3	4.5
任 6	0.817 8	8.53	35	30.65	16.95	0.33	1.4	4
任 9	0.837 2	8.59	34	27.95	15.73	0.31	1.3	4

5）油气藏形成条件

任丘潜山油气藏是在特定的、严格的地质条件下形成的（图 5-31）。

（1）"新生古储"的地质条件为潜山提供了丰富的油源。

任丘潜山位于冀中坳陷饶阳凹陷北部，属中央隆起型潜山带，四周被洼槽所环绕，而这些洼槽都是优质生油洼槽，潜山与洼槽之间，东、北、南三面为超覆关系，西面为断层接触，具有良好的供油条件。四周洼槽的主要生油层沙一段和沙三段有机质丰度高，转化率高，油源丰富，有机碳平均含量为 0.68%～3.01%，沥青"A"平均含量为 0.05%～0.48%，热解生油潜力（S_1+S_2）平均为 4.4～21.2 kg/t，总烃含量为$(257\sim2\ 693)\times10^{-6}$。生油层厚度占地层厚度的 49.1%～98.5%，生油强度达到$(500\sim1\ 000)\times10^4$ t/km^2，总生油量达 60.2×10^8 t，聚集量达 9.66×10^8 t，为任丘潜山提供了丰富的油气来源。

（2）大面积连通的储集体为潜山大范围捕获油气提供了有利条件。

华北地台东部大部分地区自印支运动以来整体上升，缺失了三叠系沉积，紧接着又经历了燕山褶皱，冀中坳陷中部大面积遭受剥蚀。在任丘潜山周围，石炭系—二叠系被剥蚀殆尽，隆

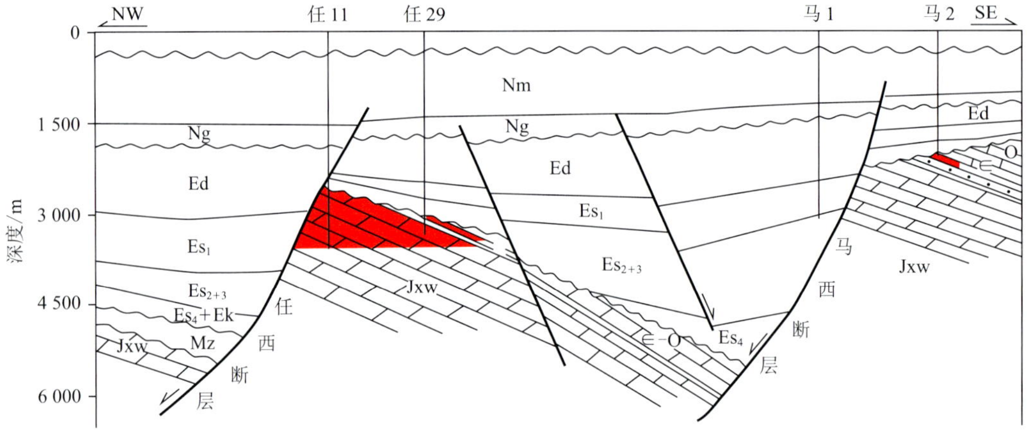

图 5-31 任丘潜山油气藏剖面图

起高部位的奥陶系、寒武系、青白口系均被剥蚀而出露雾迷山组，开始了大面积的风化淋滤。喜马拉雅运动以来，断裂开始剧烈活动，在潜山大幅度上升的同时，还发生了多组断层。地层水渗入潜山碳酸盐岩之中，加深了溶蚀作用，最终形成了孔、洞、缝大范围的连通储集体，这一储集体的形成使任丘潜山可以大范围捕获油气，形成高丰度的油气聚集。

（3）早期形成的古潜山为油气藏的形成提供了一个大型圈闭。

任丘潜山是在盆地形成初期形成的。古近系沉积时期，任西断层已开始活动，任丘潜山大幅度抬升，随着盆地的逐渐下沉，潜山也逐渐被古近系覆盖而形成圈闭。但从沙三段到东营组沉积时期，潜山仍不断抬升，圈闭幅度不断增高，形成了一个大型古潜山圈闭，而此时，洼槽中的生油岩已经成熟，在巨大的地层压差下，油气源源不断地向潜山上输导聚集，从而形成了大油田。

（4）良好的保存条件是形成大油田必不可少的重要条件。

任丘潜山油气藏的形成还在于它具有良好的盖层和保存条件。在潜山之上，直接覆盖了沙三段以泥岩为主的湖相沉积；在潜山的西侧任西断层下降盘，潜山直接对接的是沙一段和东营组泥岩，形成了良好的侧向封堵；任丘潜山上的断层特别是任西断层在东营组沉积末期活动大大减弱，馆陶组仅有很小的断距，使油藏避免了破坏；任丘潜山处于地下水缓慢交替区，有利于油气保存。

5.4.2 济阳坳陷孤岛潜山

5.4.2.1 研究区概况

济阳坳陷沾化凹陷孤岛下古生界碳酸盐岩潜山是济阳坳陷面积最大和隆起幅度最高的潜山。孤岛潜山主体构造西南为孤西断裂、东南为孤南断裂、西北为孤北断裂（图 5-32）。潜山四周的孤南洼陷、孤北洼陷和渤南洼陷依次沉积了孔店组、沙河街组、东营组、馆陶组和明化镇组厚逾千米的陆相碎屑岩。其中，沙四段、沙三段和沙一段的生油岩构成了沾化凹陷主力烃源岩。潜山内部主要由寒武纪、奥陶纪碳酸盐岩和前寒武纪花岗片麻岩构成，东北部可见少量石炭纪—二叠纪地层和中生代地层残留。潜山内的地层为单斜地层，它们向北东方向倾斜。中新世馆陶组以角度不整合覆盖于古潜山不同层位的地层之上。

5.4.2.2 潜山储层发育特征

孤岛潜山下古生界以寒武系—奥陶系为主。通过各井岩芯统计分析，孤岛潜山下古生界碳酸盐岩占 90%以上，其中灰岩占 60%，白云岩占 30%。其他岩类含量约 10%，主要为泥岩、

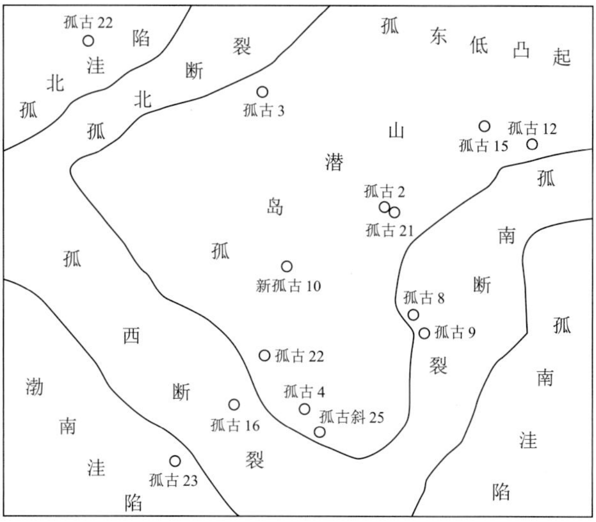

图 5-32　孤岛潜山构造简图

粉砂岩、膏盐岩及其过渡类型。作为灰岩的一部分，岩溶岩为区内特殊的次生成因岩类，约占灰岩总量的 5%～10%。

通过岩石学的研究，揭示孤岛潜山下古生界碳酸盐岩储层储集空间类型有晶间孔和晶间溶孔（图 5-33）、粒间孔和粒间溶孔、铸模孔、砾内-砾间孔和砾内-砾间溶孔、溶洞、溶蚀缝和构造缝、方解石晶簇间孔等。岩溶作用和白云石化作用是济阳坳陷下古生界碳酸盐岩储层形成最为重要的成因机理。与不整合有关的海相碳酸盐岩岩溶储层主要由强烈的大气淡水改造作用而成。

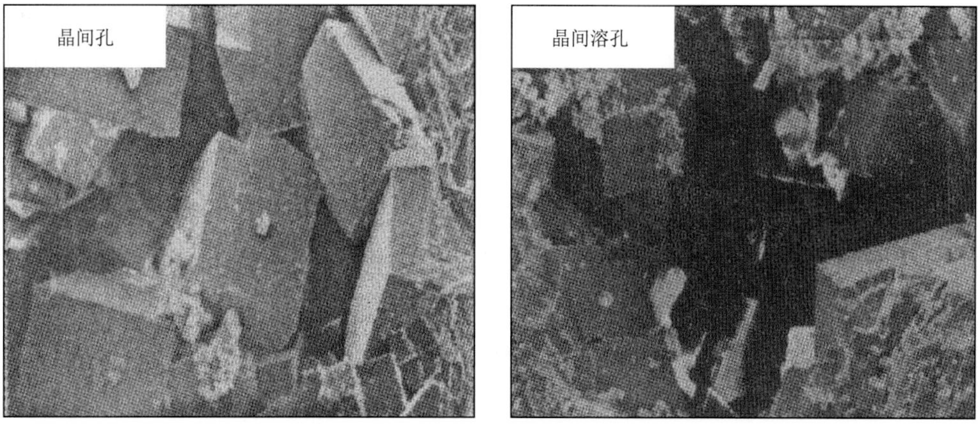

（a）晶间孔　　（b）晶间溶孔

图 5-33　济阳坳陷潜山扫描电镜照片

不同成因的储层多是以多种储集类型共存的复合体形式分布在潜山的不同部位，可以分为风化壳淋滤带、垂直渗流带、水平溶蚀带、内幕孔洞带、断裂溶蚀带和构造裂缝带 6 个储集体发育带，构成不整合型和潜山内幕型两大储集系统，组合形成复式的立体储集空间（图 5-34）。

5.4.2.3　潜山油气来源及输导特征

孤岛潜山的油源都来自古近系。孤南洼陷沙三段生油岩在渐新世末期开始生排烃，沙一

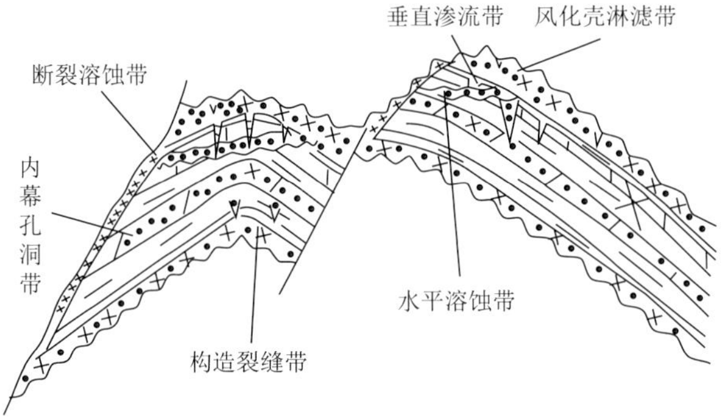

图 5-34 断陷盆地碳酸盐岩潜山储层模式

段生油岩在中新世时期开始生排烃;在渤南—孤北洼陷,沙三段烃源岩在中新世馆陶组时期开始生排烃,沙一段烃源岩在上新世明化镇组沉积末期开始生排烃。沙三段来源的油藏流体其可能的充注时间为渐新世—中新世,沙一段来源油藏流体充注可能发生于中新世—上新世期间。

在储层比较发育的前提下,油气输导成为聚集成藏的关键因素。"新生古储"的潜山油气藏一般存在两种输导通道,即断层和不整合,而对于潜山内幕型油气藏来讲,其油气输导通道为断层,类型比较单一。断层、内幕储层与古近系生油岩存在三种配置关系:直接接触、在生油岩上方、在生油岩下方。一般来讲,储层与生油岩直接接触成藏条件最为有利,储层在生油岩上方次之,储层在生油岩下方最差。如富台油田内幕油气藏发现以来,有关油气输导问题一直是一个争论的话题,到目前为止始终没有找到生油岩与储层对接的证据,油气之所以能够聚集成藏,分析认为油气是沿潜山前面的二台阶断层"倒灌"形成的。

5.4.2.4 潜山油气成藏特征

在断层和不整合的控制下,孤岛潜山的生储盖组合为下生上储顶盖型,其油气成藏具有如下特征:南北逢源、复式立体输导、高凸指向、混源充注、断层控制、缝洞发育、逸顶"天窗"和局部成藏。这种油气成藏特征造就了济阳坳陷潜山油藏具有多层、多类型的特点,且古近系、新近系各类油藏叠置其上,构成复式油气聚集带。

5.4.2.5 潜山油气成藏模式

潜山类型的多样性决定了油藏类型的多样性,不同类型潜山具有不同的成藏条件和成藏模式。

(1) 拉张型潜山成藏模式。拉张型潜山的内幕单斜滑脱山、内幕单斜断块山和内幕单斜块断山以不整合面型储集系统和潜山内幕溶孔型储集系统为主,下古生界以断层面直接与烃源岩系接触,形成受断块控制的油藏。济阳坳陷大多数潜山油藏(如富台、垦利、义和庄)均为这种模式成藏,其中内幕单斜滑脱山以风化壳块状油藏和内幕层状油藏共存为特色,潜山内幕层状油藏是主要的富集高产层系,如富台油田(图 5-35)。块断山以风化壳块状油藏为主,油藏规模较大,具有统一的油、水底界,油藏高度受主控断层断距控制,反向屋脊高部位富集高产油层,如垦利油田。断块山以风化壳块状油藏为主,油藏规模较小,断块破碎,各块具有独立的油、水界面,油藏高度受控于主控断层落差,断块高部位及断裂带富集高产油层,如义和庄油田。

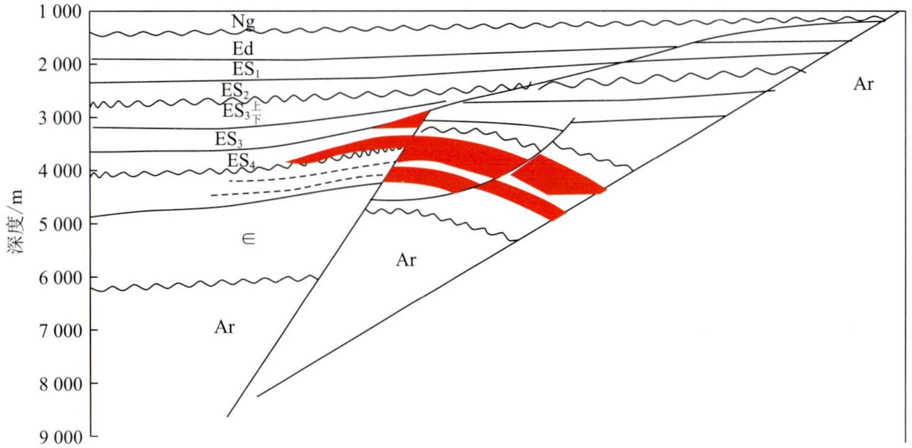

图 5-35　拉张型潜山成藏模式

(2) 挤压—拉张型潜山成藏模式。挤压型潜山的内幕褶皱块断山和内幕褶皱断块山以裂缝型储层为主，形成非均质性强、油气分布规律复杂的不规则状潜山油气藏。其中，内幕褶皱块断山油藏属典型的裂缝性油藏，非均质性强，油藏高度大，沿褶皱构造轴部及断层发育带富集高产油层，如桩西油田。内幕褶皱断块山油藏储层发育，古生界与太古界为统一的油藏，具有统一的含油底界，油藏高度大，产能高，油藏规模大，如埕北 30 潜山油藏。

(3) 侵蚀型潜山成藏模式。侵蚀残丘潜山以不整合结构体下层风化淋滤型储集系统为主，油气经断层-不整合(或高渗透性砂岩体)输导至潜山圈闭中聚集成藏。油藏沿风化壳分布，无统一的油水界面，风化壳发育程度及盖层条件控制油气平面分布，如广饶潜山油藏。

从济阳坳陷潜山形成的构造背景和发展过程分析，结合勘探实践，济阳坳陷潜山控油气规律：① 古生界大隆大坳和轻度褶皱与局部逆冲作用奠定了潜山分带的早期基础；② 长期继承性古凸起带，是油气运聚的主要指向区，但不是最有利的富集区带；③ 潜山带的油气富集条件是北好南差、东好西差，首选车镇凹陷和沾化凹陷潜山带，其次是东营凹陷内的潜山带，再次是惠民凹陷的潜山带；④ 不同潜山亚带的油气富集条件差异大，主要选择断阶亚带、斜坡断块亚带、凹陷内部的断块亚带。

5.4.3　渤海湾盆地地层油气藏分布规律——以济阳坳陷为例

济阳坳陷是中国东部典型的断陷盆地，作为中国第二大油田胜利油田所在地，历经 40 多年的勘探，为中国的能源建设及经济发展做出了重要的贡献。勘探实践表明，发现济阳坳陷许多复杂的油气藏与不整合相关，即不整合遮挡油气藏或地层超覆油气藏。济阳坳陷已累计探明古近系和新近系不整合油藏 70 余个，探明储量达 3.9×10^8 t。其中，地层超覆油藏 60 余个，探明储量为 3.2×10^8 t；不整合遮挡油藏储量块 10 余个，探明储量为 0.6×10^8 t。“十·五”以来，针对不整合圈闭钻探井 81 口，落空 49 口。探井落空原因主要是油气输导条件差、侧向不封堵和油气充满度低。

5.4.3.1　济阳坳陷地层油气藏类型

济阳坳陷的陡坡、缓坡和凸起部位不整合广泛发育。特别是一级不整合，有利勘探面积达 9 500 km^2 时，具有较大的勘探空间。

两种地层油气藏的运聚成藏模式中，均发育不整合结构体下层的剥蚀油气藏和不整合结构体上层的超覆油气藏。两类地层油气藏往往相伴发育，之间通过“不整合体天窗”相转接。对于济阳坳陷已发现其中一类地层油气藏的区域，应按照地层油气藏油气运聚成藏模式，积极寻找另一类地层油气藏。

1）地层超覆油气藏

地层超覆油气藏位于不整合结构体上层。不整合结构体上层的底砾岩或砂砾岩为储层，具超覆特点，上覆泥岩为盖层，不整合结构体中层风化黏土层为油气藏的底板和侧向封堵条件。该类油气藏为层状油气藏，多位于地层超覆圈闭的较低部位，油层层数多，含油井段也较长，原油性质差，多以重质油为主。如果不整合体的物性较差（主要起遮挡作用），则油气主要通过上部储层作横向输导。例如，以彼此叠置、相互连通的河流相砂体作为主要输导层，类似于“网毯式”成藏模式的“毯”。济阳坳陷在不整合面附近的馆陶组发育了许多透镜状岩性油气藏，这些油气藏与不整合并没有直接接触，且有一定的砂泥岩互层相隔，表明这一输导路径的可能性还是比较大的。因此，这一成藏过程完全取决于上部地层自身的输导体系构成，与不整合关系不大。如果不整合体的物性较好，能起输导作用，则不整合体是主要输导层之一，可以与其他输导体配合形成地层超覆型油气藏有效的输导路径。对于地层超覆型油气藏而言，不整合对油气的输导表现为垂向上沟通不同砂层，侧向上向上倾方向输导。

济阳坳陷的典型实例有陈家庄油田—太平油田的馆陶组下段油气藏。太平油田位于义和庄凸起主体，由于缺失古近系与中生界，新近系直接与古生界接触，以馆下段作为主力含油气层系，发育了以地层超覆油气藏为主的多种油气藏类型。由于馆下段各砂层组都是从低部位向高部位超覆，因此在各砂层组地层尖灭线附近形成了在平面上呈条带状展布的地层超覆圈闭。除地层超覆油气藏外，还发育少量的岩性油气藏。

2）地层剥蚀油气藏

地层剥蚀油气藏是指储层位于不整合结构体下层，储层上倾方向被剥蚀，后来又为新的非渗透层遮挡形成的地层圈闭中的油气藏。该类油气藏的特点是不整合以上的披盖非渗透层为遮挡条件，油气藏亦表现为层状。典型代表有济阳坳陷金家油田的沙二段地层油气藏、林樊家油田的东营组油气藏、罗家油田的沙三段油气藏、义和庄油田的上古生界地层油气藏等。

金家油田位于济阳坳陷东营凹陷南坡削蚀带西部的金家鼻状构造西翼，北邻博兴洼陷，南接鲁西隆起。其古近系由北向南超覆。渐新世末的构造运动形成了沙一段与沙二、沙三段之间及馆陶组与下伏地层之间的不整合。馆陶组底部的不整合发育 10～15 m 泥岩，与鼻状构造背景配合。通 58 断层以南形成了一系列地层圈闭，而通 59 断层以北的地层圈闭主要表现在沙二段，博兴洼陷沙三、沙四段生成的油气输导到该区形成地层油气藏。油气藏埋深 800～1 000 m，原油受细菌降解为稠油。

金家油田沙一段油气藏与不整合关系不大，似乎也存在顺层内输导的可能；而单家寺和林樊家不整合结构体上、下均有油气成藏，说明不整合结构体输导也有较大可能，也许这两种输导路径可以同时起作用：从该不整合之下地层的构成来看，构成不整合结构体的岩性为砂泥岩互层，而不整合之上也为砂泥岩互层，二者成为输导通道的难度一样大。除非由于不整合结构体的存在，对下伏地层的物性有较大的改变，使不整合体真正成为一条有输导能力的输导通道。对于地层削蚀油气藏而言，不整合对油气的输导表现为横向上沟通不同砂层，侧向上向下倾方向输导。

3）潜山油气藏

以盆地发育时期为标准，将济阳坳陷古近系沉积之前的地层统称为“基岩”层。在盆地发育期，这些基岩层形成的各种古地貌高地又被新沉积的地层掩埋，故称之为“潜山”。年轻的地层既是烃源岩又是盖层，直接超覆在潜山上，形成潜山油气藏。按圈闭的成因、形态可划分为残丘型、断块型、内幕型 3 个亚类。

一般地，潜山油气藏类型主要是依据储油圈闭的地层年代来划分，而我们所说的地层型油气藏是从圈闭形成条件的角度来分析的，二者有一定的交叉。如前面提到的义和庄油田的上古生界油气藏其实也属于潜山油气藏，但从地层型油气藏分类的角度出发，我们把其归为地层削蚀油气藏。依据地层油气藏的分类标准，本书所指的潜山油气藏主要是指油气藏产状为块状的基岩残丘型潜山。所谓基岩残丘，是指基岩侵蚀面上由于地表营力的选择性削蚀而残留的古地形凸起经长期的风化之后又被古近系不渗透岩层包围和覆盖而形成的圈闭。这种圈闭中形成的油气藏称为基岩残丘油气藏。典型的有广饶潜山油气藏和王庄潜山油气藏。

广饶潜山油气藏位于东营凹陷南缘广饶凸起西端，新近系非渗透层直接超覆在下古生界削蚀面上，其油气藏的显著特点是：① 比较单一的不整合岩溶型储集层，非均质性明显；② 在潜山总体含油连片背景上，油气分布和油层厚度受潜山风化程度控制，残丘处油层厚度大，残丘之间的鞍部油层厚度小；③ 油气藏埋藏浅（700～1 000 m）盖层薄，石油遭受强烈生物降解（为特稠油油藏）由东南向西北由浅变深，原油黏度逐渐减小。

5.4.3.2　济阳坳陷地层油气藏成藏模式

根据不整合结构类型及其在油气成藏中的作用，并考虑油气输导运聚方向与输导层展布方向关系的不同，建立了两套地层油气藏成藏模式。

1）斜坡正向运聚成藏模式

该类油气藏发育在盆地陡坡和缓坡地层超剥带的大型鼻状构造背景上，典型代表为东营凹陷缓坡带乐安油田和金家油田、东营凹陷陡坡带王庄油田和沾化凹陷缓坡带陈家庄油田。

位于东营凹陷南部缓坡草桥鼻状构造带上的乐安油田，不整合之上的馆陶组超覆于古近系多套地层之上，北部形成不整合遮挡圈闭，南部形成地层超覆圈闭、潜山圈闭。

东营凹陷牛庄洼陷烃源岩排出的油气由北向南输导，首先由油源断层进入北部古近系砂岩储层中，如沙河街组三段砂岩，然后沿砂层储层上倾方向输导，若储层上倾方向发育不整合遮挡层，则形成不整合遮挡油气藏。若不整合具“天窗”结构，则向上输导进入馆陶组储层，在馆陶组上部泥岩、玄武岩的封盖下形成馆陶组超覆油气藏。

在广 6 井和草 39 井井区不整合面上、下均为砂岩，形成了油气输导的“天窗”。该区馆陶组原油物性分布特征提供了有力的佐证：在上述井区原油物性好，由此向外逐渐变差，表明原油是由此向外侧向输导的。

在陡坡带已探明的地层油气藏特征与上述成藏模式基本相同，由此提出斜坡正向运聚成藏模式。模式中油源断层的倾向、圈闭储层倾向与油气运聚方向正向相对。一般近源以发育古近系不整合遮挡油气藏为主，油气输导体系为油源断层和砂体，上倾遮挡层为物性相对差的砂体或不整合体上部的泥岩层；远源主要形成新近系地层超覆油气藏，油气输导体系主要为不整合体水进砂砾岩层，上倾遮挡层为泥岩层或不整合体风化黏土层、半风化硬壳。两种类型地层油气藏的油气是通过砂—砂对接“不整合体天窗”输导的。

2）凸起侧向运聚成藏模式

该类油气藏发育在凸起翼部超剥带构造背景上，典型代表为青城凸起高青油田、林樊家低凸起林樊家油田、义和庄凸起义东—太平油田和煌子口凸起堤东油田。

太平油田位于义和庄凸起东部，储层为新近系馆陶组河流相砂岩，油气藏类型为地层超覆油藏。义和庄凸起的东部通过义东断层与沾化凹陷四扣洼陷相接。古近系与前古近系之间为不整合接触，不整合之下依次发育前古近系下古生界寒武系—奥陶系碳酸盐岩、上古生界和中生界碎屑岩。前古近系地层近东西向展布，倾向北东，明显受风化淋滤作用的影响，特别是碳酸盐岩。在不整合之上为层层超覆的沙河街组一段砂泥岩和馆陶组下段河流相砂岩，馆陶组上段底部泥岩为区域性盖层。由此形成不整合遮挡圈闭（潜山圈闭）和地层超覆圈闭。

油源对比表明，太平油田馆陶组超覆油藏以及东部义东潜山油藏的油气均来自四扣洼陷。北东走向的义东断裂带为油源断层。义东断层横切义和庄凸起三排潜山，在义和庄凸起与义东断裂带之间发育三排近东西向的构造脊，为油气输导提供了有利背景。凸起东部靠近义东断层的区域，不整合之下的前古近系油气显示活跃，并与三排潜山走向有关，形成了3个油气运聚带；而不整合之上的沙河街组及馆陶组油气显示很少。

这说明油气由义东断层向上首先主要进入不整合下部渗透层—前古近系半风化岩层，馆陶组砂体不是该区主要的油气输导通道。

不整合体结构分析表明，该区古近系与前古近系之间不整合底板形成一定规模的渗透层。据钻井岩芯观察及单井测井裂缝评价，前古近系风化壳最厚可达500 m，但其风化程度在平面上和纵向上具有较强的非均质性。位于斜坡带的奥陶系风化明显，裂缝发育程度较高；位于凸起上的寒武系裂缝发育程度较低。来自四扣洼陷的油气首先沿油源断层进入不整合之下的风化淋滤带中，再沿风化程度较好的裂缝带侧向输导。

从该区古近系与前古近系之间不整合体顶、底板的岩性分布来看，顶板砂岩与底板碳酸盐岩溶蚀带在许多部位叠置，如沾45井等井区，成为油气在浮力的作用下从前古近系向古近系输导的“不整合体天窗”。“天窗”附近顶、底板地层大量的油气显示是最有力的佐证。而且由此向西至凸起高部位，与前面相反的是馆陶组的油气显示活跃，并在馆陶组下段5个砂层组形成了地层超覆油气藏；而前古近系地层中几乎见不到油气显示。

由此可见，四扣洼陷排出的油气首先沿义东断层垂向输导，之后由东向西侧向输导，输导方向与潜山储层、古近系和新近系储层的展布方向基本一致。

综上所述，将油气沿储层走向侧向运聚的、发育在凸起周缘的油气藏成藏模式概括为凸起侧向运聚成藏模式。该类油气藏油源断层的倾向、油气运聚方向与圈闭储层倾向大角度相交，油气通过油源断层进入不整合体下部渗透层后，顺层侧向输导，遇到砂—砂对接“不整合结构体天窗”向上进入不整合体上部水进砂砾岩层输导。一般近源以发育古近系或前古近系不整合遮挡油气藏为主，远源主要形成新近系地层超覆油气藏，上倾遮挡层均为泥岩层或不整合风化黏土层、半风化硬壳。

5.4.3.3 济阳坳陷地层油气藏分布规律及主控因素

不整合宏观样式与微观组构的组合决定了不整合结构的多样性，而不同的不整合结构在油气成藏中的作用可能迥然不同；加之断陷盆地内广泛发育的多级次的断层与之相配合，最终在不同区带或不同层系形成了丰富多彩的地层油气藏或与不整合有关的各种油气藏。在断陷盆地中，由于不整合在不同构造区带的发育、组合与展布具有一定的规律性，使得其所控油气藏的分布也呈现出有序性。总结济阳坳陷不整合与所控油气藏的关系。

据统计分析，济阳坳陷已探明古近系和新近系地层油气藏的空间分布宏观上主要受构造背景控制，正向构造背景控制地层油气分布与富集。

1）地层油气藏在平面上主要位于具有一定构造背景的盆地边缘

具体来说，在平面上，地层油气藏绝大多数发育在各凹陷边缘的鼻状构造带和地层超削带，鼻状构造带是地层油气藏最为富集的地区，一般是在古近纪古地形背景上发育起来的。古地形或为盆地斜坡梁隆，或为古潜山，一般分布在凸起的边缘。轴线往往与凸起边界垂直。缓坡鼻状构造受基底翘倾作用控制，其规模大小、形态产状及发育演化与控洼边界断层的活动性密切相关。济阳坳陷典型的缓坡鼻状构造有金家、纯化、罗家、孤北、套尔河、大王庄等。陡坡鼻状构造一般发育在边界大断层转折拐弯处，与断层的分段活动性有关，同时受滑脱断块的影响，在空间上往往起到分割洼陷的作用。典型的如车镇凹陷的车 3 鼻状构造和惠民凹陷的沙河街鼻状构造。缓坡与陡坡的鼻状构造为地层型圈闭的发育提供了有利的地形条件，同时也是油气输导的有利指向区。除惠民凹陷的沙河街外，上述鼻状构造带均发现了一定规模的地层油气藏。

新近系多发育地层超覆油气藏，位于靠近凸起的外环；古近系主要形成不整合遮挡油气藏，主要位于靠近洼陷的内环。两类地层油气藏往往相伴发育，或以其中之一为主。由于凸起边缘、凹陷斜坡处地层超剥频繁，岩相横向变化快，不整合结构差异明显，易形成大量的地层超覆或不整合遮挡圈闭；同时，大型鼻状构造的存在往往是油气的有利指向区，利于油气较大规模聚集。济阳坳陷已发现的古近系和新近系不整合油藏平面上基本上均位于凹陷斜坡边缘、凸起向洼陷延伸的大型鼻状构造附近，广饶凸起、东营凹陷南坡金家鼻状构造、林樊家凸起、滨县凸起、陈家庄凸起、义和庄凸起、埕东凸起等区带尤为集中。

2）地层油气藏主要分布在一级不整合附近，不同级别不整合对油气的聚集方式有差异性

该类油藏探明储量占到济阳坳陷地层油藏储量的 90.5。其中，T_R不整合控制着新近系地层超覆油气藏，T_1不整合主要控制着不整合遮挡油气藏。二级不整合附近发现的地层油气藏探明储量较少，仅占到 9.5%，主要分布在 T_2'和 T_6'附近。目前，尚未在三级不整合附近发现地层油气藏探明储量。古近系和新近系不整合油气藏埋藏深度小于 2 000 m 的探明储量比例约占 95%，埋藏深度超过 3 000 m 的极少。

不同序级不整合古地形构造对地层油气藏都有明显的控制作用，但控制方式具有很大的差异性。

一级不整合：古地形形态、坡度直接影响着地层油气藏油气输导、沉积及封堵等条件的形成。具体表现在三个方面：一是大型正向构造背景（如鼻状构造、断鼻、凸起翼部、古潜山的斜坡带等）控制了油气的主要输导方向，有利于地层油藏群的形成。而处于大型鼻状构造背景之上，走向上表现为沟梁相间的古地形更有利于成藏。这种沟梁相间的不整合通常发育在隆起（或凸起）的边缘段和洼陷边缘段，控制着下伏地层的构造格局，限制了上覆地层的沉积，受其分割，超覆带附近的地层圈闭形成了多油水系统的特征，增强了圈闭的侧向封堵，使圈闭的有效性更好。如王庄—宁海、太平、陈家庄等典型的大中型油田都以正向构造为背景；二是倾向上多级坡折的阶梯式古地形控制了地层圈闭的沉积及有效性。坡折带储层最发育，砂体沿着坡折带呈串珠状展布。坡折处风化程度相对较低，封盖条件较好。往往是多个砂层叠合含油，含油面积大；三是不整合的古地形坡度与地层坡度的有机组合制约着油气的富集程度。

二级不整合：正向构造的古地形控制了圈闭的发育部位。正向构造的古地形容易形成多层不整合，大型鼻状构造、古地形台地是地层圈闭发育的有利部位。对长期继承性发育起来的鼻状构造地层圈闭分布在鼻状构造的两翼及倾没端，下伏地层后期隆升形成的鼻状构造地层圈闭则多发育在鼻状构造的高部位。

三级不整合：古地形槽沟及盆内坡折控制了圈闭的分布及油气的富集。古地形槽沟及盆

内坡折是古水道分布、沟谷充填的多发区，易于形成角度不整合，有利于地层圈闭的形成。继承性发育的沟谷易受到沉积旋回的影响，形成由于水体的进退产生的地层不整合油气藏，由于持续处于洼陷带，位于古水道的主体部位，储层相对比较发育，且处于深洼区，具有较好的油源条件，因此油气富集易于成藏。

新近系与古近系之间和古近系与前新生界之间的两个一级不整合夹持着沙河街组烃源灶的含油气系统，油气通过断层、不整合和砂体本身向这两个不整合结构体上、下的地层不整合圈闭运聚。

实际上，紧邻古近系与前新生界之间的不整合结构体上、下的地层圈闭首先得到油气充注成藏，同时靠近油源断层的古近系砂体也成藏；当烃源灶油气生成强度很大时，在不整合之下的潜山等储集空间可以充注成藏。和新近系与古近系之间不整合有关的地层圈闭一般分布于凹陷边缘或陡坡带的二台阶之上。无论不整合之上的馆陶组，还是之下的东营组或沙河街组，由于埋藏浅、储集层成岩作用相对弱，砂岩粒间孔隙和次生孔隙非常发育。在陡坡带，油气先通过断层垂向输导到不整合面或之上(二台阶)的馆陶组砂体中，再横向输导至潜在的馆陶组超覆圈闭中成藏，在油源断层附近也能形成断层遮挡油气藏。在缓坡带或者低凸起周围，超覆沉积的馆陶组泥质含量较高，与剥露出的沙河街组和更老层位的储集体(如中生界或石炭系—二叠系砂岩)形成不整合面遮挡圈闭，沙河街组烃源灶的油气主要以横向输导充注成藏。如果烃源灶供油能力很强，可以在不整合面之上形成大规模地层超覆油藏，这些油藏往往埋深浅(不足 1 300 m)，处于微生物活动带，其顶部原油遭受生物降解作用而形成稠油，最终形成稠油遮挡地层油藏。

研究发现，古近系内部二级和三级不整合是油气聚集的重要部位，因为它们基本上位于沙河街组烃源灶内部或边缘，地层圈闭的成藏作用十分有利。特别是那些位于低凸起周缘的与二级不整合有关的超覆或不整合面遮挡圈闭，它们形成时期早，油气通过断距较小的断层或不整合面附近的砂体从多个方向充注成藏，由于与二级不整合相关储集体基本为三角洲或水下扇等大型砂体，所以该类地层油气藏规模较大。

胜利油田在所属的东营、沾化、惠民和车镇凹陷均发现了数量很多的与二级不整合面有关的地层油气藏。与二级不整合有关的油气藏相比，三级不整合有关的地层圈闭规模虽然不很大，但是数量繁多，而且全部位于烃源灶内部。三级不整合面在地震剖面上不太容易识别，由它遮挡形成的地层圈闭往往具有隐蔽性，常误认为是岩性圈闭。

5.4.3.4 渤海湾盆地地层油气藏勘探方向和方法

(1) 断陷盆地整体抬升和沉降以及深大断裂的活动，造成了不同级别的不整合。渤海湾盆地发育新近系与古近系之间和古近系与前新生界之间 2 个一级不整合，古近系内部还发育 3 个二级不整合和 10 个三级不整合，它们分别与超层序组和层序相对应，描述 3 个级别的不整合及其圈闭发育特征，有利于指导精细的油气勘探。

(2) 和古近系与前新生界之间的一级不整合相关的油气藏主要为不整合遮挡的潜山油气藏，对其地震资料进行高分辨率处理，解释潜山形态和内幕结构是有效的勘探手段。新近系与古近系之间的不整合在凹陷陡坡带和二台阶上以新近系超覆油气藏为主，准确预测超覆线的位置是其勘探的关键。在缓坡带不整合结构体上、下均能发育大型油气藏，且不整合之上往往形成稠油藏，并最终成为地层圈闭的遮挡。

(3) 二级不整合上下均能形成地层油气藏，而且规模比与三级不整合有关的地层圈闭大一些。不整合之下往往形成地层油气藏，虽然圈闭规模较小，但是该级别不整合数量多，分布广,油气聚集总量大,是今后一段时间内油气勘探的重要目标。与二级和三级不整合相关的地层圈闭近邻沙河街组烃源灶,或在烃源灶内部,成藏条件好,但是储集层排替压力与油气充注能量的差异性决定了地层圈闭的油气充满度。

(4) 利用该区地层油藏的成藏模式,勘探一级不整合结构体上层的地层超覆油藏的主要办法是,准确预测目的层的超覆线位置,并且研发成功地震属性地质统计学法、地震波形外推法等;对于不整合遮挡油气藏(包括各类潜山油气藏)的勘探,主要是利用高精度处理技术提高地震分辨率,搞清潜山结构和储集空间的发育部位。对于二级不整合上、下的地层油藏,在对地震资料进行高分辨率处理的同时,进行层序地层学研究,搞清二级不整合上、下沉积体系的分布和圈闭发育情况,应用成藏模式判别油气聚集的可能性。对于三级不整合上、下的地层油藏,要在较小的研究区范围内进行高分辨率的层序地层学研究,结合地震相干体等技术的应用,确定不整合遮挡和地层超覆圈闭的位置和规模。当然,目前对于三级甚至更低级别不整合的确定还存在精度不高的问题,但是在我国东部油气勘探程度较高的盆地必须进行精细勘探,三级不整合及其相关油气藏是重要的勘探目标。

5.5　地层油气藏形成演化模式

地层圈闭的形成与不整合构造紧密相关,因此其形成演化模式也与不整合构造的形成演化紧密相关。

5.5.1　地层超覆油气藏形成演化模式

含油气圈闭是一个立体空间的地质体,需要多维度的封盖、遮挡。地层超覆圈闭的形成与不整合古剥蚀面的地形相关,受古地貌控制。最有利的地貌为海(湖)湾区。受岸线侵蚀、差异风化剥蚀作用影响,海(湖)岸线常形成不规则状,外凸内凹的区域就构成海(湖)湾区(图 5-36a),受水侵或风浪的影响,在海(湖)湾区常形成“滩坝”,即通常所说的“沙滩”,构成储集层

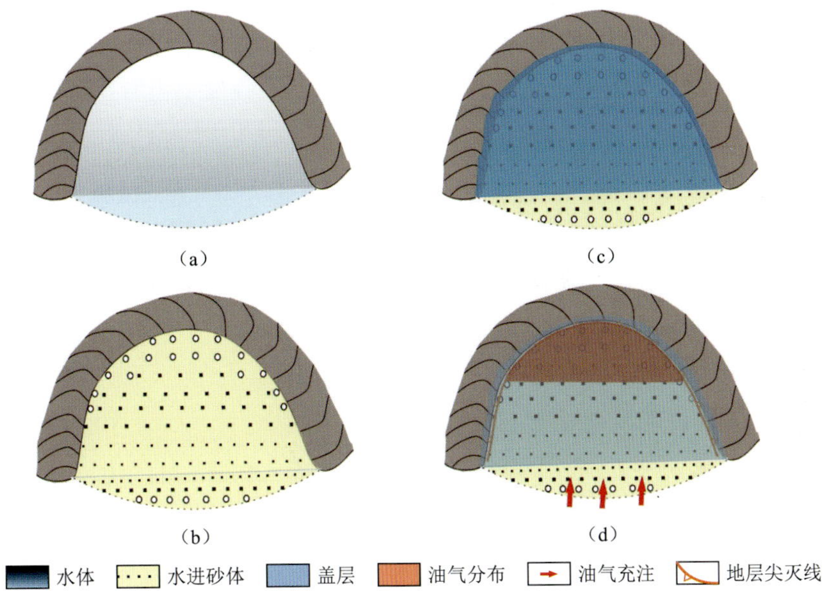

图 5-36　无障壁海(湖)湾型地层超覆油气藏形成演化模式

(图 5-36b)。后期随水体不断加深,接受泥质沉积,形成良好的沉积盖层。因内凹的海(湖)湾区两侧基岩风化易形成风化黏土层,构成侧向遮挡条件,从而形成地层超覆圈闭(图 5-36c)。当湖盆区发育的烃源岩热演化成熟后,油气沿斜坡向上输导,充注在上倾遮挡的地层圈闭中,即形成地层超覆油气藏(图 5-36d)。

当海(湖)湾区发育障壁岛时,水体与外界连通不畅,有障壁岛部分水体流动性变差(图 5-37a),能量变弱,沉积泥质岩类。无障壁岛部分水体流动通畅,能量较强,沉积砂体,但超覆砂体范围受限,储集体规模变小(图 5-37b)。后期水体加深,覆盖海(湖)湾区,沉积泥质盖层(图 5-37c)。依靠砂-泥岩性边界和基岩风化形成的风化黏土层侧向遮挡,能够形成地层超覆圈闭,在成藏期油气充注后,即形成地层超覆油气藏(图 5-37d)。

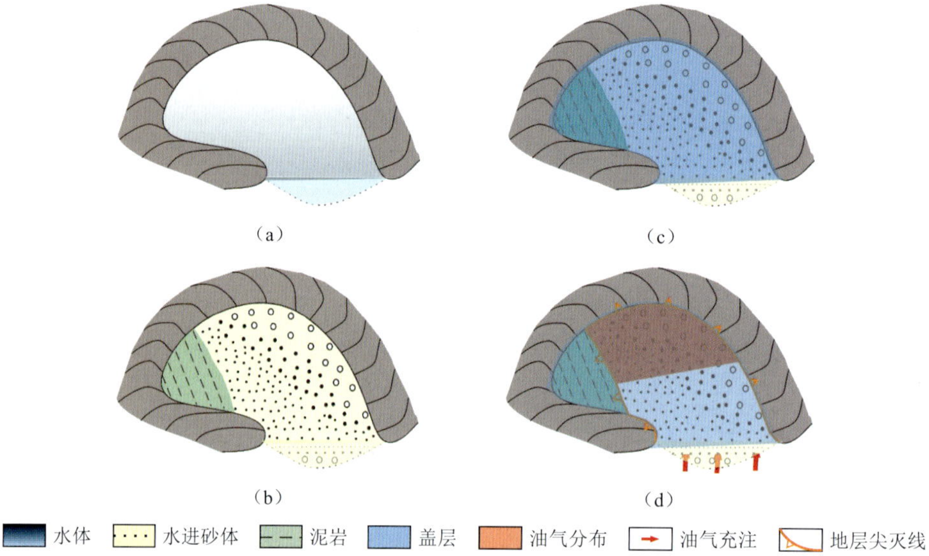

图 5-37 有障壁海(湖)湾型地层超覆油气藏形成演化模式

当面临宽广的海(湖)岸线时,可以发育规模巨大的砂体,但很难形成地层超覆圈闭。当一边是弯曲岸线,另一边是平直岸线,处于半开放式沉积环境时(图 5-38a),也能够形成砂体沉积(图 5-38b)。后期因水体加深,接受泥质盖层沉积(图 5-38c),依靠侧翼基岩风化黏土层遮挡及构造因素(如断层)配合,能够形成地层-构造复合圈闭,油气充注后即可形成地层-构造油气藏(图 5-38d)。

5.5.2 地层剥蚀油气藏形成演化模式

地层剥蚀油气藏形成的有利地质背景是海(湖)岸线的外凹内凸起处或盆内凸起,地貌与地层超覆油气藏相反。岸线有凹有凸,这是自然界普遍规律。当岸线向海(湖)盆凸出,同时地貌为高地,就会遭受风化淋滤,随着水体加深,终究会被新地层覆盖。假如该凸出部位是背斜或鼻状构造造成的(图 5-39a),其顶部遭受剥蚀(图 5-39b),基岩经历风化淋滤,改善储集性能的同时形成上覆风化黏土层,一旦构造沉降,水体加深,接受新地层的沉积,可形成剥蚀背斜型地层圈闭(图 5-39c)。随着盆内烃源岩排烃,油气沿构造"脊"输导充注,即形成剥蚀背斜型地层油气藏(图 5-39d)。

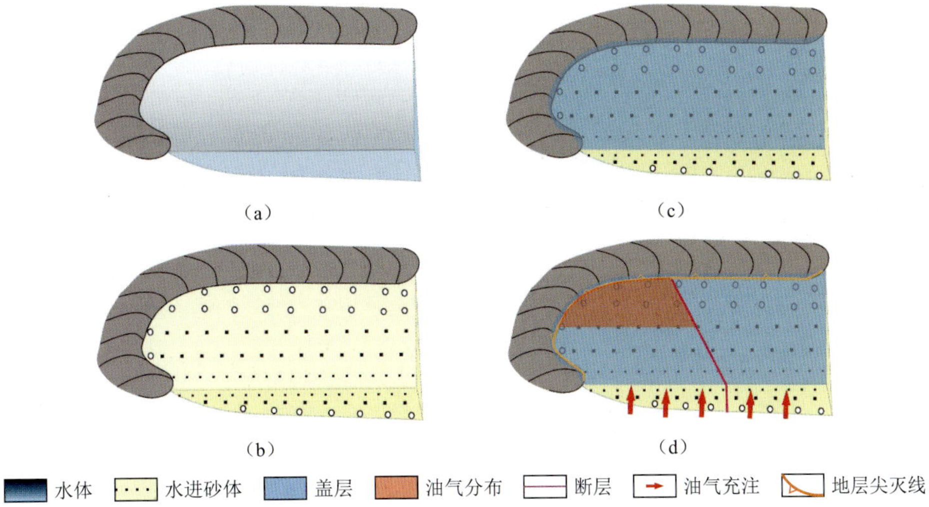

图 5-38　半开放式海(湖)岸线型地层超覆油气藏形成演化模式

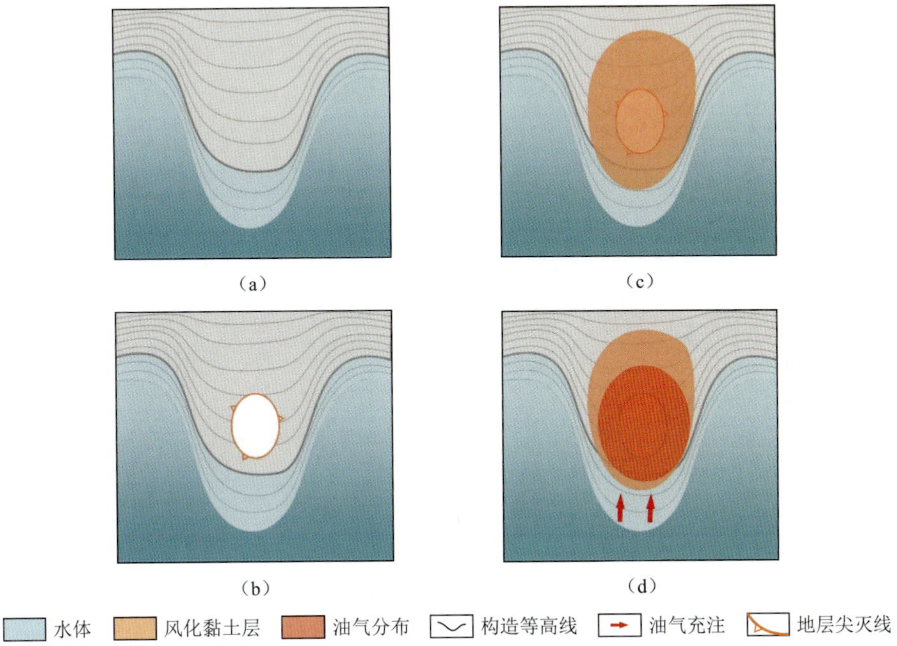

图 5-39　剥蚀背斜型地层油气藏形成演化模式

假如这种岸线突出部是古凸起造成的，且地层呈单斜状态(图 5-40a)，其顶部遭受风化剥蚀后(图 5-40b)，基岩地层次生孔隙发育，储集性能增强，同时形成风化黏土层，在后期水进沉积新地层覆盖作用下，依靠前后泥质岩隔挡、侧翼风化黏土层封盖，可形成剥蚀单斜型地层圈闭(图 5-40c)。当湖盆区烃源岩热演化成熟后，沿“脊”输导，充注在圈闭中，即形成凸起型地层剥蚀油气藏(图 5-40d)。

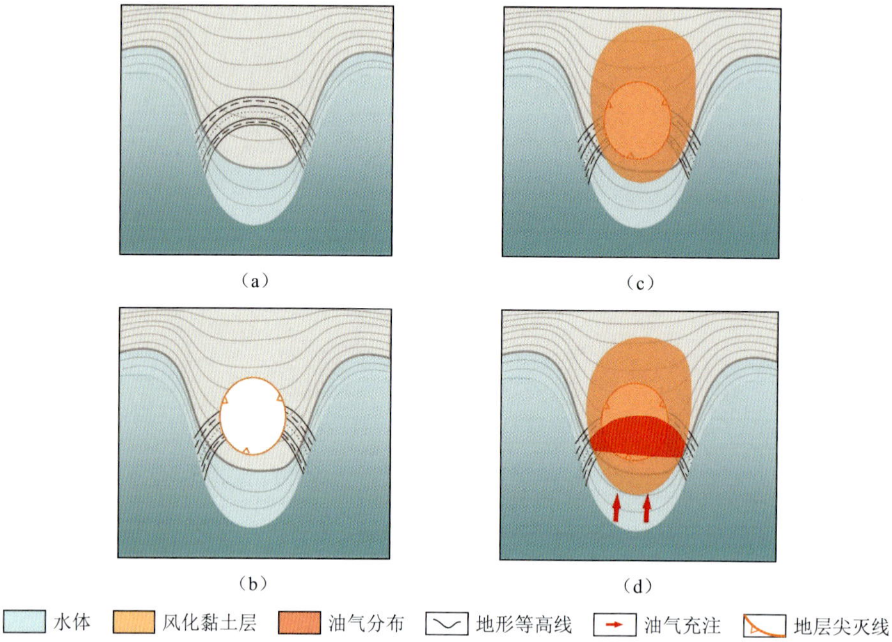

图 5-40　凸起型地层剥蚀油气藏形成演化模式

第6章 不整合结构控藏机理模拟

6.1 不整合结构油气输导方向模拟

构造位置、构造活动强度以及岩性的不同将导致不整合剥蚀程度的差异，形成一个凹凸不平的面，表现为"沟""梁"相间的形态。有人认为油气在不整合会沿着下切水道中的砂体输导即沿"沟"输导，也有人认为根据流体势模拟，油气应沿着"梁"输导(张凡芹和王伟锋，2005)。笔者课题组通过物理模拟实验，从不整合输导层的形态、倾角、物性等方面来模拟油气沿不整合结构体(风化黏土层顶部)输导的优势方向，是沿槽输导还是沿脊输导，地质模型如图6-1所示。

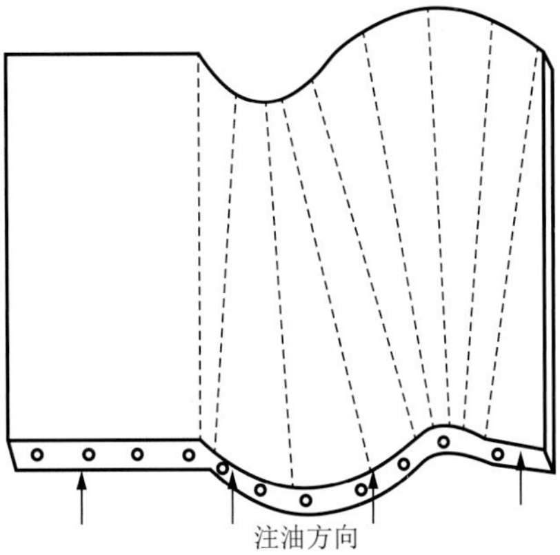

图6-1 油气沿不整合面输导优势方向模拟地质模型

6.1.1 实验模型与实验方法

实验模型如图6-2所示，仪器主体为一空心透明的塑料模型，可直接观察到油气的充注情况。仪器可分为两个部分：底部为空心长方体容器，其顶面与上部容器接触面具有均匀细孔，使盒内流体充满后可以向上注入。长方体三个侧面均有注入口，流体通过注入口首先进入盒子，充满盒子后再向上进入曲面体。曲面体从一面看从左向右可分为四部分：① 平面；② 向上逐渐变宽发散的凹面；③ 向上逐渐变窄聚拢的凸面；④ 平面。从另一面看，从左向右则可分为不同形态的四个部分：① 平面；② 向上逐渐变窄聚拢的凹面；③ 向上逐渐变宽发散的凸面；④ 平面。该曲面体装入砂后可以模拟具有不同形态的输导面，如断层、不整合或者渗透性砂体。

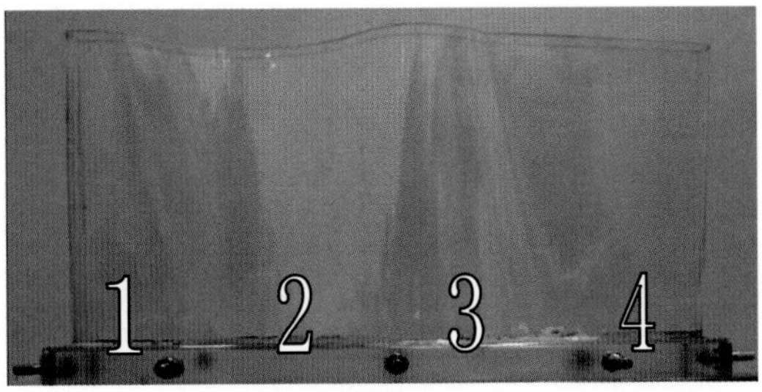

(a) A面

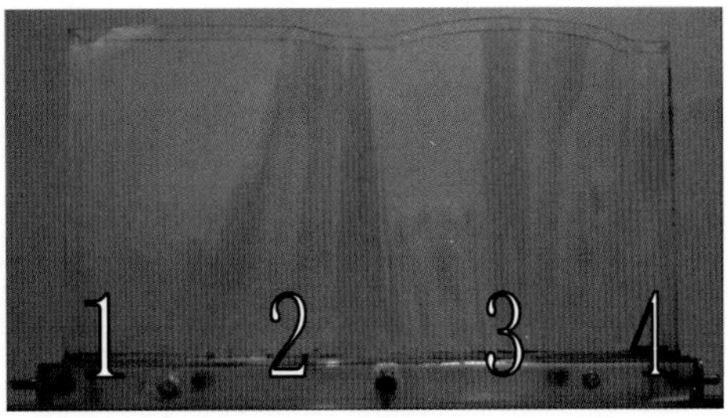

(b) B面

图6-2 实验仪器主视图

实验用砂为各种粒度的纯净白色石英砂，具亲水性且润湿角近于0°；用油为中性煤油，密度为0.75 g/cm³，黏度(25 ℃)约42 mPa·s，为了使油、水之间有明显的反差，实验用微量天然色素将煤油染成棕红色；用水为蒸馏水，密度为1.0 g/cm³，黏度(25 ℃)为1 mPa·s。

实验开始前，在仪器上部首先装入一层较粗的石英砂(实验用砂粒径 2～3 mm)，以消除隔板上细孔造成的不均匀性误差，然后根据实验要求在曲面体内装入不同粒径的石英砂充当输导面，顶部可装入一定厚度的微细粒石英砂充当盖层或遮挡面。同时将整个仪器注满水使砂体完全饱和。

实验时，将容器倾倒至一定倾角并固定，将底部长方体侧面的注入口与油泵相连接，根据实验需要设置一定的速度向容器中缓慢注油，当油充满盒子时便会通过隔板的细孔向上走并首先在粗粒中均匀充满，而后再向上部砂层输导。改变容器摆放方向及倾角、砂体物性、注油速度等因素，对不同情况下油的输导过程进行观察和摄影，同时记录注入量、注入压力等数据。寻找不同地质条件下的优势输导通道及其影响因素。

6.1.2 实验现象与解释

容器内油的输导的影响因素有仪器摆放方向及倾角、注油速度、砂体物性等。因此，在其他因素不变的情况下，只改变一种因素进行多组实验，便可对比得到该因素对油输导的影响作用。目前已完成 23 组实验，下面分别从输导层形态及倾角、砂体物性及级差、油气输导速度等方面进行油气输导的物理模拟实验。

1) 不同形态输导层内油气输导的物理模拟实验

由实验模型介绍可知，当把仪器倾倒至一定角度后，仪器可模拟 5 种不同形态的输导层形态：① 倾斜平坦层面；② 向上逐渐变宽发散的沟壑；③ 向上逐渐变窄聚拢的构造脊；④ 向上逐渐变窄聚拢的沟壑；⑤ 向上逐渐变宽发散的构造脊。

A 面朝上的实验结果如图 6-3 所示。由实验现象可以发现，油最易沿仪器中部逐渐变窄聚拢的构造脊向上输导；当注油速度较大时，容器两侧的倾斜层面也可以成为输导通道；而逐渐变宽发散的沟壑部分则几乎不存在油的运聚。因此可以看出，当输导层形态如该实验仪器

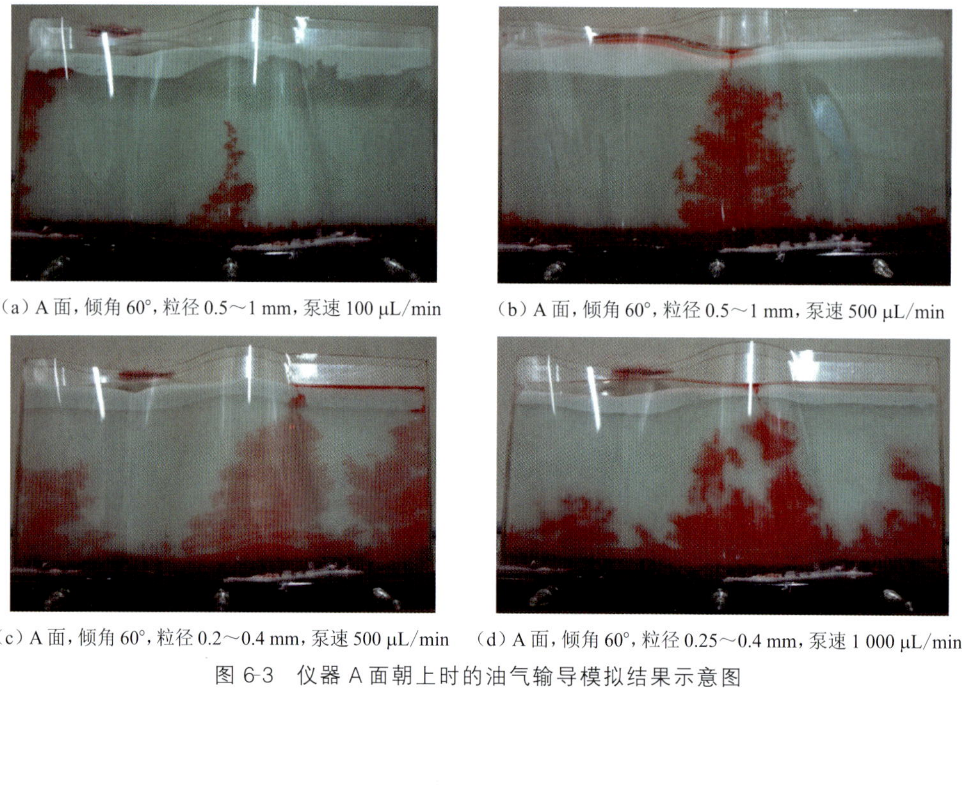

(a) A 面，倾角 60°，粒径 0.5～1 mm，泵速 100 μL/min　(b) A 面，倾角 60°，粒径 0.5～1 mm，泵速 500 μL/min

(c) A 面，倾角 60°，粒径 0.2～0.4 mm，泵速 500 μL/min　(d) A 面，倾角 60°，粒径 0.25～0.4 mm，泵速 1 000 μL/min

图 6-3　仪器 A 面朝上时的油气输导模拟结果示意图

所示的情况下，构造脊为油气输导的最佳优势通道，在某些情况下倾斜层面也可以作为输导通道，而像河道冲刷等原因形成的沟壑部分则难以成为油气输导的优势通道。

B 面朝上的实验结果如图 6-4 所示。由实验现象可以发现，砂体粒径为 0.5～1 mm 时油最容易沿逐渐变宽发散的构造脊输导，然而其集中程度明显不如汇聚型构造脊；同时，当注油速度较大时，倾斜层面也较容易发生油的运聚；而又几乎不会沿变窄聚拢的沟壑向上输导。当砂体粒径为 0.25～0.4 mm 时，油气更易沿倾斜层面向上输导，而沿发散型构造脊输导的油量相对较少。

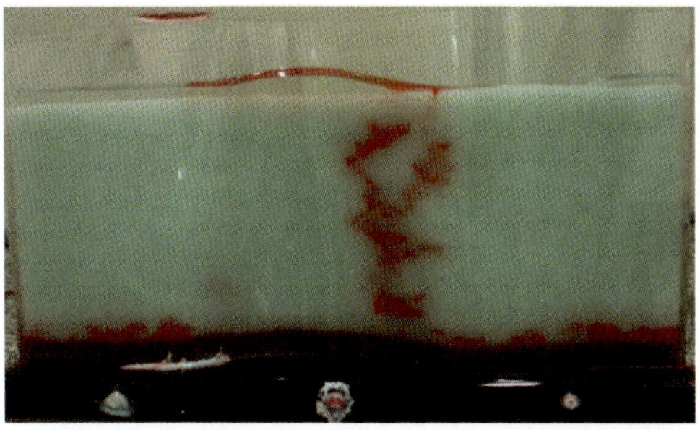

(a) B 面，倾角 60°，粒径 0.5～1 mm，泵速 100 μL/min

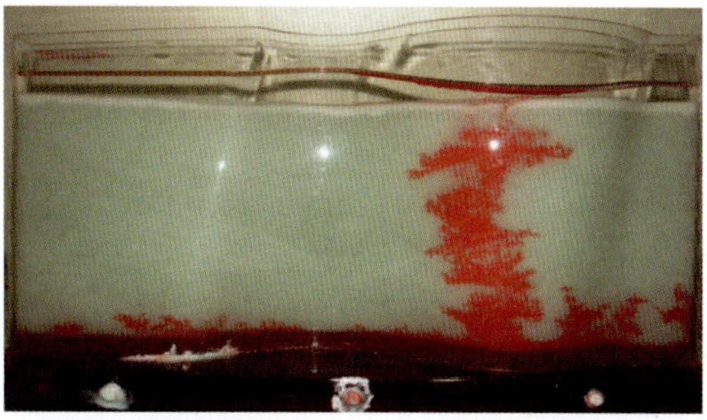

(b) B 面，倾角 60°，粒径 0.5～1 mm，泵速 500 μL/min

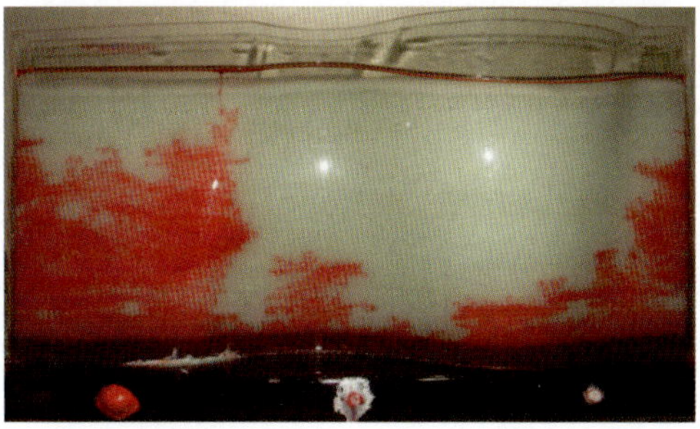

(c) B 面，倾角 60°，粒径 0.2～0.4 mm，泵速 500 μL/min

(d) B 面，倾角 60°，粒径 0.25～0.4 mm，泵速 1 000 μL/min

图 6-4　仪器 B 面朝上时的油气输导模拟结果示意图

从上面两类实验可以得出如下结论：输导层的形态对油气输导有明显影响，构造脊是最有利的优势通道，其次是倾斜层面，而沟壑是最不利于油气输导的部位；同时，汇聚型输导层较发散型输导层更有利于油气向上输导。

2）不同倾角输导层内油气输导的物理模拟实验

由于实验仪器封闭性差的原因，若将容器以低倾角放置，容器内部砂体易溢出而破坏实验，因此前期实验主要针对的是高倾角输导体系内石油输导的物理模拟，只做了一组低倾角实验。计划后期对仪器进行改造使其适用低倾角实验。

针对不同倾角输导体系的物理模拟，分别进行倾角为 30°和 60°的两组实验，其他模拟条件为：A 面朝上，砂体粒径为 0.5～1.0 mm，注油速度为 500 μL/min。实验现象如图 6-5、图 6-6 所示。

根据两次实验现象以及数据记录可以得出以下两点不同。① 油气输导速率不同：倾角为 30°时，油从开始进入砂体至到达砂体顶端共用时 95 min；倾角为 60°时，油从开始进入砂体至到达砂体顶端共用时 80 min。② 油气输导路径不同：倾角为 60°时，油仅沿中间汇聚型构造脊输导；倾角为 30°时，油仍然主要沿中间汇聚型构造脊向上输导，但是在左侧容器边缘部分也有少量油分流向上输导。

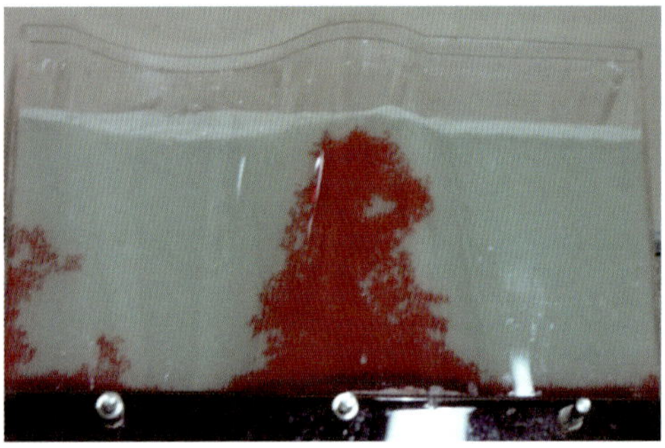

图 6-5 倾角为 30°的模拟结果

图 6-6 倾角为 60°的模拟结果

实验结果说明，输导层倾角越大，油气输导的速度越大，原因是油向上输导是浮力以及水动力的共同结果，当水动力相同时，不同倾角情况下的动力差别仅受浮力影响，倾角越大，浮力沿输导层的分力越大，倾角越小，分力越小。因此，油气在高倾角的输导层内输导速度要大于低倾角输导层内的输导速度。从两次实验结果可以看出，汇聚型隆起是最适合油气输导的输导通道，即构造脊是较好的优势输导通道。在倾角较高的地质情况下，油气一般仅沿构造脊发生输导；而在输导层倾角较低时，油气可能在输导层的其他部位，如倾斜层面发生分流。

3）不同物性的输导层内油气输导物理模拟实验

目前，实验共采用了两种物性的砂体充当输导层：0.5～1 mm 以及 0.25～0.4 mm。这里列举 4 组实验对输导层物性的影响进行比较。如图 6-7 所示，A 面朝上，粒径较大即物性较好时，油仅沿汇聚型构造脊向上输导；而粒径较小即物性较差时，油不仅沿构造脊输导，同时还沿倾斜层面向上输导。图 6-8 中，B 面朝上，粒径较大即物性较好时，油主要沿发散型构造脊向上输导；而粒径较小即物性较差时，油反而主要沿倾斜平面向上输导，优势通道发生了改变且输导面积更大。

（a）A 面，倾角 60°，粒径 0.5～1 mm，泵速 500 μL/min

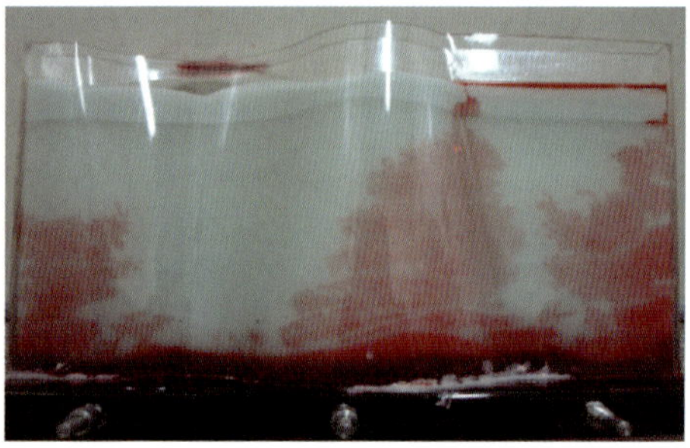

（b）A 面，倾角 60°，粒径 0.25～0.4 mm，泵速 500 μL/min

图 6-7 不同物性的输导层内油气输导模拟结果示意图

根据实验现象分析可以发现，输导层的物性不同可以改变油气输导的优势通道。一方面，输导层的物性越好，油气输导的通道越集中；物性越差，油气在输导层内输导的范围越大，分流越广。另一方面，由于输导层的物性和形态共同决定优势通道的选择，在物性较好时，输导层形态对油气输导优势通道的选择影响较明显；而物性较差时，由于油气输导范围广、易分流，输导层形态对优势通道的决定性则不明显。

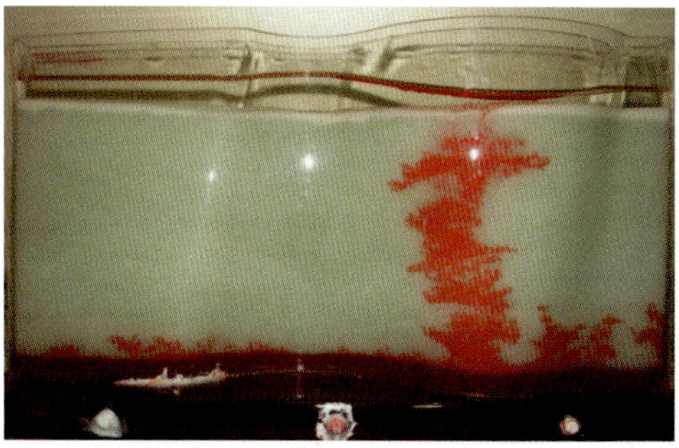

(a) B 面，倾角 60°，粒径 0.5～1 mm，泵速 500 μL/min

(b) B 面，倾角 60°，粒径 0.25～0.4 mm，泵速 500 μL/min

图 6-8　不同物性的输导层内油气输导模拟结果示意图

4) 级差优势通道及其物理模拟实验

级差优势是指输导层内孔渗性介质中总是顺着级差优势最大的通道向前输导。这里的级差是指通道介质中的孔渗性与其周边介质中的孔渗性之间的差异。

图 6-9 实验中，在容器的汇聚型构造脊部分装入粒径为 0.25～0.4 mm 的砂体，在其他部分装入粒径为 0.5～1 mm 的砂体进行实验。通过观察实验现象可知，油主要沿两种不同粒径的砂体边界进行输导，而往往作为优势通道的汇聚型构造脊由于砂体物性差却没有油的输导发生。由此可得出级差优势的结论，即油气总沿通道介质中的孔渗性与其周边介质中的孔渗性差异最大的通道向上输导。此外，不仅本次实验，几乎所有实验中均会发现，油容易沿着容器两侧的边界输导，这可能也是因为级差优势的缘故：将容器壁视为输导层周边的非孔渗性围岩，油气输导则容易发生在该部位。

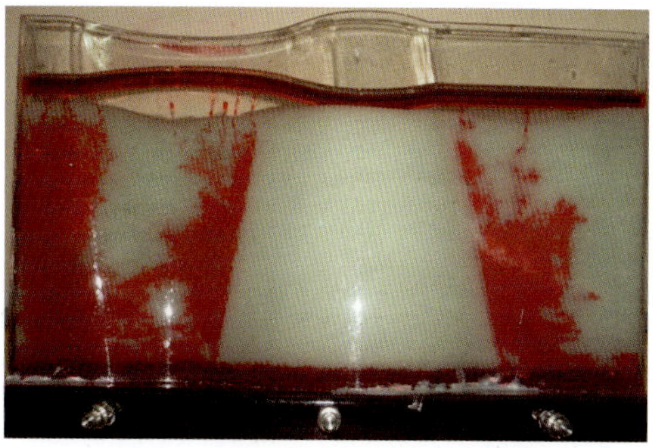

图 6-9　级差优势通道的物理模拟实验结果示意图

5) 油气输导速度对优势通道的影响模拟实验

如图 6-10 所示，取 B 面朝上，倾角为 60°，砂体粒径 0.5～1 mm 时，注油速度分别 100 μL/min、500 μL/min、1 000 μL/min、5 000 μL/min 的 4 组实验讨论油气输导速度对输导层内油气输导的影响情况。

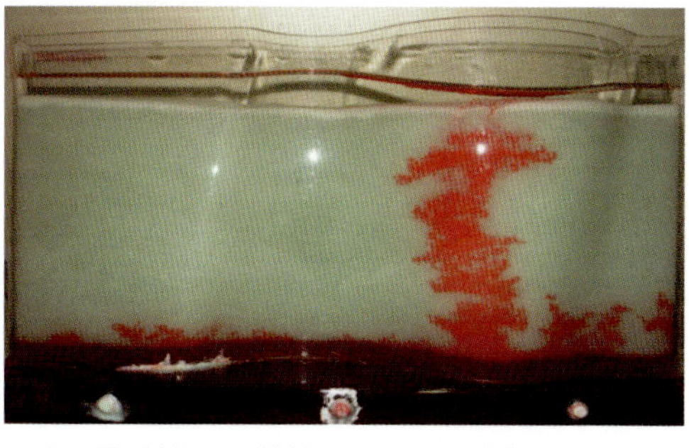

(a) B 面，倾角 60°，粒径 0.5～1 mm，泵速 500 μL/min

(b) B 面，倾角 60°，粒径 0.5～1 mm，泵速 5 000 μL/min

图 6-10　油气输导速度对优势通道的影响模拟实验示意图

根据实验现象，注油速度越大即油气输导速度越快时，油在输导层内输导的范围越广、分流越大。当速度较低时，油一般沿最有利的优势通道输导；当速度较大时，油还可能同时沿着其他通道向上输导，输导范围更广更分散。

6.1.3 实验结论

（1）优势通道是油气优先选择输导的路线，是油气在输导过程中实际经过的通道，它受输导层形态及倾角、输导层物性、油气输导速度等方面的影响。

（2）汇聚型构造脊是最有利的优势通道，而发散型沟壑一般不可能成为优势通道，最不利于油气的输导。在输导层倾角较高的地质条件下，油气一般仅沿最有利的优势通道如汇聚型构造脊发生输导；而在输导层倾角较低时，油气也可能同时在输导层的其他次一级通道发生分流。

（3）油气总沿通道介质中的孔渗性与其周边介质中的孔渗性差异最大的通道向上输导，即沿级差优势通道输导。另外，输导层物性越好，油气输导的通道越集中；物性越差，油气在输导层内输导的范围越大，分流越广。由于输导层的物性和形态共同决定优势通道的选择，在物性较好时，输导层形态对油气输导优势通道的选择影响较明显；而物性较差时，由于油气输导范围广、易分流，输导层形态对优势通道的决定性则不明显。

（4）当油气速度较慢时，油一般仅沿输导层内最有利的优势通道输导；当速度较快时，油还可能同时沿着其他次一级通道向上输导，输导范围更广、更分散。

6.2 不整合结构成藏机理物理模拟

物理模拟实验是研究油气藏成藏机理和成藏过程的有效方法和手段。随着各含油气盆地勘探程度的不断提高，作为隐蔽油气藏主体之一的地层油气藏日益受到重视，其成藏机理的研究与认识也存在很大争议。目前国内外学者的研究多偏重静态成藏要素描述，而对地层油气藏的成藏过程、成藏机理等研究较少。在地层油气藏的成藏过程中烃源岩生成的油气是在何种动力机制下通过何种方式进入地层圈闭内的？如何驱替地层圈闭中原有的地层水而使油气聚集成藏？进入地层圈闭的油气成藏又受哪些地质因素控制呢？上述问题的提出和深入探讨，对于地层油气藏的理论研究及勘探方向具有重要的指导意义。

6.2.1 物理模拟实验原理及目的

成藏机理物理模拟实验的目的是通过模拟不同成藏条件下不整合体的油气运聚成藏过程和成藏机理，以精密的测量手段对地层圈闭内部流体流动所产生的变化进行记录和数据处理，直观地观测地层圈闭中油气的聚集成藏过程，同时定量模拟不同条件下地层圈闭中的含油气性（含油饱和度）变化。物理模拟实验研究中饱和度测定采用电极系测量原理，用先进的双压模技术和耐氧化、耐腐蚀的高技术材料研制出了能够测量油藏物理模拟中动态饱和度变化的微型探针；应用微型探针测量出了不同实验的三维模型饱和油、水驱油过程中不同位置的饱和度变化（王家禄等，2004）。

由于地层水与原油在电性上的差异较大，岩石电性能反映含水饱和度的变化。图 6-11 所示为探针电极系示意图。探针体采用高强度 ABS 塑料双模压制而成，电极采用 1.8 mm 宽的银环。探针上有 n 个电极，通过供电极 A 和 B 供给电流 I，在地层中建立电场后，用测量电极

M,N 进行电位差测量。这个电位差反映了电场分布特性,从而反映电阻率变化。电阻率测量供给低频(频率分档可调)矩形波交流电,测量 M 和 N 之间的电位差 ΔU_{MN},按下式计算电阻率 R:

$$R = K\frac{\Delta U_{MN}}{I} \tag{6-1}$$

式中:K 为电极系系数,它与探针的尺寸和类型有关;ΔU_{MN}为电位差,V;I 为电流,A。

根据测量出的地层电阻率,由阿尔奇公式计算出含水饱和度:

$$I_R = \frac{R_t}{R_w} = \frac{b}{S_w^n} \tag{6-2}$$

式中:R_t 为地层岩石含油电阻率(实测电阻率),Ω·m;I_R 为电阻率比值;R_w 为岩石完全含水电阻率,Ω·m;S_w 为含水饱和度,%;b 为系数;n 为饱和度指数。其中用岩芯驱替实验确定式(6-2)中系数 b 和饱和度指数 n 的值,应用已知电阻率的均匀介质标定电极系系数。

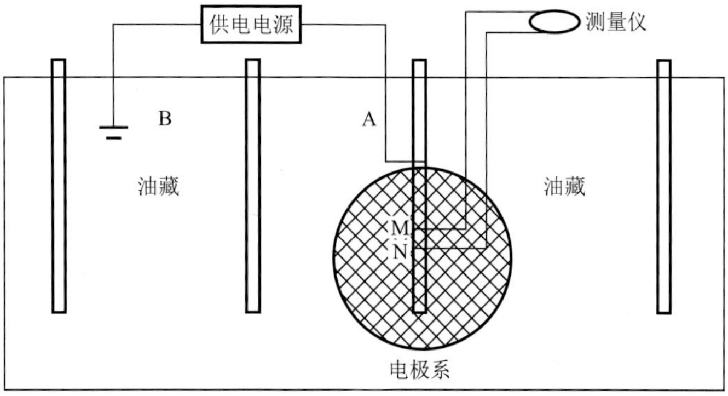

图 6-11　物理模拟实验中探针电极系示意图

物理模拟实验过程中假设地层圈闭被地层水完全饱和,在压实一定的条件下,根据骨架(孔隙)不变原理,含水饱和度为 S_w,则含油饱和度值为 $S_o = 1 - S_w$(王永卓等,2006)。因此,在整个物理模拟实验过程中地质模型要求被水完全饱和,若未能完全饱和,含油饱和度值则近似认为是含水饱和度的变化差值,这样计算出的实验数据的准确性还有待进一步校正。

由于探针尺寸较小,电极环尺寸与探针电极系尺寸在同一数量级上,因此不能满足点电源的要求,无法用解析确定电极系系数;电极在压制过程中受一些不确定因素的影响使数值模拟结果变化很大。因此,应用已知电导率的均匀介质来标定电极系数。标定方法为:① 在足够大的容器中倒入纯净水,用标准电导率电极测量出溶液电阻率,将电极系放入容器中间,测量出电阻值。② 改变溶液(NaCl)的矿化度,再次测量出溶液电阻率和探针电阻值。如此重复,使溶液的电阻率从 1 000 Ω·m 变化到 1 Ω·m。通过回归建立探针电阻值与溶液电阻率之间的关系(王家禄等,2004)。

根据实验目的,结合地层油气藏勘探实例,可以构建各种实验地质模型,研究地层圈闭中油、气、水多相流体的微观输导机制,在不同温度、压力等实验条件下模拟地层圈闭中油气成藏过程和不同参数对地层圈闭成藏的控制作用,进一步探讨地层圈闭孔隙中含油饱和度的变化过程、控制因素及油气输导和聚集规律,深化对油气成藏机理和分布规律的认识。

6.2.2　物理模拟实验装置

物理模拟实验装置主体如图 6-12 所示。它主要由圈闭模拟器、注入系统、出口计量系统、抽真空系统、仪表测控系统、数据采集和处理系统等 7 部分组成。物理模拟实验装置具有模块化、人性化、广泛实用性及可视化的特点，其中圈闭模拟器是实验装置的核心，主要技术参数见表 6-1。

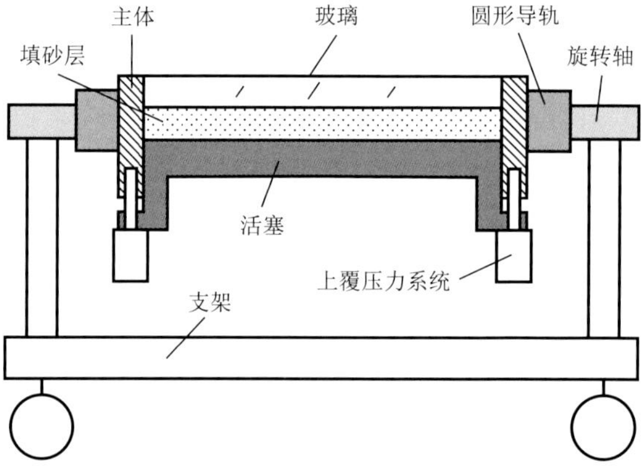

图 6-12 物理模拟实验装置结构示意图

表 6-1 模拟实验装置技术参数

模型内腔尺寸/(mm×mm×mm)	490×280×50
工作压力/MPa	≤1
工作温度/℃	室温～80
注入流量范围/($mL \cdot min^{-1}$)	0.001～25
可测饱和度电极数/个	46
可测压力传感器数/个	32

圈闭模拟器中可随意设计实验模型，模拟器可旋转 360°，主要包括主体、可视上盖、活塞三部分。内部有效尺寸为 490 mm×280 mm×50 mm，主体底平面布有 46 个电阻电极，根据电阻率变化进行动态实时饱和度检测，再由计算机实时动态显示饱和度分布图；底部布有 32 个压力传感器，进行模型底板压力检测，精度为±0.25%。主体内部 4 个侧面布有 36 个注出入口，可根据实验需要任意进行液体或气体的注入与输出。主体四角采用半圆角，以保证活塞密封。挤压活塞设计 4 个导向杆，且有挤压位移传感器外引，提供挤压变化量。模拟器本体均采用不锈钢材料，耐腐蚀性能好。

模拟器温度采用泵控热水循环加热的方式(图 6-13)，既方便又清洁。加热温度控制在 100 ℃以内。泵将水从容器内抽出并送入预热容器，变成热水后进入模拟器对模拟器加热，冷流体从出口端排出再进入容器，不断循环。在模拟器的主体内加工有内部循环水通道，并在模拟器的 4 个侧面设计有保温层。模拟器温度范围在室温～80 ℃之间，控温精度为±0.1 ℃，控温形式采用 PID 方式。

注入系统主要包括液体注入和气体注入两部分。液体注入部分主要包括高压双缸恒速恒压泵和中间活塞容器；气体注入部分包括钢瓶、压力调节器等。因本实验以液体注入为主，故仅对液体注入部分进行介绍。

(1) 高压双缸恒速恒压泵：用于提供流体的连续无脉冲式充注驱替，能恒速、恒压连续工作。流量范围 0.001～25 mL/min，工作压力 60 MPa，为立式双缸双电机形式，自动控制，内

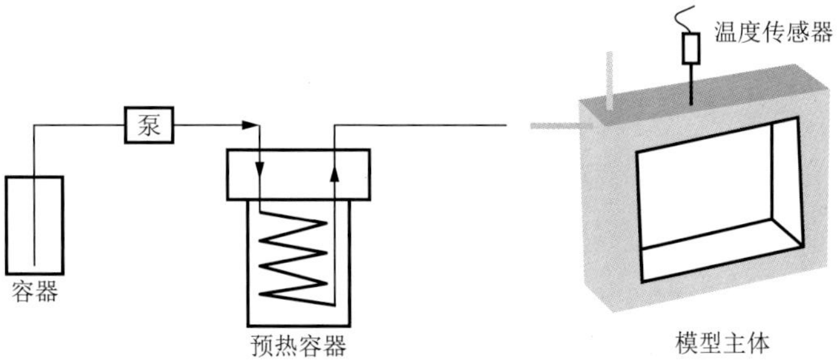

图 6-13　物理模拟实验装置加温原理示意图

部设计有单板机，控制自成一体，可不依赖其他计算机实现控制，但配置有通讯口，可与计算机联接，采集泵相关数据，也可由计算机控制。

(2) 中间活塞容器：主要用来储存和输送工作介质，还有缓冲压力波动的作用。本装置共配备 3 只 2 000 mL 的中间活塞容器。本装置所用的中间活塞容器都带有隔离活塞，目的是将动力液体和工作介质隔离开来，这是由于提供动力的平流泵严格要求使用较为纯净的流体进行工作，而实验中的各种工作介质多种多样，易对泵产生腐蚀。活塞由不锈钢材料制成，使用 O 形圈进行密封隔离，活塞除了有隔离作用外，重要的是将液体的动力传递给工作介质进行工作。

3 只中间容器安装在可移动中间容器车上组成中间容器组，容器之间相互并联连接(图 6-14)。容器车上安装流程操作面板。中间容器的连接方式采用快速接头进行连接，操作简单、方便，中间容器车的外形设计力求美观，结构紧凑，容器车移动性强，利用率高。

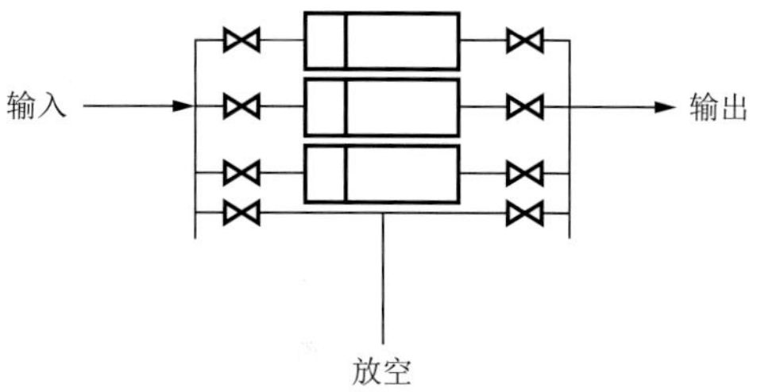

图 6-14　中间容器组连接原理示意图

出口计量系统主要包括冷凝器、回压阀、采出计量系统。在流程出口设有回压器及冷凝装置，以便在高温实验时使用，保证流出的为温度较低的液体，防止液体汽化。回压器及冷凝装置也使用不锈钢材料制成。回压阀用于模拟器系统压力维持，回压器为自行设计开发，耐压 20 MPa，采用高分子 PEEK 膜片材料，耐压高，控压反应灵敏。计量系统由油气水三相计量仪自动收集并计量。

抽真空系统主要由真空泵(功率 1.1 kW，流量 8 L/s)和抽真空缓冲容器(有机玻璃制成，1 000 mL，1 MPa)组成(图 6-15)。抽真空系统整体安装在一个可以活动的小车上，该系统可通过快速接头与模拟实验装置的其他部件方便地连接。抽真空流程主要由真空泵、缓冲容器、真空表、放空阀、放水阀组成。缓冲容器是一个用有机玻璃制成的透明容器，其作用是：① 防止液体被抽入真空泵体内造成泵体腐蚀；② 观察判断待抽真空部件内液体是否已满。当液体充满时会有部分倒流入缓冲容器，此时应打开放空阀释放真空压力。当缓冲容器内的液体积累较多时可以通过放水阀将其放出，或者取下缓冲容器上的橡皮塞将水倒出。

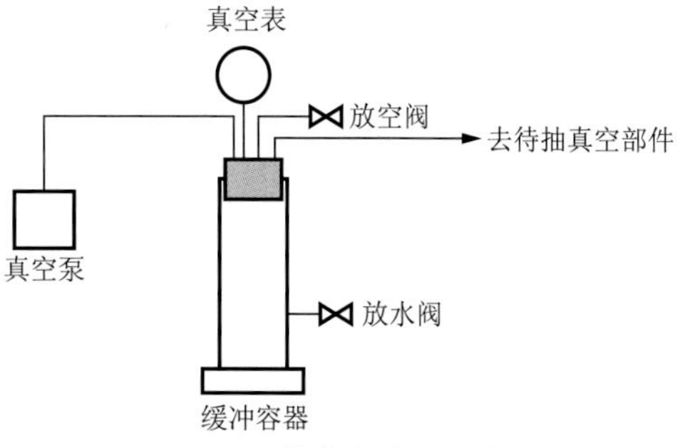

图 6-15　抽真空流程示意图

仪表测控系统包括压力测量和饱和度检测。压力测量通过压力传感器,精度±0.25%,量程可选择,测量数据准确,无漂移现象。饱和度检测利用相关的供电、巡检、检测电路将电极电阻率信号送入计算机,根据电阻率的变化就可以将饱和度的变化反映出来,再由计算机绘图技术实时动态显示饱和度分布图。数据采集控制系统主要包括计算机、采集系统、打印机及数据采集处理与控制软件。

6.2.3 物理模拟实验方法和步骤

进行物理模拟实验之前应做好充分的准备工作,熟悉仪器设备的各项性能指标,明确实验方法和目的。

物理模拟实验的基本方法和步骤是:① 松开转轴两端夹紧螺栓,转动圆形滑道至模型活塞在上位置后锁住。② 卸下活塞上全部螺栓和螺母,转动手摇泵,利用4个小液缸提起活塞后,将小液缸活塞杆与模型框体松开,抬下活塞。③ 根据实验内容和实验目的构建实验模型,按实验要求将不同粒度的亲水石英砂装成地层圈闭,黏土层由盐水和黏土按不同的重量配制而成,以代表非渗透性地层。④ 根据实验目的在非渗透性地层和地层圈闭中布置压力和电极测点,以测定实验过程中的压力、含油饱和度变化。用具有断层沟通的石英砂(由不同粒度的饱和水石英砂构成)设置断层,同时测定压力及饱和度变化。实验模拟器及饱和度测点布置示意图如图6-16所示,根据实验需要可以选择实验模拟器周围任意堵头作为油气的注入或输出口。⑤ 实验模拟要具有针对性,根据研究目的布置好实验模型后,把活塞平行放入实验主体中,检查各仪表、部件、流程管路无误后,转动手摇泵利用4个小液缸推动活塞,将实验模型进行机械压实,最大压力可达1 MPa,达到实验要求后停止压实,固紧活塞。⑥ 设定预热温度,启动预热装置和热水循环泵,使实验模型达到预定温度。选择注入口和输出口,连接恒流恒压泵,设定注入速率开始驱替,打开微机进入数据采集界面,激活采集功能,通过观察压力、饱和度及温度等显示,确认压力传感器、温度传感器、数据线及采集系统等工作正常后开始实验。⑦ 实验过程中采集、保存各测点压力和饱和度变化数据,观察实验变化并即时拍照。经一定时间后,注入量与输出量相当,实验稳定,达到实验要求停止实验,进行实验数据处理。⑧ 最后将实验模型中砂体(石英砂)等材料取出,清洗仪器及管线,关闭实验装置电源,将所有实验物品归位,并摆放整齐,实验结束。

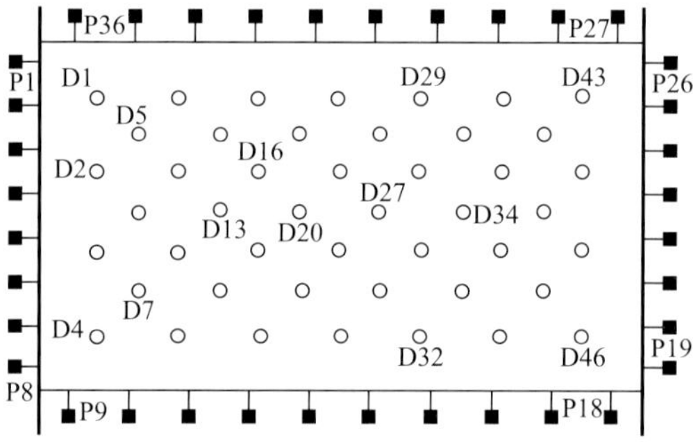

图6-16 实验模拟器装置及电极平面分布示意图

6.2.4 准噶尔盆地夏9井区地层油气藏物理模拟实验

准噶尔盆地西北缘夏9井区构造形态为一鼻状构造,其构造主体并不发育断裂,仅在其构造两翼发育夏4井断裂和夏9井断裂,但均未断开侏罗系八道湾组,因此不存在构造圈闭条件。由于受印支、燕山构造运动的影响,夏9井区发育了二叠系与三叠系之间和三叠系与侏罗系之间不整合,受这些不整合及古地势等因素的控制,夏9井区以发育地层圈闭为主。其中,J/T不整合之上发育地层超覆圈闭,形成了侏罗系八道湾组地层超覆型油藏;J/T不整合之下则以发育地层削截圈闭为主,形成了三叠系克下组地层削截型油藏(图6-17)。

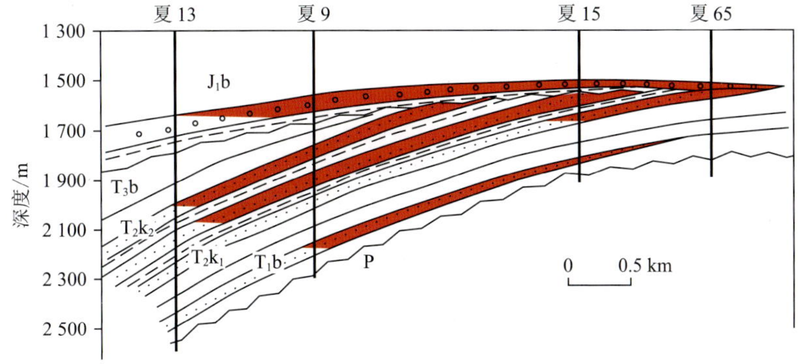

图 6-17　准噶尔盆地西北缘夏 9 井区油藏剖面

为研究不整合结构体的油气运聚作用，以夏 9 井区和五区南井区油藏为地质模型，设计了物理模拟实验模型（图 6-18），以分析不整合结构体作为输导体系在地层油气藏成藏中的作用，研究地层油气藏的成藏机理及油气输导规律。

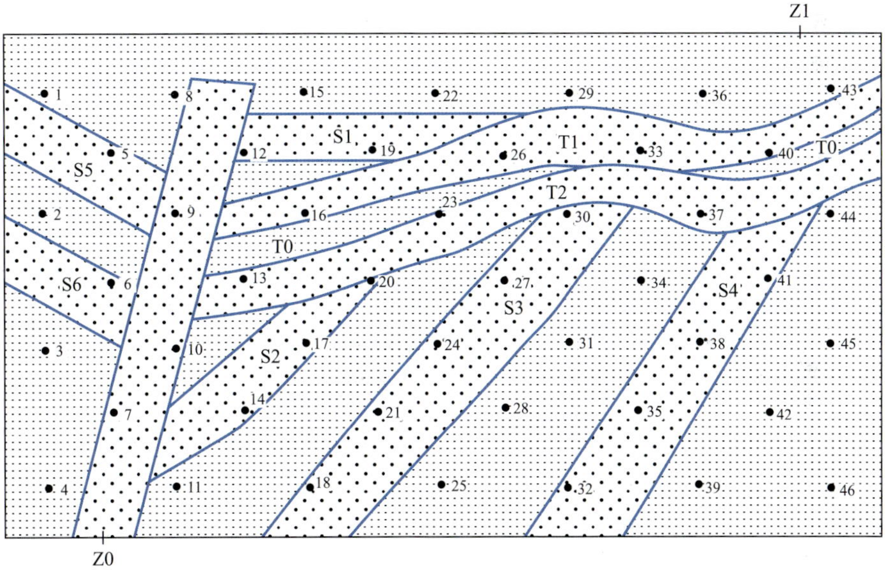

图 6-18　削截、地层超覆油气藏成藏物理模拟实验模型

实验中，我们把不整合不再简单地看作一个“面”，而是作为油气的一种输导“体”。通常所说的不整合“面”没能准确地描述不整合的结构，将其称之为面是相对于巨厚的地层而言的。组成不整合接触关系的要素包括上、下岩层及岩层-岩层之间的界面，这些要素的时空组合体可称为不整合结构体。不整合结构体不仅记录了构造运动或海（湖）平面变动事件，而且还代表了后期地质作用对前期地层不同性质和程度的改造，在不同深度上其改造的程度体现出较强的不均一性，致使不整合在纵向上具有较明显的分层结构。理论上，岩石遭受风化剥蚀之后，上层最终形成风化黏土层，其下是风化淋滤带，再向下为原始基岩。从油气运聚的角度出发，不整合结构包括上部的底砾岩及水进砂体，具有典型的“三层结构”，由上至下大致可分为底砾岩层、风化黏土层和风化淋滤带（半风化岩石）。

由于岩性、构造、古地貌和古气候等多种因素的影响，并非所有的不整合都具有这种结构，分层结构特征在不同区域会存在一定的差异，在盆地凸起和斜坡上表现明显，而在盆地腹地显示较弱。一般地，在气候湿热、地形平坦、构造活动比较平稳的地区，风化作用较强，剥蚀作用较弱，风化残余物易于保存，形成较厚的风化壳层，分层结构特征明显。

不整合结构对油气成藏与分布的影响主要表现在风化黏土层的发育状况及其封闭能力和风化淋滤带的厚度及其孔渗性能的改造两个方面。风化黏土层的封闭能力取决于古风化作用程度、古土壤层的厚度及性质，发育良好的风化黏土层通常具有较强的封闭能力，不仅可以封闭常压油气，而且可以封闭超压油气，但是其往往受到风化剥蚀时间长短、岩石类型、古气候、古地形等因素的共同影响，发育不均一，不能形成连片的遮挡层，因而其封堵油气的能力受到制约。

6.2.4.1 底砾岩层物性好于风化淋滤带的不整合结构体

1）实验模型设计

在实验室条件下，模拟断层和不整合体构成油气输导的输导体系，研究它们在地层油气藏成藏中的作用，进而研究该地质模型下超覆、削截地层油气藏的成藏机理及油气输导规律。参照研究区及附近地区的实际地质环境，我们将削截、地层超覆油气藏成藏模拟实验模型设计如下，模型中断层是油气来源的主要通道，沟通了不整合体、不整合之上的超覆地层 S1 和不整合之下的一部分削截地层 S2。将不整合模拟为具有三层结构的输导体，其中最上面的输导层 T1 代表底砾岩层；中间层 T0 代表不整合结构的风化黏土层，该层在不整合构造突起部位遭受剥蚀而有一部分缺失，在该段底砾岩层 T1 和不整合结构中的风化淋滤带（半风化岩层）T2 直接接触。超覆地层 S1，削截地层 S2，S3 和 S4 模拟如图 6-19 所示。

不整合结构体上层输导层 T1 用来模拟底砾岩层，物性较好；输导层 T2 用来模拟风化淋滤带，构成油气输导的上、下双层快速通道；而遮挡层 T0 代表风化黏土层，其厚度发育分布不均，在其凸起部位遭受风化剥蚀而造成该层部分缺失，导致底砾岩层和风化淋滤带在该段直接接触，而断层用于连通超覆砂层 S1 和侧向输导的不整合双输导通道 T1 和 T2。各圈闭及输导层具体物性见表 6-2。

表 6-2　各模拟圈闭及输导层的物性、位置及成藏关系

圈闭/输导层号	模拟砂体粒径/mm	渗透率/μm^2	物　性	位　置	是否充注成藏	充注/输导速度	水洗影响
垂向断层 D	0.5～1	41.6	较　好		充　注	很　快	冲　洗
上输导层 T1	0.5～1	41.6	较　好	不整合体上层	完全充注	较　快	冲　洗
下输导层 T2	0.25～0.4	7.8	一　般	不整合体上层	大半充注	缓　慢	半冲洗
遮挡层 T0	200 目		极　低	不整合体下层	不充注		
超覆砂体 S1	0.5～1	41.6	较　好	底砾岩上部超覆	充注成藏	较　快	冲　洗
削截砂体 S2	上部 0.5～1 下部 0.25～0.4	7.8	一　般	风化淋滤带下部削截	半充注	较　慢	半冲洗

续表

圈闭/输导层号	模拟砂体粒径/mm	渗透率/μm^2	物　性	位　置	是否充注成藏	充注/输导速度	水洗影响
削截砂体 S3	上部 0.5～1 下部 0.25～0.4	7.8	一　般	风化淋滤带 下部削截	半充注	较　慢	半冲洗
削截砂体 S4	上部 0.5～1 下部 0.25～0.4	7.8	一　般	风化淋滤带 下部削截	半充注	较　慢	半冲洗
岩层 S5	0.25～0.4	7.8	一　般	断层右侧沉积	大半充注	较　快	半冲洗
岩层 S6	0.25～0.4	7.8	一　般	断层右侧沉积	基本不充注	较　慢	半冲洗

2）油的输导和聚集过程

静水条件下油相连续充注，自进油口 Z0 以 500 μL/min 的注油速率恒流稳态注入，油先进入断层垂向输导，在注油压力和浮力的作用下优先进入物性(孔渗)条件好的砂体。模型中断裂带为畅通高孔渗带，油注入后首先沿断裂带发生垂向输导，断裂带孔隙条件明显大于两侧围岩的孔渗性，断层成为油垂向输导的优势通道，因此油先沿断层向上进行输导(图 6-19a)；实验至 60 min 时，注油量达到 30 mL，油沿断层垂向输导至断层顶部，侧向遇超覆砂层 S1 后开始输导进入该层，并且在该层中油的充注速度很快(图 6-19b)。实验进行至 75 min 时，注油量为 37.5 mL，沿断层垂向输导至断层顶部的油，侧向遇底砾岩输导层 T1 时向其中分流输导，输导层 T1 与超覆砂层 S1 接触部位也有油的显示，推断油是从超覆砂层 S1 输导进入底砾岩层(图6-19c)。

随着时间的推移，由于超覆砂层 S1 和底砾岩层 T1 物性条件均较好且相差不大，油不断地从断裂带向其中充注并在 T1 层中聚集。直到实验进行至 730 min 时，注油量达到了 365 mL。此时超覆砂层和底砾岩层中的含油饱和度都较高，风化淋滤带 T2 由于物性不是很好，孔渗性不高，并且由于在构造突起部位风化黏土层 T0 的缺失，底砾岩层 T1 和风化淋滤带 T2 可以连通，构成复杂的可窜层输导的“天窗”，上层的油气可以倒灌至下层 T2 中并在其中输导。由于削截砂层 S2、S3、S4 上部砂岩遭受分化淋滤，其孔渗性好于其下部，同时也比输导层 T2 孔渗性高，从底砾岩层倒灌至 T2 层的油优先进入距离“天窗”最近的 S3 砂层顶部，断层另一侧砂层 S5 开始有油的充注现象(图 6-19d)。实验进行至 800 min 时，注油量为 400 mL，从底砾岩层窜层输导至半风化岩层的油严 T2 层向两侧输导，有少量油进入削截砂层 S2 顶部聚集(图 6-19e)。

实验至 1 300 min 后，T2 层中大部分含油，但其中油的输导速率较慢，T2 层中含油饱和度低，含油颜色很浅，此时开始有少量的油进入削截砂层 S4 顶部聚集，S2、S3 砂层顶部含油量略有增加(图 6-19f)。可观察到 T2 层中距离“天窗”越近的区域含油颜色越深，含油饱和度越高，证明半风化岩层中的油主要通过底砾岩层输导进来。实验至 1 520 min 后，注油量达到 760 mL，此时断层中含油基本饱和，超覆砂层和不整合结构的底砾岩层中油的充注程度也很高，砂层 S2 与断层连通部位开始有油充注，但充注较慢。砂层 S6 开始分流少量的油(图 6-19g)。实验进行至 1 800 min 后，注油量为 900 mL，底砾岩层、风化淋滤带以及断层中油的充注现象未见明显改变，超覆砂层和削截砂层 S2 中含油饱和，削截层 S3 和 S4 上部含油，下部油的充注较难，实验已基本稳定(图 6-19h)。

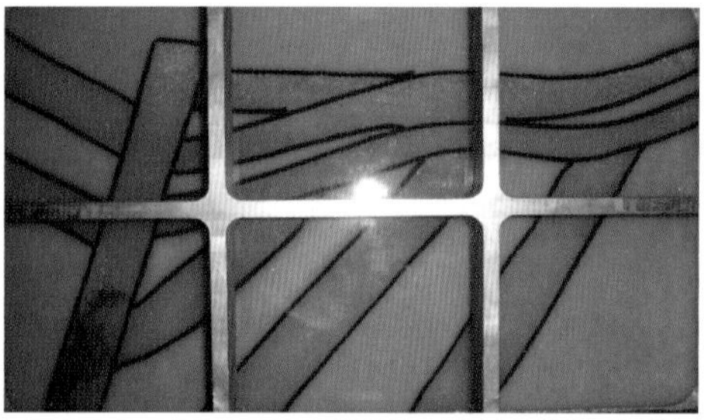

（a）30 min 注油量 15mL

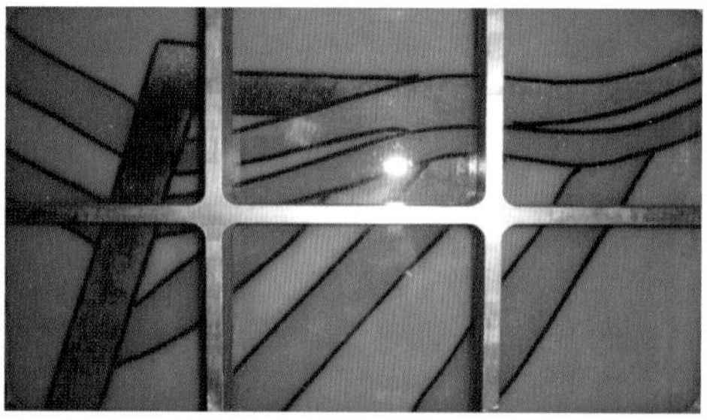

（b）60 min 注油量 30 mL

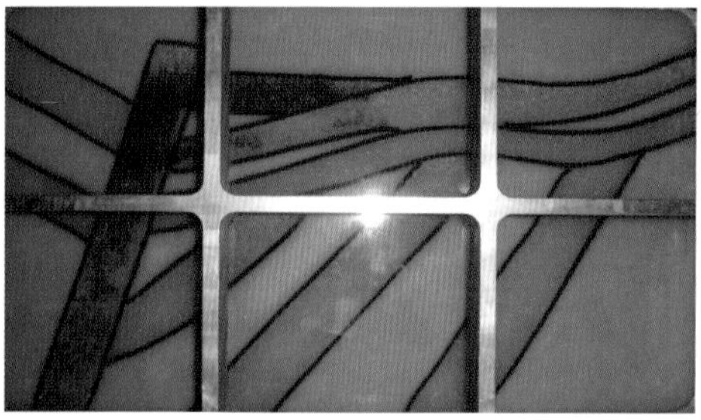

（c）75 min 注油量 37.5 mL

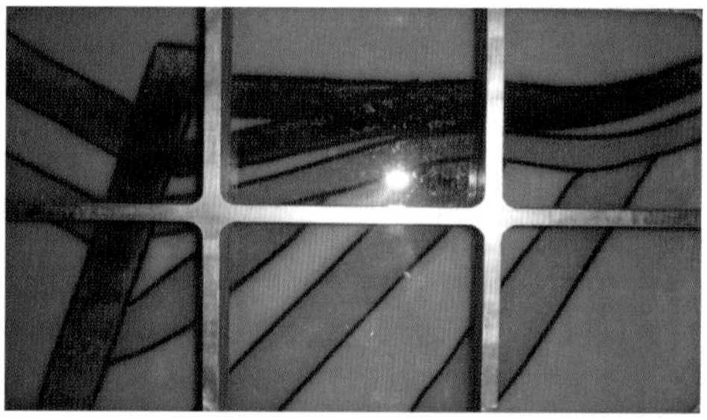

（d）730 min 注油量 365 mL

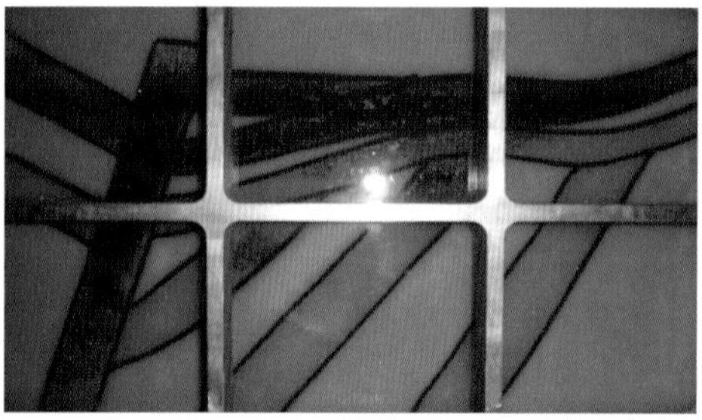

（e）800 min 注油量 400 mL

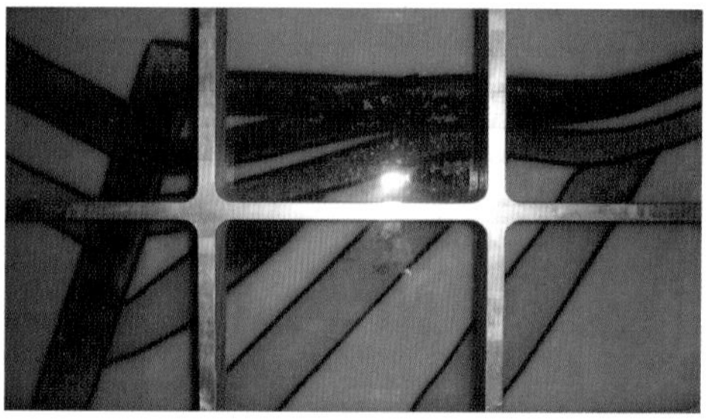

（f）1 300 min 注油量 650 mL

（g）1 520 min 注油量 760 mL

（h）1 800 min 注油量 900 mL

图 6-19　地层削截、超覆控藏体系模拟下油输导、聚集过程

3）实验结果

断层和不整合组成的双通道输导体系控制下的地层油气藏成藏机理物理模拟实验结果表明：① 开启性断层沟通油源的地层油气藏在盆地边缘斜坡带或凹陷内部斜坡带较为发育，砂体储层位于相邻生油岩之上，距离生油岩有一定的距离。断裂连通性好，且为高孔渗透层，是油气垂向输导的通道。断层穿过不整合可以将底砾岩层和风化淋滤带沟通起来，使不整合成为油气输导的双重通道，大大提高了不整合输导油气的能力。② 油在不整合结构体中输导时，无论油先在哪个结构层中输导，物性较好的底砾岩层最终都将成为油气输导的优势通道，是不整合输导油气的主要通道，在该层中输导速度明显好于物性较差的风化淋滤带。如模型中底砾岩层中的油在输导至风化黏土层缺失段时，会通过“天窗”向下进入物性稍差的风化淋

滤带输导。③ 油在不整合中的输导表现为明显的非均一性，由于底砾岩层和风化淋滤带成因上有很大差异，导致不整合结构体上、下层在沉积、构造、成岩等方面具有不同的特征。因此，不整合结构体上、下岩层在风化剥蚀程度、岩性、成岩作用强度等方面存在的差异，致使底砾岩层的“连通孔隙”和风化淋滤带的“孔-洞-缝”系统属于不同类型的输导体系，它们在物性上必然存在差异，从而具有不同的输导能力。④ 在含油饱和度上，风化淋滤带中的含油饱和度明显低于高孔、高渗透的底砾岩层的含油饱和度。⑤ 在该实验条件下，超覆砂层连通断层和不整合的底砾岩层，最有利于油气聚集成藏；削截砂层中，S3 砂体距离输导油气能力强的底砾岩层近，充注油的时间早，削截砂层 S2 由于构造部位低，注油较晚，但由于其沟通了断层和不整合结构体下层，最终充注油饱和度最高。

由此可见，油在不同物性的结构层中的输导表现为明显的非均质性，即发生非均一性输导，这种非均一性既表现在层间，也表现在层内。在层间非均质条件下，由于实验模型中不整合输导体系中不同输导层的物性设置，油在不整合底砾岩层中的输导速度、输导距离、含油饱和度、输导体积等方面均明显好于风化淋滤带，即底砾岩层较风化淋滤带表现出更强的输导油气能力。

为了能定量描述油在模型中的输导过程，选取连续充注时代表超覆砂体 S1 中的电极 19、断裂带中的电极 9、T1 输导层顶部电极 26，不整合风化淋滤带输导层 T2 中的电极 23 及下伏岩层 S2 中的电极 20，岩层 S3 中的电极 30 分析砂体含油饱和度随时间变化关系(图 6-20)。油被注入模型沿高孔渗的断裂带向上输导，断裂带有油显示，至 200 min 含油饱和度为 50%，之后随着时间的推移，含油饱和度快速增加至 100%；超覆砂层在 1 h 时开始充油，之后含油饱和度迅速增加，至 11 h 时，该层接近饱和。不整合输导体中底砾岩层比风化淋滤带充油时间早，且最终含油饱和度也更高。削截地层油气藏 S3 中油的注入时间早于 S2 中，且其聚油速度也快。风化淋滤带中的电极 23 从 12 h 时才开始有油充注，表明油在该层中的输导和聚集较慢，其含油饱和度增加较慢。油相连续充注整个实验过程中，油在底砾岩层中的输导不仅速度快，而且含油饱和度增加迅速，均快于风化淋滤带。

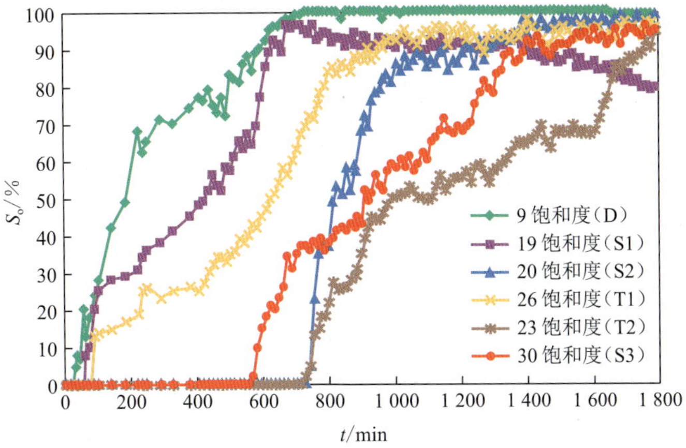

图 6-20　实验中不同砂层中电极所测含油饱和度变化曲线

6.2.4.2　风化淋滤带物性好于底砾岩层的不整合结构体

1) 实验模型设计

在实验室条件下，改变该模型中某些砂层的物性来模拟断层和不整合结构体构成油气输导的复合输导体系。参照研究区及附近地区的实际地质环境，该区连通不整合结构体下层的倾斜砂层和穿过不整合的断裂具有较强的输导油气的能力，实验中断裂带用 0.5～1 mm 的石英玻璃珠来模拟。实验中不整合结构体作为油气横向输导的主要通道，由上至下的底砾岩层、风化黏土层和风化淋滤带（半风化岩石）三层结构分别用不同物性的石英玻璃珠来模拟以显示其物性差异性。不整合结构体上层的超覆地层连通断裂输导体并呈超覆接触不整合结构的底砾岩层，不整合输导体系之下的削截地层上部受到不整合体的削截而直接接触不整合三层结构中的风化黏土层。

不整合面上部输导层 T1 用来模拟底砾岩层，输导层 T2 用来模拟风化淋滤带，构成油气输导的上、下双层快速通道，而遮挡层 T0 代表风化黏土层，其厚度发育分布不均，部分缺失，断层用于连通超覆砂层 S1 和侧向输导的不整合双输导通道 T1 和 T2。该模型中假定不整合结构体的不同结构层物性相差较大，底砾岩层 T1 物性比风化淋滤带 T2 稍差；不整合上层的砂层 S1 用孔渗性较好的粒度为 0.5～1 mm 的石英玻璃珠来模拟，受风化淋滤带下部削截的砂体 S2、S3、S4 上部受风化淋滤作用物性较好，用粒度为 0.5～1 mm 的石英玻璃珠来模拟，而其下部较差，选用孔渗性较差的粒度为 0.25～0.4 mm 的石英玻璃珠来模拟。断层另一盘的砂层 S5 和 S6 都用孔渗性稍差的 0.25～0.4 mm 的石英玻璃珠来模拟，而断裂带和砂层之外的泥岩部分则用粒度最细的 0.05～0.1 mm 的石英玻璃珠来模拟。该实验设置 Z0 为油源注入口，Z1 为出水口。

2）油的输导和聚集过程

静水条件下油相连续充注，自进油口 Z0 以 500 μL/min 注油速率恒流稳态注入，油在注油压力和浮力的作用下先进入断层垂向输导，此时可以观察到排出口 Z1 开始向外排水，相对于注油明显滞后，排水持续稳定。模型中断裂带为畅通高孔渗带，油注入后首先沿断裂带发生垂向输导，断裂带孔隙条件明显大于两侧围岩的孔渗性，断层成为油垂向输导的优势通道，因此油先沿断层向上进行输导（图 6-21a）；实验至 80 min 时，注油量达到 40 mL，油沿断层垂向输导至与不整合接触处时，大部分油沿断层继续向断层顶部做垂向输导，还有少部分油开始向不整合输导体系中物性条件好的风化淋滤带 T2 中分流输导（图 6-21b）。实验进行至 180 min 时，注油量为 90 mL，沿断层垂向输导至断层顶部的油侧向遇超覆砂层 S1 后开始输导进入该层。同时分流进入风化淋滤带输导层 T2 中的油继续向前输导，并且在该层中油的充注速度较快。当该输导层中油输导至被不整合削截的砂层 S2 和 S3 顶部时，有少量油倒灌进入该砂层顶部物性较好的储集空间。不整合结构体的底砾岩输导层由于孔渗性较差而没有油输导进入（图 6-21c）。实验进行至 240 min 时，注油量达到了 120 mL；底砾岩层 T1 和超覆砂层 S1 直接连通处开始有油的显示，推断底砾岩层 T1 中的油由断层顶部通过砂层 S1 输导而来（图 6-21d）。实验至 450 min 时，注油量为 225 mL，油不断地从断裂带进入输导层 T2，该层中含油饱和度较高，由于削截砂层 S2，S3 和 S4 上部砂岩遭受分化淋滤，其孔渗性好于其下部，通过 T2 层输导的油进入削截砂体 S2，S3 和 S4 在其顶部聚集。通过砂层 S1 进入底砾岩层的油量增加，同时观察到油突破界面阻力开始由断层直接进入底砾岩层输导（图 6-21e）。

随着时间的推移，断裂带和 T2 输导层中含油饱和度进一步增大。底砾岩层 T1 由于物性不是很好，孔渗性不高，即使在构造突起部位风化黏土层 T0 部分缺失，导致底砾岩层 T1 和风化淋滤带 T2 可以连通，构成复杂的可窜层输导的“天窗”，下层的油气还是很难突破界面阻力向上层 T1 中输导；实验至 950 min 时，注油量达到 475 mL，此时超覆砂层和半风化岩层中的含油饱和度都较高，底砾岩层中由于油通过断层和砂层 S1 的双重通道输导而含油量迅速增加，该层大部分含油，但其中油的输导速率较慢但整体含油饱和度不高。此时有少量油由断层分流进入砂层 S5(图 6-21f)。实验至 1 370 min 后，削截砂层 S2，S3 和 S4 顶部聚集油量略有增加，在注油压力下，油从断层与砂层 S2 接触处开始进入砂层 S2 底部。通过断层向砂层 S5 和 S6 分流的油不断增加(图 6-21g)。实验进行至 1 800 min 后，注油量为 900 mL，底砾岩层、风化淋滤带以及断层中油的充注趋于稳定并接近饱和，超覆砂层和削截砂层 S2 中含油几近饱和，削截层 S3 和 S4 上部含油，下部油的充注较难，实验已基本稳定(图 6-21h)。

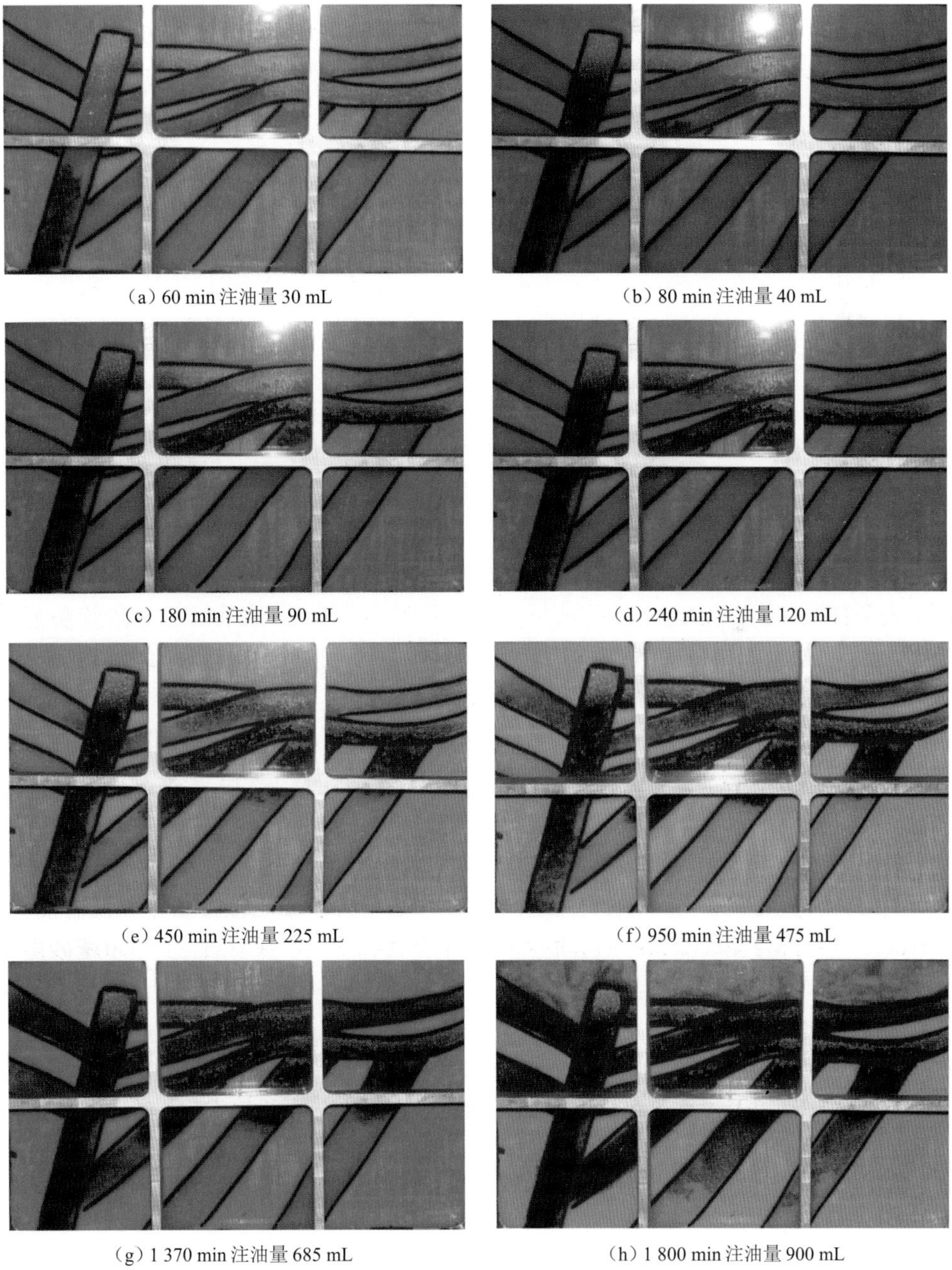

(a) 60 min 注油量 30 mL　(b) 80 min 注油量 40 mL

(c) 180 min 注油量 90 mL　(d) 240 min 注油量 120 mL

(e) 450 min 注油量 225 mL　(f) 950 min 注油量 475 mL

(g) 1 370 min 注油量 685 mL　(h) 1 800 min 注油量 900 mL

图 6-21　地层削截、超覆控藏体系模拟下油输导、聚集过程

3）实验结果

断层和不整合结构体组成的双通道输导体系控制下的地层油气藏成藏机理物理模拟实验结果表明：① 开启性断层连通性好，且为高孔、渗透层，是油气垂向输导的通道。油在异常高压作用下沿断层快速输导，而后进入不整合结构体内，在浮力或水动力的作用下继续侧向输导。因此，有断裂输导的地层圈闭成藏可能性更大或含油程度更高。② 油在不整合结构体中输导时，物性较好的输导岩层最终都将成为油气输导的优势通道，是不整合结构体输导油气的主要通道，在该模型中物性条件好的风化淋滤带中油的输导速度明显好于物性较差的底砾岩层。在静水动力条件下，模型中半风化岩层中的油在输导至风化黏土层缺失段时，很难通过"天窗"向上进入物性稍差的底砾岩层输导。③ 油在不整合中的输导表现为明显的非均一性，尤其是在风化淋滤带中，这主要是由于风化淋滤带较底砾岩层具更强的非均质性。④ 含油饱和度上，风化淋滤带中的含油饱和度明显高于低孔、低渗透的底砾岩层的。⑤ 在该实验条件下，超覆砂层连通断层和不整合的底砾岩层，最有利于油气聚集成藏；削截砂层中，S2 砂体连通断层和不整合的风化淋滤带且距离油源断层近，充注油的时间早且最终充注油饱和度最高。砂层 S3、S4 顶部物性好的储集空间也较有利于油的聚集成藏。

为了能定量描述实验中油在各砂层中的输导聚集过程，选取连续充注时代表超覆砂体 S1 中的电极 19、断裂带中的电极 9、T_1 输导层顶部电极 26，不整合风化淋滤带输导层 T2 中的电极 23 及下伏岩层 S2 中的电极 20，岩层 S3 中的电极 30 分析砂体含油饱和度随时间变化关系（图 6-22）。油被注入模型沿高孔渗的断裂带向上输导，断裂带含油饱和度增加迅速（电极 9），至 180 min 含油饱和度增长为 80%，之后随着时间的推移，含油饱和度缓慢增加至 100%；超覆砂层在 150 min 时开始充油，至 11 h 时，含油饱和度达到 50%，之后含油饱和度持续增加，实验至 20 h 时饱和度达到 90% 并逐渐趋于稳定；不整合输导体中风化淋滤带比底砾岩层充油时间早，且最终含油饱和度也更高。风化淋滤带由于物性好，含油饱和度在 7.5 h 时达到 90%，之后进入缓慢增加阶段，是油的主要输导通道。削截地层油气藏 S3 中油的注入晚于 S2 中，且其聚油速度也相对较慢。底砾岩层中电极 26 在实验至 2 h 时才开始有油充注，实验至 15 h 时饱和度为 50%，且整个实验过程油在该层中的输导和聚集较慢，其含油饱和度增加较慢。油相连续充注整个实验过程中，油在风化淋滤带中的输导不仅速度快，而且含油饱和度增加迅速，均快于底砾岩层的。

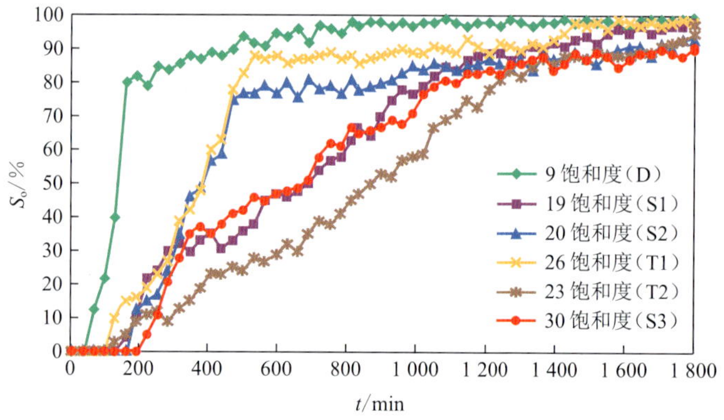

图 6-22　实验中不同砂层中电极所测含油饱和度变化曲线

6.2.4.3　实验结果讨论

通过 2 组地层油气藏成藏物理模拟实验，对不整合输导体系控制下的地层油气藏的油气运聚过程有了更为深刻的认识：① 在静水条件下断层沟通砂岩与烃源岩时，断层或裂缝就会成为油输导的主要通道。断层或裂缝中具有较大的孔喉半径，毛细管力低，具有较高能量的油易于沿断层发生输导。在断裂输导体系中，油气输导并非作三维空间的等效发散，而是被限制在一定的路径上，即油气总是沿渗透性最好和阻力最小的"高速公路"输导。一旦形成"高速公路"之后，油气沿有效通道空间快速、高效输导。但是"高速公路"可容纳的流体流量是有限的，可形象地比喻为"河道"，当油源流量稳定，"河道"越宽（即形成有效输导通道的输导空间越大），可容纳的流量空间越大，油大多沿着"河道"向前输导，基本不会向外溢散。当"河道"较小，油源流量发生变化超过"河道"可容纳的空间，油就会漫过"河道"而改变输导路径，相应的原来已经形成的有效通道也会随之变化。② 油的主要输导路径和有利成藏部位总是处于位于离优势输导通道近、构造条件好的砂层。该模型中不整合之上的超覆地层直接与油的主要输导通道断层及不整合输导体的底砾岩层接触，且在该模型中处于构造的高部位，属于油气的有力输导通道和储积部位。③ 不整合结构的上下输导层都可以作为油侧向输导通道，构成不整合的双通道输导体系。部分风化黏土段缺失，造成有"天窗"沟通的不整合输导体增强了其输导性能。④ 油在不整合结构体中输导时，物性较好的输导岩层最终都将成为油气输导的优势通道，是不整合输导油气的主要通道；以上两组实验中，处于同一部位的砂层，改变与其接触的不整合输导层的物性条件，其聚集油能力也随之改变，与物性好的输导层接触的砂体有利于油的聚集，聚油时间早，且最终油的充注饱和度也相对较高；反之则较差。

6.3　不整合结构控藏作用数值模拟

近年来，随着油气成藏动力学理论的广泛应用及相关模拟软件的发展，油气成藏动力学模拟越来越受到石油地质工作者的重视，油气成藏动力学模拟是基于三维地质模型、结合岩性、生储盖配置以及相关理化条件、沉积和剥蚀的恢复以及古水深、古热流值、地表温度等参数开展成藏模拟，恢复生烃、排烃、输导、聚集、保存等成藏历史，从四维空间体现油气藏的特征。

6.3.1　模拟区概况

准噶尔盆地西北缘乌夏地区在地理位置上西起百口泉油田，东至红旗坝，北以哈拉阿拉特山为界，南与艾里克湖毗连，包括乌尔禾、风城、夏子街和红旗坝地区；东西长 70 km，南北宽约 30 km，面积约 2 000 km^2。乌夏地区，构造位置上又称为乌夏断裂带，位于准噶尔盆地西部隆起东北部，西部为克百断裂带，东临陆梁隆起，南边为玛湖凹陷，该区断裂发育，褶皱形态复杂。乌夏地区由北向南可依次划分为冲断带—断褶带—斜坡区 3 个次一级构造单元。

该区在基底以上发育古生界及中、新生界的地层，包括石炭系上统太勒古拉组（C_2t），二叠系下统的佳木河组（P_1j）、风城组（P_1f）、中统的夏子街组（P_2x）、下乌尔禾组（P_2w）及上统的上乌尔禾组（P_3w），三叠系下统的百口泉组（T_1b）、中统的克拉玛依组（T_2k）及上统的白碱滩组（T_3b），侏罗系下统的八道湾组（J_1b）、三工河组（J_1s）、中统的西山窑组（J_2x）、头屯河组（J_2t）及上统的齐古组（J_3q），白垩系下统的吐谷鲁群（K_1tg）以及古近系、新近系。主要的不整合在石炭系与二叠系之间、二叠系与三叠系之间、三叠系与侏罗系之间、侏罗系与白垩系之间，规模巨大，遍布全区。本次模拟中重点建立了不整合结构体的模拟层，主要模拟二叠系与三叠系之间、三叠系与侏罗系之间、侏罗系与白垩系之间的不整合在油气成藏过程中的作用。

6.3.2 不整合结构及模拟层的设置

1）不整合结构

风化剥蚀程度的不均一性使得不整合具有典型的层状结构，从上到下依次为：底砾岩或水进砂体、风化黏土层及半风化淋滤带。对准噶尔盆地部分地区进行研究发现，不整合面之上岩石主要为砾岩或砂岩，时有泥岩沉积和较薄的煤层。风化黏土层为疏松状古土壤或厚层泥岩，但有的地区该层缺失。不整合之下为半风化岩石层，岩性主要和古老地层的母岩成分有关，大多受到淋滤作用的影响，但受影响程度与各种因素有关。西北缘地区各层不整合的底砾岩及水进砂体层广泛分布，对油气输导和储集具有重要意义。

2）模拟层的设置

模拟中，除了要准确清楚地表现盆地沉积的各套地层，而且还要体现不整合体的结构。为此根据不整合结构体，将不整合体下层的风化淋滤带、中层的风化黏土层、上层结构的底砾岩或水进砂体层划分为 3 套不同岩性的地层进行模拟。

设置了 6 个不整合，其中 3 个大的不整合分别为白垩系底部不整合、侏罗系底部不整合及三叠系底部不整合，另外还设置了风城组顶部、西山窑组顶部及头屯河组顶部的不整合结构体，共设置了 38 个模拟层（表 6-3），各模拟层的沉积时间及不整合的剥蚀时间参考准噶尔盆地西北缘通用的地质年代表。由于缺少不整合结构层的沉积时间，因此在模拟中大致设定风化淋滤带的沉积时间＜1 Ma，风化黏土的沉积时间为 0.1 Ma，底砾岩层的沉积时间设定为 0.5 Ma。

表 6-3 乌夏地区不整合油气藏成藏模拟层参数表

模拟层	沉积年代/Ma	剥蚀年代/Ma	剥蚀厚度/m	岩 性	生储盖	沉积环境
38—K_1tg-至第四系	145～0	—	0	泥 岩	盖 层	三角洲平原
37—K-底砾岩层	145.5～145	—	0	砾 岩	储 层	
36—K_1t-风化黏土层	145.6～145.5	—	0	黏土层	盖 层	辫状河冲积扇
35—J_3q-剥蚀层	151～150	150～145.6	200～600	—	—	
34—J_3q-风化淋滤带	151.11～151	—	0	砂 岩	储 层	
33—J_3q-齐古组	156.5～151.11	—	0	砾 岩	储 层	
32—J_3q-底砾岩层	157～156.5	—	0	砾 岩	储 层	
31—J_3q-风化黏土层	157.1～157	—	0	黏土层	盖 层	曲流河
30—J_2t-剥蚀层	165.2～165	165～157.1	50	—	—	
29—J_2t-风化淋滤带	165.3～165.2	—	0	砂 岩	储 层	
28—J_2t-头屯河组	165.9～165.3	—	0	砂 岩	储 层	
27—J_2t-底砾岩层	166～165.9	—	0	砾 岩	储 层	

续表

模拟层	沉积年代/Ma	剥蚀年代/Ma	剥蚀厚度/m	岩　性	生储盖	沉积环境
26—J_2t-风化黏土层	166.1～166	—	0	黏土层	盖　层	滨浅湖三角洲前缘
25—J_2x-剥蚀层	170.5～170	170～166.1	50	—	—	
24—J_2x-风化淋滤带	171～170.5	—	0	砂　岩	储　层	
23—J_2x-西山窑组	178～171	—	0	砂　岩	储　层	
22—J_1s-三工河组	194.5～178	—	0	砂　岩	储　层	辫状河三角洲
21—J_1b-八道湾组	207.5～194.5	—	0	砂　岩	储　层	扇三角洲为主
20—J-底砾岩层	207.9～207.5	—	0	砾　岩	储　层	
19—J-风化黏土层	208～207.9	—	0	黏土层	盖　层	扇三角洲湖泊相
18—T_3b-剥蚀层	216～215.5	215.5～208	107～1 538	—	—	
17—T_3b-风化淋滤带	216.38～216	—	0	砂　岩	储　层	
16—T_3b-白碱滩组	235～216.38	—	0	泥　岩	盖　层	
15—T_2k-克拉玛依组	241.1～235	—	0	砂　岩	储　层	水下扇
14—T_1b-百口泉组	244.5～241.1	—	0	砂　岩	储　层	扇三角洲
13—T-底砾岩层	244.9～244.5	—	0	砾　岩	储　层	
12—T-风化黏土层	245～244.9	—	0	黏土层	盖　层	水下扇湖泊相
11—T-P_3w-剥蚀层	249～247	247～245	104～1 126	—	—	
10—P_3w-风化淋滤带	250～249	—	0	砂　岩	储　层	
9—P_3w-上乌尔禾组	256.1～250	—	0	页　岩	源　岩	
8—P_2w-下乌尔禾组	260～256.1	—	0	页　岩	源　岩	水下扇/湖相
7—P_3x-夏子街组	269.5～260	—	0	砂　岩	储　层	扇三角洲湖泊相
6—P_3x-底砾岩层	269.9～259.5	—	0	砾　岩	储　层	
5—P_3x-风化黏土层	270～269.9	—	0	黏土层	储　层	滨海浅湖相
4—P_1f-剥蚀层	276～273	273～270	50	—	—	
3—P_1f-风化淋滤带	277～276	—	0	页　岩	源　岩	
2—P_1f-风城组	280～277	—	0	黑色页岩	源　岩	
1—P_1j-佳木河组	290～280	—	0	页　岩	源　岩	火山溢流相

6.3.3　模拟模型的建立

地质模型是成藏数值模拟的基础，建立地质模型是为了准确再现断裂系统、构造起伏形态、地层接触关系。断裂系统是油气输导的主要输导体系之一，构造的起伏形态直接影响着流体势的分布及油气输导路径，而地层之间的接触关系及不整合的分布也与油气的运聚密切相关，因此地质模型的建立直接影响着成藏数值模拟的准确性。

利用地震构造解释成果所绘制的各主要地层的构造图，借助 Petrel 建模软件恢复模拟区的构造形态，断层展布、不整合展布及不整合体的结构，建立了乌夏地区的地层格架模型（图 6-23），并将各层构造网格数据输出，导入 IES PetroMod 软件中建立地层格架，建立了研究区的不整合体结构、烃源体和流体输导体系的三维格架(图 6-24),为实现四维时空的油气运聚模拟奠定了基础。

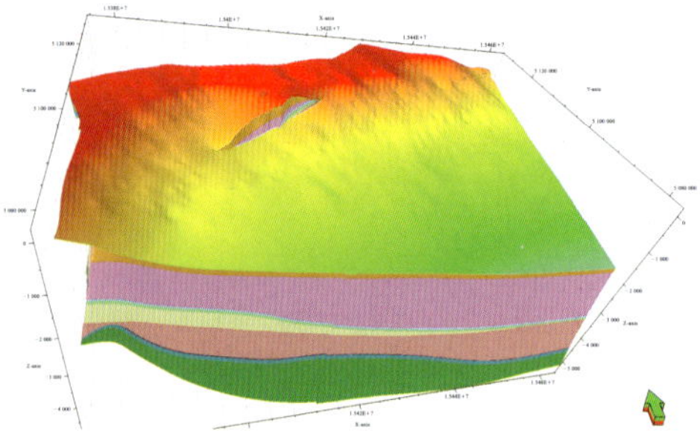

图 6-23　乌夏地区地层格架模型

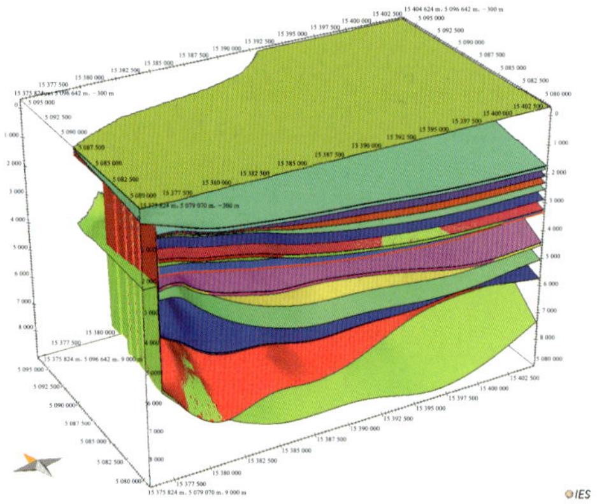

图 6-24 乌夏地区模拟层格架模型

6.3.4　模拟参数设置

前人研究表明研究区所处的西北缘地区属于低地温梯度地区,现今地表温度约为 7 ℃,古生代和中生代约为 15 ℃,大地热流值为 23.4～53.7 mW/m。模拟中,乌夏地区的大地热流值在 0 Ma 时设为 55 mW/m^2,在 290 Ma 时设为 40 mW/m。沉积物水体界面温度的设定采用 IES PetroMod 软件中自动计算功能进行设定,设置了乌夏地区为北纬 45°后,沉积物水体界面温度曲线则自动生成。

6.3.5　模拟结果分析

模拟中采用流线法(flowpath),重点对储层砂体、不整合结构体以及断层的油气运聚史进行了模拟分析,该方法是输导层和储层中油气输导模拟的常用方法。流线法模拟中设定浮力是油气运、聚的驱动力。

模拟结果表明,260 Ma—二叠纪夏子街期,佳木河组烃源岩逐渐成熟,开始向外排烃,油气开始形成,输导体系为风城组顶部的风化淋滤带及夏子街组底部的底砾岩层,但此时本区缺乏有效的圈闭,未能成藏,油气沿底砾岩层向构造高部位输导,沿断裂输导体系西北部逸散(图 6-25)。

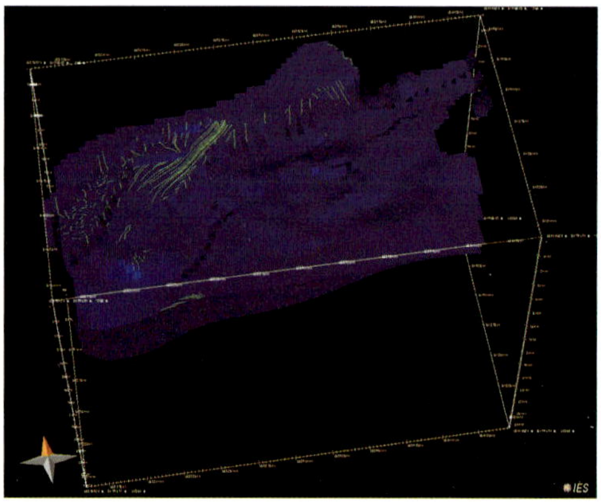

图 6-25　260 Ma—二叠纪夏子街期风城组顶部的风化淋滤带中的油气运聚

256.1 Ma,二叠纪下乌尔禾期,佳木河组烃源岩开始大量生烃,生烃位置位于乌夏地区南部的玛湖方向,此时油气一部分沿着夏子街组底部不整合输导层继续向西北及西部构造高部位输导并逸散(图 6-26a)。而此时在乌尔禾断褶区、乌夏冲断区东南部及夏子街断褶区的夏子街组由于存在有利圈闭,大量的油在夏子街组砂岩输导体系中输导并在西北部断裂附近及断层的上盘聚集成藏(图 6-26b)。

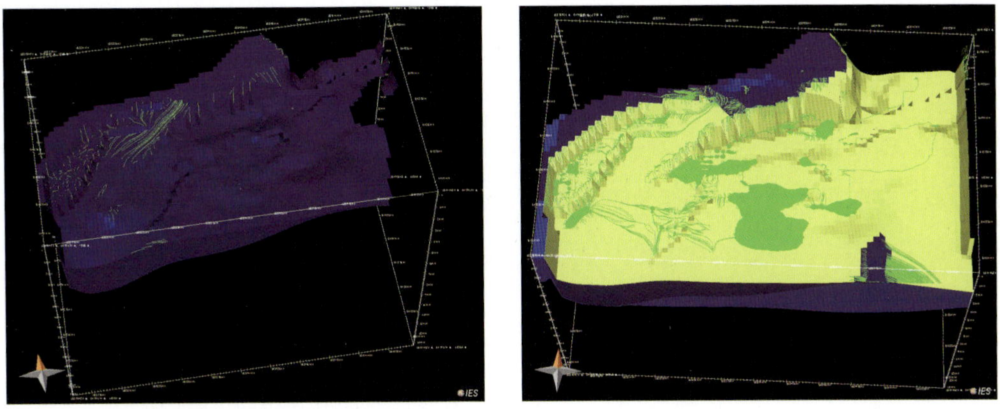

(a) 夏子街组底部不整合输导层油气输导　　(b) 夏子街组油气运聚、成藏

图 6-26　256.1 Ma—二叠纪下乌尔禾期油气运聚

250 Ma，二叠纪上乌尔禾期，佳木河组烃源岩继续大量生烃，油沿着夏子街组底部不整合输导层向西北部输导并逸散（图 6-27a），在夏子街组内部的油藏分布略有变化，玛北斜坡部位的油藏中部分油气向西北部逸散（图 6-27b）。

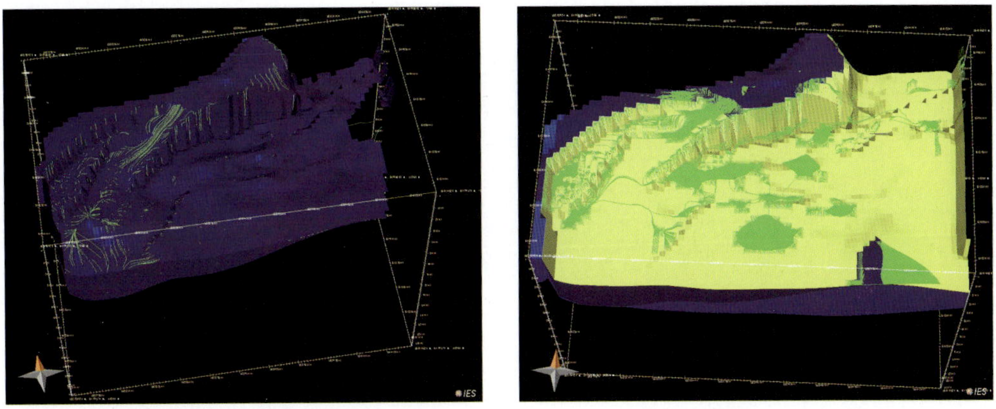

(a) 夏子街组底部不整合输导层油气输导　　(b) 夏子街组油气运聚、成藏

图 6-27　250 Ma—二叠纪上乌尔禾期油气运聚

245 Ma，二叠纪末剥蚀运动结束时，油气仍然沿着风城组顶部的不整合输导（图 6-28a），此时，断裂带西南夏子街组内部的油气藏规模不断扩大，数量也不断增加，而断裂带西部断层上盘的部分油藏则遭到破坏，油气向西北部逸散。二叠纪末期，风化黏土层形成后，二叠系顶部的风化淋滤带开始作为输导层，为油气输导提供通道，模拟表明，该风化淋滤层中油气横向输导距离短，主要为垂向输导（图 6-28b）。此时风城组顶部的不整合继续作为油气输导通道，夏子街内部的油气藏分布变化不大。

241.1 Ma，三叠纪百口泉期，百口泉组底部的底砾岩层开始作为油气输导体系，该层主要在乌夏地区西北部为油气提供输导通道，但油气横向输导距离较短（图 6-29a）。二叠系顶部的风化淋滤带在西北部靠近断裂带附近作为油气输导通道，风城组顶部的不整合继续作为油气输导的主要输导体系。此时，由于受沉积及沉降中心的迁移，使构造形态发生了掀斜，夏子街组内部的油藏分布格局发生了变化（图 6-29b），部分油藏发生油气逸散，导致油气在夏子街组内部砂岩层中输导。

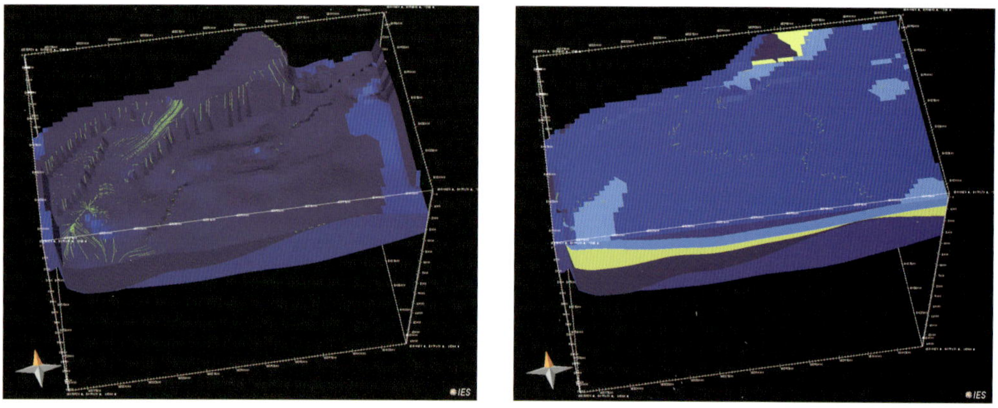

（a）风城组顶部不整合输导层油气输导　　（b）二叠系顶部的风化淋滤带中油气输导

图 6-28　245 Ma—二叠纪末期剥蚀运动结束时的油气运聚

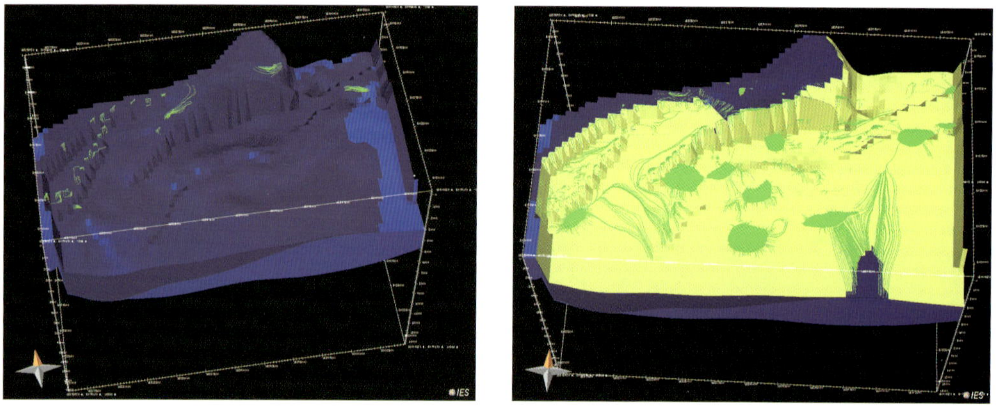

（a）二叠系顶部的风化淋滤带中油气输导　　（b）夏子街组油气运聚、成藏

图 6-29　241.1 Ma—三叠纪百口泉期的油气运聚

235 Ma，三叠纪克拉玛依期，此时百口泉组内部出现断裂输导体系，在靠近断层附近出现油气输导（图 6-30a），三叠系底部不整合之上的底砾岩层及不整合之下的风化淋滤带继续为油气输导提供输导体系，离烃源岩最近的风城组上部的不整合则仍然是油气输导的主要输导体系。此时，夏子街组的油气藏分布则基本稳定（图 6-30b）。

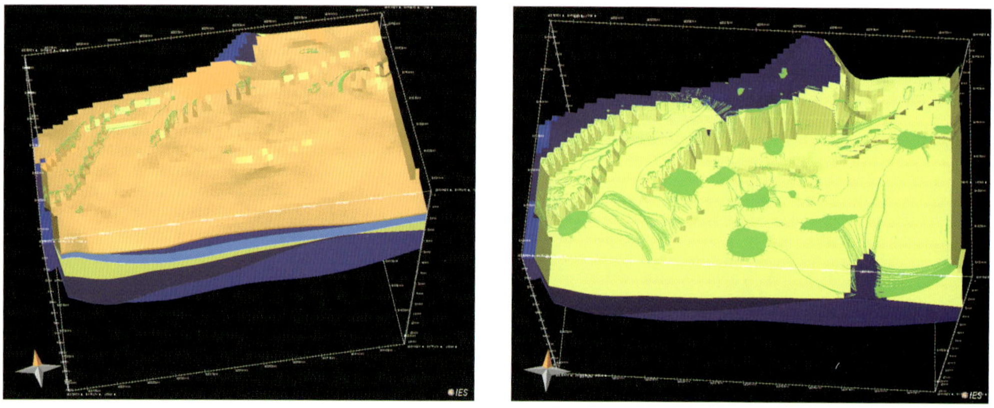

（a）百口泉组中油气输导　　（b）夏子街组油气运聚、成藏

图 6-30　235 Ma—三叠纪克拉玛依期的油气运聚

216.5 Ma,三叠纪白碱滩期末,风城组的烃源岩成熟并大量生烃,此时,上乌尔禾组顶部的风化淋滤带则成为了油气输导的主要输导体系(图 6-31a),三叠系底部的底砾岩层也为油气输导提供了通道(图 6-31b),百口泉组砂岩中则为油气提供了输导体系(图 6-31c)。此时,克拉玛依组则在乌夏冲断区和夏子街断褶区的断裂带附近和在乌尔禾断褶区形成了油藏(图 6-31d)。夏子街组乌尔禾断褶区、乌夏冲断区和夏子街断褶区的断裂带南部的油藏分布基本不变,在克拉玛依组和夏子街组中,砂体是层内油气输导的主要输导体系。

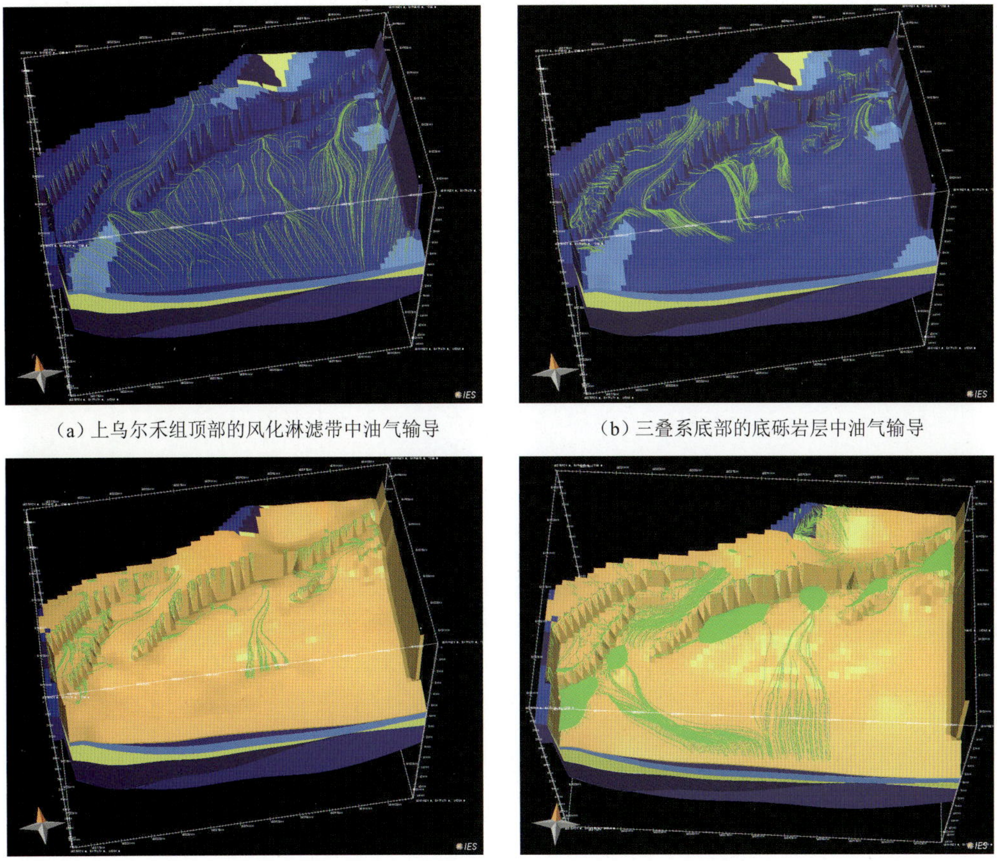

(a) 上乌尔禾组顶部的风化淋滤带中油气输导　　(b) 三叠系底部的底砾岩层中油气输导

(c) 百口泉组中油气输导　　(d) 克拉玛依组中油气运聚、成藏

图 6-31　216.5 Ma—三叠纪白碱滩期末的油气运聚

208 Ma,三叠纪末期剥蚀作用结束后,克拉玛依组中砂体是层内油气横向输导的主要输导体系,断层则是油气垂向输导的主要通道。在该时期,乌夏冲断区的断裂带南部和西北缘靠近哈拉阿拉特山附近有油气聚集成藏(图 6-32a),而此时,油藏中的油气有所散失。夏子街组中的油气输导方向仍然是从玛湖凹陷向西北缘断裂带方向输导(图 6-32b)。风城组顶部和三叠系底部的不整合仍然是油气输导的主要输导体系,输导路径沿着不整合面的微构造脊部输导(图 6-32c、图 6-32d)。

194.5 Ma,侏罗纪八道湾期末,克拉玛依组及夏子街组中油藏位置基本不变,但油藏的规模略有减小,有少量油气逸散。此时,侏罗系底部不整合之上的底砾岩层成为油气的输导体系,且聚集成为油藏。

178 Ma,侏罗纪三工河期末,在侏罗系底部不整合之上的底砾岩层中,大量油气输导,其输导距离较短，油气从不整合底部输导进入底砾岩层中，在靠近断裂带附近聚集形成油藏，在乌夏地区东南部也聚集形成油藏(图 6-33a)。克拉玛依组的油藏位置基本不变，夏子街组中乌夏冲断区断裂带南部玛北斜坡的位置聚集为油藏(图 6-33b)，并且部分油气逸散，在砂体中向西部和东北部方向输导。

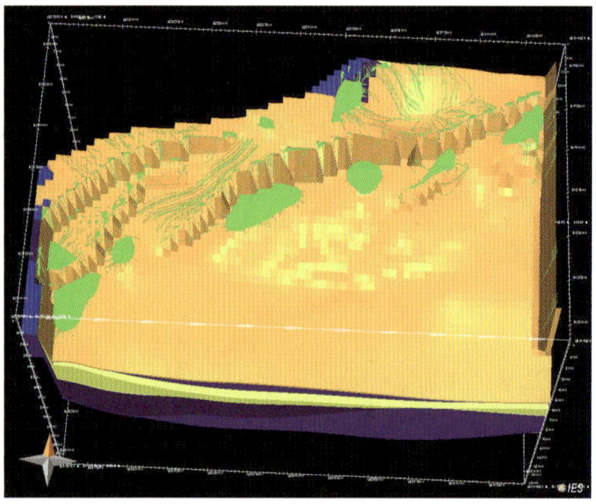

(a) 克拉玛依组油气运聚、成藏

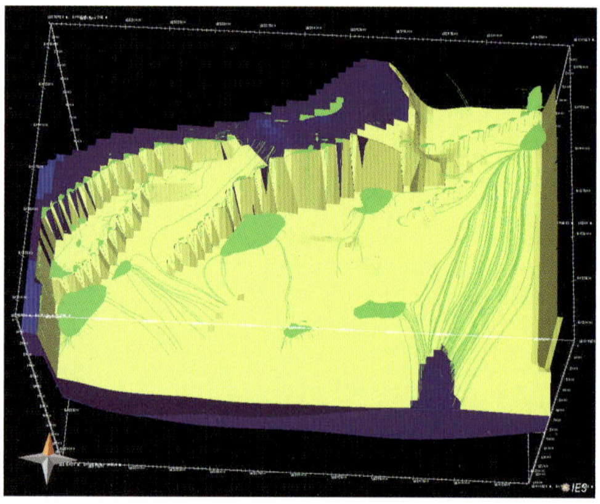

(b) 夏子街组油气运聚、成藏

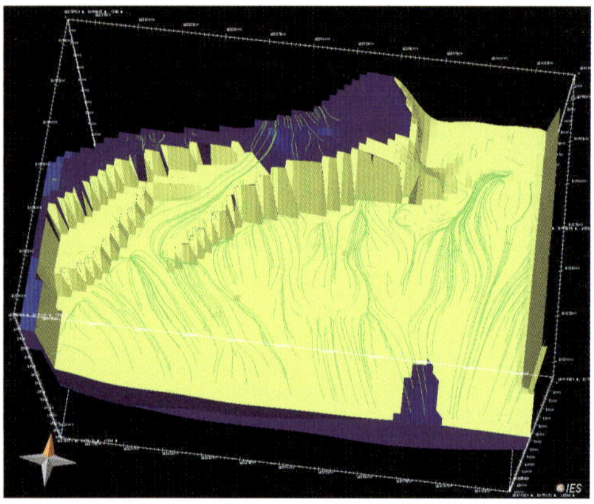

(c) 上乌尔禾组顶部的风化淋滤带中油气输导

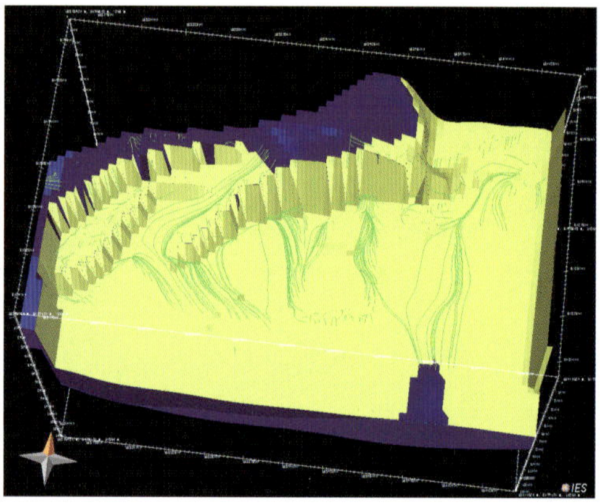

(d) 三叠系底部的底砾岩层中油气输导

图 6-32　208 Ma—三叠纪末期剥蚀活动结束时的油气运聚

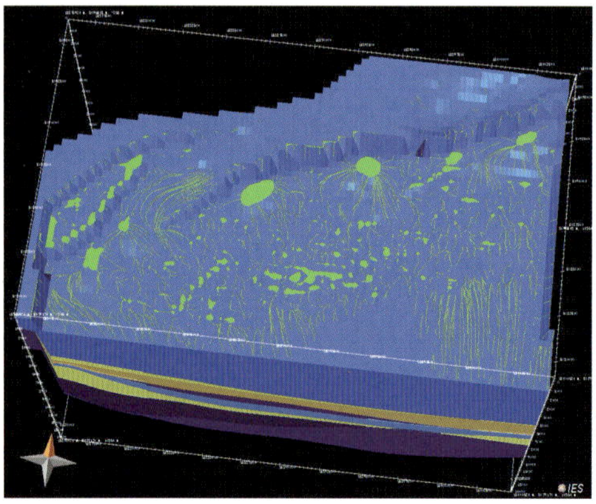

(a) 侏罗系的底砾岩层油气运聚、成藏

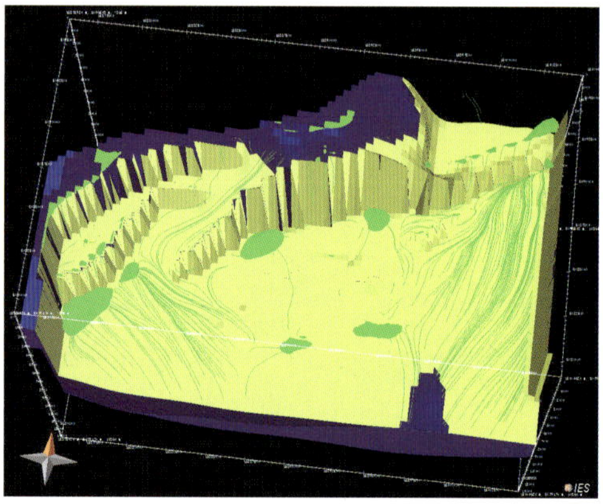

(b) 夏子街组油气运聚、成藏

图 6-33　178 Ma—侏罗纪三工河期末的油气运聚

166.1 Ma，侏罗纪西山窑期剥蚀运动后，西山窑组顶部风化淋滤带中有部分油气输导(图 6-34a)，导致油气向地表逸散。克拉玛依组和夏子街组内部砂体中继续充注油气，油藏的分布基本未变(图 6-34b)。

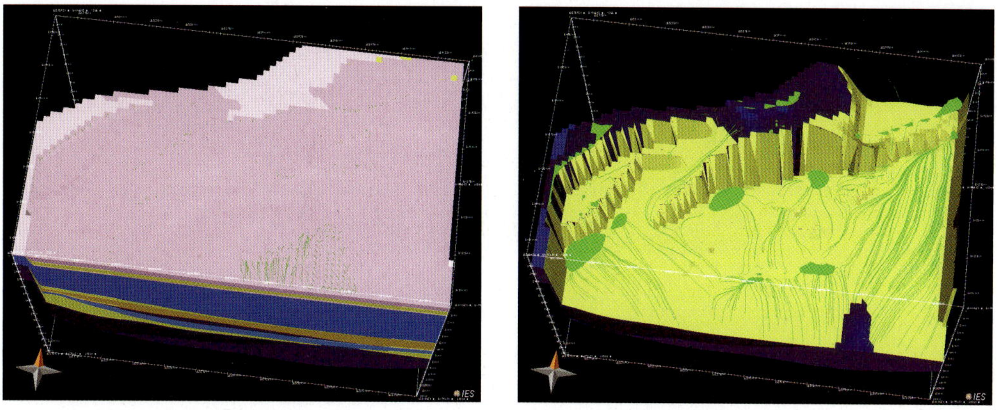

(a) 西山窑组顶部风化淋滤带中的油气输导　　(b) 夏子街组油气运聚、成藏

图 6-34　166.1 Ma—侏罗纪西山窑期剥蚀运动后的油气运聚

165.3 Ma，侏罗纪头屯河期，西山窑组顶部的风化淋滤带和头屯河组底部的底砾岩层开始为油气输导提供输导体系。157 Ma，头屯河组顶部风化淋滤带中也出现了油气的输导，但输导距离短，多为垂向输导。150 Ma，侏罗纪齐古期末剥蚀活动时，齐古组顶部风化淋滤带中有油气输导，并有少量油气聚集成藏，此时的油气输导方向为向乌夏地区周边输导并逸散(图 6-35a)。侏罗系头屯河组顶部及西山窑组顶部的不整合也成为了油气输导的输导体系。八道湾底部的底砾岩中油气进一步聚集(图 6-35b)。此时，乌尔禾组烃源岩逐渐成熟排烃，在克拉玛依组中有大量油的输导(图 6-35c)，同时，构造形态发生了变化，破坏了原来的油藏，使油藏中油气发生逸散。

145 Ma，侏罗纪末，齐古组顶部风化淋滤带开始输导油气，并在风化黏土层以下形成少量油气聚集(图 6-36a)，侏罗系八道湾组底部的底砾岩层在靠近断裂带附近聚集成为油藏(图 6-36b)。

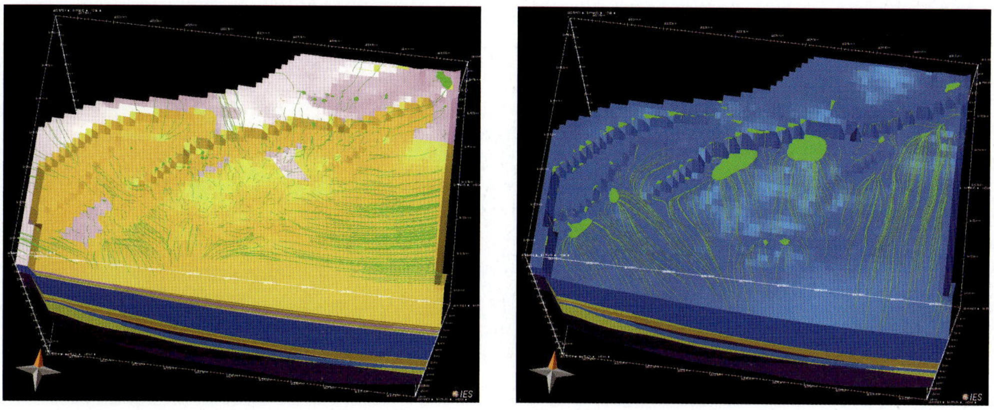

(a) 齐古组顶部风化淋滤带中的油气输导　　(b) 八道湾组底砾岩中油气运聚、成藏

图 6-35　150 Ma—侏罗纪齐古期末剥蚀活动时的油气运聚

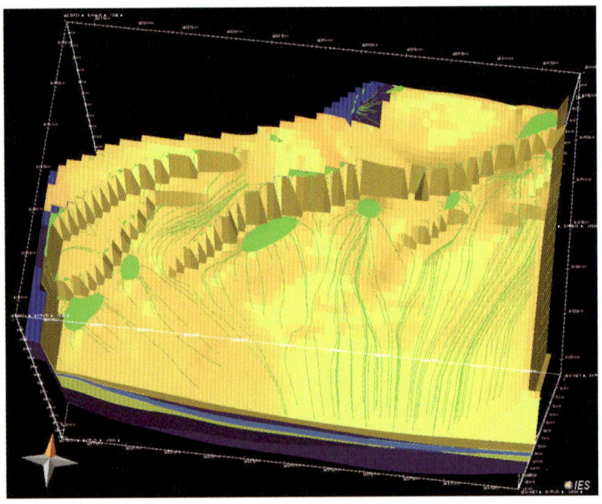

(c) 克拉玛依组中油气运聚、成藏

图 6-35(续)　150 Ma—侏罗纪齐古期末剥蚀活动时的油气运聚

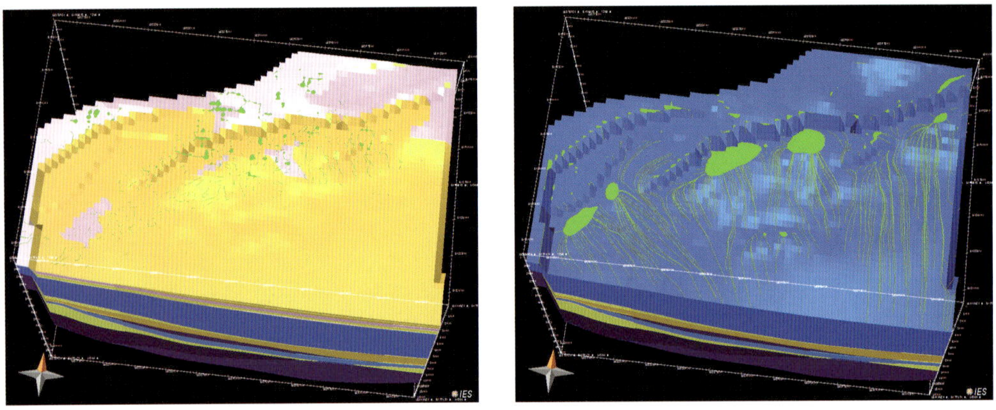

(a) 齐古组顶部风化淋滤带中的油气运聚　　(b) 八道湾组底砾岩中油气运聚、成藏

图 6-36　145 Ma—侏罗纪末的油气运聚

0 Ma,现今,乌夏地区油气藏分布模拟结果(图 6-37),油气在乌夏地区断裂带附近及夏 9 井区、玛北斜坡等位置分布,与现今发现的油气藏位置基本一致,模拟吻合度较高。

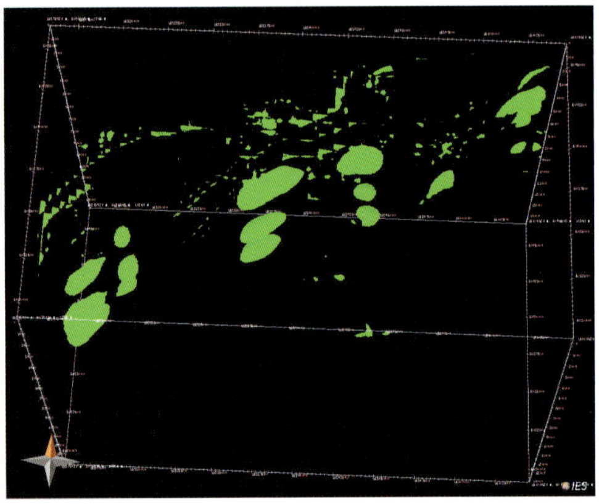

图 6-37　乌夏地区现今的油气分布模拟结果

模拟结果表明,乌夏地区主要有不整合结构体、断裂、砂体 3 种输导体系,不同输导体在油气运聚成藏过程中的作用是不一样的,断裂输导体主要为油气垂向输导提供通道,不整合结构体可以为油气的横向输导和垂向输导提供通道,而砂体主要为油气的横向输导提供通道,砂体内部垂向输导距离短。

不整合结构体的下层结构风化淋滤带及上层结构底砾岩或海侵砂岩层在油气成藏中起输导体系的作用,风化淋滤带中的油气主要输导通道为裂缝、溶缝或溶洞,为油气提供垂向和横向输导通道,在风化淋滤带中油气通常沿垂向或侧向输导进入下伏的储层。底砾岩或海侵砂岩中油气主要沿侧向或垂向输导进入上覆的储层中。

本区紧邻烃源岩的不整合结构体(如风城组顶部不整合、二叠系乌尔禾组顶部的不整合),在油气成藏中的输导作用尤为明显,在其下伏烃源岩达到成熟排烃期后的各个地质历史时期都为油气提供输导通道,且油气输导量大(图 6-38a);而远离烃源岩层位的不整合结构体,如三叠系白碱滩组顶部的不整合、侏罗系西山窑组顶部、头屯河组顶部及齐古组顶部的不整合、在油气成藏中的输导作用相对较弱,油气输导量相对较小(图 6-38b)。

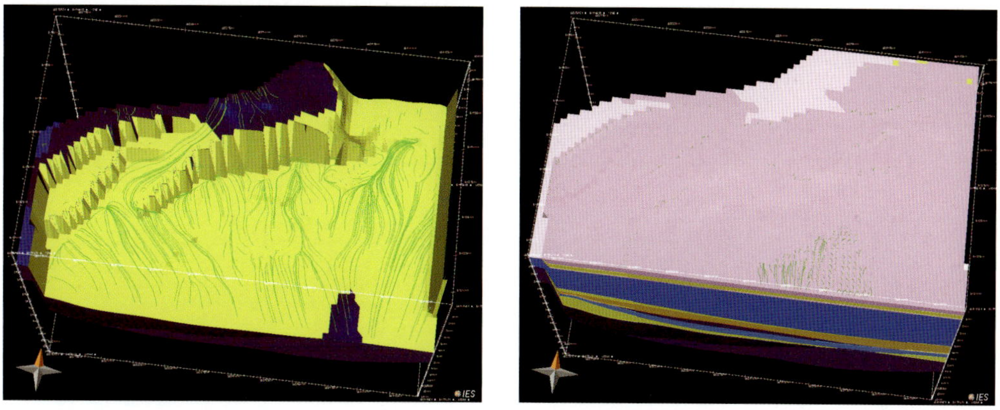

(a) 上乌尔禾组顶部的风化淋滤带中油气输导　　(b) 西山窑组顶部风化淋滤带中的油气输导

图 6-38　距烃源岩位置不同的不整合中的油气输导差异

不整合结构体的中层结构风化黏土层在油气成藏过程中起到封盖层的作用,但在部分风化黏土层薄,或缺失风化黏土层的地方,则很难阻挡油气的输导。

不整合不但是油气输导体系,也是油气聚集的场所,在不整合中的有利圈闭位置可以是油气聚集成藏,其油藏分布位置与不整合顶面构造形态有关,常在不整合顶面的微小背斜位置聚集成藏(图 6-39)。

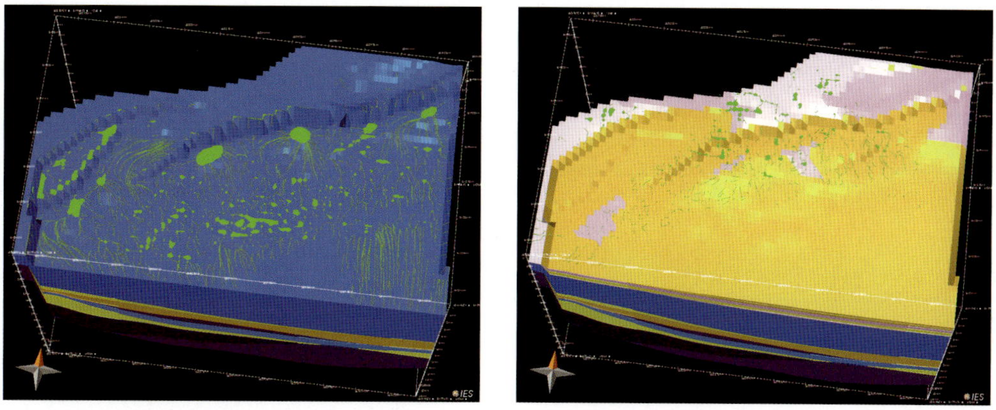

(a) 侏罗系底砾岩层油气运聚、成藏　　(b) 齐古组顶部风化淋滤带中的油气运聚

图 6-39　不整合中的油气运聚、成藏

模拟表明,乌夏地区的三套烃源岩分别在不同的地质时期达到成熟并排烃。佳木河组烃源岩在中晚二叠世成熟,260 Ma—二叠纪夏子街期,佳木河组烃源岩逐渐成熟,开始向外排烃,至 250 Ma 二叠纪末期,佳木河组烃源岩开始大量生烃,在靠近凹陷东部的烃源岩也逐渐开始生气,并继续沿着断裂和不整合进入斜坡区系和二叠系夏子街组储层中。风城组烃源岩

在晚三叠世开始成熟，216.5 Ma，三叠纪白碱滩期末，风城组的烃源岩成熟并大量生烃，此时，上乌尔禾组顶部的风化淋滤带则成为了油气输导的主要输导体系，三叠系底部的底砾岩层及百口泉组砂岩中则为油气提供了输导体系，油气聚集在二叠系到三叠系的各套储层中。下乌尔禾组烃源岩则在侏罗纪末开始生烃，沿断层和不整合输导进入到二叠系—白垩系的储层中。前期研究中，根据流体包裹体均一温度和埋藏史曲线分析，确定乌夏地区在二叠纪末、三叠纪末及侏罗纪末均有油气充注过程。由此可见，模拟结果体现出的排烃高峰期与前期研究的认识基本一致。

第 7 章 结论与认识

(1) 以成因机制为主导因素将不整合划分为三大类:构造不整合、沉积不整合与复合不整合。构造不整合形成的主控因素为早期的构造运动,沉积不整合形成的主控因素为后期的沉积作用,而复合不整合的形成中构造运动与沉积作用的贡献大致均等。再根据剖面形态及上、下地层与剥蚀面的关系进一步将不整合划分为 14 个亚类。

(2) 在油气田勘探中,通过野外露头勘测、地震资料解释等方法识别不整合,常见的与油气成藏关系紧密的不整合主要为七类:平行-褶皱不整合、平行-断褶不整合、平行-(多期)削截不整合、超覆-平行不整合、平行不整合、超覆-削截不整合、断层-超覆不整合。

(3) 不整合类型取决于地势的高低与剥蚀量大小的变化,对某一特定时期,地势起伏与剥蚀量大小在空间有一定的变化规律,因而造成不整合的横向分布也有一定的规律:缓坡区常发育超覆-削截不整合,古隆起或中央背斜带常发育平行-褶皱不整合,凹陷区或生烃区常发育平行不整合,陡坡带或盆地边界大断裂附近常发育断层-超覆不整合,而盆地边界隆起区常发育平行-(多期)削截不整合。

(4) 不整合的形成是内外动力地质作用的综合结果,其间经历了构造隆升、风化剥蚀与沉降沉积等作用,由于过程与强度的差异性,造就了多类型不整合的形成机制存在差异。

(5) 后期地质作用对前期沉积岩(物)不同程度的改造及后期海(湖)平面上升发生水进形成的上覆岩石使得不整合不仅仅是一个"面",更是一个"体",其本身具有较独特的微观组构,即具有"空间结构"属性。

(6) 不整合结构体是指与表生期风化淋滤和水进期超覆沉积相关联的、位于间断面附近形成的地质体,不整合结构体在纵向上分为三层结构:结构体上层、结构体中层及结构体下层,每层结构发育着不同的岩石类型及各自特征。

(7) 不整合结构体中的风化黏土层、风化淋滤带以及未风化岩石在化学风化指标值上具有明显的差别,一般风化程度的趋势为:风化黏土层>风化淋滤带>未风化岩石,相应的化学风化指标上,风化黏土层>风化淋滤带>未风化岩石。

(8) 通常不整合结构体上层声波时差一般较低,密度较高,中子孔隙度较大,微电极为高阻,且侵洗带电阻率与过渡带电阻率相差较大;不整合结构体中层声波时差高,自然伽马低于普通泥岩,中子孔隙度很低,侵洗带电阻率与过渡带电阻率基本相同;不整合结构体下层声波时差出现明显的周波跳跃,中子孔隙度不均一,侵洗带电阻率与过渡带电阻率相差较大。

(9) 一般而言,结构体上层发育的地区风化黏土层较薄而风化淋滤带较厚,风化黏土层厚的地区由于其对下伏岩石的保护作用风化淋滤带相对较薄,即不整合各结构层的厚度在纵向上具有互补性。

(10) 不整合结构体上层岩石类型主要为底砾岩和水进砂体,其次为泥岩,局部发育煤层;结构体下层不同的岩石类型抗风化、剥蚀、淋滤的程度不同,一般碳酸盐岩最低,其次为火山岩和变质岩,而碎屑岩最高。

(11) 碳酸盐岩暴露地表，在盆地演化过程中受构造运动的控制，常具多期岩溶改造历史，发育多类型岩溶模式，可总结为以下 3 种：同生期层间岩溶、暴露期不整合岩溶、暴露期断裂岩溶。

(12) 不整合结构体下层碎屑岩区发育垂直渗流带、深部滞留带，火山岩区发育垂直渗流带、水平潜流带(弱)、深部滞留带，碳酸盐岩区发育垂直渗流带、水平潜流带(强)、深部滞留带。

(13) 不整合结构体是不同时期、不同沉积环境和不同成岩作用等形成的岩层组合，因此其纵向结构的形成与原岩岩性、间断时间、古地形、古气候、上覆岩层沉积环境等因素密切相关。这些因素共同作用，控制了风化黏土层的发育状况，进而影响着风化淋滤带的改造程度，并最终决定了不整合结构的空间发育。

(14) 不整合结构体中层(风化黏土层)与地层中的泥岩具有明显差异，颜色多为褐红色或银灰色，且无层理构造。成分上，风化黏土层中抗风化能力强的 O，Al，Fe，Ti 等元素及其氧化物 Al_2O_3，Fe_2O_3具有较高含量；而抗风化能力弱的碱金属元素 Na，Mg，K 等含量较低；风化黏土层不含或少含 Ca，而普通泥岩中常含有较高的 Ca。

(15) 稀土元素分析表明，不整合结构体中层稀土元素含量大于上、下层；矿物含量上，与结构体下层相比，中层表现为石英、黏土矿物较高，长石含量降低，不含白云石或方解石。

(16) 不整合结构体中层能够作为油气的良好盖层，阻止油气串层输导并封盖其下部油气，其封盖能力受埋深、厚度、物性、黏土矿物含量等的影响。

(17) 不整合结构体上层的底砾岩或水进砂体分布连续、厚度适中、孔渗性较好，为“畅通型”残积层；下层的风化淋滤带溶蚀孔、洞、缝发育，具良好的储集空间；在中层的风化黏土层分隔作用下，构成双重输导通道，把不同时代的储集层、断裂等连接起来，组成区域性的输导通道网络，最大的运移距离可达近百公里。

(18) 不整合倾角越大，流体输导的速度越快，距离越远，规模也越大；不整合交汇叠置程度越高，聚油强度越强；不整合类型又制约着不整合倾角及交汇程度的变化，进而控制了油气输导的模式、速度、距离及规模。

(19) 借鉴前人有关地层油气藏的概念，结合地层(不整合圈闭)形成的地质因素，认为地层油气藏是指由构造运动或海(湖)平面升降引起的剥蚀淋滤及超覆沉积作用形成的储集体，被非渗透岩石上倾遮挡，油气充注其中而形成的油气藏。将其分为地层超覆型油气藏和地层剥蚀型油气藏两大类，进一步分为 12 个亚类。

(20) 不整合结构体输导和储集能力控制了地层油气藏中油气的输导和聚集，不整合结构体封盖作用是地层油气藏形成的必要条件，断裂-不整合结构体构成地层油气藏成藏的输导体系。

(21) 地层超覆圈闭的形成与不整合古剥蚀面的地形相关，受古地貌控制，最有利的地貌为海(湖)湾区；地层剥蚀型油气藏形成的有利地质背景是海(湖)岸线的外凹内凸起处或盆内凸起，地貌与地层超覆型油气藏相反。

(22) 物理模拟显示：不整合结构体输导层的形态对油气输导有明显影响，构造脊是最有利的优势通道，其次是倾斜层面，而沟壑是最不利于油气输导的部位；同时，汇聚型的输导层较发散型输导层也更有利于油气的向上输导。输导层倾角越大，油气输导的速率越大。

参考文献

艾华国，兰林英，张克银，等，1996. 塔里木盆地前石炭系顶面不整合面特征及其控油作用[J]. 石油实验地质，18(1)：1-12.

蔡春芳，梅博文，马亭，等，1995. 塔里木盆地不整合面附近成岩改造体系烃-水-岩相互作用[J]. 科学通报，40(24)：2253-2256.

曹剑，胡文瑄，张义杰，等，2006. 准噶尔盆地油气沿不整合运移的主控因素分析[J]. 沉积学报，24(3)：399-406.

陈发景，张光亚，陈昭年，2004. 不整合分析及其在陆相盆地构造研究中的意义[J]. 现代地质，18(3)：269-275.

陈钢花，张蕾，宋国奇，等，2010. 测井资料在地层不整合纵向结构研究中的应用[J]. 中国石油大学学报(自然科学版)，34(1)：50-54.

陈涛，宋国奇，蒋有录，等，2011. 不整合油气输导能力定量评价——以济阳坳陷太平油田为例[J]. 油气地质与采收率，18(5)：27-30.

陈旸，陈骏，刘连文，等，2003. 最近 13 万年来黄土高原 Rb/Sr 记录与夏季风时空变迁[J]. 中国科学(D 辑：地球科学)，33(6)：513-519.

陈业全，王伟锋，2004. 准噶尔盆地构造演化与油气成藏特征[J]. 石油大学学报(自然科学版)，28(3)：4-8.

陈中红，查明，朱筱敏，2003. 准噶尔盆地陆梁隆起不整合面与油气运聚关系[J]. 古地理学报，5(1)：120-126.

程日辉，林畅松，刘景彦，1998. 盆地研究中不整合成因分析[J]. 世界地质，17(3)：23-27.

戴亚权，文志刚，余秋华，等，2007. 马岭油田侏罗系 Y10 油组油气富集规律探讨[J]. 石油天然气学报，29(1)：39-41.

邓自强，林玉石，张美良，等，1994. 略论古岩溶不整合——以广西阳朔白沙堡晚白垩世岩溶为例[J]. 广西地质，7(2)：61-70.

杜金虎，赵贤正，张以明，等，2007. 中国东部裂谷盆地地层岩性油气藏[M]. 北京：地质出版社.

杜金虎，邹伟宏，易士威，等，2002. 华北油田隐蔽油藏的勘探[J]. 中国石油勘探，7(3)：7-15.

费宝生，2002. 隐蔽油气藏的勘探[J]. 油气地质与采收率，9(6)：29-32.

冯有良，2005. 断陷盆地层序格架中岩性地层油气藏分布特征[J]. 石油学报，26(4)：17-22.

付广，姜振学，陈章明，等，1995. 松辽盆地三肇地区青山口组泥岩盖层的封闭特征[J]. 天然气地球科学，6(2)：14-19.

付广，许泽剑，韩冬玲，等，2001. 不整合面在油气藏形成中的作用[J]. 大庆石油学院学报，25(1)：1-4.

傅金华,1991. 鄂尔多斯盆地古生界盖层封盖性研究[J]. 天然气工业,11(6):6-11.
高长海,2008. 不整合输导通道类型及输导油气特征[J]. 地质学报,82(8):1113-1120.
葛孟春,冯庆来,江元生,等,1999. 初论变异性不整合——以滇西北中甸地区为例[J]. 地球科学,24(6):563-567.
韩宝平,刘仁达,罗承建,等,1998. 岩溶作用对任丘古潜山碳酸盐岩油藏赋存的控制作用[J]. 中国岩溶,17(1):75-80.
何登发,1995. 塔里木盆地的地层不整合面与油气聚集[J]. 石油学报,16(3):14-21.
何登发,2007. 不整合面的结构与油气聚集[J]. 石油勘探与开发,24(2):142-149.
何发歧,2002. 碳酸盐岩地层中不整合—岩溶风化壳油气田——以塔里木盆地塔河油田为例[J]. 地质论评,18(4):391-397.
洪太元,蔡希源,何治亮,等,2006. 准噶尔盆地腹部白垩系底部不整合特征[J]. 新疆地质,24(3):229-233.
侯连华,邹才能,刘磊,等,2012. 新疆北部石炭系火山岩风化壳油气地质条件[J]. 石油学报,33(4):533-539.
胡见义,徐树宝,窦立荣,等,1991. 烃类气成因类型及其富气区的分布模式[J]. 天然气地球科学,(1):1-5.
胡见义,徐树宝,童晓光,等,1984. 中国东部第三系含油气盆地地层岩性油藏形成的地质基础和分布特点[J]. 石油学报,5(2):1-9.
黄海平,邓宏文,1995. 泥岩盖层的封闭性能及其影响因素[J]. 天然气地球科学,6(2):20-26.
黄建红,谭先锋,程承吉,等,2016. 花岗质基岩风化壳结构特征及油气地质意义:以柴达木盆地东坪地区基岩风化壳为例[J]. 地球科学,41(12):2041-2060.
贾承造,赵文智,邹才能,等,2007. 岩性地层油气藏地质理论与勘探技术[J]. 石油勘探与开发,34(3):257-272.
蒋有录,查明,2006. 石油天然气地质与勘探[M]. 北京:石油工业出版社.
李朝阳,刘玉平,管太阳,等,2004. 不整合面中的成矿机制与找矿研究[J]. 地学前缘(中国地质大学,北京),11(2):353-360.
李国平,石强,王树寅,1997. 储盖组合测井解释方法研究[J]. 中国海上油气地质,11(3):64-68.
李丕龙,庞雄奇,姜在兴,2004. 陆相断陷盆地隐蔽油气藏形成——以济阳坳陷为例[M]. 北京:石油工业出版社:19-243.
李艳丽,孙承兴,王世杰,等,2004. 贵州平坝白云岩风化壳稀土超常富集层中稀土赋存状态的研究[J]. 地球化学,33(6):627-633.
梁定益,聂泽同,宋志敏,1994. 再论震积岩及震积不整合——以川西、滇西地区为例[J]. 地球科学,19(6):845-850.
梁定益,聂泽同,万晓樵,等,1991. 试论震积岩及震积不整合——以川西、滇西地区为例[J]. 现代地质,5(2):138-146.
刘波,王英华,钱祥麟,1997. 华北奥陶系两个不整合面的成因与相关区域性储层预测[J]. 沉积学报,15(1):26-30.
刘华,吴智平,张立昌,等,2003. 辽河盆地东部凹陷北部地区 Es_{1+2}/Es_3 不整合面与油气运聚的关系[J]. 石油大学学报(自然科学版),27(6):8-11,16.

刘家铎,田景春,何建军,等,1999. 近岸水下扇沉积微相及储层的控制因素研究——以沾化凹陷罗家鼻状构造沙四段为例[J]. 成都理工学院学报,26(4):365-369.

刘孝汉,秦伯平,刘显阳,等,1995. 陕甘宁盆地不整合侵蚀面对油气聚集与分布的控制作用[J]. 华北地质矿产杂志,10(3):415-421.

刘震,韩军,关强,等,2007. 地层岩性圈闭识别和评价的关键问题[J]. 西安石油大学学报(自然科学版),22(3):31-37.

罗晓容,2003. 油气运聚动力学研究进展及存在问题[J]. 天然气地球科学,14(5):337-346.

吕修祥,1997. 塔里木盆地塔中低凸起志留系油气成藏机理初探[J]. 石油实验地质,19(4):328-331.

吕修祥,金之钧,2000. 碳酸盐岩油气田分布规律[J]. 石油学报,21(3):8-12.

吕修祥,周新源,李建交,等,2007. 塔里木盆地塔北隆起碳酸盐岩油气成藏特点[J]. 地质学报,81(8):1057-1064.

马振芳,周树勋,于忠平,等,1999. 鄂尔多斯盆地中东部奥陶系顶部古风化壳特征及其与天然气富集的关系[J]. 石油勘探与开发,26(5):21-23.

牟中海,何琰,唐勇,等,2005. 准噶尔盆地陆西地区不整合与油气成藏的关系[J]. 石油学报,26(3):16-20.

牛嘉玉,李秋芬,鲁卫华,等,2005. 关于"隐蔽油气藏"概念的若干思考[J]. 石油学报,26(2):122-126.

牛彦良,2007. 海拉尔盆地潜山油藏油气沿不整合面、断层和砂体输导的控制因素[J]. 大庆石油地质与开发,26(2):27-30.

潘钟祥,1983. 不整合对于油气输导聚集的重要性[J]. 石油学报,4(4):1-10.

庞雄奇,陈冬霞,李丕龙,等,2004. 隐蔽油气藏资源潜力预测方法探讨与初步应用[J]. 石油与天然气地质,25(4):370-376.

庞雄奇,李丕龙,张善文,等,2007. 陆相断陷盆地相-势耦合控藏作用及其基本模式[J]. 石油与天然气地质,28(5):641-652,663.

漆立新,樊政军,李宗杰,等,2010. 塔河油田碳酸盐岩储层三孔隙度测井模型的建立及其应用[J]. 石油物探,49(5):489-494.

丘东洲,1994. 准噶尔盆地西北缘三叠—侏罗系隐蔽油气圈闭勘探[J]. 新疆石油地质,15(1):1-9.

沈守文,彭大钧,颜其彬,等,2000. 试论隐蔽油气藏的分类及勘探思路[J]. 石油学报,21(1):16-22,3.

隋风贵,王学军,卓勤功,等,2007. 陆相断陷盆地地层油藏勘探现状与研究方向——以济阳坳陷为例[J]. 油气地质与采收率,14(1):1-6.

孙晓,李良,丁超,2016. 鄂尔多斯盆地杭锦旗地区不整合结构类型及输导特征[J]. 石油与天然气地质,37(2):165-172.

谭丽娟,蒋有录,刘华,等,2003. 济阳坳陷南部油气成藏特征对比分析[J]. 石油勘探与开发,30(3):39-43.

汤良杰,金之钧,庞雄奇,2000. 多期叠合盆地油气运聚模式[J]. 石油大学学报(自然科学版),24(4):67-70.

汤良杰,金之钧,漆家福,等,2002. 中国含油气盆地构造分析主要进展与展望[J]. 地质论评,

48(2):182-192.

王根厚,梁定益,刘文灿,等,2000. 藏南海西期以来伸展运动及伸展作用[J]. 现代地质,14(2):133-139.

王家禄,沈平平,田玉玲,等,2004. 应用微型探针测量油藏物理模拟饱和度变化[J]. 测井技术,28(2):99-103.

王尚文,1983. 中国石油地质学[M]. 北京:石油工业出版社.

王世杰,季宏兵,孙承兴,2001. 贵州平坝县白云岩风化壳中稀土元素分布特征之初步研究[J]. 地质科学,36(4):474-480.

王绪龙,康素芳,2001. 准噶尔盆地西北缘玛北油田油源分析[J]. 西南石油学院学报,23(6):6-8.

王艳忠,操应长,王淑萍,等,2006. 不整合空间结构与油气成藏综述[J]. 大地构造与成矿学,30(3):326-330.

王英民,刘豪,李立诚,等,2002. 准噶尔大型坳陷湖盆坡折带的类型和分布特征[J]. 地球科学,27(6):683-688.

王永卓,董春晖,姜振学,等,2006. 围岩含油饱和度控制岩性油藏成藏的物理模拟[J]. 石油勘探与开发,33(3):330-334.

王志章,肖春林,严萍,等,2003. 流场与油气二次运移——以准噶尔盆地西北缘为例[J]. 新疆石油地质,24(2):110-111.

吴孔友,白森,崔世凌,2012. 渤海湾盆地惠民凹陷南坡中生界顶部不整合结构特征及成藏作用[J]. 石油实验地质,34(4):357-361.

吴孔友,洪梅,刘伟,2000. 徐黑—埕北断阶区古岩溶测井相与演化模式[J]. 西南石油学院学报,22(3):21-24.

吴孔友,李继岩,陆诗阔,等,2010. 冀中饶阳凹陷潜山演化类型及成藏差异性分析[J]. 海相油气地质,15(1):27-34.

吴孔友,李林林,查明,2009. 不整合纵向结构及其成藏作用物理模拟[J]. 石油实验地质,31(5):537-541.

吴孔友,李思远,裴仰文,等,2015. 准噶尔盆地夏红北断裂带结构及其封闭差异性评价[J]. 石油与天然气地质,36(6):906-912.

吴孔友,王雨洁,张瑾琳,等,2010. 冀中坳陷前第三系岩溶发育规律及其控制因素[J]. 海相油气地质,15(4):14-23.

吴孔友,查明,洪梅,2003a. 准噶尔盆地不整合结构的地球物理响应及油气成藏意义[J]. 石油实验地质,25(4):328-332.

吴孔友,查明,洪梅,2003b. 准噶尔盆地不整合结构模式及半风化岩石的再成岩作用[J]. 大地构造与成矿学,27(3):270-276.

吴孔友,查明,柳广弟,2002. 准噶尔盆地二叠系不整合面及其油气运聚特征[J]. 石油勘探与开发,29(2):53-57.

吴孔友,查明,王绪龙,等,2005. 准噶尔盆地构造演化与动力学背景再认识[J]. 地球学报,26(3):217-222.

吴孔友,邹才能,查明,等,2012. 不整合结构对地层油气藏形成的控制作用研究[J]. 大地构造与成矿学,36(4):518-524.

吴欣松,魏建新,昌建波,等,2009.碳酸盐岩古岩溶储层预测的难点与对策[J].中国石油大学学报(自然科学版),33(6):16-21.

吴亚军,张守安,艾华国,1998.塔里木盆地不整合类型及其与油气藏的关系[J].新疆石油地质,19(2):101-105.

向立宏,周杰,赵乐强,等,2009.济阳坳陷不整合结构的类型、特征及意义[J].断块油气田,16(1):9-11.

解习农,李思田,胡祥云,等,1999.莺歌海盆地底辟带热流体输导系统及其成因机制[J].中国科学(D辑:地球科学),29(3):247-256.

杨瑞东,2008.贵阳地区碳酸盐岩风化红黏土剖面稀土、微量元素分布特征[J].地质论评,54(3):409-418,438.

杨少春,鲁鹏善,赵永福,2018.高青地区中生界顶部不整合结构特征及输导作用[J].大庆石油地质与开发,37(4):32-37.

杨万里,1984.隐蔽油气藏勘探的实践与认识[J].大庆石油地质与开发,3(1):22-38.

杨勇,查明,孟闲龙,2007.地层油气藏类型与成藏规律[J].新疆石油地质,28(5):647-649.

杨子成,张金亮,2008.东营凹陷南斜坡原油生物标志物特征和油源对比[J].中国海洋大学学报(自然科学版),38(3):453-460.

于英太,2003.从华北油田的实践看隐蔽油气藏勘探前景[J].石油科技论坛,(6):34-41.

袁选俊,薛良清,池英柳,等,2003.坳陷型湖盆层序地层特征与隐蔽油气藏勘探——以松辽盆地为例[J].石油学报,24(3):11-15.

曾溅辉,王洪玉,1999.输导层和岩性圈闭中石油运移和聚集模拟实验研究[J].地球科学——中国地质大学学报,24(2):85-88.

查明,吴孔友,曲江秀,等,2008.断陷盆地油气输导体系与成藏作用[M].东营:中国石油大学出版社.

张长江,潘文蕾,刘光祥,2008.中国南方志留系泥质岩盖层封闭能力评价方法及其应用[J].天然气地球科学,19(3):301-310.

张凡芹,王伟锋,2005.东营凹陷南斜坡古近系不整合及其在油气成藏中的作用[J].石油天然气学报(江汉石油学院学报),27(S2):32-35.

张厚福,张万选,1989.石油地质学(第二版)[M].北京:石油工业出版社.

张厚福,孙红军,梅红,1999.多旋回构造变动区的油气系统[J].石油学报,20(1):16-20.

张恺,1989.新疆三大盆地边缘古推覆体的形成演化与油气远景[J].新疆石油地质,10(1):7-15.

张克银,艾华国,吴亚军,1996.碳酸盐岩顶部不整合面结构层及控油意义[J].石油勘探与开发,23(5):16-19.

张万选,1981.论油气藏的分类及中国油气藏的主要类型[J].石油学报,2(3):1-11.

张越迁,张年富,姚新玉,2000.准噶尔盆地腹部油气勘探回顾与展望[J].新疆石油地质,21(2):105-109.

赵白,1992.准噶尔盆地的形成与演化[J].新疆石油地质,13(3):191-196.

赵景波,黄春长,岳应利,2001.中国黄土中的风化壳研究[J].沉积学报,19(1):90-95.

赵文智,何登发,池英柳,等,2001.中国复合含油气系统的基本特征与勘探技术[J].石油学报,22(1):6-13.

赵忠新,王华,郭齐军,等,2002. 油气输导体系的类型及其输导性能在时空上的演化分析[J]. 石油实验地质,24(6):527-532,536.

朱夏,1984. 对隐藏油气圈闭的浅见[J]. 大庆石油地质与开发,3(1):1-5.

邹才能,陶士振,袁选俊,等,2009a. "连续型"油气藏及其在全球的重要性:成藏、分布与评价[J]. 石油勘探与开发,36(6):669-682.

邹才能,陶士振,袁选俊,等,2009b. 连续型油气藏形成条件与分布特征[J]. 石油学报,30(3):324-331.

邹才能,薛叔浩,赵文智,等,2004. 松辽盆地南部白垩系泉头组—嫩江组沉积层序特征与地层-岩性油气藏形成条件[J]. 石油勘探与开发,31(2):14-17.

ADAMS F D,1954. The birth and development of the geological sciences[M]. New York: Dover Publication,Inc:506.

ALLEN A P ,ALLEN R J,1990. Basin analysis: principles and applications[M]. Oxford: Blackwell Scientific Publications.

ANADON P,CABRERA L,COLOMBO F,et al.,1986. Syntectonic intraformational unconformities in alluvial fan deposits,eastern Ebro basin margin(NE Spain)[C]//ALLEN P A,HOMEWARD P,WILLIAMS G D. Foreland Basins. Oxford:Blackwell Scientific Publications:259-271.

BALLY A W,1981. Geology of passive continental margins[J]. AAPG Bulletin,1:7-48.

BATES R L,JACKSON J A,1987. Glossary of geology[M]. Virginia:American Geological Institute.

BETHKE C M,田世澄,1992. 伊利诺斯盆地中石油的长距离运移[J]. 地质科技情报,11(增刊):42-62.

BROWN L F,FISHER W L,1979. Seismic stratigraphic interpretation and petroleum exploration [J]. AAPG Continuing Education Course,Note Series,16:1-181.

CAO J,ZHANG Y J,HU W X,et al.,2005. The Permian hybrid petroleum system in the northwest margin of the Junggar Basin,northwest China[J]. Marine and Petroleum Geology,22(3):331-349.

Carll J F,1880. The geology of the oil regions of Warren,Venango,Clarion,and Butler counties[M]. America:Franklin Classics.

CATALAN L,XIAOWEN F,CHATZIS I,et al.,1992. An experimental study of secondary oil migration[J]. AAPG Bulletin,76(76):638-650.

DANIEL J S,ANDREW G W,JOSEPH B D,1996. Eastern Mississippi delta: late Wisconsin unconformity,overlying transgressive facies,sea level and subsidence[J]. Engineering Geology,45(1-4):359-381.

DEMBICKI H,ANDERSON M J,1989. Secondary migration of oil: experiments supporting efficient movement of separate,buoyant oil phase along limited conduits[J]. AAPG Bulletin,73(8):1018-1021.

EINSELE G,RICKEN W,SEILACHER A,1991. Cycles and events in stratigraphy[M]. Berlin:Springer Verlag:83-103.

ENGLAND D A,1987. The movement and entrapment of petroleum fluid in the subsurface

[J]. Journal of Geological Society,1(14):327-347.

FEDO C M,NESBITT H W,YOUNG G M,1995. Unraveling the effects of potassium metasomatism in sedimentary rocks and paleosols,with implications for paleoweathering conditions and provenance[J]. Geology,23(10):921-924.

GRESSE P G,GERMS G J B,1993. The Nama foreland basin: sedimentation,major unconformity bounded sequences and multisided active margin advance[J]. Precambrian Research,63(3-4):247-272.

HALBOUTY M T,1972. Rationale for deliberate pursuit of stratigraphic,unconformity,and paleogeomorphic traps[J]. AAPG Bulletin,56(3):439-461.

HARNOIS L,MOORE J M,1988. Geochemistry and origin of the Ore Chimney Formation, a transported paleoregolith in the Grenville Province of southeastern Ontario,Canada[J]. Chemical Geology,69(3-4):267-289.

HINDLE A D,1997. Petroleum migration pathways and charge concentration; a three-dimensional model[J]. AAPG Bulletin,81(9):1451-1481.

HUTTON J,1788. Theory of the earth,or an investigation of the laws observable in composition,dissolution and restoration of land upon the globe[M]. England:Transactions of the Royal Society of Edinburgh:209-304.

KAMP P J J, TURNER G M, 1990. Pleistocene unconformity-bounded shelf sequences (Wanganui Basin,New Zealand) correlated with global isotope record[J]. Sedimentary Geology,68(1-2):155-161.

LEVORSEN A I,HOUSTON,TEXAS,1934. Relation of oil and gas pools to unconformities in the mid-continent region: Part IV. Relations of petroleum accumulation to structure[J]. AAPG:761-784.

LEVORSEN A I,1966. The obscure and subtle trap[J]. AAPG Bulletin,50:2058-2067.

MCKIRDY D M,ALDRIDGE A K,YPMA P J M,1983. A geochemical comparison of some crude oils from Preordovician carbonate rocks[J]. Advances in Organic Geochemistry:99-107.

NESBITT H W,YOUNG G M,1982. Early Proterozoic climates and plate motions inferred from major element chemistry of lutites[J]. Nature,299(5885):715-717.

NICHOLAS C B,1991. Onlap,offlap,and the origin of unconformity-bounded depositional sequences[J]. Marine Geology,97:35-56.

ORIOL R,1976. Syntectonic unconformities of the Alto Cardener,Spanish Pyrenees:a genetic interpretation[J]. Sedimentary Geology,15(3):213-233.

PARKER A,1970. An index of weathering for silicate rocks[J]. Geological Magazine,107(6):501-504.

PAUL A,KYSER K,JIRICKA D,2009. Critical geochemical and mineralogical factors for the formation of unconformity-related uranium deposits:comparison between barren and mineralized systems in the Athabasca Basin,Canada[J]. Economic Geology,104(3):413-435.

PRICE P L,O'SULLIVAN T,ALEXANDER R,1987. The nature and occurrence of oil in

Seram,Indonesia[J]. Indonesian Petroleum Association,1:141-173.

RITTENHOUSE G,1972. Stratigraphic-trap classification[C]//King R E. Stratigraphic oil and gas fields-classification,exploration methods,and case histories. Tulas:AAPG,10:14-28.

ROALDSET E,1972. Mineralogy and geochemistry of Quaternary clays in the Numedal area, southern Norway[J]. Norsk Geologisk Tidsskrift,52:335-369.

ROMAN J S,AURELL M,1992. Palaeogeographical significance of the Triassic-Jurassic unconformity in the north Iberian basin (Sierra del Moncayo, Spain)[J]. Palaeogeography Palaeoclimatology Palaeoecology,99(1-2):101-117.

RULLKOTTER J,MARZI R,1988. Natural and artificial maturation of biological markers in a Toarcian shale from northern Germany[J]. Organic Geochemistry,13(4-6):639-645.

RULLKOTTER J, SPIRO B, NISSENBAUM A, 1985. Biological marker characteristics of oils and asphalts from carbonate source rocks in a rapidly subsiding graben,Dead Sea,Israel[J]. Geochimica Et Cosmochimica Acta,49(6):1357-1370.

SCHAGER W, 1991. Deposional basin and environmental change-important factors in sequence stratigraphy[J]. Sedimentary Geology,70:109-130.

SEILACHER A, 1984. Sedimentary structures tentatively attributed to seismic events[J]. Marine Geology,55(1-2):1-12.

SHANMUGAM G,1988. Origin recognition and importance of erosional unconformities in sedimentary basins[M]//KLEINSPEHN K L,PAOLA C. New perspectives in basin analysis. Berlin:Springer Verlag:83-108.

SILVAIN R,ERIC M,2002. Forward modelling of foreland basins progressive unconformities[J]. Sedimentary Geology,146:75-89.

STRAND K,2012. Sequence stratigraphy of the Karelian formations (2.4-2.0 Ga) of the Fennoscandian shield—significance of major unconformities[J]. Marine and Petroleum Geology,33(1):117-126.

VAIL P R, MITCHUM R M, TODD R G, et al., 1977. Seismic stratigraphy and global change of sea level,part 3:relative changes of sea level from coastal onlap[J]. AAPG,26: 63-82.

VISHER S,1984. Exploration stratigraphy[M]. Tulsa:Penn Well Publishing Company:23-35.

WALTERS R F,1953. Oil production from fractured Precambrian basement rocks in central Kansas[J]. AAPG Bulletin:37.

WU K Y,DOUGLAS PATON,ZHA M,2013. Unconformity structures controlling stratigraphic reservoir in the north-west margin of Junggar basin,North-west China[J]. Frontiers of Earth Science,7(1):55-64.

ZIEGLER K,LONGSTAFFE F J,2000. Multiple episodes of clay alteration at the Precam brian/Paleozoic unconformity, Appalachian basin: isotopic evidence for long-distance and local fluid migrations[J]. Clays and Clay Minerals,48(4):474-493.

ZOU C N,HOU L H,TAO S Z,2012. Hydrocarbon accumulation mechanism and structure of large-scale volcanic weathering crust of the Carboniferous in northern Xinjiang, China [J]. Science China Earth Science, 55(2): 221-235.